高职高专“十三五”规划教材

高等职业教育土建类专业“互联网+”数字化创新教材

建筑施工组织与管理

雷 平 主编

田 雷 郭秀秀 副主编

中国建筑工业出版社

图书在版编目（CIP）数据

建筑施工组织与管理/雷平主编. —北京：中国建筑工业出版社，2019.7（2022.11重印）
高职高专“十三五”规划教材　高等职业教育土建类专业“互联网+”数字化创新教材
ISBN 978-7-112-23924-5

Ⅰ.①建…　Ⅱ.①雷…　Ⅲ.①建筑工程-施工组织-高等职业教育-教材②建筑工程-施工管理-高等职业教育-教材　Ⅳ.①TU7

中国版本图书馆CIP数据核字（2019）第129978号

本教材是按照本门课程的教学基本要求及最新的有关国家标准或行业标准编写的。全书共分为11个教学单元，内容包括：绪论、建筑工程施工准备工作、建筑工程流水施工、网络计划技术、施工组织总设计、单位工程施工组织设计、建筑工程质量管理、建筑工程安全和文明施工管理、建筑工程进度管理、建筑工程成本管理、建筑工程其他管理。

本教材为便于信息化教学，书中附有二维码教学资源链接。本教材主要作为高等职业教育土建类专业的教学用书，也可作为岗位培训教材或供土建工程技术人员参考使用。

为了便于本课程教学，作者自制免费课件资源，索取方式为：1. 邮箱：jckj@cabp.com.cn；2. 电话：（010）58337285；3. 建工书院：http：//edu.cabplink.com；4. QQ交流群：317610315。

《施组管理》
交流QQ群

责任编辑：司　汉　李　阳
责任校对：姜小莲

高职高专“十三五”规划教材
高等职业教育土建类专业“互联网+”数字化创新教材
建筑施工组织与管理
雷　平　主编
田　雷　郭秀秀　副主编
*
中国建筑工业出版社出版、发行（北京海淀三里河路9号）
各地新华书店、建筑书店经销
北京鸿文瀚海文化传媒有限公司制版
廊坊市海涛印刷有限公司印刷
*
开本：787×1092毫米　1/16　印张：21½　字数：535千字
2019年10月第一版　2022年11月第八次印刷
定价：**49.00**元（赠教师课件）
ISBN 978-7-112-23924-5
（34192）

前 言

《建筑施工组织与管理》是高等职业教育院校土木工程专业的必修课程，主要研究土木建筑工程的施工组织、施工管理的基本理论、基本方法和一般规律与要求，是一门实用性强、发展迅速的学科。其目的是培养学生能够综合运用土木工程的基本理论与知识，具有制订施工方案、编制施工计划和实施施工管理的基本能力，为今后实际工作岗位的工作夯实基础。

近年来，组织施工的方法和施工管理的水平有了较大发展和进步。其中包括流水施工的理论与应用，工程网络计划及其优化方法的应用与发展，项目管理软件的开发与大量使用，施工组织与管理方法的不断进步，以及与施工组织设计、工程项目管理相关规范的出台或更新等，如《建设工程项目管理规范》GB/T 50326—2017、《建设项目工程总承包管理规范》GB/T 50358—2017、《建筑工程绿色施工规范》GB/T 50905—2014、《建筑施工易发事故防治安全标准》JGJ/T 429—2018、《建筑信息模型施工应用标准》GB/T 51235—2017、《建筑业 10 项新技术（2017 版）》，这些都要求教材及时更新和完善，以适应高素质技能型人才培养的需要。

本教材依据新世纪应用型人才培养目标和高等职业院校土木工程专业教学标准编写，以培养学生具有工程项目施工组织与管理能力为目标，全面、系统地讲述了施工项目组织与管理的理论、方法和实例。围绕施工项目管理，深入讲述了流水施工方法、工程网络计划技术、单位工程施工组织设计、施工组织总设计、建筑工程进度、建筑工程质量、建筑工程安全、建筑工程信息资料管理等内容。吸收了国内外的工程项目管理科学的传统内容和最新成果，紧密结合我国工程建设的改革实际，着力培养学生的工程施工组织与管理的能力和工程素养。

在教材编写过程中，依据高素质技能型人才培养的特点和要求，本着“理论够用、培养能力为主、考虑持续发展需要”的原则，力争内容严谨规范、语言通俗易懂、图面清晰美观。在内容上，精选理论内容和示例，侧重理论和方法的实际应用。结合工程发展需要，增加了 BIM 运用于施工过程的内容介绍。考虑到学生今后职业生涯的需要，适当增加了建造师、监理工程师、造价工程师等注册考试所需的基础理论知识。教师可根据不同的专业，灵活安排学时，课堂重点讲解每章主要知识模块，章节中的知识链接、应用案例和习题等模块可安排学生课后阅读和练习。教学单元 11 可选学。

本教材由重庆工业职业技术学院雷平任主编并统稿，枣庄科技职业学院田雷、陕西省建筑职工大学郭秀秀任副主编。具体编写分工如下：教学单元1、2、5、11由重庆工业职业技术学院雷平编写，教学单元3由河南建筑职业技术学院李瑞编写，教学单元4由陕西省建筑职工大学高凤编写，教学单元6由枣庄科技职业学院田雷编写，教学单元7～10由陕西省建筑职工大学的郭秀秀编写。

本教材还是一本“互联网+”数字化创新教材，引入了“云学习”在线教育创新理念，增加了与课程知识点相关的配套资源。学生通过手机扫描文中的二维码，可以反复自主学习，帮助理解知识点，学习更有效。各章的数字资源分别由对应章节的编写老师制作。

在本教材的编写过程中，河北工程大学土木工程学院教授王羡农，重庆市建筑科学研究院副总工程师、高级工程师李成芳博士，重庆建工第三建设有限责任公司高级工程师肖永刚，重庆现代建筑产业发展研究院装配式建筑检测所所长黄海斌博士参与制订编写大纲并审稿。重庆巨能建设集团建筑安装工程有限公司总工程师、教授级高级工程师谭应松给予本教材很多宝贵的意见和建议。

本教材承蒙业界朋友、同事的热情帮助和大力支持，在编写过程中参考了大量文献资料、施工案例等，在此一并表示衷心的感谢！

由于时间和水平所限，书中难免有不足之处，敬请读者批评指正！

目 录

教学单元1 绪论

Chapter 01

1. 知识目标

（1）了解建筑工程的特点。

（2）理解建筑工程施工组织与管理的概念，理解建筑施工组织原理。

（3）掌握建设工程程序与施工程序，工程项目管理方法。

2. 能力目标

通过本教学单元的学习，能够根据具体工程特点，编制简单工程施工方案，初步具备组织简单或小型工程施工的能力。

3. 思政目标

理解建筑施工组织与管理理论对工程建设实践的指导作用，认识实践对理论的检验和丰富。学习课程理论及实践对国家工程建设的重要意义，厚植家国情怀，培养爱岗敬业、甘于奉献的精神，提高爱国热情、民族自信心和民族自豪感。

建筑施工的新材料、新工艺等会促进学习并提出了新要求和新标准，尤其是绿色建筑、BIM 技术、智能建造等要求从业人员及时更新理论，提升施工组织与管理能力，为社会和人类生产、生活创造有价值的建筑。

思维导图

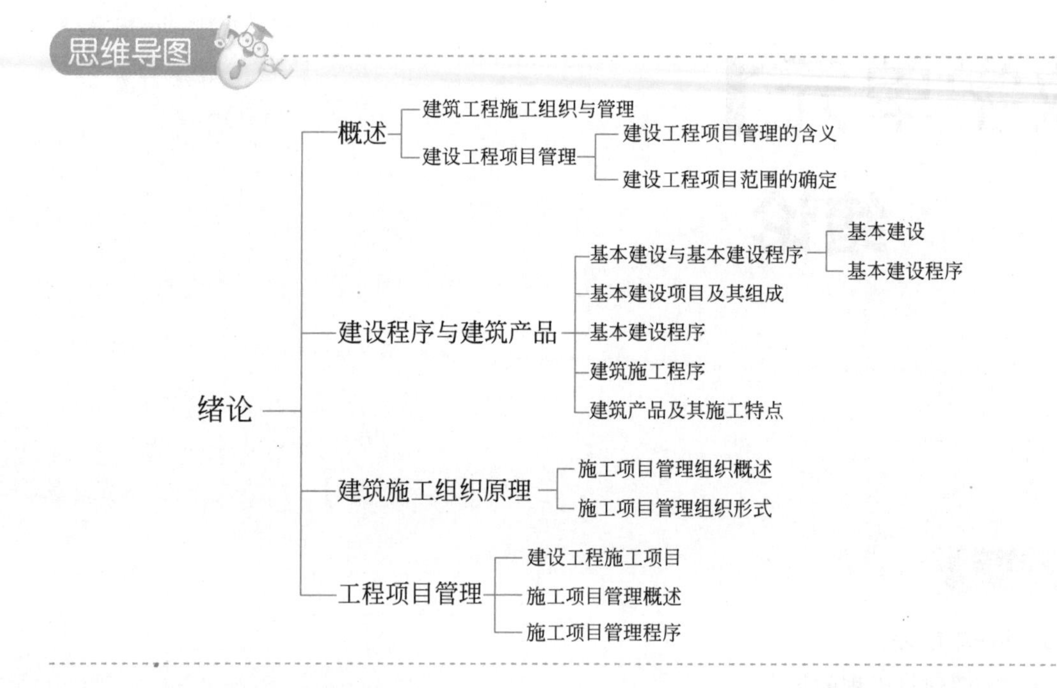

1.1 概述

随着经济的发展和社会的不断进步，工程的建设规模越来越大，使用要求也越来越高，致使工程建设越来越复杂，做好施工的组织与管理对项目建设取得成功就越显重要。具体地说，施工组织与管理的任务就是根据建筑工程产品及其生产的特点、国家及地区的法律法规、工程建设程序以及相关技术和方法，在开工前对整个工程的实施做出计划与安排，在工程施工过程中进行有效的管理，以控制工程实施的进度、质量和安全，使工程施工取得相对最优的效果。

1.1.1 建筑工程施工组织与管理

建筑工程施工组织与管理就是针对建筑工程施工的复杂性，来研究工程建设的统筹安排与系统管理的客观规律的一门学科，它研究如何组织、计划一项拟建工程的全部施工，寻求最合理的组织与方法。施工组织的任务是根据建筑产品生产的技术经济特点，以及国家基本建设方针和各项具体的技术政策，实现工程建设计划和设计的要求，提供各阶段的施工准备工作内容，对人力、资金、材料、机械和施工方法等进行科学合理的安排，协调施工中各施工单位、各工种之间、各项资源之间的合理关系。

现阶段建筑施工组织学科的发展特点是广泛利用数学方法、网络技术、BIM技术和计算技术等定量及定性方法。组织管理者必须充分认识施工过程的特点，对所有环节要做到精心组织、严格管理，全面协调好施工中的各种关系。对于特殊、复杂的施工过程，要进行科学的分析，弄清主次矛盾，找出关键线路，有的放矢地采取措施，合理组织各种资源的投入顺序、数量、比例，针对具体工程进行科学的安排，组织平行或交叉流水作业，提高对时间、空间的利用，这样才能取得全面的经济效益、社会效益和生态效益。

1.1.2 建设工程项目管理

1. 建设工程项目管理的含义

项目管理是美国曼哈顿计划原先的名称，后由华罗庚教授20世纪50年代引进中国(由于历史原因又叫统筹法和优选法)，我国台湾称为项目专案。

项目管理的定义：项目管理是基于被接受的管理原则的一套技术方法，这些技术或方法用于计划、评估、控制工作活动，以按时、按预算、按规范达到理想的最终效果。项目管理是“管理科学与工程”学科的一个分支，是介于自然科学和社会科学之间的一门边缘学科。

建设工程项目管理（Construction Project Management），是组织运用系统的观点、理论和方法，对建设工程项目进行计划、组织、指挥、协调和控制等专业化活动。

2. 建设工程项目范围的确定

建设工程项目范围的确定是建设工程项目实施和管理的基础性工作，其范围必须有相应的文件描述。在规划文件、设计文件、招标投标文件、计划文件中应有明确的项目范围说明内容。在项目的设计、计划、实施和后评价中，必须充分利用项目范围说明文件。项目范围说明文件是项目进度管理、合同管理、成本管理、资源管理和质量管理等的依据。

建设工程项目管理的内容一般包括：项目合同管理、项目采购管理、项目进度管理、项目质量管理、项目职业健康安全管理、项目环境管理、项目成本管理、项目资源管理、项目信息管理、项目风险管理、项目沟通管理、项目收尾管理等。

1.2 建设程序与建筑产品

1.2.1 基本建设及其程序

1. 基本建设

基本建设是指国民经济各部门实现新的固定资产生产的一种经济活动，也是进行设备购置、安装和建筑的生产活动以及与其联系的其他有关工作。

基本建设包括：固定资产的建筑和安装、固定资产的购置、其他基本建设工作。具体形式体现为：新建、扩建、改建、恢复和迁建等。

2. 基本建设程序

所谓建设程序是指一项建设工程从设想、提出、决策，经过设计、施工，直至投产或交付使用的整个过程中应遵循的内在规律。

基本建设程序就是建设项目在整个建设过程中各项工作必须遵循的先后顺序，也是建设项目在整个建设过程中必须遵循的客观规律。一般划分为项目建议书阶段、可行性研究阶段、设计阶段、施工准备阶段、施工阶段、生产准备阶段、竣工验收交付使用阶段和项目后评价阶段八个步骤。

1.2.2 基本建设项目及其组成

基本建设项目简称建设项目，凡是按一个总体设计组织施工，建成后具有完整的系统，可以独立地形成生产能力或使用价值的建设工程，称为一个建设项目。如一个学校的建设是一个独立的建设项目。

1.2
基本
建设程序

1. 基本建设项目分类

基本建设项目分类方法有以下几种：

（1）按项目规模的大小，可分为大型建设项目、中型建设项目、小型建设项目。

（2）按建设项目的性质，可分为新建建设项目、扩建建设项目、改建建设项目、恢复建设项目、迁建建设项目等。

（3）按建设项目的投资主体，可分为国家投资建设项目、地方政府投资建设项目、企业投资建设项目、合资企业以及各类投资主体联合投资建设项目。

（4）按建设项目的用途，可分为生产性建设项目和非生产性建设项目。

1.3
基本
建设项目
组成

2. 基本建设项目组成

按其复杂程度建设项目由以下工程内容组成：单项工程、单位工程、分部工程和分项工程。

（1）单项工程是指具有独立的设计文件，并能独立组织施工，建成后可以独立发挥生产能力或使用效益的工程，是建设项目的组成部分。如一所学校教学楼的建设是一个单项工程。

（2）单位工程是指具有单独设计的施工图和单独编制的施工图预算，可以独立组织施工及单独作为成本核算对象，能形成独立使用功能的建筑物或构筑物，但建成后一般不能单独发挥生产能力或使用效益的工程。单位工程是单项工程的组成部分。如一所学校的一栋教学楼土建工程是一个单位工程。

（3）分部工程是把单位工程中性质相近且所用工具、工种、材料大体相同的部分组合在一起的工程，是单位工程的组成部分。如混凝土工程、楼地面工程、门窗工程、墙面工程等。也可以按照工程的部位分为土方工程、基础工程、主体工程、屋面工程、装饰工程等。

（4）分项工程（施工过程）是按选用的施工方法、材料和结构构件规模、构造不同等因素而划分的。如楼地面工程由抛光砖工程、水磨石工程等分项工程组成。

1.2.3 建筑施工程序

建筑施工程序是指工程建设项目在整个施工过程中各项工作必须遵循的先后顺序，是过去施工实际经验的总结，是施工过程中客观规律的必然反映。一般程序如下：

（1）承接施工任务。

（2）签订施工合同。

（3）做好施工准备、提出书面报告。

（4）组织施工。

（5）竣工验收、交付使用。

1.2.4　建筑产品及其施工特点

建筑工程产品在其体型、功能、构造组成、所处空间和投资特征等方面，较其他产品存在明显的差异。产品本身的特点决定了生产过程的特殊性，主要表现在以下几个方面：

1. 产品的固定性与生产的流动性

各种建筑物和构筑物都是通过基础固定于地基础上，其建造和使用地点在空间上是相对固定不动的，这与一般工业产品有着显著区别。产品的固定性决定了生产的流动性。

2. 产品的多样性与生产的单件性

建筑工程的产品不但要满足各种使用功能的要求，还要达到某种艺术效果，体现出地区特点、民族风格以及物质文明与精神文明的特色，同时也受到材料、技术经济和地区的自然条件等多种因素的影响和制约，这使得其产品类型多样、姿色迥异、变化纷繁。

产品的固定性和多样性决定了产品生产的单件性。即每一个建筑工程产品必须单独设计和组织施工，一般不可能批量生产（装配式建筑在一定程度上可批量生产）。

3. 产品的庞大性与生产的综合性、协作性

为了达到使用功能的要求，满足所用材料的物理力学性能要求，建筑工程产品需要占据广阔的平面与空间，耗用大量的物质资源，因而体型大、高度大、重量大。产品庞大这一特点将对材料运输、安全防护、施工周期作业条件等方面产生不利的影响；同时，也为我们综合各个专业的人员、机具、设备在不同部位进行立体交叉作业创造了有利条件。

由于产品体型庞大、构造复杂，建设、设计、施工、监理、构（配）件生产、材料供应、运输等各个主体以及各个专业施工单位之间要通力协作。企业内部要组织多专业、多工种的综合作业。

4. 产品的复杂性与生产的干扰性

建筑工程产品涉及范围广、类别杂、做法多样、形式多变，需使用数千种不同规格的材料；要由电力照明、通风空调、给水排水、消防、电信和网络等多种系统共同组成；要使技术与艺术融为一体等，这都充分体现了产品的复杂性。

工程的实施过程会受政策法规、合同文件、设计图纸、人员素质、材料质量、能源供应、场地条件、周围环境、自然气候、安全隐患、基地特征与质量验收等多种因素的干扰和影响，必须在精神上、物质上做好充分准备，以提高抗干扰的能力。

5. 产品投资大，生产周期长

建筑工程产品的生产属于基本建设的范畴，需要投入大量的资金。工程量大、工序繁多、工艺复杂、交叉等待多，再加上各种因素的干扰，使得生产周期较长，占用流动资金较大。建设单位（业主）为了及早使投资发挥效益，往往限制工期。施工单位为获得较好的效益需寻求合理工期，并恰当安排资源投入。

1.3 建筑施工组织原理

1.3.1 施工项目管理组织概述

1. 组织的含义

组织有两种含义。组织的第一种含义是作为名词出现的，指组织机构，其是按一定领导体制、部门调协、层次划分、职责分工、规章制度和信息系统等构成的有机整体，是社会的结合体，可以完成一定的任务，并为此而处理人和人、人和事、人和物的关系；组织的第二个含义是作为动词出现的，指组织行为（活动），即通过一定权力和影响力，为达到一定目的，对所需资源进行合理配置，处理人和人、人和事、人和物的行为（活动）。

组织有三要素，包括管理部门、管理层次和管理幅度。

（1）管理部门也称职能部门，是指专门从事某一类业务工作的部门。组织机构设置管理部门，应满足以下几点：业务量足，针对例行工作设置；功能专一；权责分明；关系明确。组织机构以横向划分部门。

（2）管理层次，是指从最高管理者到基层作业人员之间分级管理的级数。组织机构以纵向划分层次。

（3）管理幅度也称管理跨度，是指一名管理者直接管理下级人员的数量。

2. 施工项目管理的组织

施工项目管理的组织，是指为进行施工项目管理和实现组织职能而进行组织系统的设计与建立、组织运行和组织调整三个方面。组织系统的设计与建立是指通过筹划、设计，建立一个可以完成施工项目管理的组织机构，建立必要的规章制度，划分并明确岗位、层次、部门的责任和权力，建立和形成管理信息系统及责任分担系统，并通过一定岗位和部门内人员的规范化的活动和信息流通实现组织目标。

施工项目管理的组织职能是项目管理的基本职能之一，其目的是通过合理设计职权关系结构来使各方面工作协调一致。项目管理的组织职能包括五个方面：组织设计、组织联系、组织运行、组织行为、组织调整。

1.3.2 施工项目管理组织形式

1.4
施工项目
管理组织
形式

组织形式也称组织结构的类型，是指一个组织以什么样的结构方式去处理层次、跨度、部门设置和上下级关系。项目组织的形式应根据工程项目的特点、工程项目的承包模式、业主委托的任务以及单位自身情况而定。常用的项目组织形式一般有4种：工作队式、部门控制式、矩阵制和事业部式。

1. 工作队式项目组织

工作队式项目组织是指主要由企业中有关部门抽出管理力量组成施工项目经理部的方式，企业职能部门处于服务地位，其形式如图 1-1 所示。

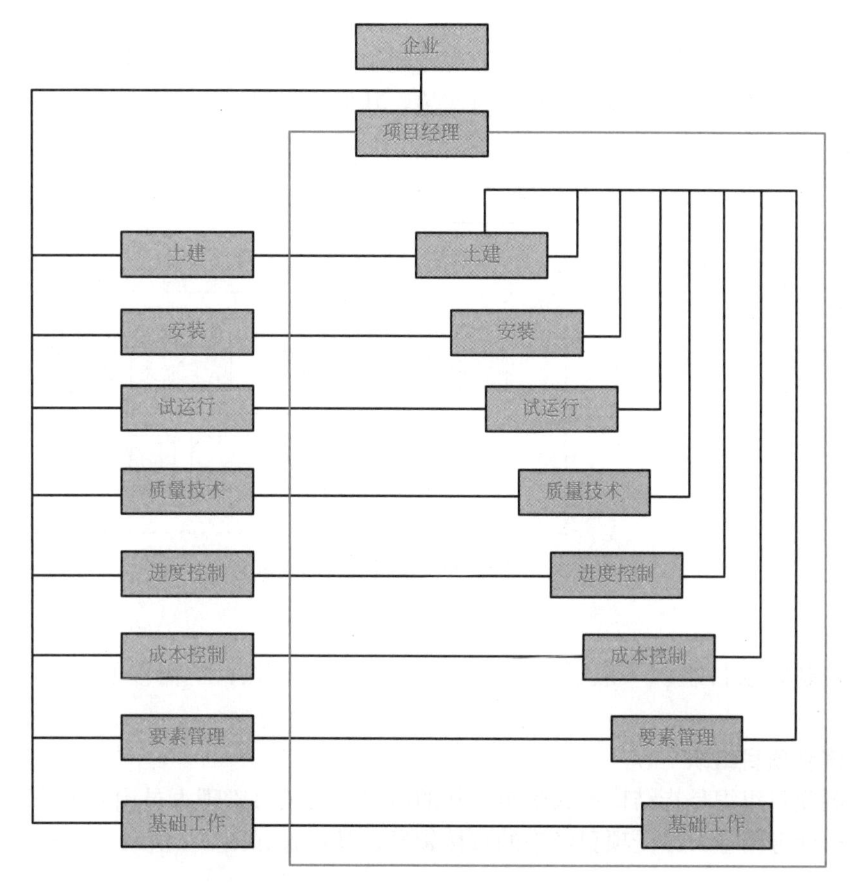

图 1-1　工作队式项目组织形式示意图

（1）特征

1）一般由公司任命项目经理，由项目经理在企业内招聘或抽调职能人员组成管理机构（工作队），项目经理全权指挥，独立性强。

2）项目管理班子成员在工程建设期间完全归属于该工作队。原单位负责人员负责业务指导及考察，但不能随意干预项目管理班子的工作或调回人员。

3）项目管理组织与项目同寿命，项目结束后机构撤销，所有人员仍回原所在部门和岗位。

（2）适用范围

这种项目组织类型适用于工期要求紧迫的大型项目、要求多工种多部门密切配合的项目。因此，项目经理素质要高，指挥能力要强，有快速组织队伍及善于指挥来自各方人员的能力。

（3）缺点

由于同一部门人员分散，交流困难，也难以进行有效的培养、指导，削弱了职能部门的工作。当人才紧缺而同时又有多个项目需要完成时，或者对管理效率有很高要求时，不宜采用这种项目组织类型。

2. 部门控制式项目组织

（1）特征

部门控制式项目组织并不打乱企业的现行建制，把项目委托给企业某一专业部门或某一施工队，由被委托的单位负责组织项目实施，其形式如图 1-2 所示。

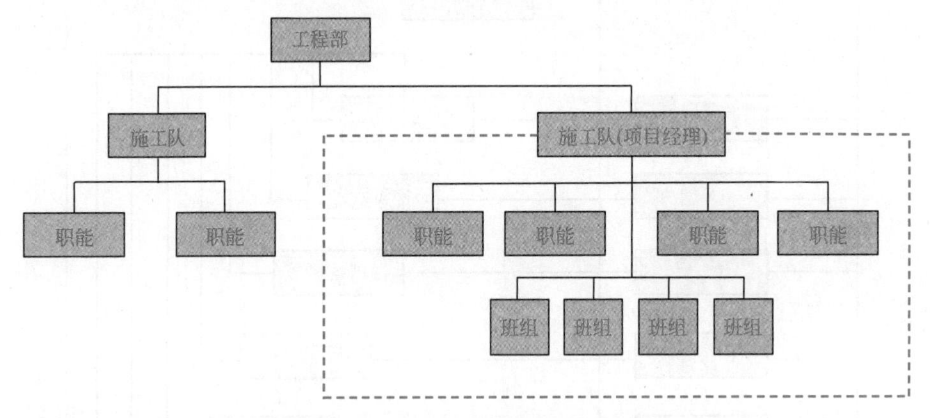

图 1-2　部门控制式项目组织形式示意

（2）适用范围

部门控制式项目组织一般适用于小型的、专业性较强、不需涉及众多部门的施工项目。

3. 矩阵制项目组织

矩阵制项目组织是指结构形式呈矩阵状的组织，其项目管理人员由企业有关职能部门派出并进行业务指导，接受项目经理的直接领导，其形式如图 1-3 所示。

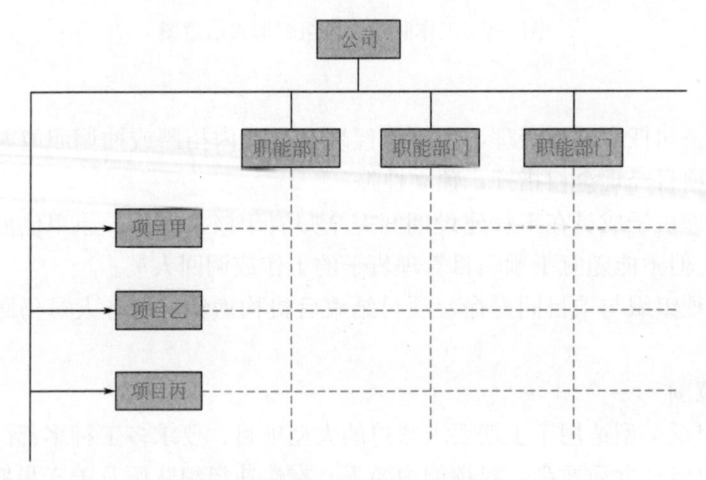

图 1-3　矩阵制项目组织形式示意图

（1）特征

1）项目组织机构与职能部门的结合部同职能部门数相同。多个项目与职能部门的结合部呈矩阵状。

2）既能发挥职能部门的纵向优势，又能发挥项目组织的横向优势。

3）专业职能部门是永久性的，项目组织是临时性的。职能部门负责人对参与项目组织的人员有组织调配、业务指导和管理考察的责任。项目经理将参与项目组织的职能人员在横向上有效地组织在一起，为实现项目目标协同工作。

4）矩阵中的每个成员或部门，接受原部门负责人和项目经理的双重领导，但部门的控制力大于项目的控制力。部门负责人有权根据不同项目的需要和忙闲程度，在项目之间调配本部门人员，这样，一个专业人员可能同时为几个项目服务，特殊人才可以充分发挥作用，免得人才在一个项目中闲置的同时在另一个项目中短缺，大大提高了人才利用效率。

5）项目经理对调配到本项目经理部的成员有权控制和使用，当感到人力不足或某些成员不得力时，可以向职能部门要求给予解决。

6）项目经理部的工作由多个职能部门支持，项目经理没有人员包袱。但水平方向和垂直方向都需要有良好的依靠及良好的协调配合，这就对整个企业组织和项目组织的管理水平和组织渠道的畅通提出了较高的要求。

（2）适用范围

1）适用于同时承担多个需要进行项目管理工程的企业。在这种情况下，各项目对专业技术人才和管理人员都有需求，加在一起数量较大，采用矩阵制组织可以充分利用有限的人才对多个项目进行管理，特别有利于发挥优秀人才的作用。

2）适用于大型、复杂的施工项目。因大型复杂的施工项目要求多部门、多技术、多工种配合实施，在不同阶段，对不同人员，在数量和搭配上有不同的需求。

4. 事业部式项目组织

（1）特征

1）企业成立事业部，事业部对企业来说是职能部门，对外界来说享有相对独立的经营权，是一个独立单位。事业部可以按地区设置，也可以按工程类型或经营内容设置，其形式如图 1-4 所示。事业部能较迅速适应环境的变化，提高企业的应变能力，调动部门的积极性。当企业向大型化、智能化发展并实行作业层和经营管理层分离时，事业部式项目组织是一种很受欢迎的形式，既可以加强经营战略管理，又可以加强项目管理。

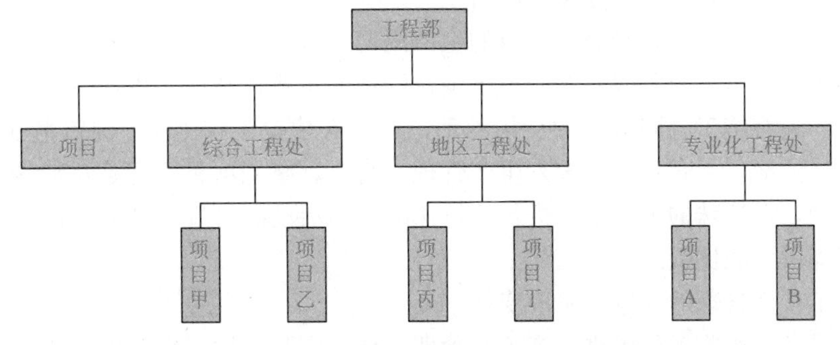

图 1-4 事业部式项目组织形式示意图

2）在事业部（一般为其中的工程部或开发部，对外工程公司是海外部）下边设置项目经理部。项目经理由事业部选派，一般对事业部负责，有的可以直接对业主负责，这是根据其授权程度决定的。

（2）适用范围

事业部式适用于大型经营性企业的工程承包，特别是适用于远离公司本部的工程承包。

需要注意的是，一个地区只有一个项目，没有后续工程时，不宜设立地区事业部，也就是说它适用于在一个地区内有长期市场或一个企业有多种专业化施工力量时采用。在这种情况下，事业部与地区市场同寿命，地区没有项目时，该事业部应撤销。

1.4 施工项目管理

1.4.1 施工项目管理概述

1. 施工项目管理的概念

施工项目管理是施工企业运用系统的观点、理论和科学技术对施工项目进行计划、组织、监督、控制、协调等全过程、全方位的管理，实现按期、优质、安全、低耗的项目管理目标。它是整个建设工程项目管理的一个重要组成部分，其管理的对象是施工项目。

2. 施工项目管理的特点

（1）施工项目的管理者是建筑施工企业

由业主或监理单位进行的工程项目管理中涉及的施工阶段管理仍属建设项目管理，不能算作施工项目管理，即项目业主和监理单位都不进行施工项目管理。项目业主在建设工程项目实施阶段，进行建设项目管理时涉及施工项目管理，但只是建设工程项目发包方和承包方的关系，是合同关系，不能算作施工项目管理。监理单位受项目业主委托，在建设工程项目实施阶段进行建设工程监理，把施工单位作为监督对象，虽与施工项目管理有关，但也不是施工项目管理。

（2）施工项目管理的对象是施工项目

施工项目管理的周期就是施工项目的生产周期，包括工程投标、签订工程项目承包合同、施工准备、施工及交工验收等。施工项目管理的主要特殊性是生产活动与市场交易活动同时进行，先有施工合同双方的交易活动，后才有建设工程施工，是在施工现场预约、订购式的交易活动，买卖双方都投入生产管理。所以，施工项目管理是对特殊的商品、特殊的生产活动，在特殊的市场上，进行的特殊的交易活动的管理，其复杂性和艰难性都是其他生产管理所不能比拟的。

（3）施工项目管理的内容按阶段变化

施工项目必须按施工程序进行施工和管理。从工程开工到工程结束，要经过一年甚至十几年的时间，经历了施工准备、基础施工、主体施工、装修施工、安装施工、验收交工等多个阶段，每一个工作阶段的工作任务和管理的内容都有所不同。因此，管理者必须做出设计、提出措施、进行有针对性的动态管理，使资源优化组合，以提高施工效率和施工效益。

（4）施工项目管理要求强化组织协调工作

由于施工项目生产周期长，参与施工的人员多，施工活动涉及许多复杂的经济关系、技术关系、法律关系、行政关系和人际关系等，所以施工项目管理中的组织协调工作最为艰难、复杂、多变，必须采取强化组织协调的措施才能保证施工项目顺利实施。

3. 施工项目管理的目标

施工方作为项目建设的一个参与方，其项目管理主要服务于项目的整体利益和施工方本身的利益，其项目管理的目标包括施工的安全管理目标、施工的成本目标、施工的进度目标和施工的质量目标。

4. 施工项目管理的任务

施工项目管理的主要任务包括下列内容：

（1）施工项目职业健康安全管理。

（2）施工项目成本控制。

（3）施工项目进度控制。

（4）施工项目质量控制。

（5）施工项目合同管理。

（6）施工项目沟通管理。

（7）施工项目收尾管理。

施工方的项目管理工作主要在施工阶段进行，但由于设计阶段和施工阶段在时间上有时是交叉的，因此，施工方的项目管理工作也会涉及设计阶段。在动用资金前准备阶段和保修期施工合同尚未终止，在这期间，还有可能出现涉及工程安全、费用、质量、合同和信息等方面的问题，因此，施工方的项目管理也涉及动用前准备阶段和保修期。

除以上内容外，施工项目管理还包括项目采购管理、项目环境管理、项目资源管理和项目风险管理。

1.4.2 施工项目管理程序

1. 投标与签订合同阶段

建设单位对建设项目进行设计和建设准备，在具备了招标条件以后，便发出招标公告或邀请函。施工单位见到招标公告或邀请函后，从做出投标决策至中标签约，实质上便是在进行施工项目的工作，本阶段的最终管理目标是签订工程承包合同，并主要进行以下工作：

（1）建筑施工企业从经营战略的高度做出是否投标争取承包该项目的决策。

（2）决定投标以后，从多方面（企业自身、相关单位、市场、现场等）掌握大量信息。

（3）编制可以使企业赢利，又有竞争力的标书。

（4）如果中标，则与招标方谈判，依法签订工程承包合同，使合同符合国家法律、法规和国家计划，符合平等互利原则。

2. 施工准备阶段

施工单位与投标单位签订了工程承包合同，交易关系正式确立以后，便应组建项目经理部，然后以项目经理为主，与企业管理层、建设（监理）单位配合，进行施工准备，使工程具备开工和连续施工的基本条件。

这一阶段主要进行以下工作：

（1）成立项目经理部，根据工程管理的需要建立机构，配备管理人员。

（2）制定施工项目管理实施规划，以指导施工项目管理活动。

（3）进行施工现场准备，使现场具备施工条件，利于进行文明施工。

（4）编写开工申请报告，等待批准开工。

3. 施工阶段

这是一个自开工至竣工的实施过程，在这一段过程中，施工项目经理部既是决策机构，又是责任机构。企业管理层、项目业主、监理单位的作用是支持、监督与协调。这一阶段的目标是完成合同规定的全部施工任务，达到验收、交工的条件。这一阶段主要进行以下工作：

（1）进行施工。

（2）在施工中努力做好动态控制工作，保证质量目标、进度目标、造价目标、安全目标和节约目标的实现。

（3）管理好施工现场，实行文明施工。

（4）严格履行施工合同，处理好内外关系，管理好合同变更及索赔。

（5）做好记录、协调、检查和分析工作。

4. 验收、交工与结算阶段

这一阶段可称作“结束阶段”，与建设项目的竣工验收阶段协调同步进行。其目标是对成果进行总结、评价，对外结清债权债务，结束交易关系。本阶段主要进行以下工作：

（1）工程结尾。

（2）进行试运转。

（3）接受正式验收。

（4）整理、移交竣工文件，进行工程款结算，总结工作，编制竣工总结报告。

（5）办理工程交付手续，项目经理部解体。

5. 使用后服务阶段

这是施工项目管理的最后阶段。即在竣工验收后，按合同规定的责任期进行用后服务、回访与保修，其目的是保证使用单位正常使用，发挥效益。该阶段中主要进行以下工作：

（1）为保证工程正常使用而做的必要的技术咨询和服务。

（2）进行工程回访，听取使用单位的意见，总结经验教训，观察使用中的问题，进行必要的维护、维修和保修。

（3）进行沉陷、抗震等性能的观察。

单元总结

本教学单元介绍了建筑工程的特点，建筑工程施工组织与管理的概念，建筑施工组织原理等相关内容。重点阐述了建设工程程序与施工程序，工程项目管理方法。

习　题

一、填空题

1. 设计技术交底会，一般由建设单位组织，__________、__________、__________、__________参加。

2. 建设工程项目管理的内容一般包括：__________、__________、__________、__________、项目职业健康安全管理、项目环境管理、项目成本管理、项目资源管理、项目信息管理、项目风险管理、项目沟通管理、项目收尾管理等。

3. 基本建设项目组成按其复杂程度建设项目由以下工程内容组成：__________、__________、__________和__________。

4. 常用的项目组织形式一般有 4 种：__________、__________、__________和__________。

5. 施工方作为项目建设的参与方之一，其项目管理主要服务于项目的整体利益和施工方本身的利益，其项目管理的目标包括施工的__________、__________、__________和__________。

二、单选题

1. 具有独立的设计文件，在竣工投产后可以发挥效益或生产能力的车间生产线或独立工程称为（　　）。

A. 建设项目　　B. 单项工程　　C. 单位工程　　D. 分部工程

2. 可行性研究报告经批准后，是（　　）的依据。

A. 施工图设计　　B. 初步设计　　C. 项目建议书　　D. 技术设计

3. 建筑施工中的流水作业与工业生产中的流水作业最主要的区别是（　　）。

A. 专业队伍固定，产品流动　　B. 专业队伍和产品都固定

C. 专业队伍随产品的流动而流动　　D. 产品固定，专业队伍流动

4. 常用的项目组织形式一般有 4 种：工作队式、部门控制式、矩阵制和（　　）。

A. 项目部式　　B. 指挥部式　　C. 工程队式　　D. 事业部式

5. 施工方作为项目建设的参与方之一，其项目管理主要服务于项目的整体利益和施工方本身的利益，其项目管理的目标包括施工的安全管理目标、施工的（　　）、施工的进度目标和施工的质量目标。

A. 经济目标　　B. 投资目标　　C. 成本目标　　D. 效益目标

三、简答题

1. 简述建筑施工组织。

2. 试述建筑产品及其施工的特点。
3. 试述基本建设程序的主要内容。
4. 一个建设项目由哪些工程内容组成？
5. 施工项目管理的特点有哪些？

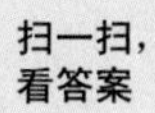

教学单元2 建筑工程施工准备工作

Chapter 02

1. 知识目标

(1) 了解施工准备工作的分类及要求，了解调查研究与资料收集工作的内容，了解施工场地准备和季节性施工准备工作的内容。

(2) 理解施工准备的意义；理解调查研究原始资料的重要性。

(3) 掌握施工准备工作的内容；掌握技术资料准备、资源准备、施工现场准备工作的内容。

2. 能力目标

通过本教学单元的学习，根据具体工程情况，能编制施工准备工作计划。

3. 思政目标

通过学习建筑工程施工准备工作，理解工程建设涉及单位多、参与人员多，需要掌握专门的知识和技能，才能担当工程建设管理的责任，以人民为中心，树立团队意识，培养协作、敬业和奉献精神，服务国家和社会建设。

思维导图

- 建筑工程施工准备工作
  - 施工准备工作的意义和内容
    - 施工准备工作的意义
    - 施工准备工作的分类
      - 按施工准备工作范围分类
      - 按施工准备工作所处施工阶段分类
      - 按施工准备工作性质和内容分类
    - 施工准备工作的内容
    - 施工准备工作的要求
      - 施工准备工作应分阶段、有组织、有计划、有步骤地进行
      - 施工准备工作应建立严格的保证措施
      - 施工准备工作应协调好各方面的关系
  - 调查研究与资料收集
    - 原始资料调查
      - 施工区域技术经济条件调查
      - 有关工程项目特征与要求资料调查
      - 施工现场及附近地区自然条件方面资料调查
      - 建设地区社会生活条件调查
      - 参考资料收集
    - 其他相关信息与资料的收集
  - 技术资源准备
    - 熟悉、审查图纸和有关设计资料
      - 熟悉、审查施工图纸的依据
      - 熟悉、审查设计图纸的目的
      - 熟悉、审查图纸的阶段划分
    - 编制施工组织设计
    - 编制施工图预算和施工预算
  - 施工生产要素准备
    - 劳动力组织准备
      - 确立拟建工程项目的领导机构
      - 建立施工队伍
      - 集结施工力量、组织劳动力进场
      - 向施工队组、工人进行施工组织设计、计划、技术交底
      - 建立健全各项管理制度
    - 物资准备
      - 物资准备工作的内容
      - 物资准备工作的程序
  - 施工现场准备
    - 消除障碍物
    - 施工现场“三通一平”
      - 修通道路
      - 水通
      - 电通
      - 平整施工场地
    - 临时设施建设
      - 临时围墙和大门
      - 生活及办公用房
      - 临时厕所
      - 临时食堂
      - 生产设施
      - 场区道路和排水
    - 施工现场测量控制网
    - 安装、调试施工机具
    - 组织材料、构配件制品进场储存
  - 季节性施工准备
    - 冬期施工准备
    - 雨期施工准备
      - 合理安排雨期施工
      - 做好现场排水工作
      - 做好运输道路维护和物资储备
      - 做好机具设备等防护
    - 夏期施工准备
      - 施工人员防署降温工作准备
      - 编制夏期施工项目施工方案
      - 现场防雷装置准备

2.1 施工准备工作的意义和内容

2.1.1 施工准备工作的意义

施工准备工作是指为了保证建筑工程施工能够顺利进行，施工前从组织、技术、经济、劳动力、物资等各方面应事先做好的各项工作。做好施工准备工作是施工生产顺利完成的重要前提。建筑施工是一项十分复杂的生产活动，它不但需要耗用大量的材料，使用许多机具设备，组织安排各种工人进行生产活动，而且还要处理各种复杂的技术问题，协调各种协作配合关系，涉及面广、情况复杂。如果缺乏事先的统筹安排和准备，势必会造成工作混乱，使工程无法正常进行。而事先全面细致地做好施工准备工作，则对调动各方面的积极因素都会起到重要的作用。

任何工程开工，都必须有合理的施工准备期，以便为工程施工创造一切必要的条件。大量实践证明，凡是重视和做好施工准备工作，能够事先细致、周到地为施工创造一切必要条件的，则施工任务就能够顺利完成；反之，如果违背施工程序，忽视施工准备工作，虽然可能加快工程施工进度，但是往往会造成事与愿违的结果，给项目施工带来麻烦和损失，甚至给项目施工带来灾难，后果不堪设想。

因此，严格遵守施工程序，按照工程建设的客观规律组织施工，做好各项准备工作，是施工顺利进行和工程圆满完成的重要保证。一方面，可以保证拟建工程能够连续、均衡、协调和安全地进行，并在规定的工期内交付使用；另一方面，在保证工程质量的条件下能够提高劳动生产率和降低工程成本，发挥企业优势，增加企业经济效益，赢得企业社会信誉，实现企业现代化管理，保护生态环境，具有实现人与自然和谐共存等方面的意义。

2.1.2 施工准备工作的分类

1. 按施工准备工作范围分类

按施工项目准备工作的范围不同，施工准备工作一般可分为全场性施工准备、单位工程施工条件准备和分部分项工程作业条件准备 3 种。

（1）全场性施工准备，是以一个施工工地为对象而进行的各项施工准备。其特点是施工准备工作的目的、内容都是为全场性施工服务的，它不仅要为全场性的施工活动创造有利条件，而且要兼顾单位工程施工条件的准备。

（2）单位工程施工条件准备，是以一个建筑物为对象而进行的施工条件准备工作。其特点是施工准备工作的目的、内容都是为单位工程施工服务的，它不仅为该单位工程的施工做好准备，而且要为分部分项工程做好施工准备工作。

（3）分部分项工程作业条件准备，是以一个分部分项工程或冬、雨期施工项目为对象而进行的作业条件准备。

2. 按施工准备工作所处施工阶段分类

施工准备工作按拟建工程施工阶段的不同，可分为开工前的施工准备和各施工阶段前的施工准备 2 种。

（1）开工前的施工准备，是在拟建工程正式开工之前所进行的一切施工准备工作。其目的是为拟建工程正式开工创造必要的施工条件。它既可能是全场性的施工准备，也可能是单位工程施工条件准备。

（2）各施工阶段前的施工准备，是在施工项目开工之后，每个施工阶段正式开工之前所进行的一切施工准备工作。其目的是为施工阶段正式开工创造必要的施工条件。如砖混结构的民用住宅的施工，一般可分为地下工程、主体工程、装饰工程和屋面工程等施工阶段，每个施工阶段的施工内容不同，所需要的技术条件、物资条件、组织要求和现场布置等方面也不同，因此在每个施工阶段开工之前，都必须做好相应的施工准备工作。

由上可知，施工准备工作不仅在开工前的准备期进行，还贯穿于整个施工过程中，随着工程的进展，在各个分部分项工程施工之前，都要做好施工准备工作。施工准备工作既要有阶段性，又要有连贯性。因此，施工准备工作必须有计划、有步骤、分阶段地进行，它贯穿于整个工程项目建设的始终。

3. 按施工准备工作性质和内容分类

施工准备工作按其工作性质和内容的不同，通常分为技术准备、物资准备、劳动组织准备、施工现场准备和施工场外准备。

2.1.3 施工准备工作的内容

每项工程施工准备工作的内容，因该工程本身及其具体的条件而异。有的比较简单，有的却十分复杂。

如只有一个单项工程的施工项目和包含多个单项工程的群体项目，一般小型项目和规模庞大的大中型项目，新建项目和改扩建项目，在未开发地区兴建的项目和在已开发地区兴建的项目等，都因工程的特殊需要和特殊条件而对施工准备提出各不相同的具体要求。

因此，需根据具体工程的需要和条件，按照施工项目的规划来确定准备工作的内容，并拟订具体的、分阶段的施工准备工作实施计划，才能充分且恰如其分地为施工创造一切必要条件。一般工程必需的准备工作内容如图 2-1 所示。

2.1.4 施工准备工作的要求

1. 施工准备工作应分阶段、有组织、有计划、有步骤地进行

施工准备工作不仅要在开工前集中进行，而且应贯穿于整个施工过程中。随着工程施工的不断进展，施工准备工作可按工程的具体情况划分为开工前、地基与基础、主体结构、屋面和装修工程等时间区段，分期、分阶段地做好各项施工准备工作，可为顺利进行下一阶段的施工创造条件。

图 2-1　施工准备工作内容

为了加强监督检查，落实各项施工准备工作，施工现场应建立施工准备工作的组织机构，明确相关管理人员的职责，并根据各项施工准备工作的内容、时间和人员要求编制出施工准备工作计划。

2. 施工准备工作应建立严格的保证措施

（1）建立严格的施工准备工作责任制。由于施工准备工作项目多、范围广、时间跨度长，因此必须建立严格的责任制，按计划将责任落实到有关部门及个人，明确各级技术负责人在施工准备工作中应负的责任，使各级技术负责人认真做好施工准备工作。

（2）建立施工准备工作检查制度。在施工准备工作实施过程中，应定期进行检查。检查的目的在于发现薄弱环节、不断改进工作。施工准备工作检查的主要内容是施工准备工作计划的执行情况。如果没有完成计划的要求，应进行分析，找出原因，排除障碍，协调施工准备工作进度或调整施工准备工作计划。检查的方法可采用实际与计划对比法，检查施工准备工作情况，当场分析产生问题的原因，提出解决问题的方法和措施。

（3）坚持按基本建设程序办事，严格执行开工报告和审批制度。依据现行《建设工程监理规范》GB/T 50319的有关要求，工程项目开工前，施工准备工作情况达到开工条件要求时，施工单位应向监理单位报送工程开工报审表及开工报告、证明文件等，监理单位审查同意后，由总监理工程师签发，并报建设单位后，在规定时间内开工。施工准备工作满足下列条件时方可开工：

1）征地拆迁工作能满足工程进度的需要。

2）施工许可证已获政府主管部门批准。

3）施工组织设计已获总监理工程师批准。

4）施工单位现场管理人员已到位，机具、施工人员进场，主要工程材料已落实。

5）进场道路及水、电、通信等已满足开工要求。

3. 施工准备工作应协调好各方面的关系

由于施工准备工作涉及范围广，因此除了施工单位自身努力做好，还要取得建设单位、监理单位、设计单位、供应单位、行政主管部门、交通运输部门等相关单位的协作与大力支持，做到步调一致、分工明确，共同做好施工准备工作。为此要处理好以下几个方面的关系：

（1）前期准备与后期准备相结合。由于施工准备工作周期长，有一些是开工前进行的，有一些是在开工后交叉进行的，因此，既要立足于前期准备工作，又要着眼于后期的准备工作。要统筹安排好前、后期的施工准备工作，把握时机，及时做好前期的施工准备工作，同时规划好后期的施工准备工作。

（2）土建工程与安装工程相结合。土建施工单位在拟订出施工准备工作计划后，要及时与其他专业工程以及供应部门相结合，研究总包与分包之间综合施工、协作配合的关系，然后各自进行施工准备工作，相互提供施工条件，有问题及早提出，以便采取有效措施，促进各方面准备工作的进行。

（3）室内准备与室外准备相结合。室内准备主要指内业的技术资料准备工作（如熟悉图纸、编制施工组织设计等）；室外准备主要指调查研究、资料收集和施工现场准备、物资准备等外业工作。室内准备对室外准备起着指导作用，室外准备则是室内准备的具体落实，室内准备工作与室外准备工作要协调一致。

（4）建设单位准备与施工单位准备相结合。为保证施工准备工作顺利全面地完成，不出现漏洞或职责推脱的情况，应明确划分建设单位和施工单位准备工作的范围及职责，并在实施过程中相互沟通、相互配合，保证施工准备工作的顺利完成。

2.2 调查研究与资料收集

建筑工程施工涉及的单位多、内容广、情况多变、问题复杂。对一项工程所涉及的自然条件和技术经济条件等施工资料进行调查研究与收集整理，是施工准备工作的一项重要内容，也是编制施工组织设计的重要依据。调查研究与收集资料的工作应有计划、有目的地进行，事先要拟定详细的调查提纲。其调查的范围、内容要求等应根据拟建工程的规模、性质、复杂程度、工期及对当地的了解程度确定。调查时，除向建设单位、勘察设计单位、当地气象台站及有关部门和单位收集资料和有关规定外，还应到实地勘测，并向当地居民了解。对调查、收集到的资料应注意整理归纳、分析研究，对其中特别重要的资料，必须复查其数据的真实性、时效性和可靠性。

2.2.1　原始资料调查

为做好施工准备工作，除掌握有关施工项目的书面资料外，还应该进行施工项目的实地勘察和调查分析，获得有关数据的第一手资料，这对于编制一个科学、先进、切合实际的施工组织设计是非常必要的。因此，应做好有关原始资料的调查工作。

1. 施工区域技术经济条件调查

(1) 当地水、电、蒸汽的供应条件。调查内容如下：

1) 城市自来水干管的供水能力，接管距离、地点和接管条件等。无城市供水设施或距离太远供水量不敷需要时，要调查附近可作施工生产、生活、消防用水的地面或地下水源的水质、水量，并设计临时取水和供水系统。另外，还需调查利用市政排水设施的可能性，排水去向、距离、坡度等。

2) 可供施工使用的电源位置，引入工地的路径和条件，可以满足的容量和电压，电话和电报利用的可能，需要增添的线路与设施等。

3) 冬期施工时，附近蒸汽的供应量、价格、接管条件等。

(2) 交通运输条件。调查主要材料及构件运输通道情况，包括道路、街巷以及途经桥涵的宽度、高度，允许载重量和转弯半径限制等。有超长、超重、超高或超宽的大型构件、大型起重机械和生产工艺设备需整体运输时，还要调查沿途架空电线（特别是横在道路上空的无轨电车线）、天桥的高度，并与有关部门商谈避免大件运输对正常交通干扰的路线、时间及措施等。

(3) 材料供应情况和当地协作条件。调查内容包括：建筑施工常用材料的供应能力、质量、价格、运费等；附近构件生产、木材加工、金属结构、钢木门窗、商品混凝土、建筑机械供应与维修、运输服务、脚手架、定型模板等大型工具租赁等所能提供的服务项目及其数量、价格、供应条件等。

必须强调，建筑施工对外部条件的依赖性很强。各种必要技术、经济条件中的任何一种，在时间、规格、数量上出现差错或疏漏，都将干扰施工正常秩序，所以必须专项核查，力争在开工前落实。一切外部劳动力提供、资源供应、与市政及环保部门相互关系的确定（如临时用地的占用，水、电管线和道路的临时截断、改线、加固，各种障碍物的处理，施工公害防治以及材料运输的时间、路线等），都必须在开工前办理好申请、审批或签订合同、协议等手续。因此，这些应逐项列入施工准备工作计划之中。

施工区域的技术经济条件调查项目可参照表 2-1～表 2-3 进行。

建设地区交通运输条件调查表 表 2-1

序号	项目	调查内容
1	铁路	(1)邻近铁路专用线、车站至工地距离及运输条件。 (2)站、场卸货线长度,起重能力和储存能力。 (3)需装载的单个货物的最大尺寸、重量。 (4)运费、装卸费和装卸能力
2	公路	(1)到施工现场的公路等级、路面构造、路宽及完好情况、允许最大载重量,途径桥涵等级、允许最大载重量。 (2)当地专业运输机构及附近村镇能够提供的运输能力(吨、公里数),汽车、人力、畜力车数量和效率、运费、装卸费和装卸能力。 (3)当地有无汽车修配厂,至现场工地距离,能提供的修理能力
3	水路	(1)货源、工地至邻近河流、码头、渡口的距离,道路情况。 (2)洪水、平水、枯水期,通航的最大船只及吨位,取得船只的可能性。 (3)码头装卸能力,最大起重量,增设码头的可能性;渡口的渡船能力,同时可载汽车、马车数,每日摆渡次数,能为施工提供的摆渡能力;运费、摆渡费、装卸费及装卸能力

建设地区供水、供电、供气条件调查表 表 2-2

序号	项目	调查内容
1	供水排水	(1)与当地现有水源连接的可能性,可供水,接管地点、管径、管材、埋深、水压、水质、水费,至工地的距离,地形地物情况。 (2)临时供水源:利用江河、湖水的可能性,水源、水量、水质及取水方式,至工地的距离,地形地物情况;临时水井位置、深度、出水量、水质。 (3)利用永久排水设施的可能性,施工排水的去向、距离、坡度,有无洪水影响,现有防洪设施,排洪能力
2	供电电信	(1)电源位置,引入的可能,允许供电容量、电压、导线截面、距离、电费;接线地点,至工地的距离,地形地物情况。 (2)建设、施工单位自有发电、变电设备型号、台数、能力。 (3)利用临近电信设备的可能性以及至工地的距离,增设电话设备和线路的可能性
3	供气	(1)蒸汽来源,可供能力、数量、接管点、管径、埋深,至工地的距离,地形地物情况,供气价格。 (2)建设、施工单位自有锅炉型号、台数、能力、所需燃料、用水水质。 (3)当地、建设单位提供压缩空气、氧气的能力,至工地的距离

地方资源情况调查表 表 2-3

序号	材料名称	产地	储存量	质量	开采(生产)量	开采费	出厂价	运距	运费	供应的可能性

注:材料名称栏按块石、碎石、砾石、砂、工业废料(包括冶金矿渣、炉渣、电站粉煤灰)填列。

2. 有关工程项目特征与要求资料调查

(1)向建设单位和主体设计单位了解并取得可行性研究报告、工程选址报告、扩大初步设计等方面的资料,以便了解建设目的、任务、设计意图。

(2)弄清设计规模、工程特点。

(3)了解生产工艺流程与工艺设备特点及来源。

(4)摸清对工程分期、分批施工、配套交付使用的顺序要求,图纸交付的时间,以及工程施工的质量要求和技术难点等。

3. 施工现场及附近地区自然条件方面资料调查

施工现场及附近地区自然条件方面的资料调查主要调查地形和环境条件、工程地质、地震烈度、工程水文地质情况以及气候条件等，具体调查项目见表 2-4。

建设地区及施工场址自然条件调查表 表 2-4

项目	调查内容	调查目的
气温	(1)年平均、最低温度，最冷、最热月份的逐日平均温度。 (2)冬、夏室外计算温度。 (3)≤−3℃、0℃、5℃的天数，起止时间	(1)确定防暑降温的措施。 (2)确定冬期施工的措施。 (3)估计混凝土、砂浆的强度
雨(雪)	(1)雨期起止时间。 (2)月平均降雨(雪)量、最大降雨(雪)量、一昼夜最大降雨(雪)量。 (3)全年雷暴雨天数	(1)确定雨期的施工措施。 (2)确定工地排水、防洪方案。 (3)确定工地防雷措施
风	(1)主导风向及频率(风玫瑰图)。 (2)≥8 级风的全年天数、时间	(1)确定临时设施的布置方案。 (2)确定高空作业及吊装的技术安装措施
地形	(1)区域地形图：1/25000～1/10000。 (2)工程位置地形图：1/2000～1/1000。 (3)该地区城市规划图。 (4)经纬坐标、水准基础桩位置	(1)选择施工用地。 (2)布置施工总平面图。 (3)场地平整及土方量计算。 (4)理解障碍物及其数量
地质	(1)桩孔布置图。 (2)地质剖面图：土层类别、厚度。 (3)物理力学指标：天然含水量、孔隙比、塑性指数、渗透系数、压缩试验及地基强度。 (4)地层的稳定性：断层滑块、流砂。 (5)最大冻结深度。 (6)地基土的破坏情况：钻井、古墓、防空洞及地下构筑物	(1)土方施工方法的选择。 (2)地基土的处理方法。 (3)基础施工方法。 (4)复核地基基础设计。 (5)确定地下管理埋设深度。 (6)确定障碍物拆除方案
地震	地震烈度	确定对基础的影响、注意事项
地下水	(1)最高、最低水位及时间。 (2)水的流速、流向、流量。 (3)水质分析、水的化学成分。 (4)抽水试验	(1)基础施工方案选择。 (2)确定降低地下水位的方法。 (3)拟定防止介质侵蚀的措施
地面水	(1)临近江河湖泊距工地的距离。 (2)洪水、平水、枯水期的水位、流量及航道深度。 (3)水质分析。 (4)最大、最小冻结深度及时间	(1)确定临时给水方案。 (2)确定施工运输方式。 (3)确定水工工程施工方案。 (4)确定工地防洪方案

4. 建设地区社会生活条件调查

施工现场社会生活条件的调查内容如下：

(1) 周围地区能为施工所利用的房屋类型、面积、结构、位置、使用条件和满足施工需要的程度；附近主副食供应、医疗卫生、商业服务条件，公共交通、通信条件，消防、治安机构的支援能力。这些调查对于在新开发地区施工特别重要。

(2) 附近地区机关、居民、企业分布状况及作息时间、生活习惯和交通情况。施工时吊装、运输、打桩、用火等作业所产生的安全问题、防火问题，以及振动、噪声、粉尘、有害气体、垃圾、泥浆、运输散落物等对周围人们的影响及防护要求，工地内外绿化、文物古迹的保护要求等。

建设地区社会生活条件调查项目可参照表 2-5 进行。

建设地区社会劳动力和生活设施的调查表　　表 2-5

序号	项目	调查内容
1	社会劳动力	(1)当地能支援施工的劳动力数量、技术水平和来源。 (2)少数民族地区的风俗、民情、习惯。 (3)上述劳动力的生活安排、居住远近
2	房屋设施	(1)能为施工所用的现有房屋数量、面积、结构特征、位置、距工地远近；水、暖、电、卫设备情况。 (2)上述建筑物的适用情况，能否作为宿舍、食堂、办公场所、生产场所等。 (3)需在工地居住的人数和户数
3	生活设施	(1)当地主副食品商店，日常生活用品供应、文化、教育设施、消防、治安等机构供应或满足需要的能力。 (2)邻近医疗单位至工地的距离，可能提供服务的情况。 (3)周围有无有害气体污染企业和地方疾病

2.2 参考资料的收集

5. 参考资料的收集

在编制施工组织设计时，除施工图纸及调查所得的原始资料外，还可收集相关的参考资料作为编制的依据，如施工定额、施工手册、施工组织设计实例及平时收集的实际施工资料等。此外，还应向建设单位和设计单位收集本建设项目的建设安排及设计等方面的资料，这有助于准确、迅速地掌握本建设项目的许多有关信息，具体内容可参考表 2-6。

建设单位与设计单位调查项目表　　表 2-6

序号	调查单位	调查内容	调查目的
1	建设单位	(1)建设项目设计任务书、有关文件。 (2)建设项目性质、规模、生产能力。 (3)生产工艺流程、主要工艺设备名称及来源、供应时间、分批和全部到货时间。 (4)建设期限、开工时间、交工先后顺序、竣工投产时间。 (5)总概算投资，年度建设计划。 (6)施工准备工作内容、工作安排、工作进度	(1)施工依据。 (2)项目建设部署。 (3)主要工程施工方案。 (4)规划施工总进度。 (5)安排年度施工计划。 (6)规划施工总平面。 (7)占地范围
2	设计单位	(1)建设项目总平面规划。 (2)工程地质勘查资料。 (3)水文地质勘查资料。 (4)项目建筑规模、装修概况，总建筑面积、占地面积。 (5)单项(单位)工程个数。 (6)设计进度安排。 (7)生产工艺设计、特点。 (8)地形测量图	(1)施工总平面图规划。 (2)生产施工区，生活区规划。 (3)大型暂设工程安排。 (4)概算劳动力、主要材料用量，选择主要施工机械。 (5)规划施工总进度。 (6)计算平整场地土石方量。 (7)确定地基，基础施工方案

2.2.2 其他相关信息与资料的收集

其他相关信息与资料包括：现行的由国家有关部门制定的技术规范、规程及有关技术规定，如《建筑工程施工质量验收统一标准》GB 50300—2013、《建筑施工安全检查标准》JGJ 59—2011《建筑工程项目管理规范》GB/T 50326—2017、《建设工程文件归档规范》GB/T 50328—2014，《建筑工程冬期施工规程》JGJ/T 104—2011，及各专业工程施工技术规范等，还包括企业现有的施工定额、施工手册、类似工程的技术资料及平时施工实践活动中所积累的资料等。收集这些相关信息与资料，是进行施工准备工作和编制施工组织设计的依据之一，可为其提供有价值的参考。

2.3 技术资源准备

技术资源准备工作是施工准备工作的核心，对于指导现场施工准备工作、保证建筑产品质量、加快工程进度、实现安全生产、提高企业效益具有十分重要的意义。任何技术差错和隐患都可能引起人身安全和质量事故，造成生命财产和经济的巨大损失，因此必须认真做好技术资料准备工作，不得有半点马虎。技术资源准备工作主要包括熟悉、审查施工图纸和有关设计资料，编制施工组织设计、施工图预算和施工预算等。

2.3.1 熟悉、审查图纸和有关设计资料

1. 熟悉、审查施工图纸的依据

（1）建设单位和设计单位提供的初步设计或扩大初步设计（技术设计）、施工图设计、建筑总平面图、土方数量设计、城市规划、环境保护和文化遗产保护等资料文件。

（2）调查、搜集的原始资料。

（3）设计、施工验收规范和有关技术规定。

2. 熟悉、审查设计图纸的目的

（1）按照设计图纸的要求顺利地进行施工，生产出符合设计要求的最终建筑产品（建筑物或构筑物）。

（2）在拟建工程开工之前，使从事建筑施工技术和经营管理的工程技术人员充分了解和掌握设计图纸和设计意图、结构与构造特点和技术要求。

（3）通过审查发现设计图纸中存在的问题和错误，使其在施工开始之前改正，为拟建工程的施工提供一份准确、完整的设计图纸。

3. 熟悉、审查图纸的阶段划分

（1）熟悉图纸阶段

搞好图纸审查工作，首先要求参加审查的人员应熟悉图纸。各专业技术人员在领到施工图后，必须先认真、全面地了解图纸，要清楚设计图及技术标准的规定要求，要熟悉工

艺流程和结构特点等重要环节，必要时，还要到现场进行详细的调查，以了解设计图是否符合现场要求。

由施工项目经理部组织有关工程技术人员熟悉图纸，了解设计意图与建设单位要求及施工应达到的技术标准。

熟悉图纸的要求有以下几点：

1）先粗后细。就是先看平面图、立面图、剖面图，对整个工程的概貌有一个了解，对总的长宽尺寸、轴线尺寸、标高、层高、总高有一个大体的印象；然后看细部做法，核对总尺寸与细部尺寸、位置、标高是否相符，门窗表中的门窗型号、规格、形状、数量是否与结构相符等。

2）先小后大。就是先看小样图，后看大样图。核对在平面图、立面图、剖面图中标注的细部做法与大样图的做法是否相符。所采用的标准构件图集编号、类型、型号与设计图纸有无矛盾，索引符号有无漏标之处，大样图是否齐全等。

3）先建筑后结构。就是先看建筑图，后看结构图。把建筑图与结构图互相对照，核对其轴线尺寸、标高是否相符，有无矛盾，查对有无遗漏尺寸，有无构造不合理之处。

4）先一般后特殊。就是先看一般的部位和要求，后看特殊的部位和要求。特殊部位一般包括地基处理方法，变形缝的设置，防水处理要求和抗震、防火、保温节能、隔热、防尘、特殊装修等技术要求。

5）图纸与说明结合。就是要在看图时对照设计总说明和图中的细部说明，核对图纸和说明有无矛盾，规定是否明确，要求是否可行，做法是否合理等。

6）土建与安装结合。就是看土建图时，有针对性地看一些安装图，核对与土建有关的安装图有无矛盾，预埋件、预留洞、槽的位置、尺寸是否一致，了解安装对土建的要求，以便考虑在施工中的协作配合。

7）图纸要求与实际情况结合。就是核对图纸是否符合施工实际，如建筑物相对位置、场地标高、地质情况等是否与设计图纸相符。对一些特殊的施工工艺、安全措施，施工单位能否做到等。

（2）图纸自审阶段

2.3
图纸自审的
主要内容

图纸自审由施工单位主持，一般由施工单位的项目经理部组织各工种人员对本工种的有关图纸进行审查，了解和掌握图纸中的细节；在此基础上，由总承包单位内部的土建与水、暖、电、工艺等专业人员共同核对图纸；最后，总承包单位与分包单位在各自审查图纸的基础上，共同核对图纸中的差错，协商施工配合事项，并写出图纸自审记录。图纸自审应注意以下几个方面内容：

1）审查拟建工程的地点，建筑总平面图同国家、城市或地区规划是否一致，以及建筑物或构筑物的设计功能和使用要求是否符合环保、消防及城市可持续发展等方面的要求。

2）审查设计图纸是否完整、齐全及设计图纸和资料是否符合国家有关技术规范要求。

3）审查建筑、结构、设备安装图纸是否相符，有无“错、漏、碰、缺”。内部结构和工艺设备有无矛盾。

4）审查地基处理与基础设计同拟建工程地点的工程地质和水文地质等条件是否一致，以及建筑物或构筑物与原地下构筑物及管线之间有无矛盾；深基础的防水方案是否可靠；材料设备能否解决。

5）明确拟建工程的结构形式和特点，复核主要承重结构的承载力、刚度和稳定性是否满足要求，审查设计图纸中的形体复杂、施工难度大和技术要求高的分部（分项）工程或新结构、新材料、新工艺在施工技术和管理水平上能否满足质量和工期要求，选用的材料、构配件、设备等能否解决。

6）明确建设期限，分期分批投产或交付使用的顺序和时间，以及工程所用的主要材料、设备的数量、规格、来源和供货日期。

7）明确建设、设计和施工等单位之间的协作、配合关系，以及建设单位可以提供的施工条件。

8）审查设计是否考虑了施工的需要，各种结构的承载力，刚度和稳定性是否满足设置内爬、附着、固定式塔式起重机等使用的要求。

（3）图纸会审阶段

施工人员参加图纸会审有两个目的：其一是了解设计意图并向设计人员质疑，对图纸中不清楚的部分或不符合国家的建设方针、政策的部分，本着对工程负责的态度应予以指出，并提出修改建议供设计人员参考；其二是施工图中的建筑图、结构图、水暖电管线及设备安装图等，有时由于设计时各专业配合不好或会审不严而存在矛盾时，应提请设计人员作书面更正或补充。图纸会审应注意以下几个方面：

1）施工图纸的设计是否符合国家有关技术规范、标准等。

2）图纸及设计说明是否完整、齐全、清楚；图中的尺寸、坐标、轴线、标高、各种管线和道路的交叉连接点是否准确；一套图纸的前、后各图纸及建筑和结构施工图是否吻合一致，有无矛盾；地下和地上的设计是否有矛盾。

3）施工单位的技术装备条件能否满足工程设计的有关技术要求；采用新结构、新工艺、新技术工程的工艺设计及使用功能要求对土建施工、设备安装、管道、动力、电气安装采取特殊技术措施时，施工单位在技术上有无困难，是否能确保施工质量和施工安全。

4）设计中所选用的各种材料、配件、构件（包括特殊的、新型的），在组织生产供应时，其品种、规格、性能、质量、数量等方面能否满足设计规定的要求。

5）对设计中不明确或有疑问处，请设计人员解释清楚。

6）指出图纸中的其他问题，并提出合理化建议。

图纸会审应有记录（表 2-7），并由参加会审的各单位会签。对会审中提出的问题，必要时，设计单位应提供补充图纸或变更设计通知单，连同会审记录分送给有关单位。这些技术资料应视为施工图的组成部分并与施工图一起归档。

图纸会审记录　　　　表 2-7

<table>
<tr><td colspan="3">图纸会审</td><td colspan="2">编号</td><td></td></tr>
<tr><td colspan="2">工程名称</td><td></td><td colspan="2">日期</td><td></td></tr>
<tr><td colspan="2">地点</td><td></td><td colspan="2">专业名称</td><td></td></tr>
<tr><td>序号</td><td>图号</td><td colspan="3">图纸问题</td><td>图纸问题交底</td></tr>
<tr><td></td><td></td><td colspan="3"></td><td></td></tr>
<tr><td colspan="2" rowspan="2">签字栏</td><td>建设单位</td><td>监理单位</td><td>设计单位</td><td>施工单位</td></tr>
<tr><td></td><td></td><td></td><td></td></tr>
</table>

注：1. 由施工单位整理、汇总，建设单位、监理单位、施工单位、城建档案各保存一份。
2. 图纸会审记录应根据专业（建筑、结构、给水排水及采暖、电气、通风空调、智能系统等）汇总、整理。
3. 设计单位应由专业设计负责人签字，其他相关单位应由项目技术负责人或相关专业负责人签字。

2.3.2 编制施工组织设计

施工总承包单位中标承接施工任务后，即开始编制施工组织设计，这是拟建工程开工前最重要的施工准备工作之一。施工组织设计所收集的原始资料、施工图纸和施工图预算等相关信息，综合建设单位、监理单位、设计单位的具体要求进行编制，以保证工程施工好、快、省并且安全、顺利地完成。

施工单位必须在施工约定的时间内完成施工组织设计的编制与自审工作，并填写施工组织设计报审表，报送项目监理机构。总监理工程师应在约定的时间内，组织专业监理工程师审查，提出审查意见后，由总监理工程师审定批准，需要施工单位修改时，由总监理工程师签发书面意见，退回施工单位修改后再报审，总监理工程师应重新审定，已审定的施工组织设计由项目监理机构报送建设单位。施工单位应按审定的施工组织设计文件组织施工，如需对其内容做较大变更，应在实施前将变更内容书面报送项目监理机构重新审定。对规模大、结构复杂或属于新结构、特种结构的工程，专业监理工程师提出审查意见后，由总监理工程师签发审查意见，必要时与建设单位协商，组织有关专家会审。

2.3.3 编制施工图预算和施工预算

建筑工程预算是反映工程经济效果的经济文件，按照不同的编制阶段和不同作用可分为施工图预算和施工预算。

（1）施工图预算的主要作用是确定建筑工程造价。

施工图预算的编制依据是预算定额，预算定额的水平是平均水平。

（2）施工预算是施工单位根据施工合同价款、施工图纸、施工组织设计或施工方案、施工定额等文件编制的企业内部经济文件，直接受施工合同中合同价款的控制。编制施工预算是施工前的一项重要准备工作。它是施工企业内部控制各项成本支出、考核用工、签发施工任务书、限额领料，基层进行经济核算和经济活动分析的依据。在施工过程中，要按施工预算严格控制各项指标，以降低工程成本和提高施工管理水平。

施工预算的编制依据是施工定额，施工定额的水平是略高于施工平均水平。

2.4 施工生产要素准备

2.4.1 劳动力组织准备

1. 确立拟建工程项目的领导机构

应根据施工项目的规模、结构特点和复杂程度，确定项目施工的领导机构人选和名额，坚持合理分工与密切协作相组合，把有施工经验、有创新精神、有工作效率的人选入领导机构，认真执行因事设职、因职选人的原则。组织领导机构的设置程序如图 2-2 所示。

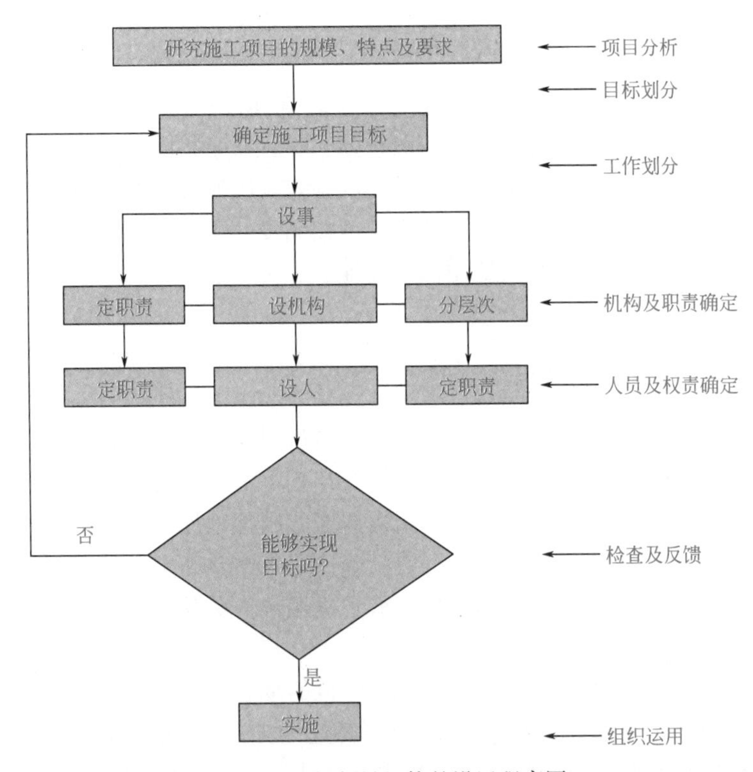

图 2-2　组织领导机构的设置程序图

2. 建立施工队伍

施工队伍的建立要认真考虑专业、工种的合理配合，技工、普工的比例要满足合理的劳动组织，要符合流水施工组织方式的要求，建立的施工队组（专业施工队组或混合施工队组）要坚持合理、精干、高效的原则，人员配置要从严控制二、三线管理人员，力求“一专多能、一人多职”，同时制订出该工程的劳动力需要量计划。

3. 集结施工力量、组织劳动力进场

工地领导机构确定之后，按照开工日期和劳动力需要量计划，组织劳动力进场。同时要进行安全、防火和文明施工等方面的教育，并安排好职工的生活。

4. 向施工队组、工人进行施工组织设计、计划、技术交底

施工组织设计、计划和技术交底的时间在单位工程或分部分项工程开工前及时进行，以保证工程严格地按照设计图纸、施工组织设计、安全操作规程和施工验收规范等要求进行施工。

施工组织设计、计划和技术交底的内容有工程的施工进度计划、月（旬）作业计划；施工组织设计，尤其是施工工艺、质量标准、安全技术措施、降低成本措施和施工验收规范的要求；新结构、新材料、新技术和新工艺的实施方案和保证措施；图纸会审中所确定的有关部门的设计变更和技术核定等事项。交底工作应该按照管理系统逐级进行，由上至下到工人班组。交底的方式有书面形式、口头形式和现场示范形式等。

队组、工人接受施工组织设计、计划和技术交底后，要组织其成员进行认真的分析研究，弄清关键部位、质量标准、安全措施和操作要领。必要时应该进行示范，并明确任务，做好分工协作，同时建立健全岗位责任制和保证措施。

5. 建立健全各项管理制度

工地的各项管理制度是否建立、健全，直接影响其各项施工活动的顺利进行。为此，必须建立、健全的工地各项管理制度，一般包括：工程质量检查与验收制度，工程技术档案管理制度，建筑材料（构件、配件、制品）的检查验收制度，技术责任制度，施工图纸学习与会审制度，技术交底制度，职工考勤、考核制度，工地及班组经济核算制度，材料出入库制度，安全操作制度，机具使用保养制度。

2.4.2 物资准备

施工现场管理人员需尽早计算出各施工阶段对材料、施工机械，设备、工具等的需用量，并说明供应单位、交货地点、运输方法等，特别是对预制构件，必须尽早从施工图中摘录出构件的规格、质量、品种和数量，制表造册，向预制加工厂订货并确定分批交货清单和交货地点。对大型施工机械及设备，要精确计算工作并确定进场时间，做到进场后立即使用，用毕立即退场，提高机械利用率，节省机械台班费及停留费。

1. 物资准备工作的内容

（1）建筑材料的准备。建筑材料的准备主要是根据施工预算进行分析，按照施工进度计划要求，按材料名称、规格、使用时间、材料储备定额和消耗定额进行汇总，编制出材料需要量计划，为组织备料，确定仓库、场地堆放所需的面积和组织运输等提供依据。

（2）构（配）件、制品的加工准备。根据施工预算提供的构（配）件、制品的名称、规格、质量和消耗量，确定加工方案和供应渠道以及进场后的储存地点和方式，编制出其需要量计划，组织运输、确定堆场面积等提供依据。

（3）建筑安装机具的准备。根据采用的施工方案，安排施工进度，确定施工机械的类型、数量和进场时间，确定施工机具的供应办法和进场后的存放地点和方式，编制施工机具的需要量计划，为组织运输、确定堆场面积提供依据。

（4）生产工艺设备的准备。按照拟建工程生产工艺流程及工艺设备的布置图，提出工艺设备的名称、型号、生产能力和需要量，确定分期分批进场时间和保管方式，编制工艺设备需要量计划，为组织运输、确定堆场面积提供依据。

2. 物资准备工作的程序

物资准备工作的程序是搞好物资准备工作的重要手段。

（1）根据施工预算、分部（项）工程施工方法和施工进度的安排，拟订构（配）件及制品、施工机具和工艺设备等物资的需要量计划。

（2）根据各种物资需要量计划，组织货源，确定加工、供应地点和供应方式，签订物资供应合同。

（3）根据各种物资的需要量计划和合同，拟定运输计划和运输方案。

（4）按照施工总平面图的要求，组织物资按计划时间进场，在指定地点，按规定方式进行储存或堆放。

2.5 施工现场准备

施工现场的准备工作给施工项目创造有利的施工条件，也是保证工程按施工组织设计的要求和安排顺利进行的有力保障。施工现场的准备工作主要包括消除障碍物、施工现场“三通一平”、临时设施建设和施工现场测量控制网等。

2.5.1 清除障碍物

清除障碍物一般由建设单位完成，但有时也委托施工单位完成。清除时一定要了解现场实际情况，原有建筑物情况复杂、原始资料不全时，应采取相应措施，防止发生事故。

对于原有电力、通信、给水排水、煤气、供热网、树木等的拆除和清理，要与有关部门联系并办好手续后方可进行，一般由专业公司来处理。房屋只有在水、电、气切断后才能进行拆除。

2.5.2 施工现场“三通一平”

在建筑工程的用地范围内，平整施工场地，接通施工用水、用电和道路，这项工作简称为“三通一平”。如果工程的规模较大，这一工作可分阶段进行，保证在第一期开工的工程用地范围内先完成，再依次进行其他的。除了以上“三通”外，有些小区在开发建设中，还要求有“热通”（供蒸汽）、“气通”（供煤气）、“话通"（通电话）等。

1. 平整施工场地

施工现场的平整工作是按建筑总平面图进行的。要通过测量，计算出挖土及填土的数量，设计土方调配方案，组织人力或机械进行平整工作。如拟建场地内有旧建筑物，则须拆迁房屋，同时要清理地面上的各种障碍物，如树根、废弃建筑基础等。除此之外，还要特别注意地下管道、电缆等情况，对其应采取可靠的拆除或保护措施。

2. 修通道路

施工现场的道路是组织大量物资进场的运输动脉。为了保证建筑材料、机械、设备和构件早日进场，必须先修通主要干道及必要的临时性道路。为了节省工程费用，应尽可能利用已有的道路或结合正式工程的永久性道路。为防止施工时损坏路面并加快修路速度，可以先做路基，施工完毕后再做路面。

3. 水通

施工现场的水通包括给水和排水两个方面。施工用水包括生产与生活用水，其布置应按施工总平面图的规划进行安排。施工给水设施应尽量利用永久性给水线路。临时管线的铺设，既要满足生产用水点的需要和使用方便，又要尽量缩短管线。施工现场的排水也是十分重要的，尤其在雨期。排水有问题，会影响运输和施工的顺利进行，因此，要做好有组织的排水工作。

4. 电通

施工现场的电通是根据各种施工机械用电量及照明用电量，计算选择配电变压器，并与供电部门联系，按施工组织设计的要求，架设好连接电力干线的工地内外临时供电线路及通信线路。应注意对建筑红线内及现场周围不准拆迁的电线、电缆，加以妥善保护。此外，还应考虑到因供电系统供电不足或不能供电时，为满足施工工地的连续供电要求，适当准备备用发电机。

2.5.3 临时设施建设

为了施工方便和安全，对于指定的施工用地的周界，应用围栏围挡起来，围挡的形式和材料应符合所在地部门管理的有关规定和要求。在主要出入口处设置标牌，标明工程名称、施工单位、工地负责人等。

各种生产、生活必须用的临时设施，包括各种仓库、混凝土搅拌站、预制构件场、机修站、各种生产作业棚、办公用房、宿舍、食堂、文化生活设施等，均应按批准的施工组织设计规定的数量、标准、面积、位置等要求组织修建。大、中型工程可分批分期修建。

1. 临时围墙和大门

临时围墙在满足当地施工现场文明施工要求的情况下，沿施工临时征地范围边线用硬质材料围护，高度一般不低于 1.8m，并按企业施工标准作适当装饰及宣传。大门设置以方便通行、便于管理为原则，一般设钢制双扇大门，并设固定岗亭，便于门卫值勤。

2. 生活及办公用房

生活及办公用房按照施工总平面布置图的要求搭建，现一般采用盒子结构、轻钢结构、轻体保温活动房屋结构形式，其既广泛适用于现场建多层建筑，又坚固耐用，便于拆除周转使用。

3. 临时厕所

临时厕所应按当地有关环卫规定搭建，厕所需配化粪池。污水排放应办理排污手续，利用市政排污管网排放，无管网可利用时，化粪池的清理及排放可委托当地环卫部门负责管理。

4. 临时食堂

临时食堂应按当地卫生、环保规定搭建并解决好污水排放控制和使用清洁燃料，一般均设置简易有效的隔油池和使用煤气、天然气等清洁燃料，不得不使用煤炭时，应采用低硫煤和由环保部门批准搭建的无烟回风灶来解决大气污染问题。

5. 生产设施

生产设施包括搅拌机棚、塔式起重机基础、各类加工车间及必需的仓库、棚的搭建及临时水、电线路埋设，要严格按照总平面图的布置和构造设计规定搭建，遵守安全和防火规范的标准及装表计量的要求。

6. 场区道路和排水

施工道路布置既要因地制宜又要符合有关规定要求，尽可能是环状布置。宽度应满足消防车通行需要。道路构造应具备单车最大承重力。场地应设雨水排放明沟或暗沟解决场内排水。一般情况下，道路路面和堆料场地均做硬化处理。

2.5.4　施工现场测量控制网

由于建筑施工工期长、现场情况变化大，因此，保证控制网点的稳定、正确是确保建筑施工质量的先决条件，特别是在城区建设中，障碍多、通视条件差，给测量工作带来一定的难度。因此，施工时应根据建设单位提供的由规划部门给定的永久性坐标和高程，按照建筑总平面图要求，进行施工场地控制网测量，设置场区永久性标桩。

控制网一般采用方格网，这些网点的位置应视工程范围的大小和控制精度而定。建筑方格网多由100～200m的正方形或矩形组成，如果土方工程需要，还应测绘地形图，通常这项工作由专业测量队完成，但施工单位还应根据施工具体情况做一些加密网点的补充工作。

在测量放线时，应首先对所使用的经纬仪、水准仪、钢尺、水准尺等测量仪器和测量工具进行检验和矫正，在此基础上制订切实可行的测量方案，包括平面控制、标高控制、沉降观测和竣工测量等工作。

工程定位放线是确定整个工程平面位置的关键环节，必须保证精度，杜绝错误。工程定位放线一般通过设计图中平面控制轴线来确定建筑物的位置，施工单位测定并经自检合格后提交有关部门和建设单位或监理人员验线，以保证定位的准确性。沿建筑红线放线后，还要由城市规划部门验线，以防止建筑物压红线或超红线，为正常顺利施工创造条件。

2.5.5　安装、调试施工机具

按照施工机具需要量计划，分期分批组织施工机具进场，根据施工总平面布置图将施工机具安置在规定的地点或存储的仓库内。对于固定的机具要进行就位、搭防护棚、接电源、保养和调试等工作。对所有施工机具都必须在开工之前进行检查和试运转。

2.5.6　组织材料、构配件制品进场储存

按照材料、构配件、半成品的需要量计划组织物资、周转材料进场并依据施工总平面图规定的地点和指定的方式进行储存和定位堆放。同时，按进场材料的批量，依据材料试验、检验要求，及时采样并提供建筑材料的试验申请计划，严禁不合格的材料存储在现场。

2.6　季节性施工准备

建筑工程施工现场主要工作是露天作业，受季节性影响较大，因此在冬期、雨期及夏

期施工中，必须做好季节性施工准备工作，以保证按期、保质、安全地完成施工任务，提高企业经济效益。

2.6.1 冬期施工准备

1. 组织措施

（1）进行冬期施工的工程项目，在冬期施工前应组织专人编制冬期施工方案。编制原则是：确保工程质量；经济合理，使增加的费用为最少；所需的热源和材料有可靠的来源，并尽量减少能源消耗；确实能缩短工期。冬期施工方案应包括以下内容：施工程序；施工方法；现场布置；设备、材料、能源、工具的供应计划；安全防治措施；测温制度和质量检查制度等。方案确定后，要组织有关人员学习，并向队组进行交底。

（2）合理安排施工进度计划。冬期施工条件差、技术要求高、费用增加，因此，要合理安排施工进度计划，尽量保持施工的连续性。一般情况下，应安排能保证施工质量且费用增加不多的项目在冬期施工，如吊装、打桩、室内装修等工程；而费用增加较多又不容易保证质量的项目，则不宜安排在冬期施工，如地基与基础、室外装修等工程。

（3）落实各种热源的供应工作。进入冬期施工前，应提前落实供热渠道，准备热源设备，储备和供应冬期施工用的保温材料，做好司炉培训工作。

（4）进入冬期施工前，专门组织技术人员进行业务培训，学习本工作范围内的有关知识，明确职责，经考试合格后，方准上岗工作。

（5）与当地气象台、站保持联系，及时接收天气预报并做好措施，防止寒流突然袭击。

2. 材料准备

（1）施工液体材料、易被冻坏材料，冬期施工前应合理储备，足量存放，综合安排，尽可能避开低温天气进货。

（2）施工现场冬期施工期间进场的材料进行二次搬运时，应做好覆盖保护工作，并及时运到施工现场，码放整齐，远离潮湿及风寒侵袭的地方。

（3）准备好对施工现场进行封堵的材料并检查施工现场，对于需封闭之处做好封堵工作，防止室外寒气侵袭。

（4）对于易燃易爆材料应设专库存放，并放置足量灭火器。

3. 技术准备

（1）工程管理人员应熟悉图纸和《建筑工程冬期施工规程》JGJ/T 104—2011 有关规定。

（2）现场技术员及工长应结合冬期施工方案对施工队伍进行详细的技术交底，使冬期施工方案落实到施工班组。

4. 现场准备

（1）搭建加热用的锅炉房、搅拌站，敷设管道，对锅炉进行试火试压，对各种加热的材料、设备要检查其安全可靠性。

（2）计算变压器容量，接通电源。

（3）对工地的临时给排水管道做好保温防冻工作，防止道路结冰，及时清扫积雪，保证运输道路畅通。

（4）做好室内施工项目的保温，以保证室内其他项目能顺利施工。

2.6.2　雨期施工准备

1. 图纸准备

凡进行雨期施工的工程项目，必须复核施工图纸，检查其是否能适应雨期施工要求。应通过图纸会审解决发现的问题。

2. 合理安排雨期施工

在施工组织设计中，要充分考虑雨期对工程施工的影响。一般情况下，雨期到来之前，应安排完成土方、基础、室外及屋面等不宜在雨期施工的项目，多留一些室内工作在雨期进行，以避免雨期窝工。

3. 做好现场排水工作

雨期来临前，应做好排水沟，准备好抽水设备，防止场地积水，最大限度地减少施工现场积水造成的损失。

4. 做好运输道路维护和物资储备

雨期来临前，检查道路边坡排水，适当提高路面，防止路面凹陷，保证运输道路的畅通，多储备一些施工物资，减少雨期运输量，以节约施工费用。

5. 做好机具设备等防护

雨期施工时，应对现场的各种设施要采取防倒塌、防漏电、防雷击等一系列技术措施，现场机具设备要有防雨措施。

2.6.3　夏期施工准备

1. 施工人员防暑降温工作准备

夏季气候炎热，高温持续时间长，施工现场应做好施工人员的防暑降温工作，调整作息时间。高温工作的场所及通风不良的地方应加强通风和降温措施，做到安全施工。

2. 编制夏期施工方案

根据夏期施工的特点，对于安排在夏期施工的项目，应编制夏期施工方案并采取技术措施。如对于大体积混凝土，必须合理选择浇筑时间，做好测温和养护工作，以保证大体积混凝土的施工质量。

3. 现场防雷装置准备

夏季雷雨天气多，施工现场应有防雷装置，特别是高层建筑和脚手架等要按规定设临时避雷装置，并确保工地现场用电设备的安全运行。

单元总结

本教学单元介绍了施工准备工作的分类及要求，调查研究与收集资料工作的内容、施工外场地准备和季节性施工准备工作的内容（冬期施工准备、雨期施工准备、夏期施工准备）。重点阐述了施工准备的意义、调查研究原始资料的重要性、施工准备工作的内容（技术准备、物资准备、劳动组织准备、施工现场准备和施工场外准备）。

习 题

一、填空题

1.施工准备工作按其性质和内容，通常分为__________、__________、__________、__________和__________。

2.施工准备工作除了与施工单位有关外，还要取得__________、__________、__________、供应单位、行政主管部门、交通运输部门等的协作及相关单位的大力支持。

3.技术资料准备工作主要包括熟悉、审查施工图纸和有关设计资料，__________、__________、__________等。

4.建筑工程预算按照不同的编制阶段和不同作用可分为__________和__________。

5.施工现场“三通一平”是指__________、__________、__________、__________。

6.控制网一般采用__________，这些网点的位置应视工程范围的大小和控制精度而定。

二、选择题

1.图纸自审由（　　）主持，一般由施工单位的项目经理部组织各工种人员对本工种的有关图纸进行审查。

A.建立单位　　B.设计单位　　C.建设单位　　D.施工单位

2.物资准备工作的内容不包括（　　）。

A.建筑材料的准备　　B.现场准备　　C.建筑安装机具的准备　　D.生产工艺设备的准备

3.建筑方格网多由（　　）的正方形或矩形组成。

A.100～200m　　B.100～150m　　C.150～200m　　D.100～250m

4.夏期施工准备的内容不包括（　　）。

A.使用人员防暑降温的工作准备　　B.编制夏期施工项目的施工方案

C.现场防雷装置的准备　　D.材料准备。

5.施工现场准备包括清除障碍物、三通一平、（　　）和搭设临时设施。

A.原始资料的调查　　B.测量放线

C.建筑材料的准备　　D.编制施工组织设计

三、简答题

1.试述施工准备工作的意义？

2.简述施工准备工作的分类和主要内容？

3.原始资料的收集包含哪些方面的内容？

4.技术资料准备包括哪些内容？图纸会审应注意哪些方面？

5.如何做好劳动组织准备工作？

6. 物资准备包括哪些内容？
7. 施工现场准备工作包括哪些方面的内容？“三通一平”包括哪些内容？
8. 冬、雨期施工准备工作应如何进行？

教学单元3 Chapter 03

建筑工程流水施工

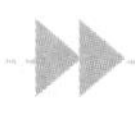

教学目标

1. 知识目标

（1）了解施工流水的基本概念。

（2）理解不同施工组织方式的优缺点及使用范围。

（3）掌握流水施工的基本方式及流水施工在工程中的应用。

2. 能力目标

通过本教学单元的学习让学生具备编制建筑流水施工组织方案的能力。

3. 思政目标

流水施工是建筑施工组织的基本方法，也是完成建设任务的基本技能。同时，流水施工理论也适用我们的生产和生活，掌握知识对于将来工作的意义，培养工匠精神，提高辨识能力和责任意识。

思维导图

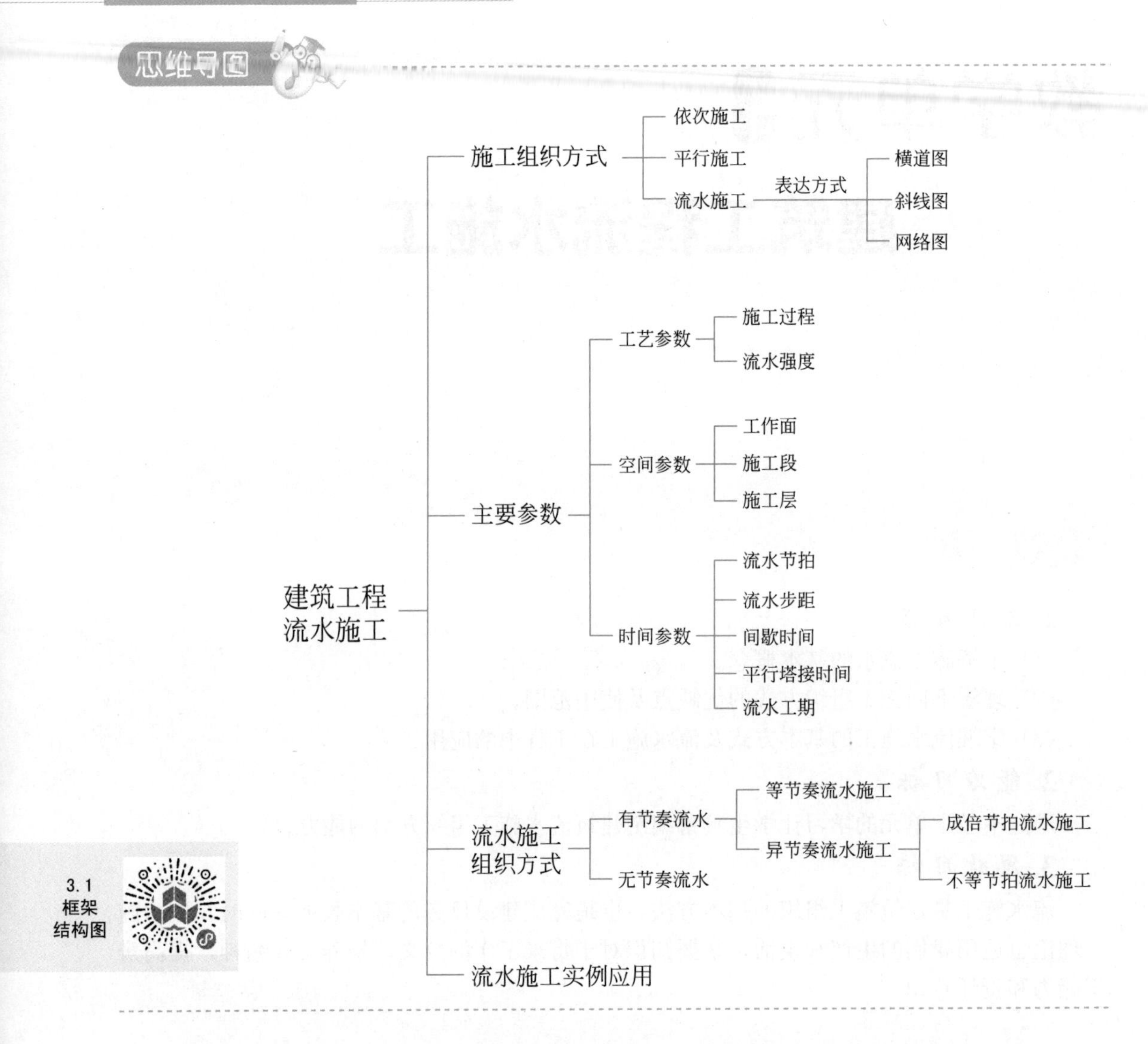

3.1 流水施工基本知识

3.1.1 流水施工基本概念

流水施工是一种科学的施工组织方法，是工程建设中组织施工最常用的方法之一。它可以充分地利用时间和空间，减少非生产性劳动消耗，提高劳动生产率，保证工程施工连续、均衡、有节奏地进行，对提高工程质量、降低工程造价、缩短工程工期有显著的作用。

3.1.2 施工组织方式

任何一个建筑工程都是由许多施工过程组成的，而每一个施工过程可以组织一个或多个施工队组来进行施工。如何组织各施工队组的先后顺序和平行搭接施工，是组织施工中的一个基本的问题。其施工组织方式可分为依次施工、平行施工和流水施工。现将这三种方式的特点和效果分析如下：

例 3-1

某四幢同类型的房屋的基础工程，划分为基槽挖土、混凝土垫层、砖砌基础、回填土四个施工过程，每个施工过程安排一个施工队组，一班制施工，每个施工过程的施工天数分别为2d、1d、3d和1d，各工作队的人数分别为16人、5人、20人和8人。

(1) 依次施工。依次施工也称顺序施工。是将拟建工程对象分解成若干个施工过程，按施工工艺要求依次完成每一个施工过程；当前一个施工过程完成后，后一个施工过程才开始，依次类推，直至完成所有施工过程。它是一种最基本的、最原始的施工组织方式。

1) 按施工段（或栋）依次施工

第一栋的地基与基础工程按照基槽挖土、混凝土垫层、砖砌基础、回填土四个施工过程完工后，再进行第二栋、第三栋、第四栋。按栋依次施工组织方式，如图3-1所示。

施工过程	班组人数	施工进度(d)													
		2	4	6	8	10	12	14	16	18	20	22	24	26	28
基槽挖土	16														
混凝土垫层	5														
砌砖基础	20														
回填土	8														

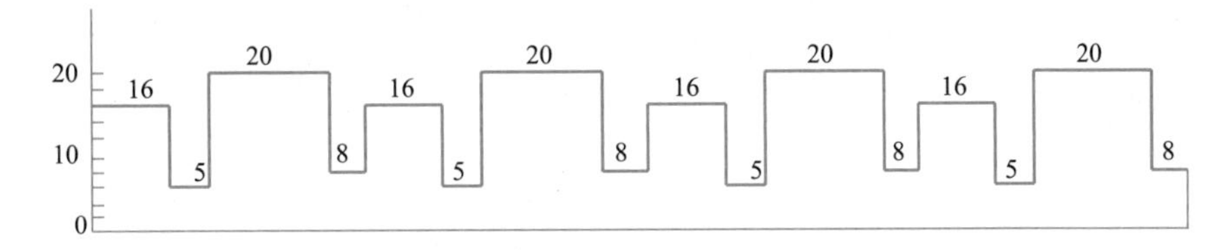

图3-1 按栋（或施工段）依次施工

2) 按施工过程依次施工

先对依次四栋楼的基槽挖土进行施工，再对这四栋楼的下一个施工过程混凝土垫层依次进行施工，以此类推，按施工过程依次施工组织方式，如图3-2所示。

由图3-1和图3-2可以得出：完成整个施工任务需28d。

依次施工具有以下特点：依次施工每天投入的劳动力较少，材料供应较单一，施工现场管理简单，便于组织和安排，但施工工期长，机具使用不集中。按施工段依次施工表

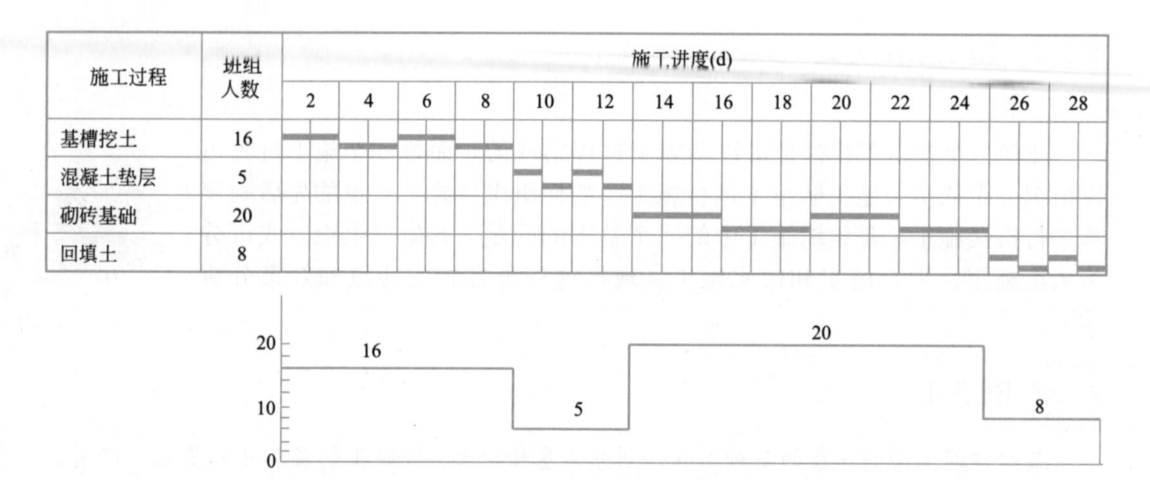

图 3-2　按施工过程依次施工

明，各专业班组不能连续均衡地施工，产生窝工现象，同时工作面轮流闲置，不能连续使用；按施工过程依次施工表明，各专业班组能连续均衡地施工，但工作面使用不充分。

这两种组织方式主要适用于工程规模小、施工工作面小、工期要求不是很紧的工程。

（2）平行施工。平行施工是将拟建工程各施工对象的同类施工过程，组织几个工作队，在同一时间、不同的空间，同时开工、同时完成同样的施工任务的施工组织方式，如图 3-3 所示。

施工过程	施工班组数	班组人数	施工进度(d)						
			1	2	3	4	5	6	7
基槽挖土	4	16							
混凝土垫层	4	5							
砌砖基础	4	20							
回填土	4	8							

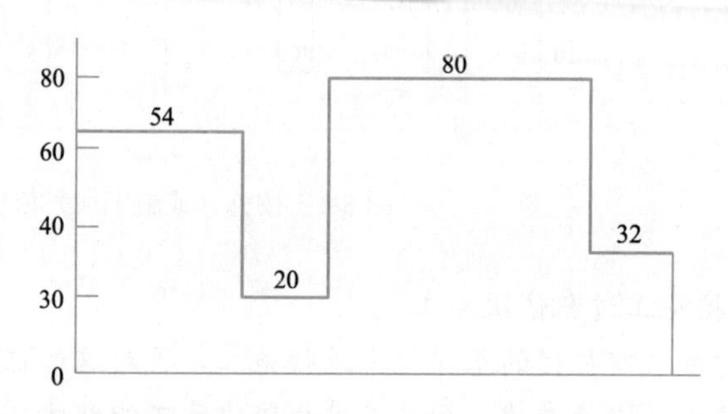

图 3-3　平行施工

图 3-3 可以得出，完成整个施工任务需要 7d。

平行施工具有以下特点：采用平行施工组织方式可以充分利用了工作面，完成工程任务的时间最短；但单位时间内投入施工的劳动力、材料和机具数量成倍增长，不利于资源供应的组织工作，增加了施工管理的难度，如果组织安排不当，容易出现窝工的现象，且个别资源使用不均衡。

平行施工一般适用于工期要求紧、工作面允许及资源保证供应的工程。

(3) 流水施工。流水施工是将拟建工程项目中的每一个施工对象分解为若干个施工过程，并按照施工过程成立相应的专业工作队，采取分段流动作业，并且相邻专业队最大限度地搭接平行施工的组织方式。流水施工组织方式，如图 3-4 所示。

施工过程	班组人数	2	4	6	8	10	12	14	16	18	20
基槽挖土	16										
混凝土垫层	5										
砌砖基础	20										
回填土	8										

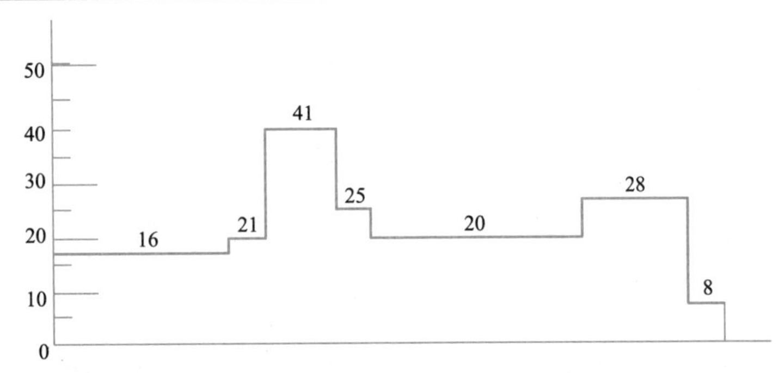

图 3-4　流水施工

图 3-4 可以得出，完成整个施工任务需要 19d。

流水施工具有以下特点：

1）流水施工组织方式科学地利用了工作面，争取了时间，工期比较合理。

2）工作队实现了专业化生产，有利于提高了劳动效率，保证了工程质量。

3）相邻专业工作队之间实现了最大限度的、合理的搭接。

4）施工班组及其工人均衡作业，资源供应较为均衡，有利于工程管理，降低了工程成本。

3.1.3　流水施工表达方式

流水施工的表达方式有三种：横道图、斜线图和网络图。

1. 横道图

流水施工横道图表达形式如图 3-5 所示。

横道图表示法的优点是：绘图简单，施工过程及其先后顺序表达清楚，时间和空间状况直观，使用方便等，因而被广泛用来表达施工进度计划。

施工过程	施工进度(d)						
	2	4	6	8	10	12	14
A	①	②	③	④			
B		①	②	③	④		
C			①	②	③	④	
D				①	②	③	④

图 3-5　流水施工的横道图表示法

2. 斜线图

斜线图是将横道图中的工作进度线改为斜线表达的一种形式，表达形式如图 3-6 所示。

施工过程	施工进度(d)						
	2	4	6	8	10	12	14
①							
②			A	B	C	D	
③							
④							

图 3-6　流水施工的斜线图表示法

斜线图表示法的优点是：施工过程及其先后顺序表达清楚，时间和空间状况形象直观，斜向进度线的斜率可以直观地表示出各施工过程的进展速度，但编制实际工程进度计划不如横道图方便。

3. 网络图

网络图表达的流水施工方式，详见本书教学单元 4。

3.2 流水施工主要参数

在组织拟建工程项目流水施工时，用以表达流水施工在工艺流程、空间布置和时间排列等方面开展状态的参数，称为流水施工参数。其主要包括工艺参数、空间参数和时间参数三类。

3.2.1　工艺参数

在组织流水施工时，用以表达流水施工在施工工艺上开展顺序及其特征的参数，称为工艺参数。通常，工艺参数包括施工过程和流水强度。

1. 施工过程

施工过程是指某一施工对象从开始到完成所经历的全过程的统称，施工过程所包含的施工范围可大可小，既可以是分部、分项工程，也可以是单位、单项工程。施工过程是流水施工的基本参数之一。

根据工艺性质不同，施工过程可分为制备类施工过程、运输类施工过程和建造类施工过程三种，而施工过程的数目一般用字母 n 表示。

（1）制备类施工过程。制备类施工过程是指为了提高建筑产品的装配化、工厂化、机械化和生产能力而形成的施工过程，如砂浆、混凝土、构件、制品和门窗框扇等制备过程。

（2）运输类施工过程。运输类施工过程是指将建筑材料、构配件、半成品、制品和设备等运到施工现场仓库、堆场或现场操作地点而形成的施工过程。

（3）建造类施工过程。建造类施工过程是指地下工程、主体工程、结构工程、安装工程、屋面工程、装饰工程等形成的施工过程。

施工过程数的确定要适当，若太多、太细，会给计算增添麻烦，使施工进度计划主次不分。若太少，又会使施工进度过于笼统，失去指导施工的作用。一般混合结构居住房屋的施工过程数取 20～30 个；工业建筑的施工过程数要多一些。

2. 流水强度

所谓流水强度，就是指每一施工过程在单位时间内完成的工程量。一般用字母 V 表示。

$$V=\sum_{i=1}^{x}R_i\cdot S_i \tag{3-1}$$

式中　V——某施工过程（队）的流水强度；

R_i——投入该施工过程中的第 i 种资源量（施工机械台数或人工数）；

S_i——投入该施工过程中第 i 种资源的产量定额；

x——投入该施工过程中的资源种类数。

3.2.2　空间参数

在组织流水施工时，用以表达流水施工在空间布置上所处状态的参数，称为空间参数。空间参数主要有工作面、施工段和施工层。

1. 工作面

工作面是指某专业工种的工人或某种施工机械进行施工活动的空间。工作面的大小，表明能安排施工人数或机械台数的多少。每个作业工人或每台施工机械所需工作面的大小，取决于单位时间内完成工程量和安全施工的要求。主要工种工作面参考数据见表 3-1。

主要工种工作面参考数据　　表 3-1

工作项目	每个技工的工作面	说　明
砖基础	7.6m/人	以 1 砖半计，2 砖乘以 0.8，3 砖乘以 0.55
砌砖墙	8.5m/人	以 1 砖计，1 砖半乘以 0.71，3 砖乘以 0.55

续表

工作项目	每个技工的工作面	说　明
混凝土柱，墙基础	$8m^3$/人	机拌、机捣
混凝土设备基础	$7m^3$/人	机拌、机捣
现浇钢筋混凝土柱	$2.45m^3$/人	机拌、机捣
现浇钢筋混凝土梁	$3.20m^3$/人	机拌、机捣
现浇钢筋混凝土墙	$5m^3$/人	机拌、机捣
现浇钢筋混凝土楼板	$5.3m^3$/人	机拌、机捣
预制钢筋混凝土柱	$3.6m^3$/人	机拌、机捣
预制钢筋混凝土梁	$3.6m^3$/人	机拌、机捣
预制钢筋混凝土屋架	$2.7m^3$/人	机拌、机捣
混凝土地坪及面层	$40m^2$/人	机拌、机捣
外墙抹灰	$16m^2$/人	—
内墙抹灰	$18.5m^2$/人	—
卷材屋面	$18.5m^2$/人	—
防水水泥砂浆屋面	$16m^2$/人	—
门窗安装	$11m^2$/人	—

2. 施工段

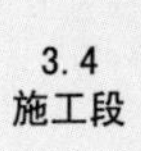

将施工对象在平面或空间上划分成若干个劳动量大致相等的施工段落，称为施工段或流水段。施工段数一般用 m 表示，它是流水施工的主要参数之一。

（1）划分施工段的目的。其目的是为了组织流水施工，使不同专业施工队在不同工作面上能同时工作，能够使各施工班组在一定时间内转移到另外一个施工段进行连续施工，这样就消除了各工种之间的等待，避免了窝工现象的发生。

（2）划分施工段的原则

1）保证各施工班组连续，均衡施工。在划分时，主要专业工种在各个施工段所消耗的劳动量要大致相等，相差幅度不宜超过10%～15%。

2）要有足够的工作面。在保证专业工作队劳动组合优化的前提下，施工段划分要满足专业工种对工作面的要求。

3）保证结构的整体完整性。以主导施工过程为依据划分，在不破坏结构力学性能的前提下，施工段分界线应尽可能与结构自然界线相吻合，如伸缩缝、沉降缝、单元分界处或门窗洞口处。

4）施工段的数目要合理。为便于组织流水施工，施工段数目的多少应与施工过程相协调，施工段过多，会增加施工持续时间，延长工期；施工段过少，引入劳动力、机械材料供应过分集中，会造成窝工、断流现象，不利于充分利用工作面。

5）当组织多层或高层主体结构工程流水施工时，为确保主导施工过程的施工队组在层间也能保持连续施工，每层施工段数目应满足 $m \geqslant n$。

例 3-2

某两层砖混结构的主体工程，在组织流水施工时，将主体工程划分为砌砖墙，现浇钢筋混凝土圈梁、过梁，楼板安装 3 个施工过程，每个施工过程在每个施工段上施工所需时间均为 3d。试对 m 与 n 的关系进行计算与分析。

解：① 当 $m<n$，即 $m=2$、$n=3$ 时，施工进度计划如图 3-7 所示。

从图 3-7 中可以看到，施工队不能连续施工，工种工人要窝工，而施工段并不空闲，对于组织单位工程的流水施工是不适宜的。

3.5 分层情况下施工段与施工过程的关系

② 当 $m=n=3$ 时，施工进度计划如图 3-8 所示。

从图 3-8 中可以看到，各施工过程的专业施工队都能连续施工，施工段也无空闲，是较为理想的流水施工组织。

施工过程		施工进度(d)										
		2	4	6	8	10	12	14	16	18	20	22
第一层	砌砖墙	①		②								
	现浇钢筋混凝土圈梁、过梁			①	②							
	安装楼板				①		②					
第二层	砌砖墙						①	②				
	现浇钢筋混凝土圈梁、过梁							①		②		
	安装楼板									①	②	

图 3-7　$m<n$ 施工进度计划

施工过程		施工进度(d)											
		2	4	6	8	10	12	14	16	18	20	22	24
第一层	砌砖墙	①		②	③								
	现浇钢筋混凝土圈梁、过梁			①	②		③						
	安装楼板				①		②	③					
第二层	砌砖墙						①	②		③			
	现浇钢筋混凝土圈梁、过梁							①		②	③		
	安装楼板									①	②		③

图 3-8　$m=n$ 施工进度计划

③ 当 $m>n$，即 $m=4$、$n=3$ 时，施工进度计划如图 3-9 所示。

施工过程		施工进度(d)														
		2	4	6	8	10	12	14	16	18	20	22	24	26	28	30
第一层	砌砖墙	①		②	③		④									
	现浇钢筋混凝土圈梁、过梁			①	②		③	④								
	安装楼板				①		②	③		④						
第二层	砌砖墙							①		②	③		④			
	现浇钢筋混凝土圈梁、过梁									①	②		③	④		
	安装楼板										①		②	③		④

图 3-9　$m>n$ 施工进度计划

从图 3-9 中可以看到，各施工过程的专业施工队都能连续施工，施工段有空闲，但这种空闲可以用于弥补由于技术间歇、组织间歇等要求所必需的时间。

通过上述三种情况的分析可以得出，当组织有层间关系且分段又分层的流水施工时，为保证各施工过程的施工队能连续施工，每层的施工段数目应满足的基本条件为：

$$m_{\min} \geqslant n \tag{3-2}$$

式中　$m_{\min}$——每个施工层需要划分的最少施工段数；

n——施工过程数或施工专业队数。

当施工对象无层间划分时，施工段数与施工过程数之间的关系不受约束，但仍以 $m_{\min} \geqslant n$ 为最优。

3. 施工层

施工层是指为组织多层建筑的竖向流水施工，将建筑物划分为在垂直方向上的若干区段。用 r 来表示施工层的数目。

3.2.3　时间参数

时间参数是指在组织流水施工时，用以表达流水施工在时间上开展状态的参数。

1. 流水节拍

3.6 流水节拍

流水节拍是指组织流水施工时，某一专业工作队在一个施工段的施工时间。通常用 t_i 表示（i 代表施工过程的编号或代号）。

（1）流水节拍的计算

流水节拍的大小直接关系到投入的劳动力、材料和机具的多少，决定着流水施工节奏、施工速度和工期。其主要的计算方法有定额计算法、经验估算法和工期推算法。

1）定额计算法是根据各施工段的工程量和投入的资源（专业施工班组的人数、主导施工机械的台数等）来确定，其计算如下：

$$t_i=\frac{Q_i}{S_iR_iN_i}=\frac{P_i}{R_iN_i}=\frac{Q_iH_i}{R_iN_i} \tag{3-3}$$

式中　t_i——流水节拍；

Q_i——某施工过程在一个施工段上的工程量；

R_i——某施工过程的专业工作队人数或机械台数；

N_i——某施工过程的专业工作队每天工作班次；

S_i——某施工过程人工或机械的产量定额；

H_i——某施工过程人工或机械的时间定额；

P_i——某施工过程在施工段上的劳动量（工日或台班）。

2）经验估算法

$$t_i=\frac{a_i+4c_i+b_i}{6} \tag{3-4}$$

式中　t_i——某施工过程的流水节拍；

a_i——某施工过程在一个施工段上的最短估算时间；

b_i——某施工过程在一个施工段上的最长估算时间；

c_i——某施工过程在一个施工段上的正常估算时间。

这种方法适用于采用新工艺、新方法和新材料等没有定额可循的工程或项目。

3）工期推算法

$$t_i=\frac{T}{(M+N-1)} \tag{3-5}$$

式中　T——流水工期；

t_i——某施工过程的流水节拍；

M——施工段数；

N——施工过程数。

在编制施工组织进度计划中，一般以定额计算法为主，以工期推算法来控制进度。

（2）确定流水节拍时应注意的问题

1）施工队组的人数应符合该施工过程最少劳动组合人数的要求和工作面对人数的限制条件。

2）要考虑各种机械台班的产量或吊装次数。

3）要考虑施工现场对各种材料、构件等的堆放容量、供应能力及其他因素的制约。

4）满足施工技术条件的要求。

5）流水节拍值一般取整数天，必要时可考虑半个工作班次的整数倍。

2. 流水步距

流水步距是指两个相邻的专业工作队相继开始投入施工的时间间隔。一般用 $K_{j,j+1}$ 来表示专业工作队投入第 j 个和第 $j+1$ 个施工过程之间的流水步距。确定流水步距时，一般要满足以下基本要求：

（1）流水步距要满足相邻两个专业工作队在施工顺序上的制约关系。

（2）流水步距要保证相邻两个专业工作队在各施工段上能够连续作业。

(3) 流水步距要保证相邻两个专业工作队在开工时间上实现最大限度和最合理的搭接。

3. 间歇时间

间歇时间是指在组织流水施工时，由于施工过程之间工艺或组织上的需要，相邻两个施工过程在时间上不能衔接施工而必须留出的时间间隔。

根据原因的不同，分为技术间歇时间和组织间歇时间。

技术间歇时间是指流水施工中，某些施工过程完成后要有合理的工艺间隔时间，一般用 t_g 表示。技术间歇时间与材料的性质和施工方法有关。

组织间歇时间是指流水施工中，某些施工过程完成后要有必要的检查验收时间或为下一个施工过程做准备的时间，一般用 t_z 表示。

4. 平行搭接时间

为了缩短工期，在工作面允许的情况下，有时在同一施工段中，当前一个专业施工队完成部分施工任务后，后一个专业工作队可以提前进入，两者形成平行搭接施工，后一个专业工作队提前进入前一个施工段的时间间隔即为搭接时间，一般用 t_d 表示。

5. 工期

工期是指完成一项工程任务或一个流水组织的施工，即从第一施工过程的施工班组进入第一个施工段开始施工算起到最后一个施工过程班组完成最后一个施工段施工的整个持续时间。一般工期用 T 表示。

3.3 流水施工组织方式

在流水施工中，由于流水节拍的规律不同，决定了流水步距、流水施工工期的计算方法也不同，甚至影响到各个施工过程的专业施工队数目。按节奏特征不同，分为有节奏流水施工和无节奏流水施工两类。各种流水施工方式之间的关系如图 3-10 所示。

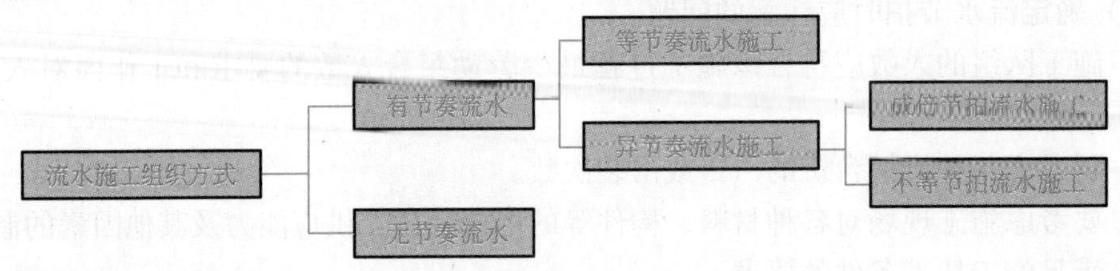

图 3-10 流水施工方式关系图

有节奏流水施工是指在组织流水施工时，每一个施工过程在各个施工段上的流水节拍都各自相等的流水施工，它分为等节奏流水施工和异节奏流水施工。

3.3.1 等节奏流水施工

等节奏流水施工是指在流水施工中，同一施工过程在各个施工段上的流水节拍均相等，且不同施工过程的流水节拍也相等的流水施工方式。即各施工过程流水节拍均为常数，也称为固定节拍流水施工或全等节拍流水施工。

全等节拍流水施工是流水施工中一种最基本、最有规律的组织形式。

1. 全等节拍流水施工的基本特点

(1) 各施工过程在各施工段上的流水节拍彼此相等。即 $t_{ji}=t$（t 为常数）。

(2) 各施工过程之间的流水步距彼此相等，且等于流水节拍，即 $K_{j,j+1}=K=t$。

(3) 每个施工过程在每个施工段上均由一个专业工作队独立完成作业，即专业工作队数目 n' 等于施工过程数 n。

(4) 专业工作队能够连续作业，没有闲置的施工段，使得流水施工在时间和空间上都连续。

(5) 各个施工过程的施工速度相等，均等于 $m\times t$。

全等节拍流水施工，一般只适用于施工对象结构简单、工程规模小、施工过程不多的房屋和线性工程，如管道工程、道路工程等。

2. 全等节拍流水施工的工期

流水施工的工期是指从第一个施工过程开始施工，到最后一个施工过程结束施工的全部持续时间。全等节拍流水施工的工期计算分为两种情况。

(1) 不分层施工

$$T=(m+n-1)\times t+\sum t_{g}+\sum t_{z}-\sum t_{d} \tag{3-6}$$

式中 T——流水施工工期；

t——流水节拍；

m——施工段数目；

n——施工过程数目；

$\sum t_{g}$——技术间歇时间总和；

$\sum t_{z}$——组织间歇时间总和；

$\sum t_{d}$——搭接时间总和。

例 3-3

某分部工程由Ⅰ、Ⅱ、Ⅲ、Ⅳ四个施工过程组成，划分为 4 个施工段，流水节拍均为 3d，施工过程Ⅱ、Ⅲ有技术间歇时间 2d，施工过程Ⅲ、Ⅳ之间相互搭接 1d，试确定流水步距、计算工期，并绘制流水施工进度计划表。

解：因流水节拍均相等，属于固定节拍流水施工。

1) 确定流水步距

$$K=t=3\text{d}$$

2) 计算工期

$$\sum t_{g}=2，\sum t_{d}=1$$

则工期为：

$$T=(m+n-1)\times t+\sum t_{g}+\sum t_{z}-\sum t_{d}=(4+4-1)\times 3+2-1=22\text{d}$$

3）绘制流水施工进度计划表

施工过程	施工进度(d)																					
	1	2	3	4	5	6	7	8	9	10	11	12	13	14	15	16	17	18	19	20	21	22
Ⅰ		①			②			③			④											
Ⅱ					①			②			③			④								
Ⅲ										①			②			③			④			
Ⅳ												①			②			③			④	

图 3-11　流水施工进度计划

（2）分层施工

当全等节拍流水施工不分层施工时，施工段数目按工程实际情况来划分；当分施工层进行流水施工时，为了保证专业施工队能连续施工而不产生窝工现象，施工段数目的最小值应满足相关要求。

1）无技术间歇时间和组织间歇时间时，$m_{\min}=n$。

2）有技术间歇时间和组织间歇时间时，为保证专业施工队能连续施工，应取 $m>n$，此时，每层空闲时间则为：

$$(m-n)\times t=(m-n)\times K \tag{3-7}$$

若一个楼层内各施工过程间的技术间歇和组织间歇时间之和为 Z，楼层间的技术间歇和组织间歇时间之和为 C，为保证专业工作队能连续施工，则：

$$(m-n)\times K=Z+C \tag{3-8}$$

得出每层的施工段数目 $m_{\min}$ 应满足：

$$m_{\min}=n+\frac{Z+C-\sum t_{d}}{K} \tag{3-9}$$

式中　K——流水步距；

Z——施工层内各施工过程间的技术间歇时间和组织间歇时间之和；

C——施工层间的技术间歇时间和组织间歇时间之和。

如果每层的 Z 并不均等，各层间的 C 也不均等时，应取各层中最大的 Z 和 C：

$$m_{\min}=n+\frac{\max Z+\max C-\sum t_{d}}{K} \tag{3-10}$$

分施工层组织固定节拍流水施工的流水施工工期：

$$T=(m\times r+n-1)\times t+Z_{1}-\sum t_{d} \tag{3-11}$$

式中　r——施工层数目；

Z_{1}——第一施工层内各施工过程间的技术间歇时间和组织间歇时间之和。

例 3-4

某工程项目由Ⅰ、Ⅱ、Ⅲ三个施工过程组成，划分为两个施工层组织流水施工，施工过程Ⅰ完成后需养护1d，下一个施工过程才能开始施工，且层间技术间歇时间为2d，流水节拍均为3d，试确定施工段数目、计算工期，并绘制流水施工进度计划表。

解：因流水节拍均等，属于固定节拍流水施工。

1）确定流水步距

$$K=t=3\text{d}$$

2）确定施工段数目

因分层组织流水施工，各施工层内各施工过程间的间歇时间之和为：$Z_1=Z_2=1$

一、二层之间间歇时间为：$C=2$

施工段数目最小值：

$m_{\min}=n+\dfrac{Z+C-\sum t_{\text{d}}}{K}=3+3/3=4$，取 $m=4$

3）计算工期

$$T=(m\times r+n-1)\times t+Z_1-\sum t_{\text{d}}=(4\times 2+3-1)\times 3+1=31$$

4）绘制流水施工进度计划表

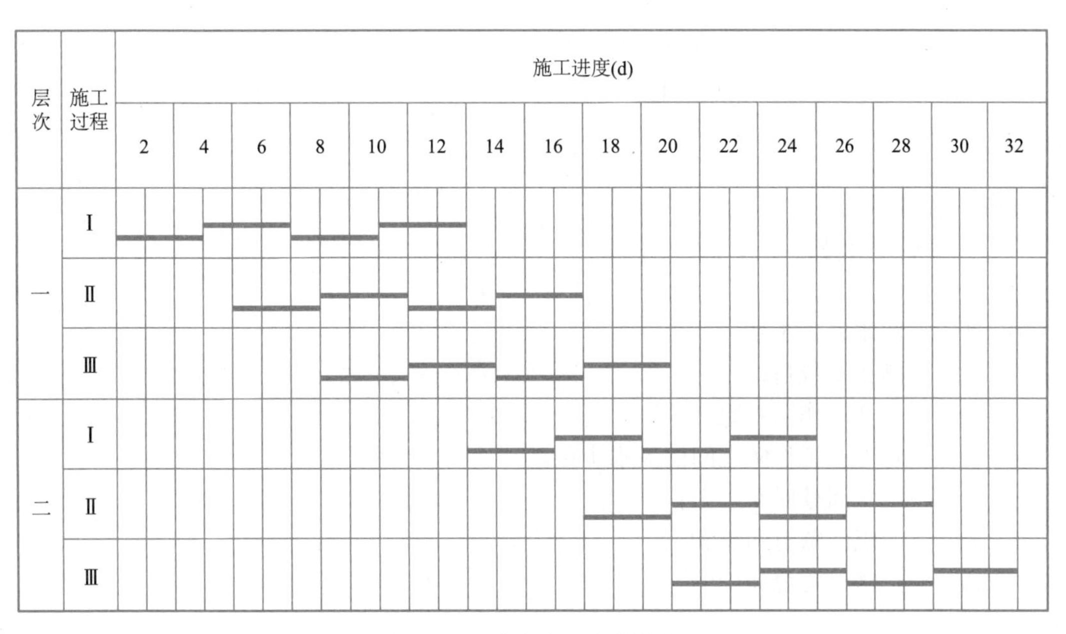

图 3-12　流水施工进度计划

3.3.2　异节奏流水施工

异节奏流水施工是指组织流水施工时，同一个施工过程在各个施工段的流水节拍相等，不同施工过程之间的流水节拍不一定相等的流水施工方式。异节奏流水又分为成倍节拍流水和不等节拍流水。

1. 成倍节拍流水施工

成倍节拍流水是指同一施工过程在各个施工段的流水节拍相等，不同的施工过程的流水节拍不完全相等，但各施工过程的流水节拍之间存在一个最大公约数的流水施工的组织。

(1) 成倍节拍流水组织特点

1) 同一施工过程在各施工段上的流水节拍都相等，不同施工过程在同一施工段上的流水节拍之间存在一个最大公约数，各流水节拍等于该最大公约数的不同整数倍，即 k =最大公约数 $\{t_1, t_2, \cdots\cdots, t_n\}$。

2) 各专业工作队之间的流水步距彼此相等，且等于流水节拍的最大公约数 k。

3) 专业工作队总数目 n' 大于施工过程数 n。

4) 专业工作队能够连续作业，没有闲置的施工段，使得流水施工在时间和空间上都连续。

5) 各个施工过程的持续时间之间亦存在公约数 k。

(2) 确定专业工作队数目

$$b_j = \frac{t_j}{k} \tag{3-12}$$

式中 t_j——施工过程 j 的流水节拍；

b_j——施工过程 j 的专业工作队数目；

k——各专业工作队之间的流水步距，取最大公约数 $\{t_1, t_2, \cdots\cdots, t_n\}$。

专业工作队总数目 n' 大于施工过程数 n：

$$n' = \sum_{j=1}^{n} b_j > n \tag{3-13}$$

(3) 工期计算

只分段不分层时：

$$T = (m + n' - 1)k + \sum t_g + \sum t_z - \sum t_d \tag{3-14}$$

式中 T——流水施工工期；

m——施工段数目；

n'——专业工作队总数；

k——各专业工作队之间的流水步距；

$\sum t_g$——技术间歇时间总和；

$\sum t_z$——组织间歇时间总和；

$\sum t_d$——搭接时间总和。

例 3-5

某分部工程由Ⅰ、Ⅱ、Ⅲ三个施工过程组成，划分为 6 个施工段，三个施工过程在每个施工段上的流水节拍各自相等，分别为 4d、6d 和 2d。试组织成倍节拍流水施工。

解：1) 确定流水步距

k =最大公约数{4,6,2}=2d

2) 计算专业工作队数目

$b_{\text{I}}=4/2=2$ 个

$b_{\text{II}}=6/2=3$ 个

$b_{\text{III}}=2/2=1$ 个

3）计算专业工作队总数目 n'

$$n'=\sum_{j=1}^{3}b_j=2+3+1=6$$

4）计算工期

$$T=(m+n'-1)\times k=(6+6-1)\times 2=22\text{d}$$

5）绘制流水施工进度计划表

施工过程	专业工作队号	施工进度(d)										
		2	4	6	8	10	12	14	16	18	20	22
Ⅰ	I_a	①		③		⑤						
	I_b		②		④		⑥					
Ⅱ	II_a			①			④					
	II_b				②			⑤				
	II_c					③			⑥			
Ⅲ	III_a						①	②	③	④	⑤	⑥

图3-13　流水施工进度计划

分施工层进行流水施工时，施工段数目的最小值 $m_{\min}$ 应满足下式要求：

$$m_{\min}=n'+\frac{\max Z+\max C-\sum t_{\text{d}}}{k} \tag{3-15}$$

分层施工成倍节拍流水施工工期计算：

$$T=(m\times r+n'-1)\times k+Z_1-\sum t_{\text{d}} \tag{3-16}$$

式中　T——流水施工工期；

m——施工段数目；

r——施工层数；

n'——专业工作队总数；

k——各专业工作队之间的流水步距；

Z_1——第一施工层内各施工过程间的技术间歇时间和组织间歇时间之和；

$\sum t_{\text{d}}$——搭接时间总和。

例 3-6

某两层现浇钢筋混凝土工程，施工过程分为安装模板、绑扎钢筋和浇筑混凝土三个施工过程。已知每个施工过程在每层每个施工段上的流水节拍分别为：$t_{模}=4\text{d}$，$t_{扎}=4\text{d}$，$t_{浇}=2\text{d}$。当安装模板工作队转移到第二结构层的第一施工段时，需待第一层第一施工段的混凝土养护 2d 后才能进行施工。在保证各工作队连续施工的条件下，试安排流水施工，并绘制流水施工进度计划表。

解：根据工程特点，按成倍节拍流水施工方式组织流水施工。

1）确定流水步距

$$k=最大公约数\{4,4,2\}=2\text{d}$$

2）计算专业工作队数目

$$b_{模}=4/2=2\ 个$$

$$b_{扎}=4/2=2\ 个$$

$$b_{浇}=2/2=1\ 个$$

3）计算专业工作队总数目 n'

$$n'=\sum_{j=1}^{3}b_j=2+2+1=5$$

4）确定每层的施工段数目

$$m_{\min}=n'+\frac{\max Z+\max C-\sum t_{\text{d}}}{k}=5+\frac{2}{2}=6$$

5）计算工期

$$T=(m\times r+n'-1)\times k=(6\times2+5-1)\times2=32\text{d}$$

6）绘制流水施工进度计划表

施工层数	施工过程	专业工作队号	施工进度(d)															
			2	4	6	8	10	12	14	16	18	20	22	24	26	28	30	32
一	支模板	Ⅰa	①		③		⑤											
		Ⅰb		②		④		⑥										
	绑钢筋	Ⅱa			①		③		⑤									
		Ⅱb				②		④		⑥								
	浇混凝土	Ⅲa					①	②	③	④	⑤	⑥						
二	支模板	Ⅰa							①		③		⑤					
		Ⅰb								②		④		⑥				
	绑钢筋	Ⅱa									①		③		⑤			
		Ⅱb										②		④		⑥		
	浇混凝土	Ⅲa											①	②	③	④	⑤	⑥

图 3-14 流水施工进度计划

2. 不等节拍流水

不等节拍流水是指同一个施工过程在各施工段的流水节拍相等，不同的施工过程流水节拍不存在规律的流水施工组织。

3.10 不等节拍流水施工

（1）不等节拍流水组织的特点

1）同一施工过程的流水节拍都相等，不同施工过程在同一施工段上的流水节拍不尽相等；

2）每个施工过程组织一个专业工作队，每个工作队都能连续施工；

3）各施工过程之间的流水步距不尽相等。

（2）流水步距的确定

当 $t_i \leqslant t_{i+1}$ 时
$$k_{i,i+1}=t_i \tag{3-17}$$

当 $t_i > t_{i+1}$ 时
$$k_{i,i+1}=mt_i-(m-1)t_{i+1} \tag{3-18}$$

（3）确定计划总工期

$$T=\sum k_{i,i+1}+T_n+\sum t_g+\sum t_z-\sum t_d \tag{3-19}$$

（4）实例应用

例 3-7

某工程分为 A、B、C 三个施工过程，四个施工段组织流水施工，各施工过程的流水节拍分别为 $t_A=3d$，$t_B=2d$，$t_C=4d$，施工过程 A 完成后需有 2d 的技术间歇时间，施工 B、C 之间搭接施工 1d，试组织异节拍流水施工。

1）计算流水步距

$$t_A > t_B$$

$$k_{A,B}=mt_A-(m-1)t_B=4\times3-(4-1)\times2=6d$$

$$t_B < t_C$$

$$k_{B,C}=t_B=2d$$

2）计算流水施工工期

$$T=(6+2)+4\times4+2-1=25d$$

3）绘制流水施工进度计划，如图 3-15 所示。

施工过程	施工进度(d)																								
	1	2	3	4	5	6	7	8	9	10	11	12	13	14	15	16	17	18	19	20	21	22	23	24	25
A		①			②			③			④														
B									①		②		③		④										
C											①				②				③				④		

图 3-15　流水施工进度计划

3.3.3 无节奏流水施工

无节奏流水是指在流水施工中，同一施工过程在各个施工段上的流水节拍不完全相等的一种流水施工方式。

3.11 无节奏流水施工

1. 无节奏流水施工的特点

1）同一施工过程在各个施工段上的流水节拍不完全相等，不同施工过程之间的流水节拍也不完全相等；

2）各施工过程之间的流水步距不完全相等；

3）专业队数等于施工过程数，即 $n'=n$；

4）各专业工作队能够连续作业，施工段可能有闲置。

2. 确定流水步距

各施工过程均连续流水施工时，流水步距的通用计算方法是“累加数列、错位相减、取大差值”。具体过程可表述为：

1）将每个施工过程的流水节拍逐段累加，求出累加数列；

2）根据施工顺序，对求出的前后相邻的两累加数列错位相减，相邻专业工作队之间的流水步距就是相减结果中数值最大者。

3. 无节奏流水施工的工期

$$T=\sum k_{i,i+1}+T_n+\sum t_g+\sum t_z-\sum t_d \tag{3-20}$$

4. 实例应用

例 3-8

某工程包括Ⅰ、Ⅱ、Ⅲ、Ⅳ四个施工过程，划分为四个施工段组织流水施工，分别由四个专业工作队负责施工，每个施工过程在各个施工段上的流水节拍见表 3-2。按规定，施工过程Ⅱ完成后，至少要养护 2d 才能进行下一个过程施工，为了早日完工，允许施工过程Ⅰ、Ⅱ之间搭接施工 1d。试编制流水施工组织方案，并绘制流水施工进度计划表。

流水节拍值（d）　　表 3-2

施工过程	施工段			
	①	②	③	④
Ⅰ	3	2	2	1
Ⅱ	1	4	3	2
Ⅲ	2	1	3	5
Ⅳ	4	2	4	3

(1) 求各施工过程流水节拍的累加数列

$\sum t_{\mathrm{I}}$：　3　5　7　8

$\sum t_{\mathrm{II}}$：　1　5　8　10

$\sum t_{Ⅲ}$：　2　3　6　11

$\sum t_{Ⅳ}$：　4　6　10　13

（2）错位相减得差值，确定流水步距

$K_{Ⅰ,Ⅱ}$	3	5	7	8	
－）		1	5	8	10
	3	4	2	0	－10

$K_{Ⅰ,Ⅱ}=\max\{3, 4, 2, 0, -10\}=4d$

$K_{Ⅱ,Ⅲ}$	1	5	8	10	
－）		2	3	6	11
	1	3	5	4	－11

$K_{Ⅱ,Ⅲ}=\max\{1, 3, 5, 4, -11\}=5d$

$K_{Ⅲ,Ⅳ}$	2	3	6	11	
－）		4	6	10	13
	2	－1	0	1	－13

$K_{Ⅲ,Ⅳ}=\max\{2, -1, 0, 1, -13\}=2d$

（3）计算工期

$$T=\sum k_{i,i+1}+T_n+\sum t_g+\sum t_z-\sum t_d=(4+5+2)+(4+2+4+3)+2-1=25d$$

（4）绘制流水施工进度图（图3-16）

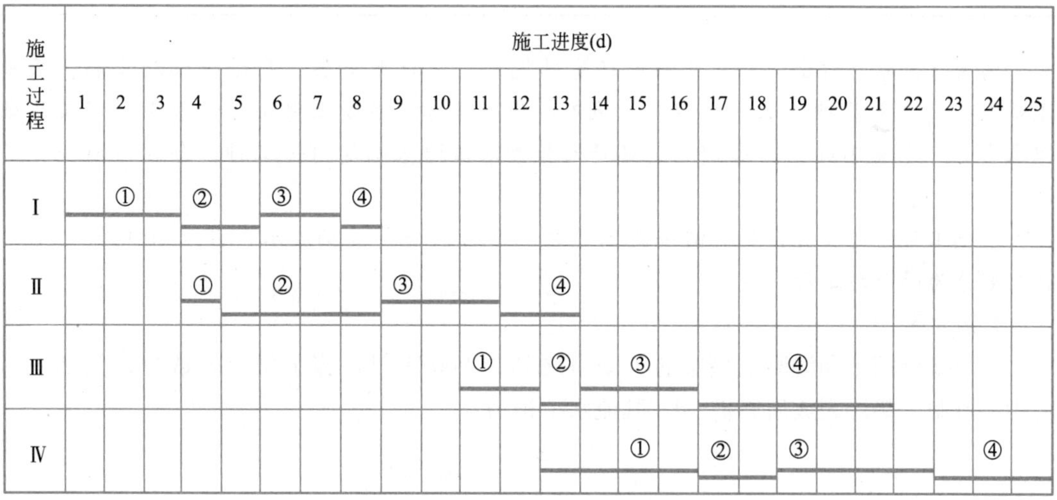

施工过程	施工进度(d)																								
	1	2	3	4	5	6	7	8	9	10	11	12	13	14	15	16	17	18	19	20	21	22	23	24	25
Ⅰ		①		②		③		④																	
Ⅱ				①		②			③				④												
Ⅲ											①		②		③				④						
Ⅳ															①		②		③					④	

图3-16　无节奏流水施工进度

3.4 流水施工实例

在建筑工程项目施工过程中，流水施工方式是一种先进、科学的施工方式。在编制工程的施工进度计划时，应该根据工程的具体情况以及施工对象的特点，选择适当的流水施工组织方式进行施工，以保证施工的节奏性、均衡性和连续性。

3.4.1 流水施工应用实例（一）

例 3-9

某四层教学楼，建筑面积为 $2000m^2$，基础为钢筋混凝土条形基础，基础部分劳动量和施工班组的人数见表 3-3。

基础部分劳动量和施工班组的人数　　表 3-3

序号	分项名称	劳动量(工日)	施工班组人数(人)
1	基础挖土	188	24
2	混凝土垫层	12	24
3	基础模板及扎筋	80	10
4	基础浇筑混凝土	180	10
5	素基础墙基础	60	10
6	回填土	56	7

由表 3-3 可以看出，基础工程包括基础挖土、混凝土垫层、基础模板及扎筋、基础浇筑混凝土、素基础墙基础、回填土施工过程。考虑到混凝土垫层劳动量小，可与基础挖土合并一个施工过程，基础浇筑混凝土和素基础墙基础是同一工种，合并为同一施工过程。

基础工程经过合并，共有四个施工过程，可组织全等节拍流水，占地面积约 $500m^2$，将其划分为两个施工段。

1. 流水节拍

（1）基础挖土和混凝土垫层的劳动量之和为 200 工日，施工班组人数分别为 24 人，采用一班制，垫层完成后养护 1d，其流水节拍为：

$$t_{挖}=\frac{200}{24\times2}=4d$$

（2）基础模板及扎筋劳动量为 80 工日，施工班组人数为 10 人，采用一班制，其流水节拍为：

$$t_{扎}=\frac{80}{10\times2}=4d$$

（3）基础浇筑混凝土及素基础墙劳动量为 240 工日，施工班组人数为分别为 10 人，采用三班制，完成后需养护 1d，其流水节拍为：

$$t_{混凝土}=\frac{240}{10\times2\times3}=4d$$

（4）基础回填土劳动量为 56 工日，施工班组人数为 7 人，采用一班制，其流水节拍为：

$$t_{回}=\frac{56}{7\times2}=4\mathrm{d}$$

2. 流水工期

$$T=(m+n-1)\times t+\sum t_g+\sum t_z-\sum t_d=(2+4-1)\times4+1+1=22\mathrm{d}$$

绘制流水进度计划图，如图 3-17 所示。

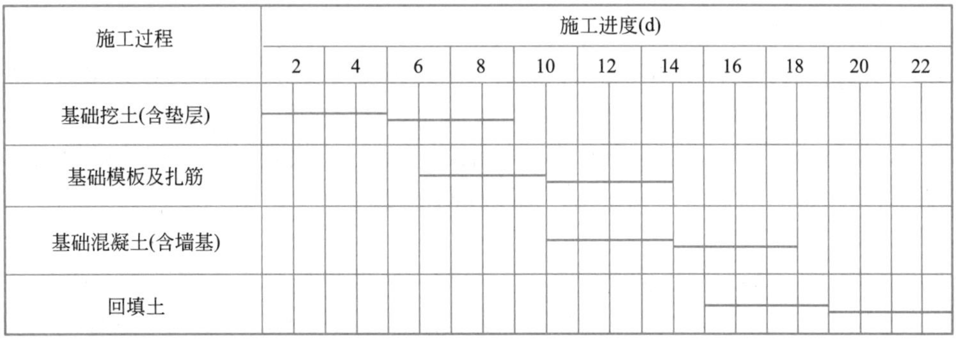

施工过程	施工进度(d)										
	2	4	6	8	10	12	14	16	18	20	22
基础挖土(含垫层)											
基础模板及扎筋											
基础混凝土(含墙基)											
回填土											

图 3-17 基础流水施工进度计划

3.4.2 流水施工应用实例（二）

例 3-10

某 2 层钢筋混凝土框架结构的主体结构工程，划分为三个施工段，其劳动量见表 3-4。

某框架主体结构劳动量一览表　　表 3-4

结构部分	分项名称		每层每个变形缝区段的劳动量(工日)	
			1层	2层
框架	支模板	柱	30	28
		梁	56	56
		板	24	24
	绑扎钢筋	柱	30	30
		梁	29	29
		板	25	25
	浇筑混凝土	柱	67	63
		梁板	124	123

续表

结构部分	分项名称	每层每个变形缝区段的劳动量(工日)	
		1层	2层
楼梯	支模板	6	—
	绑扎钢筋	4	—
	浇筑混凝土	14	—

1. 具体组织施工方法

本工程框架结构主体施工采用以下施工顺序：绑扎柱钢筋、支梁模板、支板模板、支柱模板、绑扎梁钢筋、绑扎板钢筋、浇筑柱混凝土、浇筑梁和板混凝土。根据施工顺序和劳动组织，划分以下四个施工过程：绑扎柱钢筋（A）、支模板（B）、绑扎梁板钢筋（C）和浇筑混凝土（D）。各施工过程中均包括楼梯间部分。

2. 划分施工段

考虑结构的整体性，利用伸缩缝作为分界线，每层划分为三个施工段，此时 $m<n$，工作队会出现窝工现象。所以，本例将主导施工过程连续施工，其他施工过程采用间断施工的流水施工方式。该工程各施工过程中，支模板比较复杂，且劳动量较大，所以支模板为主导施工过程，其他为非主导施工过程。

考虑主体工程的特殊性，采用主导施工过程连续施工，其他施工过程间断施工的流水施工方式。要保证主导施工过程连续施工，必须满足 $(m-1)\ t_{主导} \geqslant \sum t_{非主导}$。

主体工程工期为主导工程持续时间加上其他非主导施工过程的流水节拍之和加上间歇，减去搭接。

即：$T_{主体}=m \cdot r \cdot t_{主导}+\sum t_{非主导}+\sum t_g+\sum t_z-\sum t_d$

3. 确定流水节拍和各工作队人数

（1）支模板每段量大的劳动量：30＋56＋24＋6＝116 工日，施工班组人数 30 人，采用一班制，其流水节拍为：$t_{支模}=\frac{116}{30}=3.87\text{d}$，取为 4 天。

（2）绑扎柱钢筋每段最大的劳动量为 30 工日，施工班组人数为 15 人，采用一班制，其流水节拍为：$t_{柱筋}=\frac{30}{15}=2\text{d}$，取为 2 天。

（3）绑扎梁板钢筋每段最大的劳量为：29＋25＋4＝58 工日，施工班组人数 20 人，采用一班制，其流水节拍为：$t_{梁板筋}=\frac{58}{30}=2.9\text{d}$，取为 3 天。

（4）浇筑混凝土每段最大的劳量为：67＋124＋14＝205 工日，施工班组人数 60 人，为了保证浇筑的连续性，可采用 3 班制，其流水节拍为：$t_{混凝土}=\frac{205}{60\times3}=1.14\text{d}$，取为 1 天，且 D 施工过程采用 3 班制。

4. 确定流水工期

$$\begin{aligned}T_{主体}&=m \cdot r \cdot t_{主导}+\sum t_{非主导}+\sum t_g+\sum t_z-\sum t_d\\&=3\times2\times4+2+3+1=30\text{d}\end{aligned}$$

5. 绘制流水施工进度计划

层次	施工过程	劳动量(工日)	流水节拍(d)	班组人数	班制	施工进度(d)															
						2	4	6	8	10	12	14	16	18	20	22	24	26	28	30	32
一	绑扎柱筋	30	2	30	1																
	支模板	116	4	15	1																
	绑扎梁板筋	58	3	20	1																
	浇筑混凝土	205	1	60	3																
二	绑扎柱筋	30	2	30	1																
	支模板	108	4	15	1																
	绑扎梁板筋	54	3	20	1																
	浇筑混凝土	186	1	60	3																

图 3-18　主体工程流水施工进度计划

单元总结

通过对依次施工、平行施工和流水施工三种组织方式进行比较，引出流水施工的概念，本单元重点阐述了流水施工工艺参数、时间参数和空间参数三个主要参数的确定及流水施工常用的组织方式——等节奏流水、异节奏流水和无节奏流水，并结合实例来阐述流水施工组织方式在工程实践中的应用。

习　题

一、填空题

1. 组织流水施工的方式有__________、__________、__________。
2. 流水施工的基本参数有__________、__________、__________。
3. 根据流水节奏的不同特征，可以把流水施工分为__________、__________两大类。
4. 流水施工中，同一施工过程在各个施工段上的流水节拍均相等，称为__________。

二、单选题

1. 流水施工横道图能够正确表达（　　）。

A. 工作之间的逻辑关系　　B. 关键工作

C. 关键线路　　D. 工作开始和完成时间

2. 工作面、施工层在流水施工中所表达的参数为（　　）。

A. 空间参数　　B. 工艺参数

C. 时间参数　　D. 施工参数

3. 组织节奏流水施工的前提是（　　）。

A. 各施工过程施工班组人数相等　　B. 各施工过程的施工段数目相等

C. 各流水组的工期相等　　D. 各施工过程在各段的持续时间相等

4. 某工程有 3 个施工过程组成，现划分为 4 个施工段，流水节拍均为 3d，组织流水施工，该项目工期为（　　）d。

A. 21　　B. 18　　C. 24　　D. 20

5. 流水不属于无节奏流水施工的特点是（　　）。

A. 所有施工过程在各施工段上的流水节拍均相等

B. 各施工过程的流水节拍不等，且无规律

C. 专业工作队数目等于施工过程数

D. 流水步距一般不等

三、计算题

1. 某工程划分为 A、B、C、D 四个施工过程，每个施工过程分为四个施工段，流水节拍均为 2d，A、B 之间有 2d 的技术间歇时间，C、D 之间有 1d 的搭接时间，试组织全等节拍流水施工。

2. 某工程分为 6 个施工段，划分 A、B、C 三个施工过程，其流水节拍分为别为 $t_1=3d$，$t_2=6d$，$t_3=9d$。试组织成倍节拍流水施工，并绘制流水施工进行表。

3. 工程分为 4 施工段，划分 A、B、C 三个施工过程，其流水节拍分为别为 $t_1=3d$，$t_2=1d$，$t_3=4d$。试组织异节奏流水施工，并绘制流水施工进行表。

4. 某分部工程的流水节拍见表 3-5，试计算流水步距和工期，并绘制施工进度计划表。

某分部工程的流水节拍（d）　　表 3-5

施工过程	施工段			
	①	②	③	④
Ⅰ	3	2	2	1
Ⅱ	1	5	3	2
Ⅲ	2	1	3	5
Ⅳ	3	2	4	3

扫一扫，看答案

教学单元4 Chapter 04

网络计划技术

1. 知识目标

（1）了解网络计划技术的概念、原理、特点。

（2）理解单代号搭接网络计划的基本概念、搭接关系及其表达方式、时间参数计算、逻辑关系分析；理解网络计划优化的目标、方法（工期优化、资源优化、费用优化）；理解网络计划的检查与调整。

（3）掌握双代号时标网络的绘图规则、时间参数计算、确定关键工作及关键线路；掌握双代号网络图的表达方式、绘图规则、时间参数计算（工作计算法、节点法），确定关键工作及关键线路；掌握单代号网络计划的绘图特点、绘图规则、时间参数计算。

2. 能力目标

通过本教学单元的学习，根据具体工程，初步具备绘制单代号、双代号网络图的能力，能够计算简单工程的时间参数，确定关键线路。

3. 思政目标

网络计划技术是一种科学的计划管理方法，已广泛地应用于各个行业和领域，特别是工程建设领域，无论是在项目的招标、投标阶段，还是在项目的规划、实施与控制等阶段，都发挥着重要作用。认识网络计划技术的重要性，培养工匠精神、坚韧不拔的科学精神，工作中坚守职业道德。

思维导图

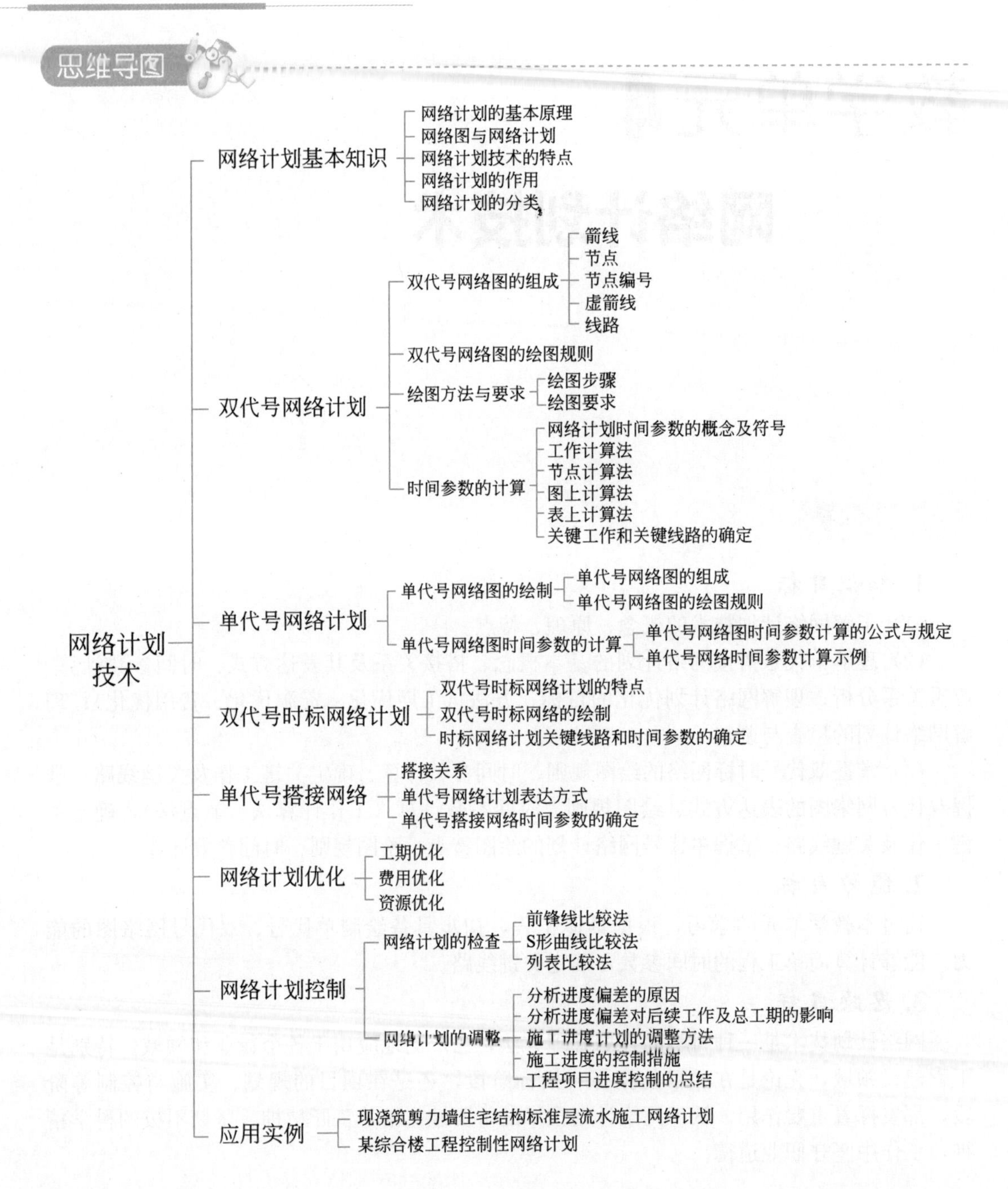

4.1 网络计划基本知识

网络计划技术是随着现代科学技术和工业生产的发展而产生的，是一种科学的计划管理方法。它在 20 世纪 50 年代后期出现于美国，20 世纪 60 年代开始在我国得到推广和应用。目前网络计划方法已广泛地应用于各个部门、各个领域。特别是在工程建设领域，无论是在项目的招标、投标，还是在项目的规划、实施与控制等各个阶段，都发挥着重要作用，逐渐成为项目管理的核心技术及重要组成部分。

4.1.1　网络计划技术的基本原理

首先，利用网络图的形式表达一项工程计划方案中各项工作之间的相互关系和先后顺序关系；

其次，通过计算找出影响工期的关键工作和关键线路；

接着，通过不断改进网络计划，寻求最优方案并付诸实施；

最后，在计划实施过程中采取有效措施对其进行调整和控制，以合理使用资源，高效、优质、低耗地完成预定任务。

4.1.2　网络图与网络计划

网络图是由箭线和节点按照一定规则组成的，用来表示工作流程的、有向有序的网状图形。网络图分为双代号网络图和单代号网络图两种形式，由一条箭线与前后两个节点表示一项工作的网络图称为双代号网络图，如图 4-1（*a*）所示；而由一个节点表示一项工作，以箭线表示工作顺序的网络图称为单代号网络图，如图 4-1（*b*）所示。

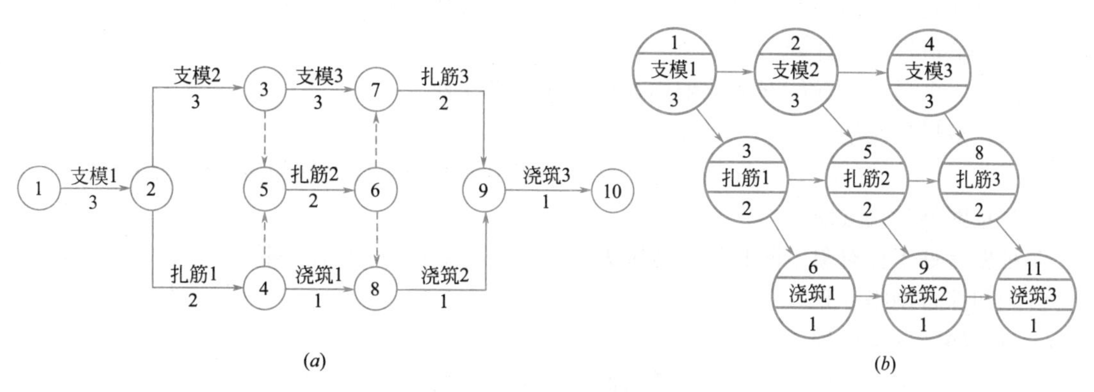

图 4-1　网络图形式

（*a*）双代号网络图；（*b*）单代号网络图

用网络图表达任务构成、工作顺序并加注工作的时间参数而编制的进度计划，称为网络计划。

4.1.3　网络计划技术的特点

（1）将项目中的各工作组成一个有机整体，能全面而明确的反映各工作之间相互制约和依赖的关系。

（2）能进行各种时间参数的计算。

(3) 可抓住项目中的关键工作重点控制，确保项目目标的实现。

(4) 可以综合反映进度、投资（成本)、资源之间的关系，统筹全局进行计划管理。

(5) 便于优化、调整，取得好、快、省的全面效果。

(6) 能够利用计算机绘图、计算和动态管理。

(7) 不如线条图直观明了（时标网络可弥补其不足)。

4.1.4 网络计划的作用

网络计划技术的应用范围很广，特别适用于一次性的大规模工程项目，例如电站、油田建筑工程、大型水利工程、国防建设工程、大型科研项目、技术改造及技术引进项目等。一般说来，工程项目越大、协作关系越多、生产组织越复杂，网络计划技术就越能显示其优越性。

施工网络计划方法主要用来编制建设单位或施工企业的生产计划和工程施工的进度计划，并对计划进行优化、调整和控制，达到缩短工期、提高工效、降低成本、增加经济效益的目的。

4.1.5 网络计划的分类

网络计划的种类很多，可以从不同的角度进行分类，具体分类方法如下：

1. 按网络计划目标分类

根据计划目标的多少，网络计划可分为单目标网络计划和多目标网络计划。

(1) 单目标网络计划

只有一个最终目标的网络计划称为单目标网络计划。

(2) 多目标网络计划

由若干个独立的最终目标与其相互有关工作组成的网络计划称为多目标网络计划。

2. 按网络计划层次分类

根据计划工程对象不同和使用范围大小，网络计划可分为局部网络计划、单位工程网络计划和综合网络计划。

(1) 局部网络计划

以一个分部工程或施工段为对象编制的网络计划称为局部网络计划。

(2) 单位工程网络计划

以一个单位工程为对象编制的网络计划称为单位工程网络计划。

(3) 综合网络计划

以一个建筑项目或建筑群为对象编制的网络计划称为综合网络计划。

3. 按网络计划的表达方法分类

我国《工程网络计划技术规程》JGJ/T 121—2015 推荐常用的工程网络计划表达类型包括：

(1) 双代号网络计划

以箭线及其两端节点的编号表示工作的网络图称为双代号网络计划。

(2) 单代号网络计划

以节点及该节点的编号表示工作，以箭线表示工作之间逻辑关系的网络图称为单代号网络计划。

（3）双代号时标网络计划

以时间坐标为单位尺度，表示箭线长度的双代号网络计划称为双代号时标网络计划。

（4）单代号搭接网络计划

单代号网络计划中，前后工作之间可能有多种时距关系的肯定型网络计划称为单代号搭接网络。

国际上网络计划有许多名称，如 CPM、PERT、CPA、MPM 等。

4.2 双代号网络计划

4.2.1 双代号网络图的组成

用一条箭线与其前后两个节点来表示一项工作的网络图称为双代号网络图，包括箭线、节点、节点编号、虚工作、线路等五个基本要素。对于每一项工作而言，其基本形式如图 4-2 所示。

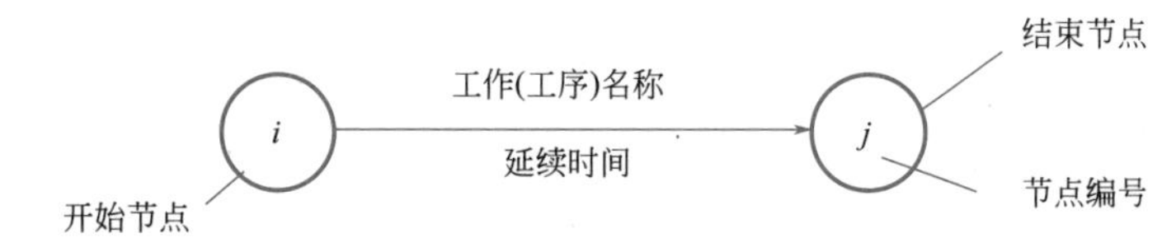

图 4-2　双代号网络图的基本形式

1. 箭线

双代号网络图中一端带箭头的实线即为箭线。在双代号网络图中，它与其两端的节点表示一项工作。箭线表达的内容有以下几方面：

（1）一根箭线表示一项工作或一个施工过程。根据网络计划的性质和作用的不同，工作既可以是一个简单的施工过程，如挖土、垫层等分项工程或者基础工程、主体工程等分部工程；工作也可以是一项复杂的工程任务，如教学楼土建工程等单位工程或者教学楼工程等单项工程。如何确定一项工作的范围取决于所绘制的网络计划的作用（控制性或指导性）。

（2）一根箭线表示一项工作所消耗的时间和资源，分别用数字标注在箭线的下方和上方。一般而言，每项工作的完成都要消耗一定的时间和资源，如砌砖墙、浇筑混凝土等；也存在只消耗时间而不消耗资源的工作，如混凝土养护、砂浆找平层干燥等技术间歇，若单独考虑时，也应作为一项工作对待。

（3）在无时间坐标的网络图中，箭线的长度不代表时间的长短，画图时原则上是任意的，但必须满足网络图的绘制规则。在有时间坐标的网络图中，其箭线的长度必须根据完成该项工作所需时间长度按比例绘制。

（4）箭线的方向表示工作进行的方向和前进的路线，箭尾表示工作的开始，箭头表示工作的结束。

（5）箭线可以画成直线、折线或斜线。必要时，箭线也可以画成曲线，应当以水平直线为主，一般不宜画成垂直线。

2. 节点

网络图中箭线端部的圆圈或其他形状的封闭图形就是节点。在双代号网络图中，它表示工作之间的逻辑关系，节点表达的内容有以下几方面：

（1）节点表示前面工作结束和后面工作开始的瞬间，所以节点不需要消耗时间和资源。

（2）箭线的箭尾节点表示该工作的开始，箭头节点表示该工作的结束。

（3）根据节点在网络图中的位置不同可分为起点节点、终点节点和中间节点。起点节点是网络图中的第一个节点，表示一项任务的开始；终点节点是网络图的最后一个节点，表示一项任务的完成；除起点节点和终点节点以外的节点称为中间节点，中间节点都有双重的含义，既是前面工作的箭头节点，也是后面工作的箭尾节点。

（4）中间节点的进入箭线与发出箭线互为紧前紧后关系、一一对应。如图 4-3 所示，工作 A 为工作 B 的紧前工作，反之 B 工作为 A 工作的紧后工作。当两项工作有相同的起点时，这两项工作为平行工作，有时某项（或某几项）工作通过虚工作与另一项工作的开始节点相连，它们在性质上也是平行工作，如 B、D、E 为平行工作。

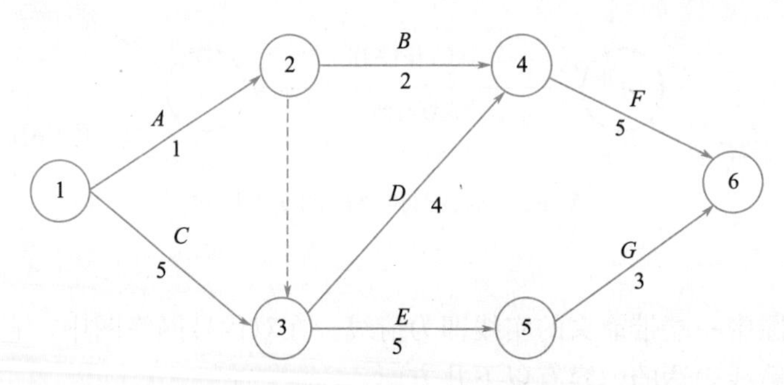

图 4-3　双代号网络图

3. 节点编号

网络图中的每个节点都有自己的编号，以便赋予每项工作以代号，便于计算网络图的时间参数和检查网络图是否正确。

节点编号必须满足基本规则：（1）箭头节点编号大于箭尾节点编号，因此节点编号顺序是箭尾节点编号在前，箭头节点编号在后，凡是箭尾节点没有编号，箭头节点不能编号；（2）在一个网络图中，所有节点不能出现重复编号，编号的号码可以按自然顺序进行，也可以非连续编号，以便适应网络计划调整中增加工作的需要，编号留有余地。

4. 虚箭线

虚箭线又称虚工作，它表示一项虚拟工作，用带箭头的虚线表示。其工作是假设的，实际上是不存在的，因此其持续时间为零，如图 4-3 中的②→③。虚箭线在网络图中可起到联系、区分和断路的作用，主要用于双代号网络图中表达工作之间相互联系、相互制约的关系，以保证正确的逻辑关系。

5. 线路

在网络图中，从起点节点开始，沿箭线方向顺序通过一系列箭线与节点，最后到达终点节点所经过的通路叫作线路。如图 4-3 所示，从节点①开始到节点⑥结束，列表计算线路时间，结果见表 4-1。

在各条线路中，有一条或几条线路的总时间最长，称为关键线路，一般用双线或粗线标注；其他线路长度均小于关键线路，称为非关键线路。关键线路对整个工程的完工起着决定性的作用。

线路时间　　　表 4-1

序号	线路	线长(d)	序号	线路	线长(d)
1	①→②→④→⑥	8	4	①→③→④→⑥	14
2	①→②→③→④→⑥	10	5	①→③→⑤→⑥	13
3	①→②→③→⑤→⑥	9			

处于关键线路上的工作称为关键工作。关键工作完成的快慢将直接影响整个计划工期的实现。位于非关键线路上的工作除关键工作外，都称为非关键工作，它们都有机动时间（即时差）；非关键工作也不是一成不变的，它可以转化为关键工作；利用非关键工作的机动时间可以科学地、合理地调配资源和对网络计划进行优化。

4.2.2　双代号网络图的绘制规则

1. 双代号网络图绘图规则

（1）双代号网络图应正确表达工作之间已定的逻辑关系。在绘制网络图时，要根据工艺顺序和施工组织的要求，正确地反映各项工作之间的先后顺序和相互制约、相互依赖的关系。常见几种逻辑关系的表达方法见表 4-2。

双代号网络图中常见的各种工作逻辑关系的表示方法　　　表 4-2

序号	工作之间的逻辑关系	网络图中表示方法	说明
1	*A*、*B* 两项工作按照依次施工方式进行	○—*A*→○—*B*→○	*B* 工作依赖着 *A* 工作，*A* 工作约束着 *B* 工作的开始
2	有 *A*、*B*、*C* 三项工作同时开始	○ —*A*→○；—*B*→○；—*C*→○	*A*、*B*、*C* 三项工作称为平行工作

续表

序号	工作之间的逻辑关系	网络图中表示方法	说明
3	有 A、B、C 三项工作同时结束	A B C	A、B、C 三项工作称为平行工作
4	有 A、B、C 三项工作，只有在 A 完成后 B、C 才能开始	B A C	A 工作制约着 B、C 工作的开始，B、C 为平行工作
5	有 A、B、C 三项工作，C 工作只有在 A、B 完成后才能开始	A C B	C 工作依赖着 A、B 工作，A、B 为平行工作
6	有 A、B、C、D 四项工作，只有当 A、B 完成后，C、D 才能开始	A C j B D	通过节点 j 正确表达了 A、B、C、D 之间的关系
7	有 A、B、C、D 四项工作，A 完成后 C 才能开始，A、B 完成后 D 才开始	A C B D	D 与 A 之间引入了逻辑连接（虚工作），只有这样才能正确表达它们之间的约束关系
8	有 A、B、C、D、E 五项工作，A、B 完成后 C 才能开始，B、D 完成后 E 开始	A j C B i k E D	虚工作 ij 反映出 C 工作受到 B 工作的约束，虚工作 ik 反映出 E 工作受到 B 工作的约束

续表

序号	工作之间的逻辑关系	网络图中表示方法	说明
9	有 A、B、C、D、E 五项工作，A、B、C 完成后 D 才能开始，B、C 完成后 E 才能开始	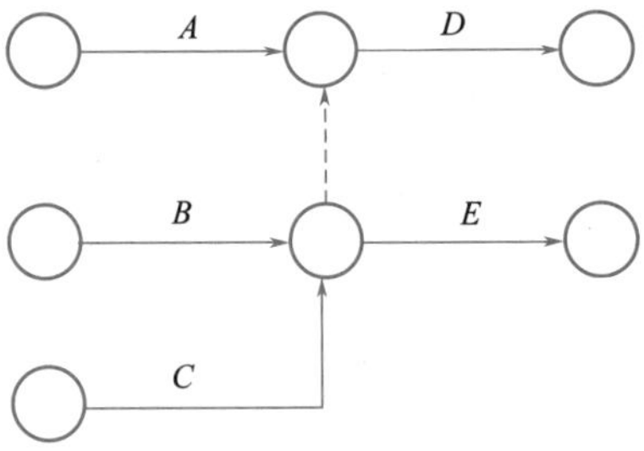	这是前面序号 1、5 情况通过虚工作连接起来，虚工作表示 D 工作受到 B、C 工作制约
10	A、B 两项工作分三个施工段，平行施工	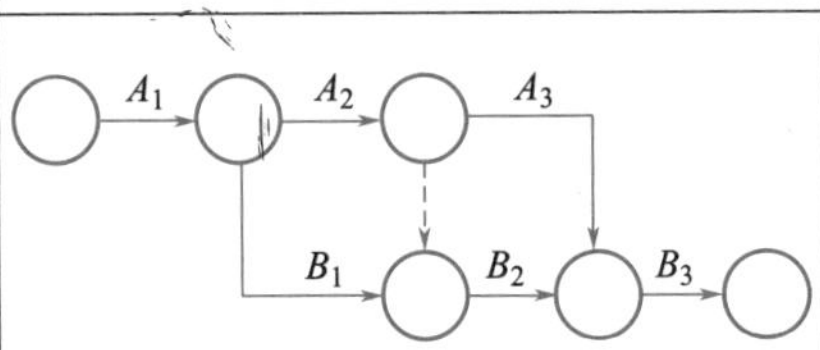	每个工种工程建立专业工作队，在每个施工段上进行流水作业，不同工种之间用逻辑搭接关系表示

(2) 双代号网络图中，不得出现回路。所谓回路是指从一个节点出发，顺箭线方向又回到原出发点的循环线路。如图 4-4 所示，出现了循环回路②→③→④→②。

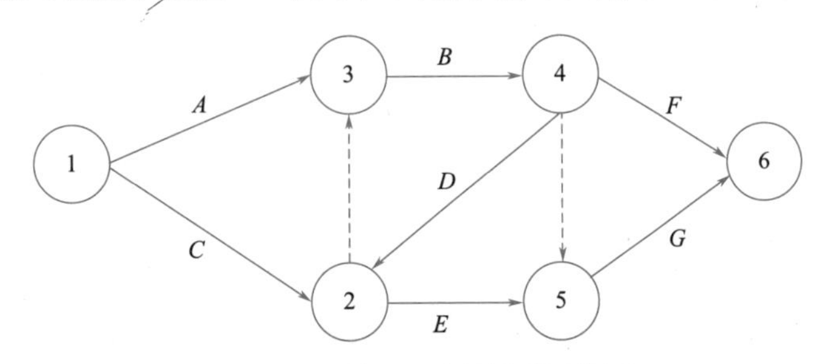

图 4-4　有循环回路的错误网络图

(3) 双代号网络图中，不得出现带双向箭头或无箭头的连线，如图 4-5 所示。

图 4-5　错误的箭线画法

(4) 双代号网络图中，不得出现没有箭头节点或没有箭尾节点的箭线，如图 4-6 所示。

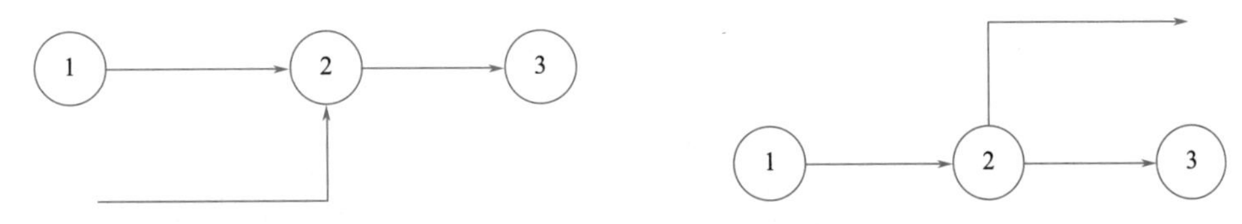

图 4-6　没有箭尾和箭头节点的箭线

(5) 当双代号网络图的起点节点有多条外向箭线或终点节点有多条内向箭线时，对起点节点和终点节点可使用母线法绘图，如图 4-7 所示。

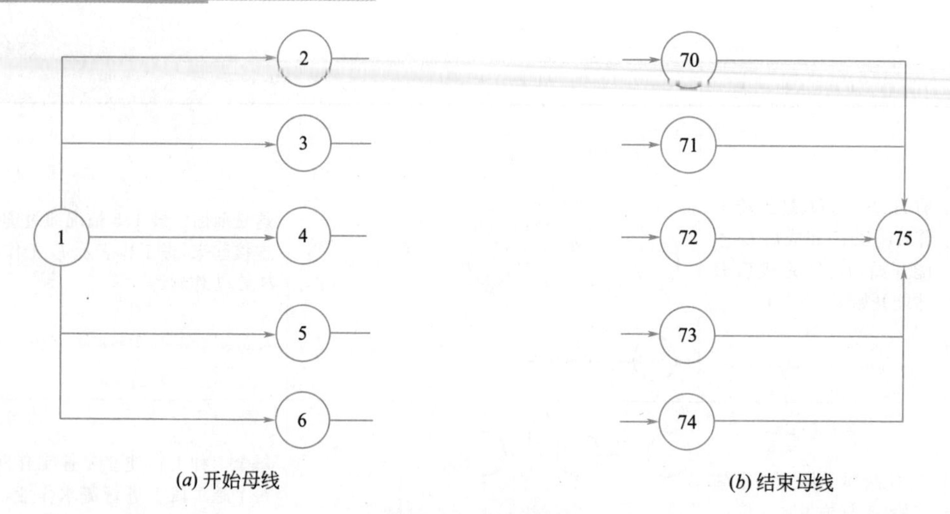

(a) 开始母线　　(b) 结束母线

图 4-7　母线画法

（6）绘制网络图时，箭线不宜交叉；当交叉不可避免时，可用过桥法、断线法或指向法，如图 4-8 所示。

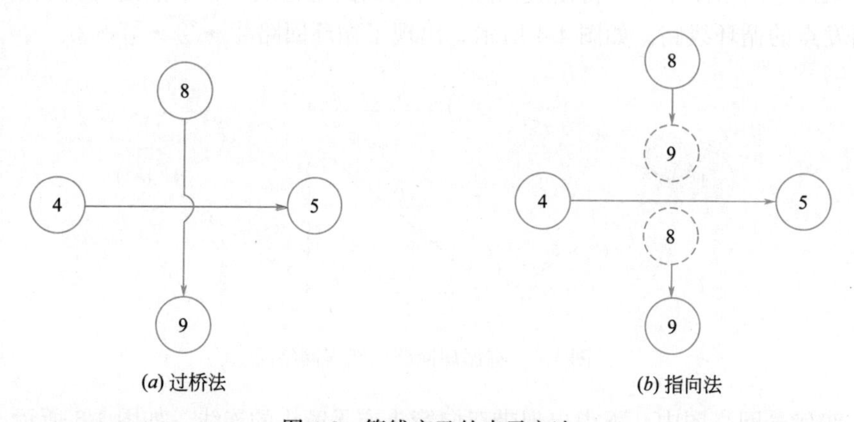

(a) 过桥法　　(b) 指向法

图 4-8　箭线交叉的表示方法

（7）双代号网络图中应只有一个起点节点；在不分期完成任务的网络图中，应只有一个终点节点；其他所有节点均应是中间节点。

起点节点：只有外向箭线，而无内向箭线的节点，如图 4-9 所示。

终点节点：只有内向箭线，而无外向箭线的节点，如图 4-10 所示。

图 4-9　起点节点　　图 4-10　终点节点

2. 虚箭线在网络图绘制中的应用

通过前文介绍的各种工作逻辑关系的表示方法，可以清楚地看出，虚箭线不是一项正式的工作，而是在绘制网络图时根据逻辑关系的需要而增设的。虚箭线有助于正确表达各工作间的关系，避免逻辑错误。虚箭线在网络图的绘制中主要有以下应用：

（1）联系作用

绘制网络图时，经常会遇到表 4-2 中第 7 项所示图例的情况，*A* 工作结束后可同时进行 *C*、*D* 两项工作，*B* 工作结束后进行 *D* 工作。从这四项工作的逻辑关系可以看出，*A* 的紧后工作为 *C*，*B* 的紧后工作为 *D*，但 *D* 又是 *A* 的紧后工作，为了把 *A*、*D* 两项工作紧前紧后的关系表达出来，这时就需要引入虚箭线。因箭线的持续时间是零，虽然 *A*、*D* 间隔有一条虚箭线，又有两个节点，但是二者的关系仍是 *A* 工作完成后，*D* 工作才可以开始。

（2）断路作用

绘制双代号网络图时，最容易产生的错误是本来没有逻辑关系的工作联系起来了，使网络图发生逻辑上的错误。这时就必须使用虚箭线在图上加以处理，以隔断不应有的工作联系。用虚箭线隔断网络图中无逻辑关系的各项工作的方法称为“断路法”。产生错误的地方总是在同时有多条内向和外向箭线的节点处，画图时应特别注意，只有一条内向或外向箭线之处是不会出错的。

如果已知工作之间的逻辑关系见表 4-3，则网络图 4-11（*a*）是错误的，因为工作 *A* 不是工作 *D* 的紧前工作。此时，可由虚箭线将工作 *A* 和工作 *D* 的联系断开，如图 4-11（*b*）所示。

逻辑关系表　　表 4-3

工作	*A*	*B*	*C*	*D*
紧前工作	—	—	*A*、*B*	*B*

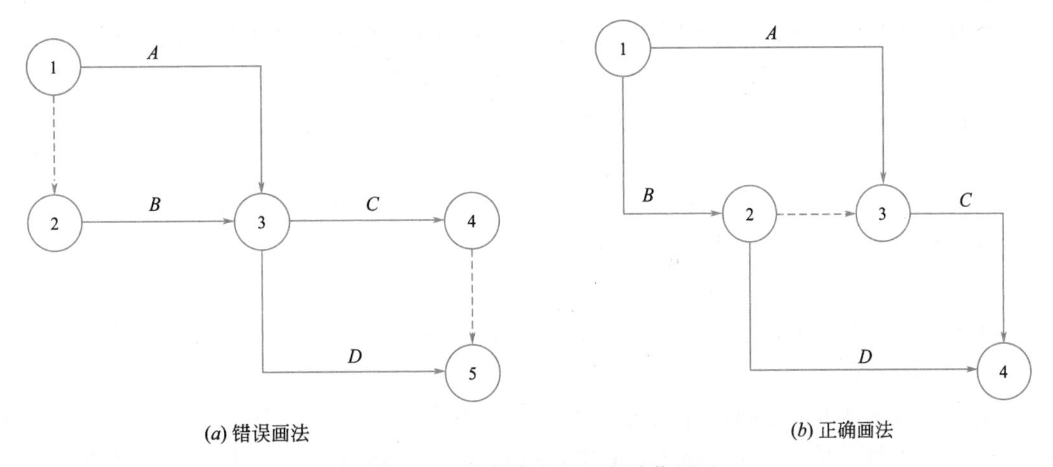

图 4-11　虚箭线应用：断路作用

（3）区分作用

两项或两项以上的工作同时开始和同时完成，必须引进虚箭线，以免造成混乱。图 4-12（a）中，A、B 两项工作的箭线共用①、②两个节点，1-2 代号既表示 A 工作又可表示 B 工作，代号不清就会在工作中造成混乱。而图 4-12（b）中，引进了虚箭线，即图中的 2-3，这样 1-2 表示 A 工作，1-3 表示 B 工作，图 4-12（a）中两项工作共用一个双代号的现象就消除了。

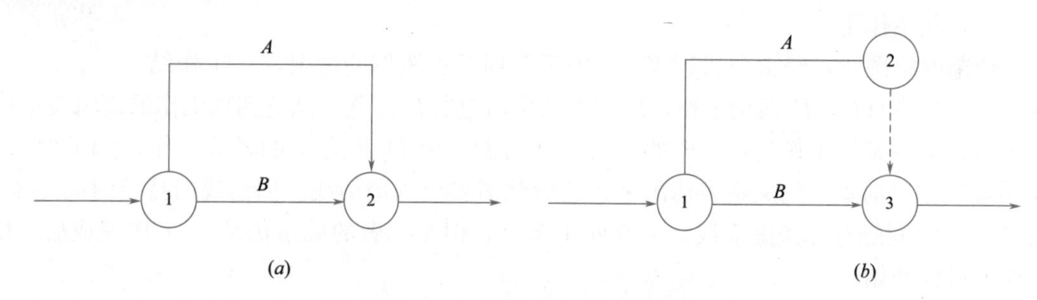

图 4-12　虚箭线应用：区分作用

可以看出，在绘制双代号网络图时，虚箭线的使用是非常重要的，但使用又要恰如其分、不得滥用，因为每增加一条虚箭线，一般就要相应地增加节点，这样不仅使图面复杂，增加绘图工作量，而且还要增加时间参数计算量。因此，虚箭线的数量应以“必不可少”为限度，多余的必须全部删除。此外，还应注意在增加虚箭线后，要全面检查一下有关工作的逻辑关系是否出现新的错误。不要只顾局部，顾此失彼。

4.2.3　绘图方法与要求

1. 绘图步骤

首先画出从起点节点开始的所有箭线；然后从左到右依次绘出紧接其后的节点和箭线，直到终点节点；最后检查网络图中各施工过程之间的逻辑关系。

2. 绘图要求

绘制双代号网路图需要掌握大量工程信息，具备一定的专业技术知识，积累一定的工程经验和绘图技巧。一般来说，任何施工网络计划都是在既定施工方案前提下，进行统筹规划、精心安排所形成的。绘制双代号网络要注意以下几点：

（1）遵守绘图的基本规则

网络图是供人阅读的，为了便于交流和沟通，必须要遵从一定的基本绘图规则，统一表达方式和符号，才能使别人看懂，不致产生误解。

（2）遵守工作之间的逻辑关系

在工程实践中，工作之间的逻辑关系主要有两类：工艺关系和组织关系。

1）工艺关系

工艺关系就是工艺之间内在的先后关系，或者在同一层段上各施工过程的顺序。例如：某一现浇钢筋混凝土柱的施工，必须在绑扎完柱子钢筋和支完模板以后，才能浇筑混凝土。如图 4-13 所示。

2）组织关系

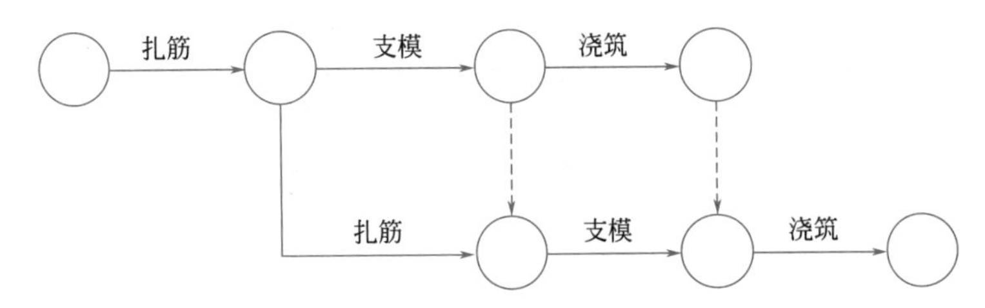

图 4-13　表示工艺关系的网络图

组织关系就是工作之间由于组织安排需要或资源（人力、材料、机械设备和资金等）调配需要而确定的先后顺序关系。如某施工过程有 A、B、C 三个施工段，是先施工 A，还是先施工 B 或 C，或是同时施工其中的两个或三个施工段，如图 4-14 所示。

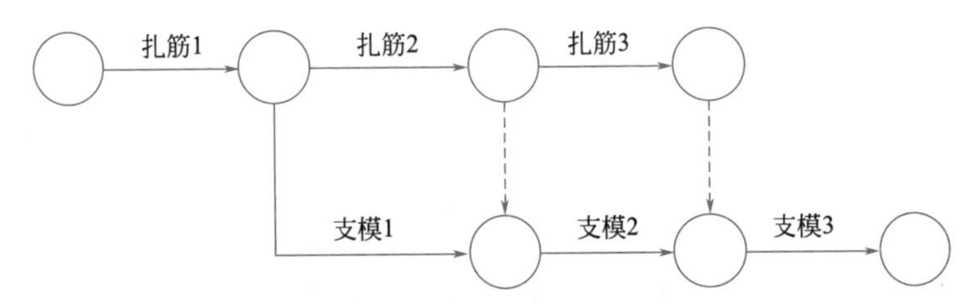

图 4-14　表示组织关系的网络图

（3）尽量减少不必要的箭线和节点

如图 4-15（a）所示，该图逻辑关系正确，但过于烦琐，给绘图和计算带来不必要的麻烦。对于只有一进一出的两条箭线，且其中一条为虚箭线的节点（如节点③、⑥），在取消该节点及箭线不会出现相同编号的工作时，即可去掉。使网络图既不改变逻辑关系，又简单明了，如图 4-15（b）所示。

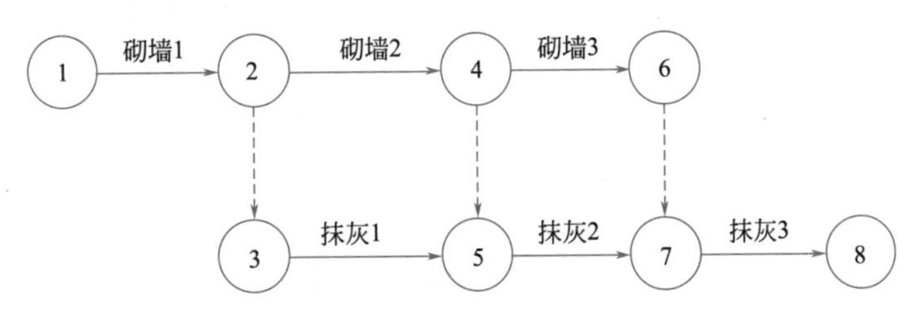

(a) 有多余节点和虚箭线的网络图

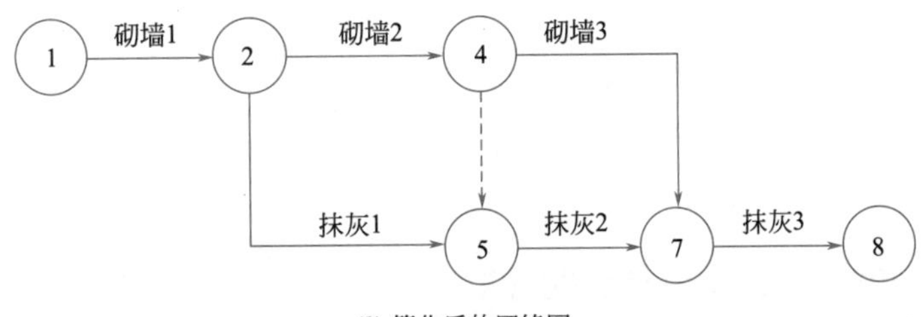

(b) 简化后的网络图

图 4-15　网络图的简化示意

（4）条理清楚，布局合理

绘制网络图往往需要多次反复，开始先按分解任务后的逻辑关系表画出草图，再逐步调整和简化，经过多次修改，才能绘制出比较清楚的正确形式。例如，网络图中的工作箭线不宜画成任意方向或曲线形状，尽可能用水平线或斜线；关键线路、关键工作安排在图中心位置，其他工作分散在两边；避免倒回箭头，杜绝循环回路等。

例 4-1

已知各个工作之间的逻辑关系见表 4-4，试绘制其双代号网络图。

工作逻辑关系表　　表 4-4

工作名称	A	B	C	D	E	F	G	H	I
持续时间	3	5	2	4	5	2	6	5	2
紧前工作	—	A	—	—	C	CD	AEF	F	GH

表 4-4 中给出了 9 项工作及其各自的持续时间和紧前工作。若知道了各项工作的紧后工作即可以绘制出网络图。

绘图时一定要按照给定的逻辑关系逐步绘制，绘出草图后再做整理，最后进行节点编号。网络图绘制如图 4-16 所示，由于 A、C、D 都没有紧前工作，故均为起始工作，从起点节点画出。B、I 未作为其他工作的紧前工作，故为终结工作，均收归终点节点。绘图时要正确使用虚箭线。绘图后，要认真检查紧前工作或紧后工作给定的逻辑关系是否相同，有无多余或缺少；检查起点节点和终点节点是否各只有一个；检查网络图是否达到最简化，有无多余的虚箭线；检查工作名称、持续时间是否正确，节点编号是否从小到大，有无两项工作使用了同一对编号的错误。

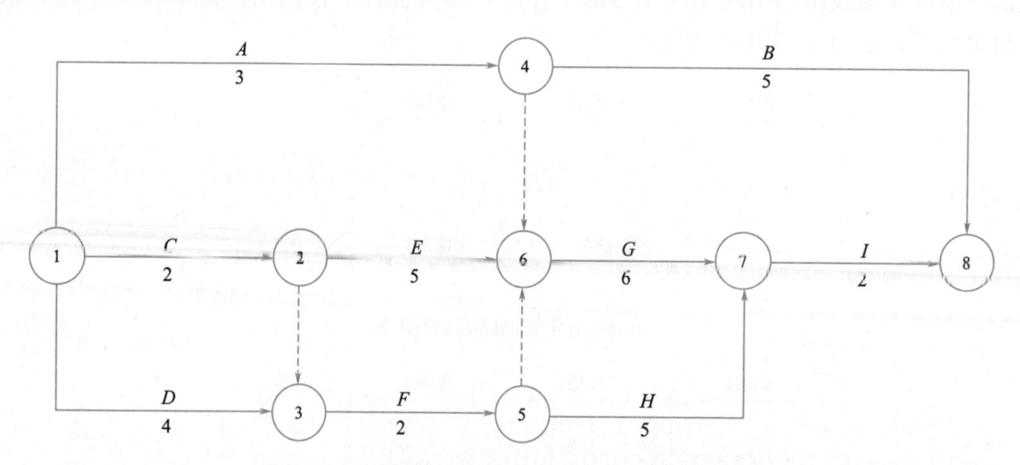

图 4-16　根据题中所给条件绘制的双代号网络图

4.2.4　双代号网络计划时间参数的计算

双代号网络计划时间参数的计算目的在于通过计算各项工作的时间参数，确定网络计划的关键工作、关键线路和计算工期，为网络计划的优化、调整和执行提供明确的时间参数；双代号网络计划时间参数的计算方法通常有工作计算法、节点计算法、图上计算法和表上计算法 4 种。

1. 网络计划时间参数的概念及符号

（1）工作持续时间（$D_{i\text{-}j}$）

工作持续时间是一项工作从开始到完成的时间。

（2）工期（T）

工期泛指完成任务所需要的时间，一般有以下三种：

1）计算工期：根据网络计划时间参数计算出来的工期，用 T_c 表示；

2）要求工期：任务委托人所要求的工期，用 T_r 表示；

3）计划工期：根据要求工期和计算工期所确定的作为实施目标的工期，用 T_p 表示。

网络计划的计划工期 T_p 应按下列情况分别确定：当已规定了要求工期 T_r 时，$T_p \leqslant T_r$；当未规定要求工期时，可令计划工期等于计算工期，$T_p = T_c$。

（3）网络计划中的时间参数

网络计划中的时间参数有 6 个：最早开始时间、最早完成时间、最迟开始时间、最迟完成时间、总时差、自由时差。

1）最早开始时间和最早完成时间

最早开始时间（$ES_{i\text{-}j}$），是指各紧前工作全部完成后，工作 $i\text{-}j$ 有可能开始的最早时刻。最早完成时间（$EF_{i\text{-}j}$），是指各紧前工作全部完成后，工作 $i\text{-}j$ 有可能完成的最早时刻。

这类时间参数的实质是提出了紧后工作与紧前工作的关系，即紧后工作若提前开始，也不能提前到其紧前工作未完成之前。就整个网络图而言，受到起点节点的控制。因此，其计算程序为：自起点节点开始，顺着箭线方向，用累加的方法计算到终点节点。

2）最迟开始时间和最迟完成时间

最迟开始时间（$LS_{i\text{-}j}$），是指在不影响整个任务按期完成的前提下，工作必须开始的最迟时刻。最迟完成时间（$LF_{i\text{-}j}$），是指在不影响整个任务按期完成的前提下，工作必须完成的最迟时刻。

这类时间参数的实质是提出紧前工作与紧后工作的关系，即紧前工作要推迟开始，不能影响其紧后工作的按期完成。就整个网络图而言，受到终点节点（即计算工期）的控制。因此，其计算程序为：自终点节点开始，逆着箭线方向，用累减的方法计算到起点节点。

3）总时差和自由时差

总时差（$TF_{i\text{-}j}$）是指在不影响总工期的前提下，本工作可以利用的机动时间。自由时差（$FF_{i\text{-}j}$）是指在不影响其紧后工作最早开始时间的前提下，本工作可以利用的机动时间。

2. 工作计算法

按工作计算法计算时间参数应在确定了各项工作的持续时间之后进行。虚工作也必须视同工作进行计算，其持续时间为零。时间参数的计算结果应标注在箭线之上，如图 4-17 所示。

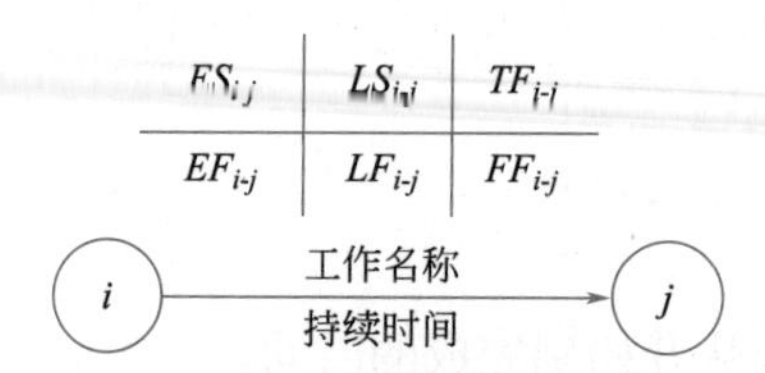

图 4-17　时间参数标注形式

下面以某双代号网络计划（图 4-18）为例，说明其计算步骤。

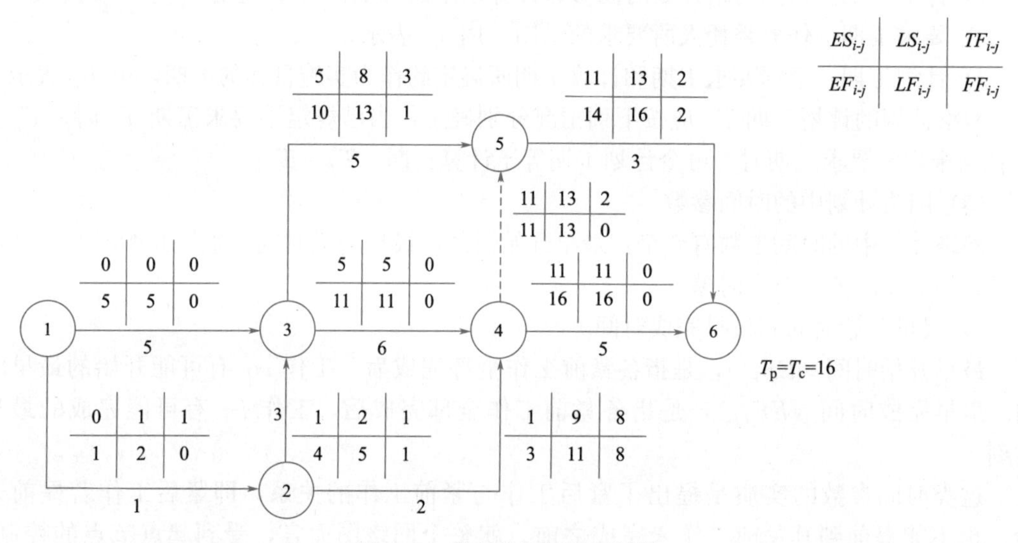

图 4-18　某双代号网络图计算

（1）计算各工作的最早开始时间和最早完成时间

各项工作的最早完成时间等于其最早开始时间加上工作持续时间（D_{i-j}），即：

$$EF_{i-j}=ES_{i-j}+D_{i-j} \tag{4-1}$$

计算工作最早时间参数时，一般有以下三种情况：

1）当工作以起点节点为开始节点时，其最早开始时间为零（或规定时间），即：

$$ES_{i-j}=0 \tag{4-2}$$

2）当工作只有一项紧前工作时，该工作的最早开始时间应为其紧前工作的最早完成时间，即：

$$ES_{i-j}=EF_{h-i}=ES_{h-i}+D_{h-i} \tag{4-3}$$

3）当工作有多个紧前工作时，该工作的最早开始时间应为其所有紧前工作最早完成时间最大值，即：

$$ES_{i-j}=\max\{EF_{h-i}\}=\max\{ES_{h-i}+D_{h-i}\} \tag{4-4}$$

如图 4-18 所示的网络计划中，各工作的最早开始时间和最早完成时间计算如下：

工作的最早开始时间：

$$ES_{1-2}=ES_{1-3}=0$$

$$ES_{2-3}=ES_{1-2}+D_{1-2}=0+1=1$$

$$ES_{2-4}=ES_{2-3}=1$$

$$ES_{3\text{-}4}=\max\{ES_{1\text{-}3}+D_{1\text{-}3},\ ES_{2\text{-}3}+D_{2\text{-}3}\}=\max\{0+5,\ 1+3\}=5$$

$$ES_{3\text{-}5}=ES_{3\text{-}4}=5$$

$$ES_{4\text{-}5}=\max\{ES_{2\text{-}4}+D_{2\text{-}4},\ ES_{3\text{-}4}+D_{3\text{-}4}\}=\max\{1+2,\ 5+6\}=11$$

$$ES_{4\text{-}6}=ES_{4\text{-}5}=11$$

$$ES_{5\text{-}6}=\max\{ES_{3\text{-}5}+D_{3\text{-}5},\ ES_{4\text{-}5}+D_{4\text{-}5}\}=\max\{5+5,\ 11+0\}=11$$

工作的最早完成时间：

$$EF_{1\text{-}2}=ES_{1\text{-}2}+D_{1\text{-}2}=0+1=1$$

$$EF_{1\text{-}3}=ES_{1\text{-}3}+D_{1\text{-}3}=0+5=5$$

$$EF_{2\text{-}3}=ES_{2\text{-}3}+D_{2\text{-}3}=1+3=4$$

$$EF_{2\text{-}4}=ES_{2\text{-}4}+D_{2\text{-}4}=1+2=3$$

$$EF_{3\text{-}4}=ES_{3\text{-}4}+D_{3\text{-}4}=5+6=11$$

$$EF_{3\text{-}5}=ES_{3\text{-}5}+D_{3\text{-}5}=5+5=10$$

$$EF_{4\text{-}5}=ES_{4\text{-}5}+D_{4\text{-}5}=11+0=11$$

$$EF_{4\text{-}6}=ES_{4\text{-}6}+D_{4\text{-}6}=11+5=16$$

$$EF_{5\text{-}6}=ES_{5\text{-}6}+D_{5\text{-}6}=11+3=14$$

上述计算可以看出，工作的最早时间计算时应特别注意以下三点：一是计算程序，即从起点节点开始顺着箭线方向，按节点次序逐项工作计算；二是要弄清该工作的紧前工作是哪几项，以便准确计算；三是同一节点的所有外向工作最早开始时间相同。

（2）确定网络计划工期

当网络计划规定了要求工期时，网络计划的计划工期应小于或等于要求工期，即：

$$T_p \leqslant T_r \tag{4-5}$$

当网络计划未规定要求工期时，网络计划的计划工期应等于计算工期，即以网络计划的终点节点为完成节点的各个工作的最早完成时间的最大值，如网络计划的终点节点的编号为 n，则计算工期 T_c 为：

$$T_p=T_c=\max\{EF_{i\text{-}n}\} \tag{4-6}$$

如图 4-18 所示，网络计划的计算工期为：

$$T_c=\max\{EF_{4\text{-}6},EF_{5\text{-}6}\}=\max\{16,14\}=16$$

（3）计算各工作的最迟开始时间和最迟完成时间

4.7 工作计算法 2

各工作的最迟开始时间等于其最迟完成时间减去工作持续时间，即：

$$LS_{i\text{-}j}=LF_{i\text{-}j}-D_{i\text{-}j} \tag{4-7}$$

计算工作最迟完成时间参数时，一般有以下三种情况：

1）当工作的终点节点为完成节点时，其最迟完成时间为网络计划的计划工期，即：

$$LF_{i\text{-}n}=T_p \tag{4-8}$$

2）当工作只有一项紧后工作时，该工作的最迟完成时间应为其紧后工作的最迟开始时间，即：

$$LF_{i\text{-}j}=LS_{j\text{-}k}=LF_{j\text{-}k}-D_{j\text{-}k} \tag{4-9}$$

3）当工作有多项紧后工作时，该工作的最迟完成时间应为其多项紧后工作的最迟开始时间的最小值，即：

$$LF_{i\text{-}j}=\min\{LS_{j\text{-}k}\}=\min\{LF_{j\text{-}k}-D_{j\text{-}k}\} \tag{4-10}$$

如图 4-18 所示的网络计划中，各工作的最迟完成时间和最迟开始时间计算如下：

工作的最迟完成时间：

$$LF_{4\text{-}6}=T_c=16$$
$$LF_{5\text{-}6}=LF_{4\text{-}6}=16$$
$$LF_{3\text{-}5}=LF_{5\text{-}6}-D_{5\text{-}6}=16-3=13$$
$$LF_{4\text{-}5}=LF_{3\text{-}5}=13$$
$$LF_{2\text{-}4}=\min\{LF_{4\text{-}5}-D_{4\text{-}5},LF_{4\text{-}6}-D_{4\text{-}6}\}=\min\{13-0,16-5\}=11$$
$$LF_{3\text{-}4}=LF_{2\text{-}4}=11$$
$$LF_{1\text{-}3}=\min\{LF_{3\text{-}4}-D_{3\text{-}4},LF_{3\text{-}5}-D_{3\text{-}5}\}=\min\{11-6,13-5\}=5$$
$$LF_{2\text{-}3}=LF_{1\text{-}3}=5$$
$$LF_{1\text{-}2}=\min\{LF_{2\text{-}3}-D_{2\text{-}3},LF_{2\text{-}4}-D_{2\text{-}4}\}=\min\{5-3,11-2\}=2$$

工作的最迟开始时间：

$$LS_{5\text{-}6}=LF_{5\text{-}6}-D_{5\text{-}6}=16-3=13$$
$$LS_{4\text{-}6}=LF_{4\text{-}6}-D_{4\text{-}6}=16-5=11$$
$$LS_{3\text{-}5}=LF_{3\text{-}5}-D_{3\text{-}5}=13-5=8$$
$$LS_{4\text{-}5}=LF_{4\text{-}5}-D_{4\text{-}5}=13-0=13$$
$$LS_{2\text{-}4}=LF_{2\text{-}4}-D_{2\text{-}4}=11-2=9$$
$$LS_{3\text{-}4}=LF_{3\text{-}4}-D_{3\text{-}4}=11-6=5$$
$$LS_{1\text{-}3}=LF_{1\text{-}3}-D_{1\text{-}3}=5-5=0$$
$$LS_{2\text{-}3}=LF_{2\text{-}3}-D_{2\text{-}3}=5-3=2$$
$$LS_{1\text{-}2}=LF_{1\text{-}2}-D_{1\text{-}2}=2-1=1$$

上述计算可以看出，工作的最迟时间计算时应特别注意以下三点：一是计算程序，即从终点节点开始逆着箭线方向，按节点次序逐项工作计算；二是要弄清该工作的紧后工作是哪几项，以便准确计算；三是同一节点的所有内向工作最迟完成时间相同。

(4) 计算各工作的总时差

4.8 工作计算法 3

如图 4-19 所示，在不影响总工期的前提下，一项工作可以利用的时间范围是从该工作最早开始时间到最迟完成时间，即工作从最早开始时间或最迟开始时间开始，均不会影响总工期。而工作实际需要的持续时间是 $D_{i\text{-}j}$，扣去 $D_{i\text{-}j}$ 后，余下的一段时间就是工作可以利用的机动时间，即为总时差。所以总时差等于最迟开始时间减去最早开始时间，或最迟完成时间减去最早完成时间，即：

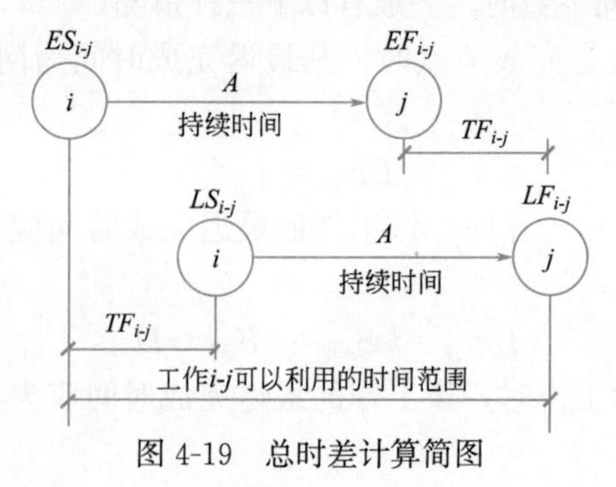

图 4-19 总时差计算简图

$$TF_{i\text{-}j}=LS_{i\text{-}j}-ES_{i\text{-}j} \tag{4-11}$$

$$TF_{i\text{-}j}=LF_{i\text{-}j}-EF_{i\text{-}j} \tag{4-12}$$

如图 4-18 所示的网络图中，各工作的总时差计算如下：

$$TF_{1\text{-}2}=LS_{1\text{-}2}-ES_{1\text{-}2}=1-0=1$$
$$TF_{1\text{-}3}=LS_{1\text{-}3}-ES_{1\text{-}3}=0-0=0$$
$$TF_{2\text{-}3}=LS_{2\text{-}3}-ES_{2\text{-}3}=2-1=1$$
$$TF_{2\text{-}4}=LS_{2\text{-}4}-ES_{2\text{-}4}=9-1=8$$
$$TF_{3\text{-}4}=LS_{3\text{-}4}-ES_{3\text{-}4}=5-5=0$$
$$TF_{3\text{-}5}=LS_{3\text{-}5}-ES_{3\text{-}5}=8-5=3$$
$$TF_{4\text{-}5}=LS_{4\text{-}5}-ES_{4\text{-}5}=13-11=2$$
$$TF_{4\text{-}6}=LS_{4\text{-}6}-ES_{4\text{-}6}=11-11=0$$
$$TF_{5\text{-}6}=LS_{5\text{-}6}-ES_{5\text{-}6}=13-11=2$$

通过计算不难看出总时差有如下特性：

1）凡是总时差为最小的工作就是关键工作；由关键工作连接构成的线路为关键线路；关键线路上各工作时间之和即为总工期。如图 4-18 所示，工作 1-3、3-4、4-6 为关键工作，线路 1→3→4→6 为关键线路。

2）当网络计划的计划工期等于计算工期时，凡总时差大于零的工作为非关键工作，凡是具有非关键工作的线路即为非关键线路。非关键线路与关键线路相交时的相关节点把非关键线路划分成若干个非关键线路段，各段有各段的总时差，相互没有关系。

3）总时差的使用具有双重性，它既可以被该工作使用，但又属于某非关键线路所共有。当某项工作使用了全部或部分总时差时，则将引起通过该工作的线路上所有工作总时差重新分配。例如图 4-18 中，非关键线路段 3→5→6 中，$TF_{3\text{-}5}=3\text{d}$，$TF_{5\text{-}6}=2\text{d}$，如果工作 3-5 使用了 3d 的机动时间，则工作 5-6 就没有总时差可利用；反之若工作 5-6 使用了 2d 的机动时间，则工作 3-5 就只有 1d 时差可以利用了。

（5）计算各工作的自由时差

如图 4-20 所示，在不影响其紧后工作最早开始时间的前提下，一项工作可以利用的时间范围是从该工作最早开始时间至其紧后工作最早开始时间。而工作实际需要的持续时间是 $D_{i\text{-}j}$，那么扣去 $D_{i\text{-}j}$ 后，尚有的一段时间就是自由时差，其计算如下：

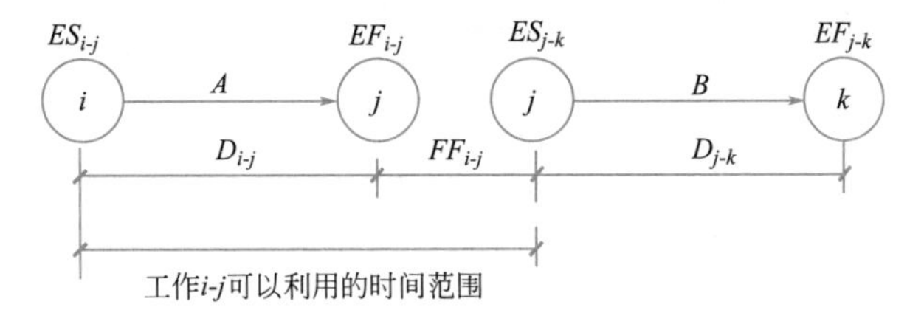

图 4-20　自由时差计算简图

当工作有紧后工作时，该工作的自由时差等于紧后工作的最早开始时间减本工作最早完成时间，即：

$$FF_{i\text{-}j}=ES_{j\text{-}k}-EF_{i\text{-}j} \tag{4-13}$$

或

$$FF_{i\text{-}j}=ES_{j\text{-}k}-ES_{i\text{-}j}-D_{i\text{-}j} \tag{4-14}$$

当以终点节点（$j=n$）为箭头节点的工作，其自由时差应按网络计划的计划工期 T_p 确定，即：

$$FF_{i\text{-}n}=T_p-EF_{i\text{-}n} \tag{4-15}$$

或

$$FF_{i\text{-}n}=T_p-ES_{i\text{-}n}-D_{i\text{-}n} \tag{4-16}$$

如图 4-18 所示的网络图中，各工作的自由时差计算如下：

$$FF_{1\text{-}2}=ES_{2\text{-}3}-ES_{1\text{-}2}-D_{1\text{-}2}=1-0-1=0$$
$$FF_{1\text{-}3}=ES_{3\text{-}4}-ES_{1\text{-}3}-D_{1\text{-}3}=5-0-5=0$$
$$FF_{2\text{-}3}=ES_{3\text{-}4}-ES_{2\text{-}3}-D_{2\text{-}3}=5-1-3=1$$
$$FF_{2\text{-}4}=ES_{4\text{-}5}-ES_{2\text{-}4}-D_{2\text{-}4}=11-1-2=8$$
$$FF_{3\text{-}4}=ES_{4\text{-}5}-ES_{3\text{-}4}-D_{3\text{-}4}=11-5-6=0$$
$$FF_{3\text{-}5}=ES_{5\text{-}6}-ES_{3\text{-}5}-D_{3\text{-}5}=11-5-5=1$$
$$FF_{4\text{-}5}=ES_{5\text{-}6}-ES_{4\text{-}5}-D_{4\text{-}5}=11-11-0=0$$
$$FF_{4\text{-}6}=T_p-ES_{4\text{-}6}-D_{4\text{-}6}=16-11-5=0$$
$$FF_{5\text{-}6}=T_p-ES_{5\text{-}6}-D_{5\text{-}6}=16-11-3=2$$

通过计算不难看出自由时差有如下特性：

1）自由时差为某非关键工作独立使用的机动时间，利用自由时差，不会影响其紧后工作的最早开始时间，例如图 4-18 中，工作 3-5 有 1d 自由时差，如果使用了 1d 机动时间，也不影响紧后工作 5-6 的最早开始时间。

2）非关键工作的自由时差必小于或等于其总时差。

3. 节点计算法

以图 4-21 为例，说明其计算步骤。

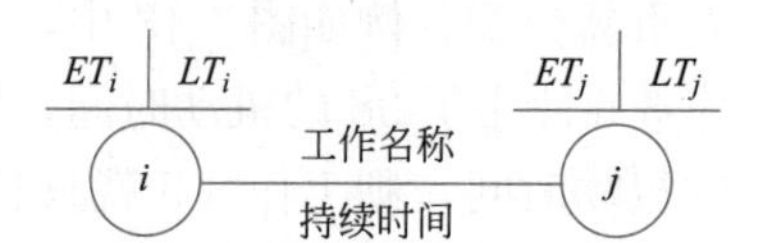

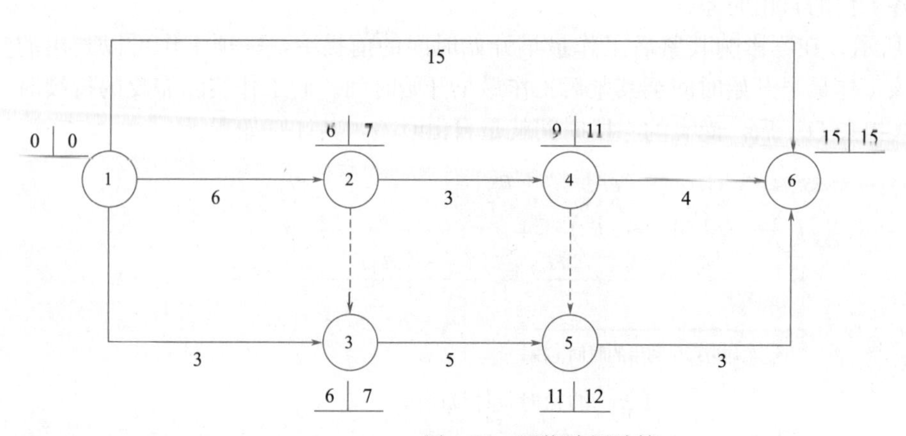

图 4-21　网络计划计算

4.9
节点
计算法
1

（1）计算各节点最早时间

节点的最早时间是以该节点为开始节点的工作的最早开始时间，其计算有三种情况：

1）起点节点 i 如未规定最早时间，其值应等于零，即：

$$ET_i=0(i=1) \quad (4\text{-}17)$$

2）当节点 j 只有一条内向箭线时，最早时间应为：

$$ET_j=ET_i+D_{i\text{-}j} \quad (4\text{-}18)$$

3）当节点 j 有多条内向箭线时，其最早时间应为：

$$ET_j=\max\{ET_i+D_{i\text{-}j}\} \quad (4\text{-}19)$$

终点节点 n 的最早时间即为网络计划的计算工期，即：

$$T_c=ET_n \quad (4\text{-}20)$$

如图 4-21 所示的网络计划中，各节点最早时间计算如下：

$$ET_1=0$$

$$ET_2=ET_1+D_{1\text{-}2}=0+6=6$$

$$ET_3=\max\{ET_2+D_{2\text{-}3},ET_1+D_{1\text{-}3}\}=\{6+0,0+3\}=6$$

$$ET_4=ET_2+D_{2\text{-}4}=6+3=9$$

$$ET_5=\max\{ET_4+D_{4\text{-}5},ET_3+D_{3\text{-}5}\}=\{9+0,6+5\}=11$$

$$ET_6=\max\{ET_1+D_{1\text{-}6},ET_4+D_{4\text{-}6},ET_5+D_{5\text{-}6}\}=\{0+15,9+4,11+3\}=15$$

（2）计算各节点最迟时间

节点最迟时间是以该节点为完成节点的工作的最迟完成时间，其计算有两种情况：

1）终点节点的最迟时间应等于网络计划的计划工期，即：

$$LT_n=T_p \quad (4\text{-}21)$$

若分期完成的节点，则最迟时间等于该节点规定的分期完成的时间。

2）当节点 i 只有一个外向箭线时，最迟时间为：

$$LT_i=LT_j-D_{i\text{-}j} \quad (4\text{-}22)$$

3）当节点 i 有多条外向箭线时，其最迟时间为：

$$LT_i=\min\{LT_j-D_{i\text{-}j}\} \quad (4\text{-}23)$$

如图 4-21 所示的网络计划中，各节点的最迟时间计算如下：

$$LT_6=T_p=T_c=ET_6=15$$

$$LT_5=LT_6-D_{5\text{-}6}=15-3=12$$

$$LT_4=\min\{LT_6-D_{4\text{-}6},LT_5-D_{4\text{-}5}\}=\min\{15-4,12-0\}=11$$

$$LT_3=LT_5-D_{3\text{-}5}=12-5=7$$

$$LT_2=\min\{LT_4-D_{2\text{-}4},LT_3-D_{2\text{-}3}\}=\min\{11-3,7-0\}=7$$

$$LT_1=\min\{LT_6-D_{1\text{-}6},LT_2-D_{1\text{-}2},LT_3-D_{1\text{-}3}\}=\min\{15-15,7-6,7-3\}=0$$

（3）根据节点时间参数计算工作时间参数

1）工作最早开始时间等于该工作的开始节点的最早时间。

$$ES_{i\text{-}j}=ET_i \quad (4\text{-}24)$$

2）工作最早完成时间等于该工作的开始节点的最早时间加上持续时间。

$$EF_{i\text{-}j}=ET_i+D_{i\text{-}j} \quad (4\text{-}25)$$

3）工作最迟完成时间等于该工作的完成节点的最迟时间。

$$LF_{i\text{-}j}=LT_j \quad (4\text{-}26)$$

4）工作最迟开始时间等于该工作的完成节点的最迟时间减去持续时间。

$$LS_{i\text{-}j}=LT_j-D_{i\text{-}j} \tag{4-27}$$

5）工作总时差等于该工作的完成节点的最迟时间减去该工作开始节点的最早时间再减去持续时间。

$$TF_{i\text{-}j}=LT_j-ET_i-D_{i\text{-}j} \tag{4-28}$$

6）工作自由时差等于该工作的完成节点最早时间减去该工作开始节点的最早时间再减去持续时间。

$$FF_{i\text{-}j}=ET_j-ET_i-D_{i\text{-}j} \tag{4-29}$$

如图 4-21 所示网络计划中，根据节点时间参数计算工作的六个时间参数如下：

A. 工作最早开始时间

$$ES_{1\text{-}6}=ES_{1\text{-}2}=ES_{1\text{-}3}=ET_1=0$$
$$ES_{2\text{-}4}=ET_2=6$$
$$ES_{3\text{-}5}=ET_3=6$$
$$ES_{4\text{-}6}=ET_4=9$$
$$ES_{5\text{-}6}=ET_5=11$$

B. 工作最早完成时间

$$EF_{1\text{-}6}=ET_1+D_{1\text{-}6}=0+15=15$$
$$EF_{1\text{-}2}=ET_1+D_{1\text{-}2}=0+6=6$$
$$EF_{1\text{-}3}=ET_1+D_{1\text{-}3}=0+3=3$$
$$EF_{2\text{-}4}=ET_2+D_{2\text{-}4}=6+3=9$$
$$EF_{3\text{-}5}=ET_3+D_{3\text{-}5}=6+5=11$$
$$EF_{4\text{-}6}=ET_4+D_{4\text{-}6}=9+4=13$$
$$EF_{5\text{-}6}=ET_5+D_{5\text{-}6}=11+3=14$$

C. 工作最迟完成时间

$$LF_{1\text{-}6}=LT_6=15$$
$$LF_{1\text{-}2}=LT_2=7$$
$$LF_{1\text{-}3}=LT_3=7$$
$$LF_{2\text{-}4}=LT_4=11$$
$$LF_{3\text{-}5}=LT_5=12$$
$$LF_{4\text{-}6}=LT_6=15$$
$$LF_{5\text{-}6}=LT_6=15$$

D. 工作最迟开始时间

$$LS_{1\text{-}6}=LT_6-D_{1\text{-}6}=15-15=0$$
$$LS_{1\text{-}2}=LT_2-D_{1\text{-}2}=7-6=1$$
$$LS_{1\text{-}3}=LT_3-D_{1\text{-}3}=7-3=4$$
$$LS_{2\text{-}4}=LT_4-D_{2\text{-}4}=11-3=8$$
$$LS_{3\text{-}5}=LT_5-D_{3\text{-}5}=12-5=7$$
$$LS_{4\text{-}6}=LT_6-D_{4\text{-}6}=15-4=11$$
$$LS_{5\text{-}6}=LT_6-D_{5\text{-}6}=15-3=12$$

E. 工作总时差

$$TF_{1\text{-}6}=LT_6-ET_1-D_{1\text{-}6}=15-0-15=0$$
$$TF_{1\text{-}2}=LT_2-ET_1-D_{1\text{-}2}=7-0-6=1$$
$$TF_{1\text{-}3}=LT_3-ET_1-D_{1\text{-}3}=7-0-3=4$$
$$TF_{2\text{-}4}=LT_4-ET_2-D_{2\text{-}4}=11-6-3=2$$
$$TF_{3\text{-}5}=LT_5-ET_3-D_{3\text{-}5}=12-6-5=1$$
$$TF_{4\text{-}6}=LT_6-ET_4-D_{4\text{-}6}=15-9-4=2$$
$$TF_{5\text{-}6}=LT_6-ET_5-D_{5\text{-}6}=15-11-3=1$$

F. 工作自由时差

$$FF_{1\text{-}6}=ET_6-ET_1-D_{1\text{-}6}=15-0-15=0$$
$$FF_{1\text{-}2}=ET_2-ET_1-D_{1\text{-}2}=6-0-6=0$$
$$FF_{1\text{-}3}=ET_3-ET_1-D_{1\text{-}3}=6-0-3=3$$
$$FF_{2\text{-}4}=ET_4-ET_2-D_{2\text{-}4}=9-6-3=0$$
$$FF_{3\text{-}5}=ET_5-ET_3-D_{3\text{-}5}=11-6-5=0$$
$$FF_{4\text{-}6}=ET_6-ET_4-D_{4\text{-}6}=15-9-4=2$$
$$FF_{5\text{-}6}=ET_6-ET_5-D_{5\text{-}6}=15-11-3=1$$

4. 图上计算法

图上计算法是根据工作计算法或节点计算法的时间参数计算公式，在图上直接计算的一种较直观、简便的方法。

（1）计算工作的最早开始时间和最早完成时间以起点节点为开始节点的工作，其最早开始时间一般记为 0，如图 4-22 所示的工作 1-2 和工作 1-3。

其余工作的最早开始时间可采用“沿线累加，逢圈取大”的计算方法求得。即从网络图的起点节点开始，沿每一条线路将各工作的作业时间累加起来，在每一个圆圈（节点）处，取到达该圆圈的各条线路累计时间的最大值，就是以该节点为开始节点的各工作的最早开始时间。

工作的最早完成时间等于该工作最早开始时间与本工作持续时间之和。将计算结果标注在箭线上方各工作图例对应的位置上（图 4-22）。

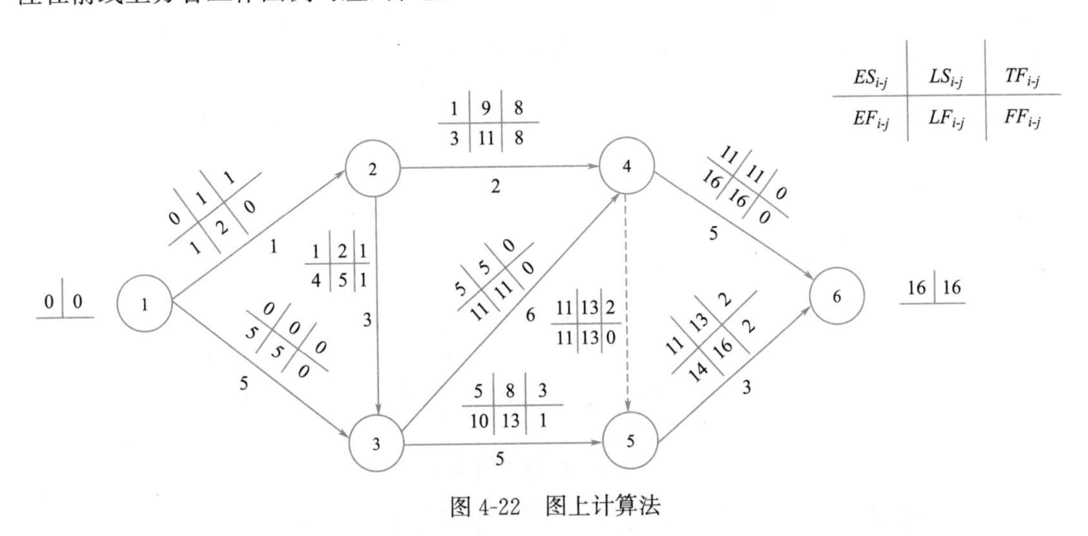

图 4-22　图上计算法

（2）计算工作的最迟完成时间和最迟开始时间

以终点节点为完成节点的工作，其最迟完成时间就等于计划工期，如图 4-22 所示的工作 4-6 和工作 5-6。

其余工作的最迟完成时间可采用“逆线累减，逢圈取小”的计算方法求得。即从网络图的终点节点逆着每条线路将计划工期依次减去各工作的持续时间，在每一个圆圈处取后续线路累减时间的最小值，就是以该节点为完成节点的各工作的最迟完成时间。

工作的最迟开始时间等于该工作最迟完成时间与本工作持续时间之差。将计算结果标注在箭线上方各工作图例对应的位置上（图 4-22）。

（3）计算工作的总时差

工作的总时差可采用“迟早相减，所得之差”的计算方法求得。即工作的总时差等于该工作的最迟开始时间减去工作的最早开始时间，或者等于该工作的最迟完成时间减去工作的最早完成时间。将计算结果标注在箭线上方各工作图例对应的位置上（图 4-22）。

（4）计算工作的自由时差

工作的自由时差等于紧后工作的最早开始时间减去本工作的最早完成时间。可在图上相应位置直接相减得到，并将计算结果标注在箭线上方各工作图例对应的位置上（图 4-22）。

（5）计算节点最早时间

起点节点的最早时间一般记为 0，如图 4-23 所示的①节点。其余节点的最早时间也可采用“沿线累加，逢圈取大”的计算方法求得。将计算结果标注在相应节点图例对应的位置上（图 4-23）。

（6）计算节点最迟时间

终点节点的最迟时间等于计划工期。当网络计划有规定工期时，其最迟时间就等于规定工期；当没有规定工期时，其最迟时间就等于终点节点的最早时间。其余节点的最迟时间也可采用“逆线累减，逢圈取小”的计算方法求得。将计算结果标注在相应节点图例对应的位置上（图 4-23）。

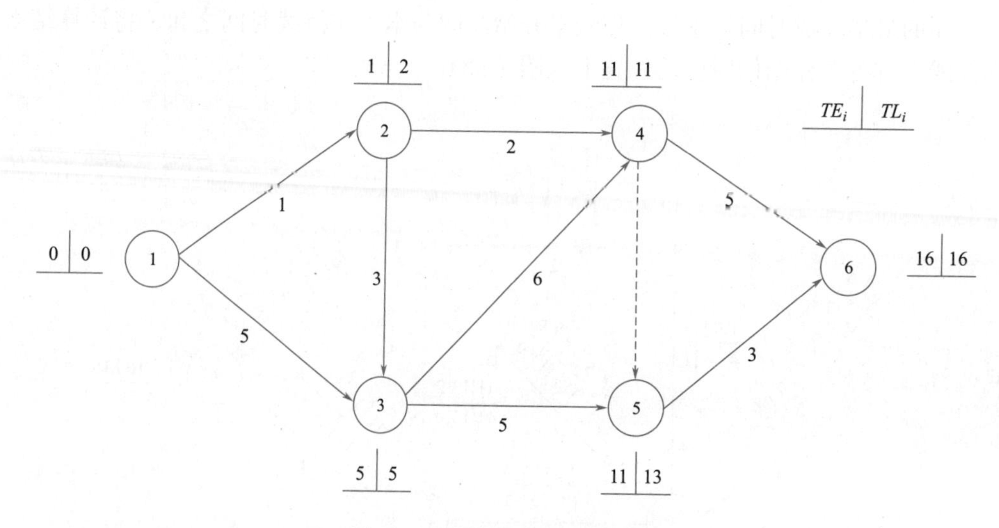

图 4-23　网络图时间参数计算

5. 表上计算法

为了网络图的清晰和计算数据条理化，依据工作计算法和节点计算法所建立的关系式，可采用表格进行时间参数的计算。表上计算法的格式见表 4-5。

网络计划时间参数计算表　　表 4-5

节点	ET_i	LT_i	工作	$D_{i\text{-}j}$	$ES_{i\text{-}j}$	$EF_{i\text{-}j}$	$LS_{i\text{-}j}$	$LF_{i\text{-}j}$	$TF_{i\text{-}j}$	$FF_{i\text{-}j}$
(1)	(2)	(3)	(4)	(5)	(6)	(7)	(8)	(9)	(10)	(11)
①	0	0	1→2 1→3	1 5	0 0	1 5	1 0	2 5	1 0	0 0
②	1	2	2→3 2→4	3 2	1 1	4 3	2 9	5 11	1 8	1 8
③	5	5	3→4 3→5	6 5	5 5	11 10	5 8	11 13	0 3	0 1
④	11	11	4→5 4→6	0 5	11 11	11 16	13 11	13 16	2 0	0 0
⑤	11	13	5→6	3	11	14	13	16	2	2
⑥	16	16			16					

现仍以图 4-22 为例，介绍表上计算法的计算步骤：

(1) 将节点编号、工作代号及工作持续时间填入表格第 (1)、(4)、(5) 栏内。

(2) 自上而下计算各节点的最早时间 ET_i，填入第 (2) 栏内。

1) 起点节点的最早时间为 0；

2) 根据各节点的内向箭线个数及工作持续时间计算其余节点的最早时间：

$$ET_j = \max\{ET_i + D_{i\text{-}j}\}$$

(3) 自下而上计算各个节点的最迟时间 LT_i，填入第 (3) 栏内。

1) 设终点节点的最迟时间等于其最早时间，即 $LT_n = ET_n$；

2) 根据各节点的外向箭线个数及工作持续时间计算其余节点的最迟时间：

$$LT_i = \min\{LT_j - D_{i\text{-}j}\}$$

(4) 计算各工作的最早开始时间 $ES_{i\text{-}j}$ 及最早完成时间 $EF_{i\text{-}j}$，分别填入第 (6)、(7) 栏内。

1) 工作 $i-j$ 的最早开始时间等于其开始节点的最早时间，可以从第 (2) 栏相应的节点中查出；

2) 工作 $i-j$ 的最早完成时间等于其最早开始时间加上工作持续时间，可将该行第 (6) 栏与第 (5) 栏相加求得。

(5) 计算各工作的最迟完成时间 $LF_{i\text{-}j}$ 及最迟开始时间 $LS_{i\text{-}j}$，分别填入第 (8)、(9) 栏内。

1) 工作 $i-j$ 的最迟完成时间等于其完成节点的最迟时间，可以从第 (3) 栏相应的节点中查出；

2) 工作 $i-j$ 的最迟开始时间等于其最迟完成时间减去工作持续时间，可将第 (9) 栏与该行第 (5) 栏相减求得。

(6) 计算各工作的总时差 $TF_{i\text{-}j}$，填入第 (10) 栏内。工作 $i-j$ 的总时差等于其最迟开始时间减去最早开始时间，可用第（8）栏减去第（6）栏求得。

（7）计算各工作的自由时差 $FF_{i\text{-}j}$，填入第（11）栏内。工作 $i-j$ 的自由时差等于其紧后工作的最早开始时间减去本工作的最早完成时间，可用紧后工作的第（6）栏减去本工作的第（7）栏求得。

6. 关键工作和关键线路的确定

（1）关键工作

在网络计划中，总时差为最小的工作为关键工作；当计划工期等于计算工期时，总时差为零的工作为关键工作。

当进行节点时间参数计算时，凡满足下列三个条件的工作必为关键工作。

$$\begin{aligned} LT_i - ET_i &= T_p - T_c \\ LT_j - ET_j &= T_p - T_c \\ LT_j - ET_i - D_{i\text{-}j} &= T_p - T_c \end{aligned} \tag{4-30}$$

如图 4-22 所示，工作 1-3、3-4、4-6 满足公式（4-30），即为关键工作。

（2）关键节点

在网络计划中，如果节点最迟时间与最早时间的差值最小，则该节点就是关键节点。当网络计划的计划工期等于计算工期时，凡是最早时间等于最迟时间的节点就是关键节点。如图 4-23 中，节点①、③、④、⑥为关键节点。

在网络计划中，当计划工期等于计算工期时，关键节点具有如下特性：

1）关键工作两端的节点必为关键节点，但两关键节点之间的工作不一定是关键工作，如图 4-24 中，节点①、⑨为关键节点，而工作 1-9 为非关键工作。

2）以关键节点为完成节点的工作总时差和自由时差相等。如图 4-24 中，工作 3-9 的总时差和自由时差均为 3；工作 6-9 的总时差和自由时差均为 2。

3）当关键节点间有多项工作，且工作间的非关键节点无其他内向箭线和外向箭线时，则该线路上的各项工作的总时差相等，除了以关键节点为完成节点的工作自由时差等于总时差外，其他工作的自由时差均为零。如图 4-24 中，线路 1→2→3→9 上的工作 1-2、2-3、3-9 的总时差均为 3，而且除了工作 3-9 的自由时差为 3 外，其他工作的自由时差均为零。

4）当关键节点间有多项工作，且工作间的非关键节点存在外向箭线或内向箭线时，该线路段上各项工作的总时差不一定相等，若多项工作间的非关键节点只有外向箭线而无其他内向箭线，则除了以关键节点为完成节点的工作自由时差等于总时差外，其他工作的自由时差为零。如图 4-24 中，线路 1→5→6→9 上工作的总时差不尽相等，而除了工作 6-9 的自由时差和其总时差均为 2 外，工作 1-5 和工作 5-6 的自由时差均为零。

（3）关键线路的确定方法

4.11
定义法

1）利用关键工作判断

网络计划中，自始至终全部由关键工作（必要时经过一些虚工作）组成或线路上总的工作持续时间最长的线路应为关键线路。如图 4-23 中，线路 1→3→4→6 为关键线路。

4.12
关键
工作法

2）利用关键节点判断

由关键节点的特性可知，在网络计划中，关键节点必然处在关键线路上。如图 4-23 中，节点①、③、④、⑥必然处在关键线路上。再由公式（4-

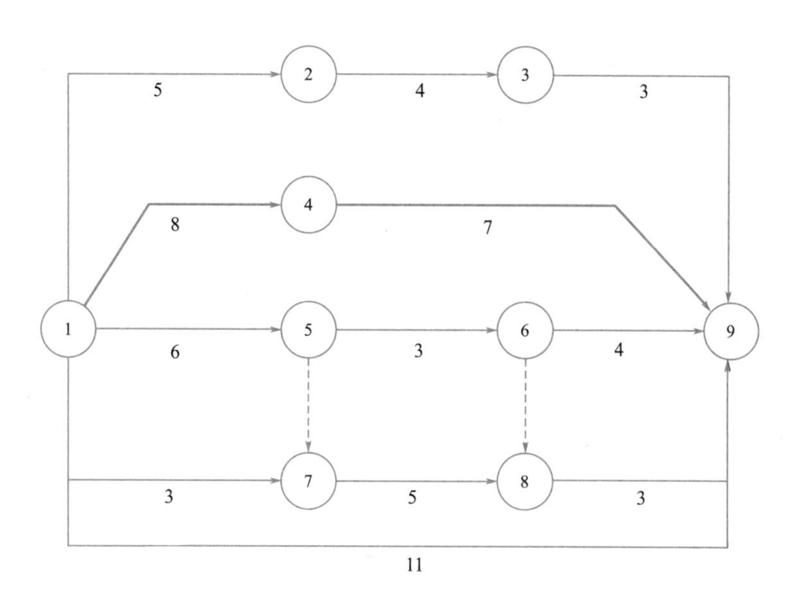

图 4-24　双代号网络计划

30）判断关键节点之间的关键工作，从而确定关键线路。

3）利用网络破圈法判断

4.13
破圈法

从网络计划的起点到终点，顺着箭线方向，对每个节点进行考察，凡遇到节点有两个以上的内向箭线时，都可以按线路段工作时间长短，采取留长去短而破圈，从而得到关键线路。如图 4-25 所示，通过考察节点③、⑤、⑥、⑦、⑨、⑪、⑫去掉每个节点内向箭线所在线路段工作时间之和较短的工作，余下的工作即为关键工作，如图 4-25 中粗线所示。

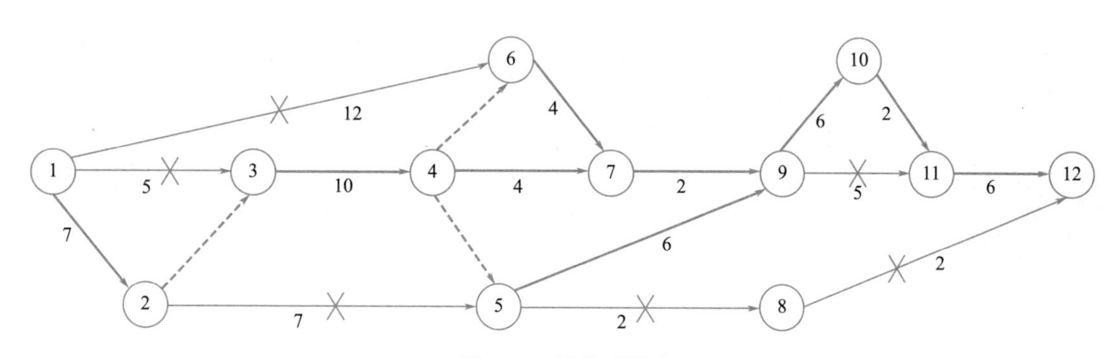

图 4-25　网络破圈法

4）利用标号法判断

4.14
标号法

标号法是一种快速寻求网络计划计算工期和关键线路的方法。它利用节点计算法的基本原理，对网络计划中的每个节点进行标号，然后利用标号值确定网络计划的计算工期和关键线路。

如图 4-26 所示网络计划为例，说明用标号法确定计算工期和关键线路的步骤。

A. 确定节点标号值

a. 网络计划起点节点的标号值为 0。本例中，节点①的标号值为 0，及 $b_j=0$。

b. 其他节点的标号值等于以该节点为完成节点的各项工作的开始节点标号值加其持续时间所得之和的最大值，即：

$$b_j=\max\{b_i+D_{i\text{-}j}\} \tag{4-31}$$

式中 b_j——工作 $i-j$ 的完成节点 j 的标号值；

b_i——工作 $i-j$ 的开始节点 i 的标号值；

$D_{i\text{-}j}$——工作 $i-j$ 的持续时间。

节点的标号宜用双标号法，即用源节点（得出标号值的节点）号 a 作为第一标号，用标号值作为第二标号 b_j，即（a，b_j）。

本例中各节点标号值如图 4-26 所示。

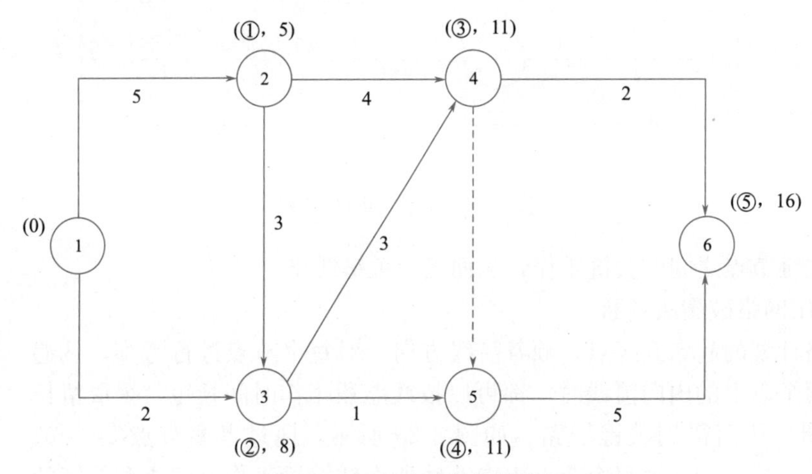

图 4-26　标号法确定关键线路

B. 确定计算工期

网络计划的计算工期就是终点节点的标号值。本例中，其计算工期为终点节点⑥的标号值 16。

C. 确定关键线路

自终点节点开始，逆着箭线跟踪源节点即可确定。本例中，从终点节点⑥开始跟踪源节点分别为⑤、④、③、②、①，即得关键线路 1→2→3→4→5→6。

4.3 单代号网络计划

4.3.1 单代号网络图的绘制

单代号网络图是以节点及其编号表示工作，以箭线表示工作之间的逻辑关系的网络图，并在节点中加注工作代号、名称和持续时间，以形成单代号网络计划，如图 4-27 所示。

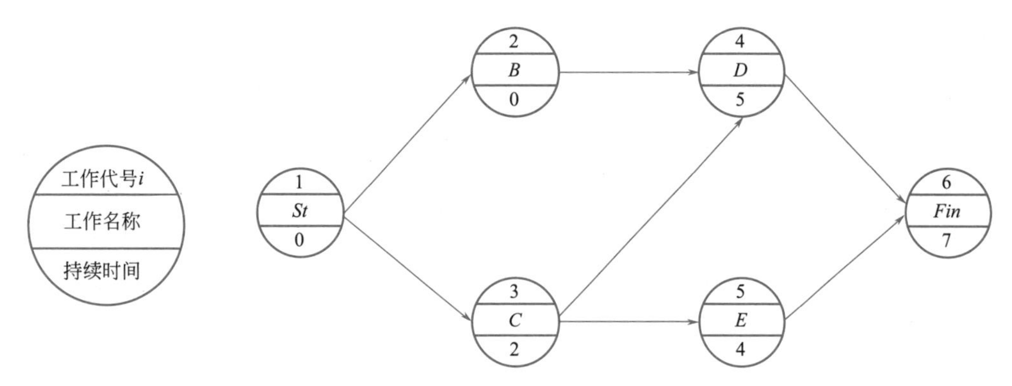

图 4-27　单代号网络图的表达方式

单代号网络图绘图方便、图面简洁，不必增加虚箭线，因此产生逻辑错误的可能性较小，弥补了双代号网络图的不足，容易被非专业人员理解并易于修改，所以近年来被广泛应用。

1. 单代号网络图的组成

单代号网路图是由节点、箭线和线路三个基本要素组成。

（1）节点。单代号网络图中的每一个节点表示一项工作，节点宜用圆圈或矩形表示。节点所表示的工作名称、持续时间和工作代号等应标注在节点内，如图 4-27 所示。

单代号网络图中的节点必须编号。编号标注在节点内，其号码可间断，但严禁重复。箭线的箭尾节点编号应小于箭头节点的编号。一项工作必须有唯一的一个节点及相应的一个编号。

（2）箭线。单代号网络图中箭线表示紧邻工作之间的逻辑关系，既不占用时间也不消耗资源。箭线应画成水平直线、折线或斜线。箭线水平投影的方向应自左向右，表示工作的行进方向。在单代号网络图中没有虚箭线。

（3）线路。单代号网络图的线路同双代号网络图的线路的含义是相同的。

2. 单代号网络图的绘图规则

（1）单代号网络图必须正确表达已定的逻辑关系，见表 4-6。

单代号网络图种各项工作之间逻辑关系的表示方法　　　**表 4-6**

序号	描述	单代号表达方法
1	*A* 工序完成后，*B* 工序才能开始	*A* → *B*
2	*A* 工序完成后，*B*、*C* 工序才能开始	*A* → *B*；*A* → *C*

续表

序号	描述	单代号表达方法
3	A、B 工序完成后，C 工序才能开始	
4	A、B 工序完成后，C、D 工序才能开始	
5	A、B 工序完成后，C 工序才能开始，且 B 工序完成后，D 工序才能开始	

(2) 单代号网络图中，不得出现回路。

(3) 单代号网络图中，不得出现双向箭头或无箭头的连线。

(4) 单代号网络图中，不得出现没有箭尾节点的箭线和没有箭头节点的箭线。

(5) 绘制网络图时，箭线不宜交叉。当交叉不可避免时，可以采用过桥法或指向法绘制。

(6) 单代号网络图应只有一个起点节点和一个终点节点；当网络图中有多项起点节点或多项终点节点时，应在网络图的两端分别设置一项虚拟节点，作为该网络图的起点节点(S_t) 和终点节点 (F_{in})。

例 4-2

根据表 4-7 中各项工作的逻辑关系，绘制单代号网络图。

某工程各项工作的逻辑关系　　表 4-7

工作代号	A	B	C	D	E	F	G	H
紧前工作	—	—	A	AB	B	CD	D	DE
紧后工作	CD	DE	F	FGH	H	—	—	—
持续时间	3	2	5	7	4	4	10	6

此例题的绘制网络图，如图 4-28 所示。

4.3.2 单代号网络计划时间参数的计算

单代号网络计划时间参数的计算应在确定各项工作持续时间之后进行。时间参数的计

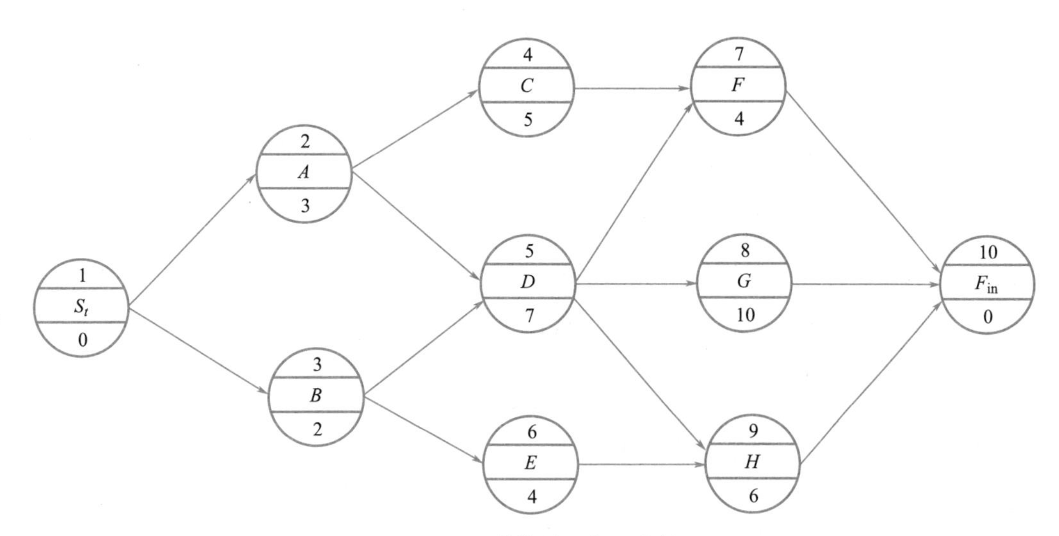

图 4-28　单代号网络图绘制

算顺序和计算方法基本上与双代号网络计划时间参数的计算相同。单代号网络计划时间参数的标注形式，如图 4-29 所示。

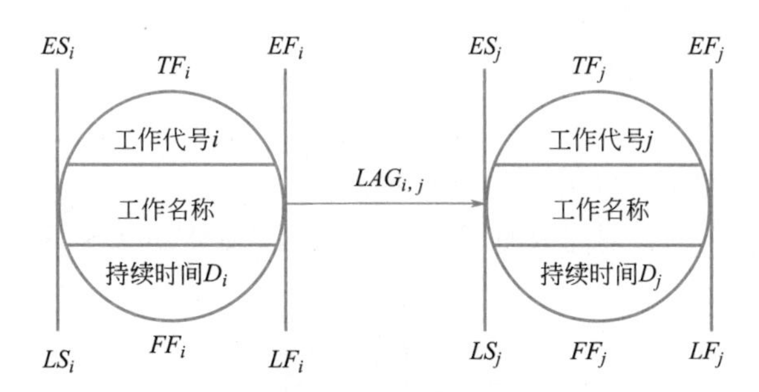

图 4-29　单代号网络计划的标注形式

1. 单代号网络计划时间参数计算的公式与规定

（1）计算最早开始时间和最早完成时间

网络计划中各项工作的最早开始时间（ES_i）和最早完成时间（EF_i）的计算应从网络计划的起点节点开始，顺着箭线方向依次逐项计算。

1）起点节点的最早开始时间 ES_i 如无规定时，其值等于零，即：

$$ES_1=0 \tag{4-32}$$

2）其他工作的最早开始时间 ES_i 应为

$$ES_i=\max\{ES_h+D_h\} \tag{4-33}$$

式中　ES_h——工作 i 的紧前工作 h 的最早开始时间；

D_h——工作 i 的紧前工作 h 的持续时间。

3）工作 i 的最早完成时间 EF_i 的计算应符合下式规定：

$$EF_i=ES_i+D_i \tag{4-34}$$

（2）网络计划的计算工期 T_c

网络计划的计算工期等于网络节点的终点节点的最早完成时间，即：

$$T_c = EF_n \tag{4-35}$$

式中 EF_n——终点节点 n 的最早完成时间。

网络计划的计划工期 T_p 应按下列情况分别确定：

1）当已规定了要求工期 T_r 时

$$T_p \leqslant T_r \tag{4-36}$$

2）当未规定要求工期时

$$T_p = T_c \tag{4-37}$$

（3）计算相邻两项工作之间的时间间隔 $LAG_{i,j}$

相邻两项工作 i 和 j 之间的时间间隔 $LAG_{i,j}$ 的计算应符合下式规定：

$$LAG_{i,j} = ES_j - EF_i \tag{4-38}$$

式中 ES_j——工作 j 的最早开始时间。

（4）计算工作总时差

工作 i 的总时差 TF_i 应从网络图的终点节点开始，逆着箭线方向依次逐项计算。当部分工作分期完成时，有关工作的总时差必须从分期完成的节点开始逆向逐项计算。

1）终点节点所代表的工作 n 的总时差 TF_n 值为零，即：

$$TF_n = 0 \tag{4-39}$$

分期完成的工作的总时差值为零。

2）其他工作的总时差 TF_i 的计算应符合下式规定：

$$TF_i = \min\{LAG_{i,j} + TF_j\} \tag{4-40}$$

式中 TF_j——工作 i 的紧后工作 j 的总时差。

3）当已知各项工作的最迟完成时间 LF_i 或最迟开始时间 LS_i 时，工作的总时差 TF_i 计算也应符合下列规定：

$$TF_i = LS_i - ES_i \tag{4-41}$$

或

$$TF_i = LF_i - EF_i \tag{4-42}$$

（5）计算工作自由时差

1）工作 i 若无紧后工作，其自由时差 FF_i 等于计划工期 T_p 减该工作的最早完成时间 EF_i，即：

$$FF_i = T_p - EF_i$$

2）当工作 i 有紧后工作 j 时，其自由时差 FF_i 等于该工作于其紧后工作 j 之间的时间间隔 $LAG_{i,j}$ 的最小值。

$$FF_i = \min\{LAG_{i,j}\} \tag{4-43}$$

（6）计算工作的最迟开始时间和最迟完成时间

工作 i 的最迟完成时间 LF_i 和最迟开始时间 LS_i 应从网络图的终点节点开始，逆着箭线方向依次逐项计算。

1）终点节点所代表的工作 n 的最迟完成时间 LF_n 应按网络计划工期 T_p 确定，即：

$$LF_n = T_p \tag{4-44}$$

2）其他工作 i 的最迟完成时间 LF_i 应为：

$$LF_i = EF_i + TF_i \tag{4-45}$$

3）工作 i 的最迟开始时间 LS_i 的计算应符合下列规定：

$$LS_i = ES_i + TF_i \tag{4-46}$$

2. 单代号网络计划时间参数计算示例

例 4-3

试计算如图 4-30 所示单代号网络计划的时间参数。

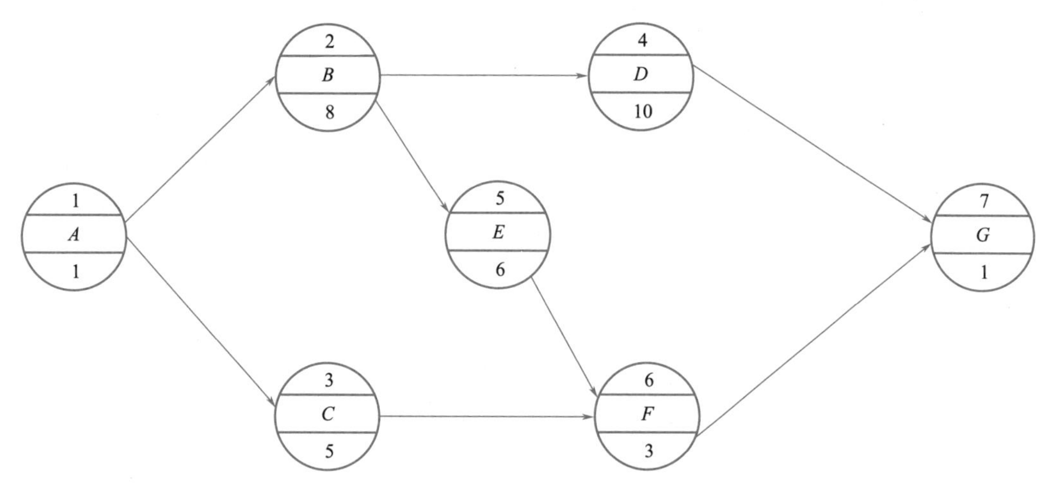

图 4-30 单代号网络计划

【解】计算结果如图 4-31 所示。现对其计算方法说明如下：

(1) 工作最早开始时间的计算

工作的最早开始时间从网络图的起点节点开始，顺着箭线方向自左至右，依次逐个计算。因起点节点的最早开始时间未作出规定，故：$ES_1=0$。

其后续工作的最早开始时间是其各紧前工作的最早开始时间与其持续时间之和，并取其最大值，其计算公式为：$ES_i=\max\{ES_h+D_h\}$。由此得到：

$$ES_2=ES_1+D_1=0+1=1$$
$$ES_3=ES_1+D_1=0+1=1$$
$$ES_4=ES_2+D_2=1+8=9$$
$$ES_5=ES_2+D_2=1+8=9$$
$$ES_6=\max\{ES_3+D_3, ES_5+D_5\}=\max\{1+5, 9+6\}=15$$
$$ES_7=\max\{ES_4+D_4, ES_6+D_6\}=\max\{9+10, 15+3\}=19$$

(2) 工作最早完成时间的计算

每项工作的最早完成时间是该工作的最早开始时间与其持续时间之和，其计算公式为：$EF_i=ES_i+D_i$。由此得到：

$$EF_1=ES_1+D_1=0+1=1$$
$$EF_2=ES_2+D_2=1+8=9$$
$$EF_3=ES_3+D_3=1+5=6$$
$$EF_4=ES_4+D_4=9+10=19$$
$$EF_5=ES_5+D_5=9+6=15$$

$$EF_6 = ES_6 + D_6 = 15 + 3 = 18$$

$$EF_7 = ES_7 + D_7 = 19 + 1 = 20$$

(3) 网络计划的计算工期

网络计划的计算工期 T_c 的计算公式为：$T_c = EF_n$。由此得到：

$$T_c = EF_7 = 20$$

(4) 网络计划的计划工期的确定

由于本计划没有要求工期，故：

$$T_p = T_c = 20$$

(5) 相邻两项工作之间的时间间隔的计算

相邻两项工作的时间间隔，是后项工作的最早开始时间与前项工作的最早完成时间的差值，它表示相邻两项工作之间有一段时间间歇，相邻两项工作 i 与 j 之间的时间间隔 $LAG_{i,j}$ 的计算公式为：$LAG_{i,j} = ES_j - EF_i$。由此得到：

$$LAG_{1,2} = ES_2 - EF_1 = 1 - 1 = 0$$

$$LAG_{1,3} = ES_3 - EF_1 = 1 - 1 = 0$$

$$LAG_{2,4} = ES_4 - EF_2 = 9 - 9 = 0$$

$$LAG_{2,5} = ES_5 - EF_2 = 9 - 9 = 0$$

$$LAG_{3,6} = ES_6 - EF_3 = 15 - 6 = 9$$

$$LAG_{5,6} = ES_6 - EF_5 = 15 - 15 = 0$$

$$LAG_{4,7} = ES_7 - EF_4 = 19 - 19 = 0$$

$$LAG_{6,7} = ES_7 - EF_6 = 19 - 18 = 1$$

(6) 工作总时差的计算

4.17
时间参数
计算2

终点节点所代表的工作的总时差 TF_n 值，由于本例没有给出规定工期，故应为 0，即：

$$TF_n = 0，即 TF_7 = 0$$

其他工作的总时差 TF_i 的计算公式为：$TF_i = \min\{LAG_{i,j} + TF_j\}$。由此得到：

$$TF_6 = LAG_{6,7} + TF_7 = 1 + 0 = 1$$

$$TF_5 = LAG_{5,6} + TF_6 = 0 + 1 = 1$$

$$TF_4 = LAG_{4,7} + TF_7 = 0 + 0 = 0$$

$$TF_3 = LAG_{3,6} + TF_6 = 9 + 1 = 10$$

$$TF_2 = \min\{LAG_{2,4} + TF_4, LAG_{2,5} + TF_5\} = \min\{0 + 0, 0 + 1\} = 0$$

$$TF_1 = \min\{LAG_{1,2} + TF_2, LAG_{1,3} + TF_3\} = \min\{0 + 0, 0 + 10\} = 0$$

(7) 工作自由时差的计算

工作 i 的自由时差 FF_i 的计算公式为：$FF_i = \min\{LAG_{i,j}\}$。由此得到：

$$FF_7 = T_p - EF_7 = 20 - 20 = 0$$

$$FF_6 = LAG_{6,7} = 1$$

$$FF_5 = LAG_{5,6} = 0$$

$$FF_4 = LAG_{4,7} = 0$$

$$FF_3 = LAG_{3,6} = 9$$

$$FF_2=\min\{LAG_{2,4},LAG_{2,5}\}=\min\{0,0\}=0$$

$$FF_1=\min\{LAG_{1,2},LAG_{1,3}\}=\min\{0,0\}=0$$

(8) 工作最迟完成时间的计算

工作 i 的最迟完成时间 LF_i 应从网络图的终点节点开始，逆着箭线方向依次逐项计算。终点节点 n 所代表的工作的最迟完成时间 LF_n，应按公式 $LF_n=T_p$ 计算：$LF_7=T_p=20$。

其他工作 i 的最迟完成时间 LF_i 的计算公式为：$LF_i=EF_i+TF_i$。由此得到：

$$LF_6=EF_6+TF_6=18+1=19$$

$$LF_5=EF_5+TF_5=15+1=16$$

$$LF_4=EF_4+TF_4=19+0=19$$

$$LF_3=EF_3+TF_3=6+10=16$$

$$LF_2=EF_2+TF_2=9+0=9$$

$$LF_1=EF_1+TF_1=1+0=1$$

(9) 工作最迟开始时间的计算

工作 i 的最迟开始时间 LS_i 的计算公式为：$LS_i=ES_i+TF_i$。由此可得：

$$LS_7=ES_7+TF_7=19+0=19$$

$$LS_6=ES_6+TF_6=15+1=16$$

$$LS_5=ES_5+TF_5=9+1=10$$

$$LS_4=ES_4+TF_4=9+0=9$$

$$LS_3=ES_3+TF_3=1+10=11$$

$$LS_2=ES_2+TF_2=1+0=1$$

$$LS_1=ES_1+TF_1=0+0=0$$

(10) 关键工作和关键线路的确定

总时差最小的工作为关键工作；关键工作组成关键线路，关键线路上所有工作的时间间隔均为 0。关键线路一般用粗线或双线标注。在图 4-31 中，关键线路是 1→2→4→7。

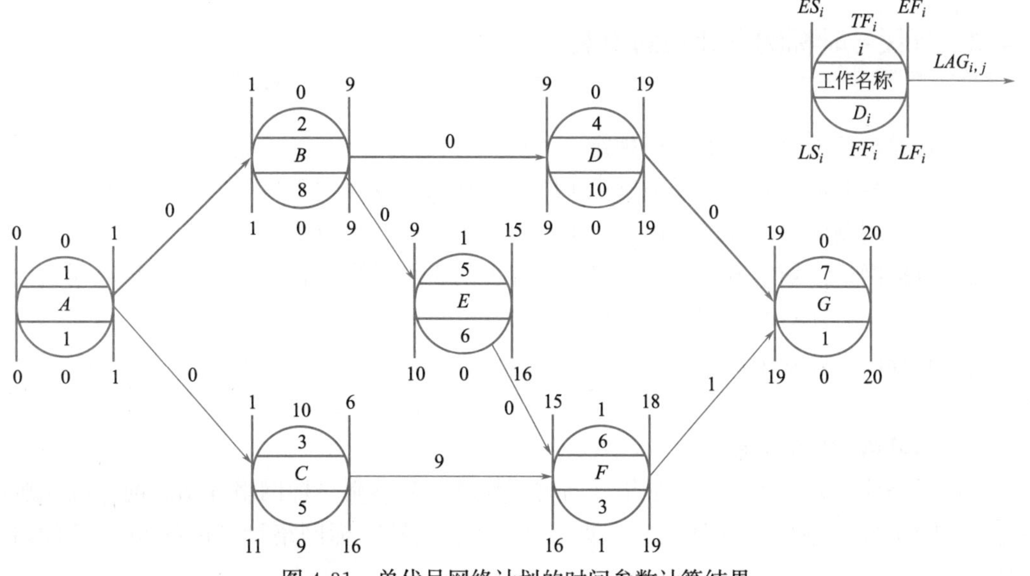

图 4-31　单代号网络计划的时间参数计算结果

4.4 双代号时标网络计划

双代号时标网络计划（简称时标图）是以水平时间坐标为尺度表示工作时间的网络计划。在时标网络计划中，实箭线表示工作，实箭线的水平投影长度表示该工作的持续时间；以虚箭线表示虚工作，由于虚工作的持续时间为0，故虚箭线只能垂直画；以波形线表示工作中的自由时差。无论哪一种箭线，均应在其末端绘出箭头。在工作中有自由时差时，按图4-32所示中方式表达，波形线直接在实箭线的末端；虚工作中有时差时，按图4-32所示中方式表达，不得在波形线之后画实线。

4.4.1 双代号时标网络计划的特点

双代号时标网络计划是以水平时间坐标尺度编制的双代号网络计划，其主要特点如下：

（1）时标网络计划兼有网络计划与横道计划的优点，清楚地表明计划的时间进程，使用方便。

（2）时标网络计划能在图上直接显示出各项工作的开始与完成时间、工作的自由时差及关键线路。

（3）在时标网络计划中可以统计每一个单位时间对资源的需要量，以便进行资源优化和调整。

（4）由于箭线受到时间坐标的限制，当情况发生变化时，对网络计划的修改比较麻烦，往往要重新绘图；但在普遍使用计算机以后，这一问题已较容易解决。

4.4.2 双代号时标网络计划的绘制

1. 双代号时标网络计划的一般规定

（1）双代号时标网络计划必须以水平时间坐标为尺度表示工作时间。时标的时间单位应根据需要在编制网络计划之前确定，可为时、天、周、月或季。

（2）时标网络计划中所有符号在时间坐标上的水平投影位置，都必须与其时间参数相对应，节点中心必须对准相应的时标位置。

（3）时标网络计划中虚工作必须以垂直方向的虚箭线表示，有自由时差时加波形线表示。

2. 时标网络计划的编制

时标网络计划宜按各工作的最早开始时间编制。在编制时标网络计划之前，应先按已确定的时间单位绘制出时标计划表，见表4-8。双代号时标网络计划的编制方法有如下两种：

时标计划表　　表 4-8

日历																
时间单位	1	2	3	4	5	6	7	8	9	10	11	12	13	14	15	16
网络计划																
时间单位	1	2	3	4	5	6	7	8	9	10	11	12	13	14	15	16

（1）间接法绘制

先绘制出时标网络计划，计算各工作的最早时间参数，再根据最早时间参数在时标计划表上确定节点位置，连线完成。当某些工作箭线长度不足以到达该工作的完成节点时，用波形线补足。

（2）直接法绘制

根据网络计划中工作之间的逻辑关系及各工作的持续时间，直接在时标计划表上绘制时标网络计划。绘制步骤如下：

1）将起点节点定位在时标计划表的起始刻度线上。

2）按工作持续时间在时标计划表上绘制起点节点的外向箭线。

3）其他工作的开始节点必须在其所有紧前工作都绘出以后，定位在这些紧前工作最早完成时间最大值的时间刻度上，某些工作的箭线长度不足以到达该节点时，用波形线补足，箭头画在波形线与节点连接处。

4）用上述方法从左至右依次确定其他节点位置，直至网络计划终点节点定位，绘图完成，如图 4-32 所示。

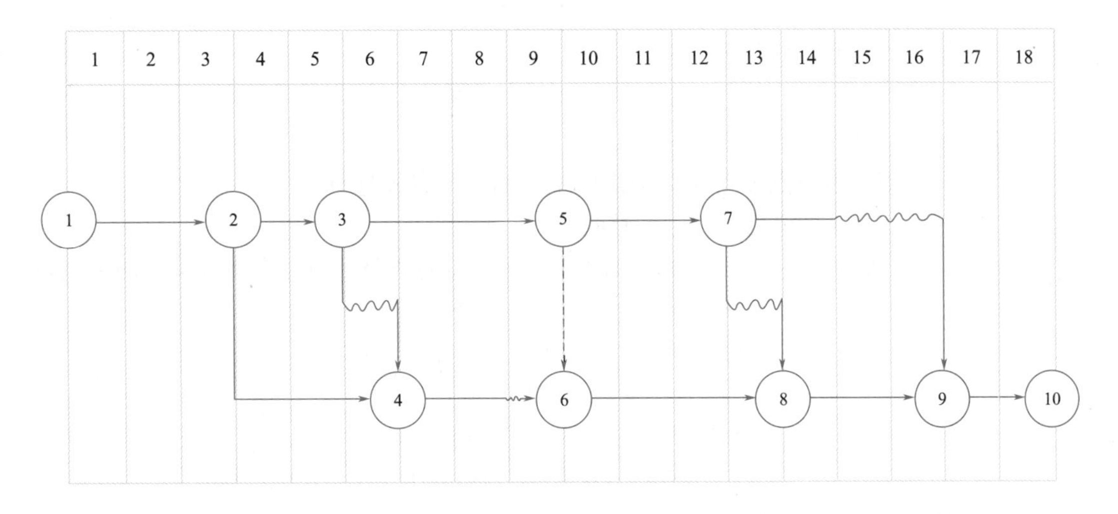

图 4-32　双代号时标网络计划

4.4.3　时标网络计划关键线路和时间参数的确定

以如图 4-32 所示的时标网络计划为例，时标网络计划时间参数的确定方法分述如下：

（1）最早时间的确定

1）每条箭线箭尾节点中心所对应的时标值，即为工作的最早开始时间。

2）箭线实线部分右端或箭头节点中心所对应的时标值，即为工作的最早完成时间。

3）虚工作的最早开始时间和最早完成时间相等，均为其开始节点中心所对应的时标值。通过观察，将如图 4-32 中所示的各工作的最早开始时间和最早完成时间分别填入表 4-9。

（2）双代号时标网络计划工期的确定

1）计算工期的确定。网络计划的计算工期，应为终点节点与起点节点中心所对应的时标值的差。如图 4-32 所示的时标网络计划的计算工期为：

$$T_c=18-0=18$$

2）计划工期的确定。同非时标网络计划一样，如图 4-32 所示的时标网络计划未规定要求工期可得：

$$T_p=T_c=18$$

（3）自由时差的确定

在时标网络计划中，工作的自由时差值应为表示该工作的箭线中波形线部分在坐标轴上的水平投影长度。将图 4-32 所示中各工作的自由时差分别填入表 4-9。

（4）总时差的计算

在时标网络计划中，工作的总时差应自右至左逐个进行计算。一项工作只有在其紧后工作的总时差全部计算出来以后，才能计算出其总时差。

1）以终点节点（$j=n$）为结束节点的工作的总时差，应该按网络计划的计划工期 T_p 计算确定，即：

$$TF_n=T_p-EF_n \tag{4-47}$$

2）其他工作的总时差应为：

$$TF_i=\min\{TF_j\}+FF_i \tag{4-48}$$

式中 TF_n——以终点节点 n 为结束节点的工作的总时差；

EF_n——以终点节点 n 为结束节点的工作的最早完成时间；

TF_j——工作 i 的紧后工作 j 的总时差。

按式（4-47）和式（4-48）计算，如图 4-32 所示时标网络计划中各工作的总时差为：

$$TF_{9\text{-}10}=T_p-EF_{9\text{-}10}=18-18=0$$
$$TF_{8\text{-}9}=TF_{9\text{-}10}+FF_{8\text{-}9}=0+0=0$$
$$TF_{7\text{-}9}=TF_{9\text{-}10}+FF_{7\text{-}9}=0+2=2$$
$$TF_{7\text{-}8}=TF_{8\text{-}9}+FF_{7\text{-}8}=0+1=1$$
$$TF_{5\text{-}7}=\min\{TF_{7\text{-}8},TF_{7\text{-}9}\}+FF_{5\text{-}7}=\min\{1,2\}+0=1+0=0$$

其他工作的总时差计算结果直接填入表 4-9。

双代号时标网络计划时间参数计算 **表 4-9**

工作编号 $i-j$	最早开始时间 $ES_{i\text{-}j}$	最早完成时间 $EF_{i\text{-}j}$	最迟开始时间 $LS_{i\text{-}j}$	最迟完成时间 $LF_{i\text{-}j}$	总时差 $TF_{i\text{-}j}$	自由时差 $FF_{i\text{-}j}$
1—2	0	3	0	3	0	0

续表

工作编号 $i-j$	最早开始时间 $ES_{i\text{-}j}$	最早完成时间 $EF_{i\text{-}j}$	最迟开始时间 $LS_{i\text{-}j}$	最迟完成时间 $LF_{i\text{-}j}$	总时差 $TF_{i\text{-}j}$	自由时差 $FF_{i\text{-}j}$
2—3	3	5	3	5	0	0
2—4	3	6	4	7	1	0
3—4	5	5	7	7	2	1
3—5	5	9	5	9	0	0
4—6	6	8	7	9	1	1
5—6	9	9	9	9	0	0
5—7	9	12	10	13	1	0
6—8	9	13	9	13	0	0
7—8	12	12	13	13	1	1
7—9	12	14	14	16	2	2
8—9	13	16	13	16	0	0
9—10	16	18	16	18	0	0

（5）工作最迟时间的计算

时标网络计划中工作的最迟开始时间和最迟完成时间应计算如下：

$$LS_{i\text{-}j}=ES_{i\text{-}j}+TF_{i\text{-}j} \tag{4-49}$$

$$LF_{i\text{-}j}=EF_{i\text{-}j}+TF_{i\text{-}j} \tag{4-50}$$

按式（4-49）和式（4-50）计算，如图 4-32 所示的时标网络计划中各工作的最迟开始时间和最迟完成时间分别为：

$$LS_{1\text{-}2}=ES_{1\text{-}2}+TF_{1\text{-}2}=0+0=0$$

$$LF_{1\text{-}2}=EF_{1\text{-}2}+TF_{1\text{-}2}=3+0=3$$

其他工作的计算结果直接填入表 4-9。

（6）关键线路的确定

双代号时标网络计划关键线路的确定，应该自终点节点开始逆箭线方向观察，至起点节点为止，自始至终不出现波形线的线路为关键线路。在如图 4-32 所示的时标网络计划中，关键线路为 1→2→3→5→6→8→9→10。

4.5 单代号搭接网络

在前面所述的双代号、单代号网络图中，工作之间的逻辑关系都是紧前、紧后关系，即前面的工作完成后，后面工作才能开始。但实际工程中有许多工作之间存在着搭接关系，或紧前与紧后工作之间存在时间间隔。如在管道工程中，“挖沟、铺管、焊接和回填”各项工作之间往往搭接进行，难以用前述的网络计划形式明确表达。

单代号搭接网络图能够简单、直接地表达工作之间的各种搭接关系，它在单代号网络图的箭线上增加“时距”标注。所谓“时距”，是指在搭接网络图中相邻两项工作之间的时间差值。

4.5.1 搭接关系

单代号搭接网络图的搭接关系主要有以下五种形式：

（1）*FTS*，即结束-开始关系（Finish To Start）关系，如图 4-33（*a*）所示。时间值可以按实际要求标注。

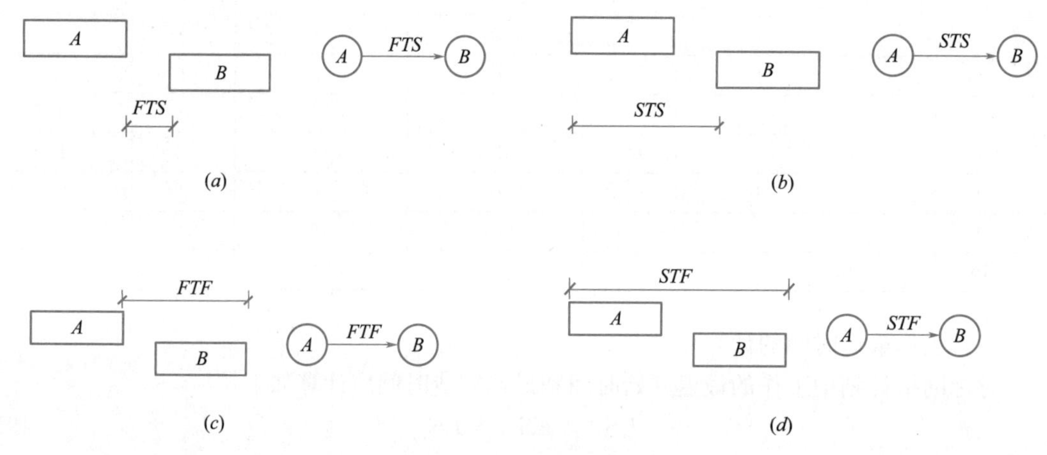

图 4-33 搭接关系示意图

例如在修堤坝时，一定要等土堤自然沉降后才能修护坡，筑土堤与修护坡之间的等待时间就是 *FTS* 时距，当 *FTS* 时距为 0 时，说明本工作与其紧后工作之间紧密衔接。当网络计划中所有相邻工作只有 *FTS* 一种搭接关系且其时距均为 0 时，整个搭接网络计划就成为前述的单代号网络计划。因此，一般的依次顺序关系只是搭接关系的一种特殊表现形式。

（2）*STS*，即开始-开始关系（Start To Start）关系，如图 4-33（*b*）所示。

例如在道路工程中，当路基铺设工作开始一段时间为路面浇筑工作创造一定条件后，路面浇筑工作即可开始，路基铺设工作的开始时间与路面浇筑工作的开始时间之间的间隔就是 *STS* 时距。

（3）*FTF*，即结束-结束关系（Finish To Finish）关系，如图 4-33（*c*）所示。

例如前述道路工程中，如果路基铺设工作的进展速度小于路面浇筑工作的进展速度时，须考虑为路面浇筑工作留有充分的工作面，否则路面浇筑工作的完成时间将因没有工作面而无法进行。路基铺设工作的完成时间与路面浇筑工作的完成时间之间的间隔就是 *FTF* 时距。

（4）*STF*，即开始-结束关系（Start To Finish）关系，如图 4-33（*d*）所示。

例如要挖掘带有部分地下水的土壤，地下水位以上的土壤可以在降低地下水位工作完之前开始，而在地下水位以下的土壤则必须要等降低地下水位之后才能开始。降低地下位工作的完成与何时挖地下水位以下的土壤有关，至于降低地下水位何时开始，则与挖土有直接联系，这种开始到结束的限制时间就是 *STF* 时距。

（5）混合搭接关系，如两项工作 STS 与 FTF 同时存在。

4.5.2　单代号网络计划表达方式

搭接网络类型繁多，但从其基本实质和特征来看，主要有搭接关系、时距设定等方面的不同。目前常用的搭接网络计划用单代号网络图的形式表达，称为单代号搭接网络计划，它具有直观、简洁的特点，具体绘图要点和逻辑规则可概括为以下 4 点：

（1）一个节点代表一项工作，箭线表示工作先后顺序和相互搭接关系。节点形式同单代号网络图，基本内容包括工作编号、工作名称、持续时间以及 6 个时间参数。节点形式及内容如图 4-34 所示。

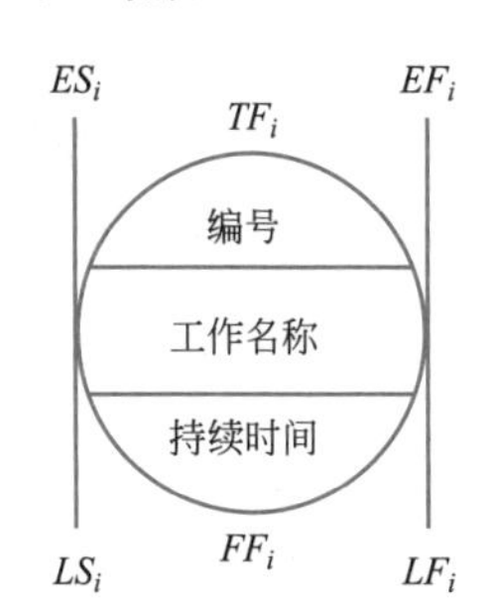

图 4-34　节点形式及内容

（2）一般情况下要设开始点和结束点。开始点的作用是使最先可同时开始的若干工作有一个共同的起点；结束点的作用是使可最后同时结束的若干工作有一个共同的终点。

（3）根据工作顺序依次建立搭接关系。

（4）每项工作的开始都必须和开始点建立直接或间接的联系；每项工作的结束都必须和结束点建立直接或间接的联系。

4.5.3　单代号搭接网络计划时间参数的计算

以图 4-35 所示的单代号搭接网络计划为例，单代号搭接网络计划时间参数的确定方法分述如下：

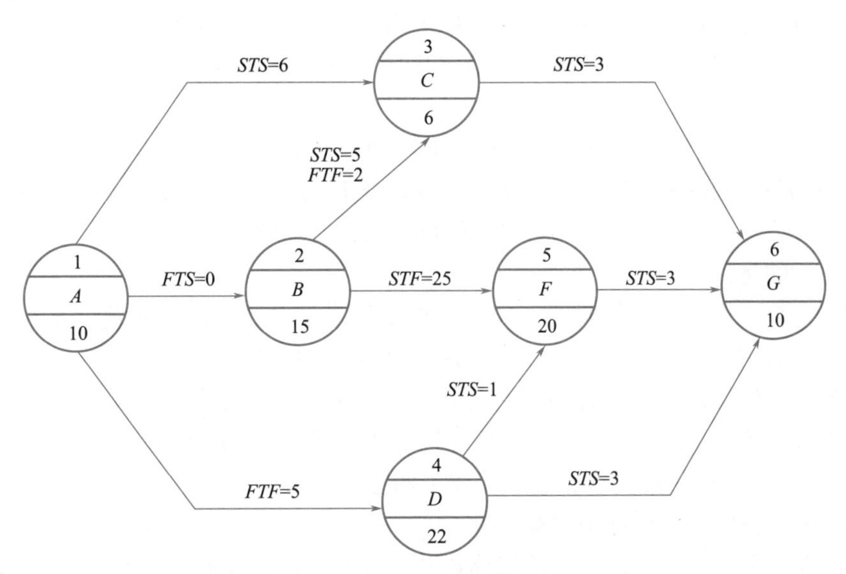

图 4-35　单代号搭接网络图

1. 最早开始时间和最早完成时间

（1）起点节点

起点节点最早开始时间为0，最早完成时间等于其最早开始时间与其持续时间之和。

（2）其他工作

其他工作的最早开始时间和最早完成时间按下列公式计算：

1）时距为 FTS 时： $ES_j = EF_i + FTS_{i,j}$ （4-51）

2）时距为 STS 时： $ES_j = ES_i + STS_{i,j}$ （4-52）

3）时距为 FTF 时： $ES_j = EF_i + FTF_{i,j} - D_j$ （4-53）

4）时距为 STF 时： $ES_j = ES_i + STF_{i,j} - D_j$ （4-54）

（3）当有两种以上的时距，应按不同情况分别计算其最早时间，取其大者。

（4）按以上公式计算出 ES_j 后，通过加工作持续时间 D_i，即可计算出相应的 EF_j。

按上述公式进行计算得：

$$ES_A = 0$$

$$EF_A = ES_A + D_A = 0 + 10 = 10$$

$$ES_B = EF_A + FTS_{AB} = 10 + 0 = 10$$

$$EF_B = ES_B + D_B = 10 + 15 = 25$$

$$\begin{aligned} ES_c &= \max\{ES_A + STS_{AC}，ES_B + STS_{BC}，EF_B + FTF_{BC} - D_C\} \\ &= \max\{0+6，10+5，25+2-6\} = 21 \end{aligned}$$

$$EF_C = ES_C + D_C = 21 + 6 = 27$$

$$ES_D = EF_A + FTF_{AD} - D_D = 10 + 5 - 22 = -7$$

显然，工作D最早时间出现负值是不合理的，应将工作D与起点节点用虚箭线相连，如图4-36所示，故：

$$ES_D = 0$$

$$EF_D = ES_D + D_D = 0 + 22 = 22$$

需要注意的是，在计算工作最早时，如果出现某工作最早开始时间为负值（不合理），应将工作与起点节点用虚箭线相连，并确定其时距为 $STS = 0$。

$$ES_F = \max\{ES_B + STF_{BF} - D_F, ES_D + STS_{DF}\} = \max\{10+25-20, 0+1\} = 15$$

$$EF_F = ES_F + D_F = 15 + 20 = 35$$

$$ES_G = \max\{ES_C + STS_{CG}, ES_F + STS_{FG}, ES_D + STS_{DG}\} = \max\{21+3, 15+3, 0+3\} = 24$$

$$EF_G = ES_G + D_G = 24 + 10 = 34$$

需要注意的是：

（1）在计算工作最早开始时间，如果出现工作最早开始时间为负值（不合理），应将工作与起点节点用虚箭线相连接，并确定其时距为 $STS = 0$。

（2）各项工作的最早完成时间的最大值为总工期。从上面计算结果可以看出，与终点节点 E 相连的工作 G 的 $EF_G = 34$，而不与 E 相连的工作 F 的 $EF_F = 35$。显然，总工期应取35，所以将 F 与 E 用虚箭线相连，形成工期控制通路，如图4-36所示。

2. 工作最迟开始时间和结束时间

以总工期为最后时间限值，自虚拟终点节点开始，逆箭线方向由右向左，参照已知的时距关系，选择相应计算关系。

$$LF_G = 35，LS_G = 35 - 10 = 25$$

$$LF_F = 35，LS_F = 35 - 20 = 15$$

$$LS_D = \min\{LS_F - STS_{DF}, LS_G - STS_{DG}\} = \min\{15-1, 25-3\} = 14$$

$$LF_D = LS_D + D_D = 14 + 22 = 36$$

由于工作 D 的最迟结束时间大于总工期，显然是不合理的，所以 LF_D 应取总工期的值，并将 D 点与终点节点 E 用虚箭线相连，如图 4-36 所示，即：

$$LF_D = 35$$

$$LS_D = LF_D - D_D = 35 - 22 = 13$$

$$LS_C = LS_G - STS_{CG} = 25 - 3 = 22$$

$$LF_C = LS_C + D_C = 22 + 6 = 28$$

$$\begin{aligned} LS_B &= \min\{LF_F - STF_{BF}, LS_C - STS_{BC}, LF_C - FTF_{BC} - D_B\} \\ &= \min\{35-25, 22-5, 28-2-15\} = 10 \end{aligned}$$

$$LF_B = LS_B + D_B = 10 + 15 = 25$$

$$\begin{aligned} LS_A &= \min\{LS_B - FTS_{AB} - D_A, LS_C - STS_{AC}, LF_D - FTF_{AD} - D_A\} \\ &= \min\{10-0-10, 22-6, 35-5-10\} = 0 \end{aligned}$$

$$LF_A = LS_A + D_A = 0 + 10 = 10$$

3. 时间间隔

$LAG_{i,j}$ 表示前面工作与后面工作除必要时距 LT 之外的时间间隔，应按下式计算：

$$LAG_{i,j} = \min\left\{\begin{array}{l|l} ES_j - EF_i - LT_1 & FTS \\ ES_j - ES_i - LT_2 & STS \\ EF_j - EF_i - LT_3 & FTF \\ EF_j - ES_i - LT_4 & STF \end{array}\right\} \tag{4-55}$$

在该例中，各工作之间的时间间隔 $LAG_{i,j}$ 为：

$$LAG_{GE} = 35 - 34 = 1；LAG_{FE} = 35 - 35 = 0；LAG_{DE} = 35 - 22 = 13；$$

$$LAG_{FG} = 24 - 15 - 5 = 4；LAG_{DG} = 24 - 0 - 3 = 21；LAG_{CG} = 24 - 21 - 3 = 0；$$

$$LAG_{BF} = 35 - 10 - 25 = 0；LAG_{DF} = 15 - 0 - 1 = 14；$$

$$LAG_{AC} = 21 - 0 - 6 = 15；LAG_{BC} = \min\{21-10-5, 27-25-2\} = 0；$$

$$LAG_{AD} = 22 - 10 - 5 = 7；$$

4. 工作时差

（1）工作总时差，即为最迟开始时间与最早开始时间之差，或最迟结束时间与最早结束时间之差。如该例中，工作 B 的总时差为 $TF_B = LS_B - ES_B = 10 - 10 = 0$

（2）工作自由时差。如果一项工作只有一项紧后工作，则该工作与紧后工作之间的 $LAG_{i,j}$ 即为该工作的自由时差。

如果一项工作有多项紧后工作，则该工作的自由时差为其与紧后工作之间 $LAG_{i,j}$ 的最小值。

如该例中，工作 D 之后有 3 个 $LAG_{i,j}$，则：

$$FF_D = \min\{LAG_{DG}, LAG_{DF}, LAG_{DE}\} = \min\{21, 14, 13\} = 13$$

5. 关键工作和关键线路

单代号搭接网络计划的关键工作是指总时差最小的工作。关键线路为自起点节点到终点节点总时差为零的工作连接起来形成的路线，该线路上所有工作之间的 $LAG_{i,j}$ 均为零。实例中的关键线路为 $S \to A \to B \to F \to E$。

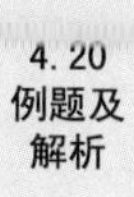
4.20
例题及
解析

单代号的搭接网络计划的计算结果如图 4-36 所示。从以上例子可以看出，单代号搭接网络计划的计算比较复杂。但是它与普通单代号相比，节点数量少、构图简单、清晰易懂，这样也就相应减少了部分计算工作量，对于分段施工的平行工作，则效果尤为显著。

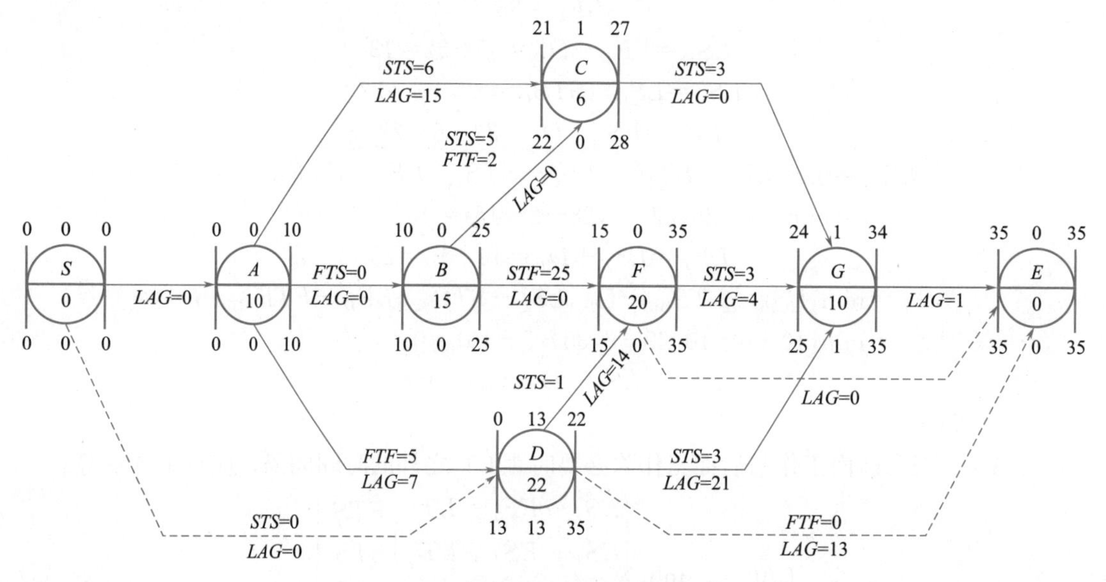

图 4-36　单代号网络计算结果图

4.6 网络计划优化

网络计划的优化是指通过不断改善网络计划的初始方案，在满足既定约束条件下，利用最优化原理，按照某一衡量指标（时间、成本、资源等）来寻求满意方案。网络计划表示的逻辑关系通常有两种：一是工艺关系，由工艺技术要求的工作先后顺序关系；二是组织关系，施工组织时按需要进行的工作先后顺序安排。通常情况下，网络计划优化只能调整工作间的组织关系。

网络计划的优化目标按计划任务的需要和条件可分为三个方面：工期目标、费用目标、资源目标。根据优化目标的不同，网络计划的优化相应分为工期优化、费用优化、资源优化。

4.6.1 工期优化

（1）工期优化的概念

工期优化是当网络计划计算工期不能满足要求工期时，通过不断缩短关键线路上关键工作的持续时间等措施，达到缩短工期、满足要求的目的。

网络计划工期优化的基本方法是在不改变网络计划中各项工作之间逻辑关系的前提下，通过压缩关键工作的持续时间来达到优化目标。在工期优化过程中，按经济合理的原则，不能将关键工作压缩成非关键工作。此外，当工期优化过程中出现多条关键线路时，必须同时对各关键线路上有关键工作的持续时间压缩相同数值，否则，不能有效地缩短工期。

（2）工期优化的步骤

工期优化可按下述步骤进行：

1）找出网络计划的关键线路并计算出工期。

2）按要求工期计算应缩短的时间。

3）选择应缩短持续时间的关键工作时，应考虑下列因素：

① 缩短持续时间对质量和安全影响不大的工作；

② 有充足备用资源的工作；

③ 缩短持续时间所需增加费用最小的工作。

4）将应先缩短持续时间的关键工作压缩至合理的持续时间，并重新确定关键线路。

5）若计算工期仍超过要求工期，则重复上述步骤，直到满足要求工期或已不能再缩短为止。

6）当所有关键工作的持续时间都已达到其能缩短的极限而工期仍不能满足要求工期时，应对计划的原技术方案组织方案进行调整，或对要求工期重新审定。

下面结合示例说明工期优化的计算步骤：

例 4-4

已知某工程网络计划如图 4-37 所示（单位：d），图中箭线下方的数据为正常持续时间，括号内为最短持续时间。试将该网络计划的实施工期优化至 40d，工作优先压缩顺序为 G、B、C、H、E、D、A、F。

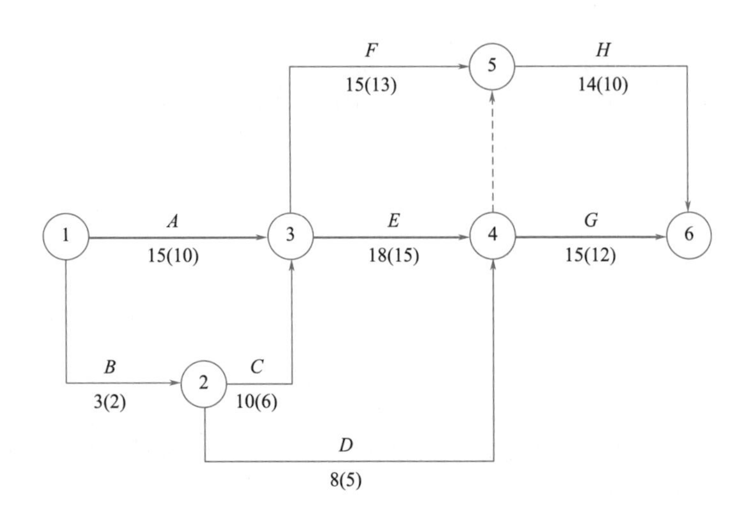

图 4-37　某工程网络计划

【解】(1) 根据工作正常持续时间计算网络计划时间参数，并找出关键工作和关键线路，关键工作为 A、E、G，如图 4-37 所示。

(2) 确定该网络计划的计算工期为 48d，要求工期为 40d，所以需压缩 8d。

(3) 将 G 工作的持续时间压缩 1d，重新计算网络计划时间参数，此时 H 也变成了关键工作，计算工期变为 47d，如图 4-38 所示。

(4) 将 G、H 工作的持续时间同时压缩 2d，计算工期变为 45d，关键线路不变，如图 4-39 所示。

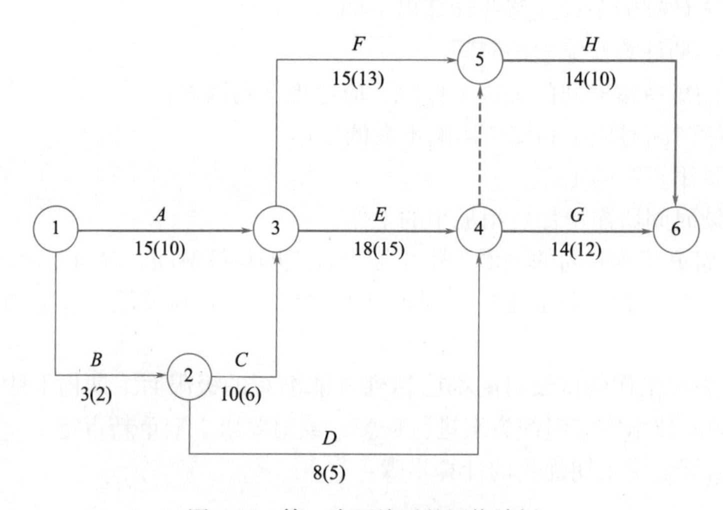

图 4-38　第一次压缩后的网络计划

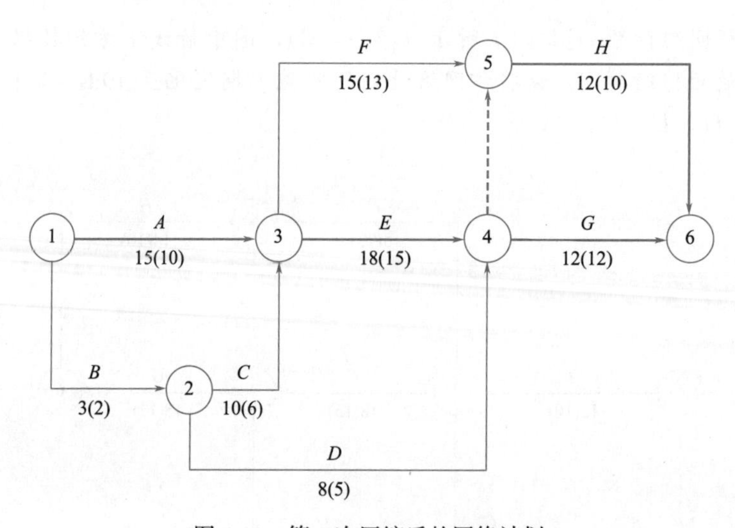

图 4-39　第二次压缩后的网络计划

(5) 根据工作压缩顺序，先将 E 工作压缩 3d，计算工期变为 42d，此时 F 工作也变为关键工作，如图 4-40 所示。

(6) 将 A 工作压缩 2d，计算工期变为 40d，此时满足工期要求，工期优化完毕，同时工作 B、C 也成为关键工作，如图 4-41 所示。

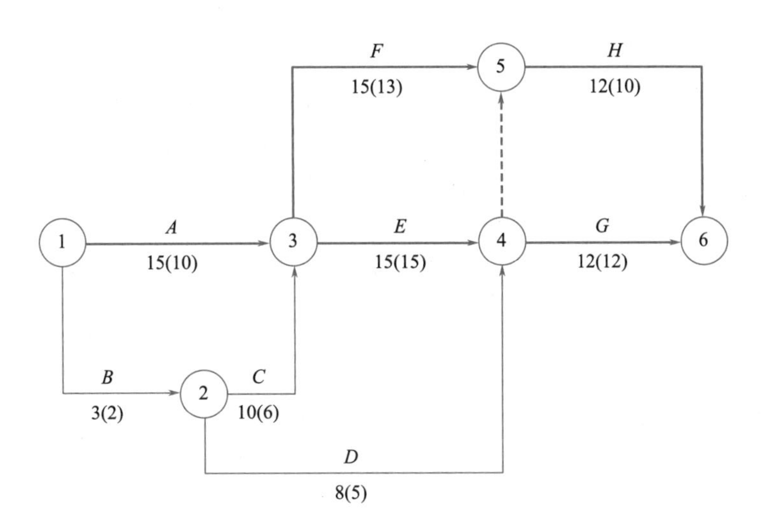

图 4-40　第三次压缩后的网络计划

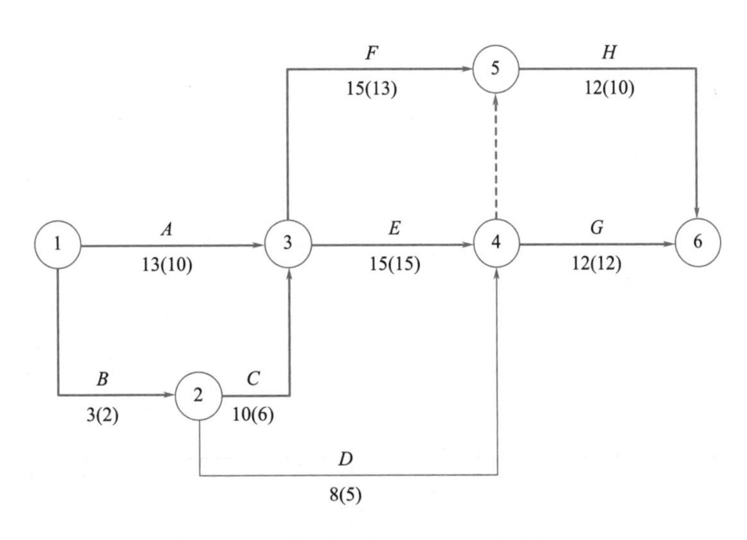

图 4-41　第四次压缩后的网络计划

4.6.2　费用优化

费用优化又称工期成本优化或时间成本优化，是指寻求工程总成本最低时的工期安排，或按要求工期寻求最低成本的计划安排过程。

费用优化的目的是使项目的总费用最低，优化应从以下几个方面考虑：

（1）在既定工期的前提下，确定项目的最低费用。

（2）在既定的最低费用限额下完成项目计划，确定最佳工期。

（3）若需要缩短工期，则考虑如何使增加的费用最小。

（4）若新增一定数量的费用，则可将工期缩短到多少。

 例 4-5

某单项工程，按如图 4-42 所示进度计划网络图组织施工，原计划工期是 170d，在第 75d 进行的进度检查时发现：工作 A 已全部完成，工作 B 刚刚开工。由于工作 B 是关键工作，所以它拖后 15d，将导致总工期延长 15d 完成。本工程相关工作各参数见表 4-10。

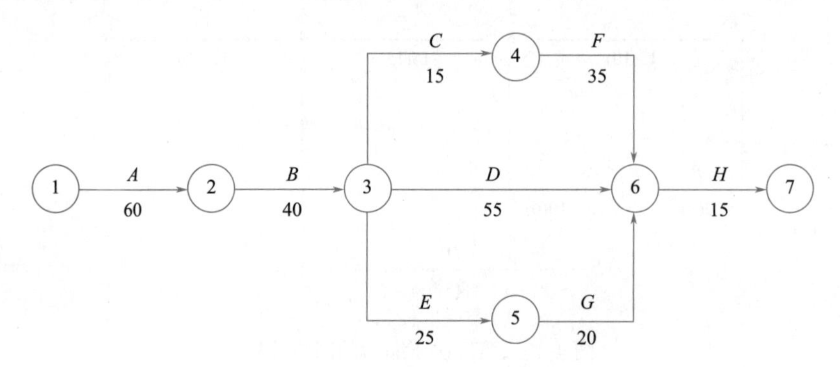

图 4-42　进度计划网络图

相关参数表　　表 4-10

序号	工作	最大可压缩时间(d)	赶工费用(元/d)
1	A	10	200
2	B	5	200
3	C	3	100
4	D	10	300
5	E	5	200
6	F	10	150
7	G	10	120
8	H	5	420

问题：

(1) 为使本单项工程仍按原工期完成，则必须赶工，调整原计划。如何调整原计划，既经济又保证整体工作能在计划的 170d 内完成，列出详细调整过程。

(2) 试计算经调整后，所需投入的赶工费用。

(3) 重新绘出调整后的进度计划网络图，并列出关键线路。

【解】

(1) 目前总工期拖后 15d，此时的关键线路为：$B \to D \to H$。

1) 其中工作 B 赶工费率最低，故先对工作 B 持续时间进行压缩。

工作 B 压缩 5d，总工期为：

$$185-5=180\ (\text{d})$$

因此增加的费用为：

$$5\times200=1000\ (\text{元})$$

关键线路：$B \to D \to H$。

2）剩余关键工作中，工作 D 赶工费率最低，故应对工作 D 持续时间进行压缩。

工作 D 压缩的同时，应考虑与之平等的各线路，以各线路工作正常进展均不影响总工期为限，故工作 D 只能压缩 5d，总工期为：

$$180-5=175\text{（d）}$$

因此增加的费用为：

$$5\times300=1500\text{（元）}$$

3）剩余关键工作中，存在三种压缩方式：①同时压缩工作 C、工作 D；②同时压缩工作 F、工作 D；③压缩工作 H。

同时压缩工作 C 和工作 D 的赶工费率最低，故应对工作 C 和工作 D 同时进行压缩。工作 C 最大可压缩天数为 3d，故本次调整只能压缩 3d，总工期为：

$$175-3=172\text{（d）}$$

因此增加的费用为：

$$3\times100+3\times300=1200\text{（元）}$$

关键线路：$B\rightarrow D\rightarrow H$ 和 $B\rightarrow C\rightarrow F\rightarrow H$ 两条。

4）剩下关键工作中，压缩工作 H 赶工费率最低，故应对工作 H 进行压缩。

工作 H 压缩 2d，总工期为：

$$172-2=170\text{（d）}$$

因此增加的费用为：

$$2\times420=840\text{（元）}$$

5）通过以上工期调整，工作仍能按原计划的 170d 完成。

（2）所需投入的赶工费用为：

$$1000+1500+1200+840=4540\text{（元）}$$

（3）调整后的进度计划网络图，如图 4-43 所示。

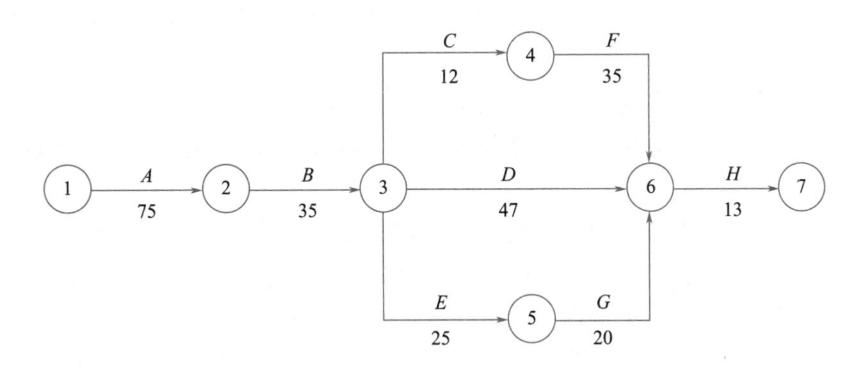

图 4-43　调整后的进度计划网络图

关键线路为：$A\rightarrow B\rightarrow D\rightarrow H$ 和 $A\rightarrow B\rightarrow C\rightarrow F\rightarrow H$。

4.6.3　资源优化

资源优化是指通过改变工作的开始时间和完成时间，使资源按照时间的分布符合优化目标。通常分两种模式："资源有限、工期最短"的优化和"工期固定、资源均衡"的优化。

资源优化的前提条件是：

（1）优化过程中，不改变网络计划中各项工作之间的逻辑关系。

（2）优化过程中，不改变网络计划中各项工作的持续时间。

（3）网络计划中各工作单位时间所需资源数量为合理常量。

（4）除明确可中断的工作外，优化过程中一般不允许中断工作，应保持其连续性。

4.7 网络计划控制

网络计划的控制是一个发现问题、分析问题和解决问题的连续的系统过程。网络计划的控制主要包括两个方面的内容：

（1）检查网络计划的实施情况，找出偏离计划的偏差，发现影响计划实施的干扰因素及计划制定本身存在的不足。

（2）确定调整措施，采取纠偏行动，确保施工组织与管理过程正常运行，顺利完成事先确定的各项计划目标。

4.7.1 网络计划的检查

对网络计划的检查应定期进行。检查周期的长短应视计划工期的长短和管理的需要确定，一般可按天、周、旬、月、季等为周期。在计划执行过程中突然出现意外情况时，可进行"应急检查"，以便采取应急调整措施。检查网络计划时，首先必须收集网络计划的实际执行情况，并进行记录。

网络计划的检查内容主要有：关键工作进度，非关键工作进度及时差利用，工作之间的逻辑关系。常用的检查方法有：前锋线比较法、S形曲线比较法以及列表比较法。

1. 前锋线比较法

前锋线比较法是根据进度检查日期各项工作实际达到的位置所绘制出的进度前锋线，与检查日期线进行比较，确定实际进度与计划进度偏差，进而判定该偏差对后续工作及总工期影响程度的一种方法。主要用于时标网络计划，且各项工作是匀速进展的情况。

进度前锋线的绘制方法是在原时标网络计划中，从检查日期位置用点画线依次连接在检查日期各项工作实际达到的位置，形成一条折线，如图 4-44 所示。

例 4-6

某工程项目时标网络计划如图 4-44 所示。该计划执行到第 6 周末检查实际进度时，发现工作 A 和 B 已经全部完成，工作 D 和 E 分别完成计划任务量的 20% 和 50%，工作 C 尚需 3 周完成，使用前锋线法进行实际进度与计划进度的比较。

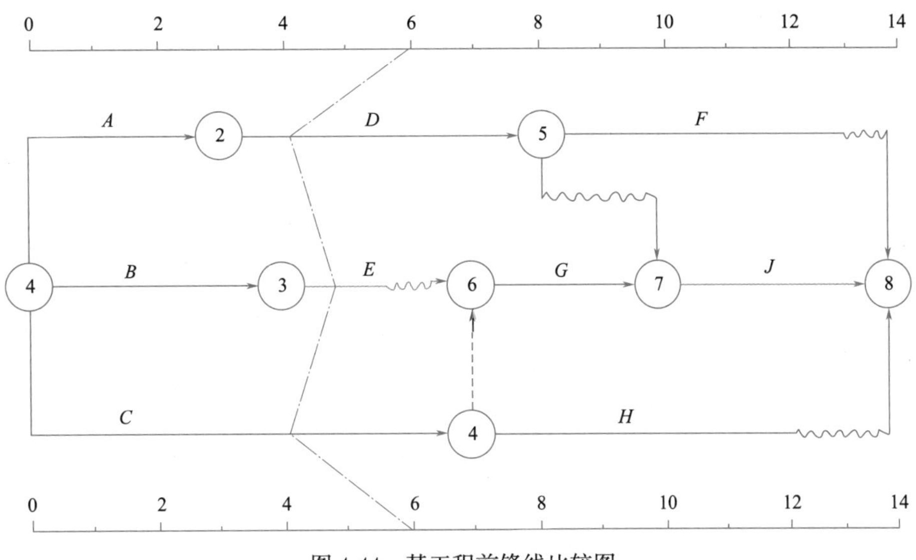

图 4-44　某工程前锋线比较图

【解】根据第 6 周末实际进度的检查结果绘制前锋线，如图 4-44 中点画线所示。通过比较可看出：

（1）工作 D 实际进度拖后 2 周，将使其后续工作 F 的最早开始时间推迟 2 周，并使总工期延长 1 周。

（2）工作 E 实际进度拖后 1 周，既不影响总工期，也不影响其后续工作的正常进行。

（3）工作 C 实际进度拖后 2 周，将使其后续工作 G、H、J 的最早开始时间推迟 2 周，由于工作 G、J 开始时间的推迟，从而使总工期将延长 2 周。

2. S 形曲线比较法

S 形曲线是一个以横坐标表示时间、纵坐标表示任务量完成情况的曲线图。将计划完成和实际完成的累计工作量分别制成 S 形曲线，任意检查日期对应的 S 形曲线上的一点，若位于计划 S 形曲线左侧表示实际进度比计划进度超前；位于右侧，则表示实际进度比计划进度滞后。

如图 4-45 所示，通过图中实际进度 S 形曲线和计划进度 S 形曲线，可以得到如下信息：

（1）实际进度 S 形曲线上的 a 点落在计划进度 S 形曲线的左侧，表示实际进度比计划进度超前；实际进度 S 形曲线上的 b 点落在计划进度 S 形曲线的右侧，表示实际进度比计划进度落后。

（2）Δt_a 表示 t_1 时刻实际进度超前时间；Δt_b 表示 t_2 时刻实际进度拖后的时间。

（3）ΔQ_a 表示 t_1 时刻超额完成的工作量；ΔQ_b 表示 t_2 时刻拖欠的任务量。

3. 列表比较法

当采用非时间坐标网络图计划时，也可以采用列表比较法进行实际进度与计划进度的比较。该方法是记录检查时正在进行的工作名称和已进行的天数，然后列表计算有关参数，根据原有总时差和尚有总时差判断实际进度与计划进度的比较方法。列表比较法应按如下步骤进行：

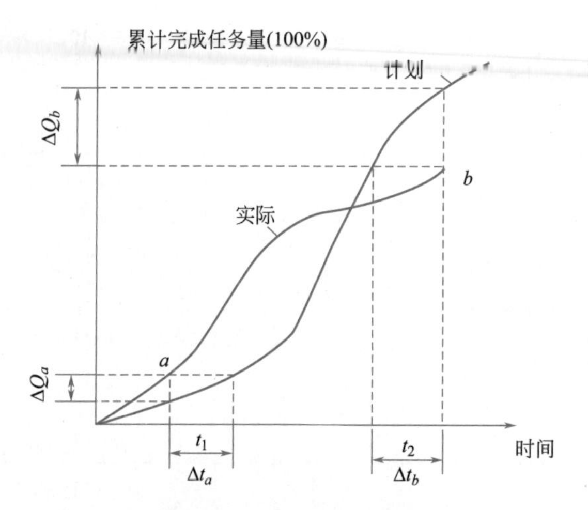

图 4-45　S 形曲线比较法

(1) 计算检查时正在进行的工作 $i-j$ 尚需作业时间 $T_{i\text{-}j}^{2}$

$$T_{i\text{-}j}^{2}=D_{i\text{-}j}-T_{i\text{-}j}^{1} \tag{4-56}$$

式中　$D_{i\text{-}j}$ ——工作 $i-j$ 的计划持续时间；

$T_{i\text{-}j}^{1}$ ——工作 $i-j$ 检查时已经进行的时间。

(2) 计算工作 $i-j$ 检查时至最迟完成时间的尚有时间 $T_{i\text{-}j}^{3}$

$$T_{i\text{-}j}^{3}=LF_{i\text{-}j}-T_{2} \tag{4-57}$$

式中　$LF_{i\text{-}j}$ ——工作 $i-j$ 的最迟完成时间；

T_{2} ——检查时间。

(3) 计算工作 $i-j$ 的尚有总时差 $TF_{i\text{-}j}^{1}$

其数值上等于工作从检查日期到原计划最迟完成时间的尚余时间与该工作尚需时间之差。

$$TF_{i\text{-}j}^{1}=T_{i\text{-}j}^{3}-T_{i\text{-}j}^{2} \tag{4-58}$$

式中　$T_{i\text{-}j}^{3}$ ——至最迟完成时间尚有时间。

(4) 比较工作实际进度和计划进度

比较结果可能出现以下几种情况：

1) 若工作尚有总时差与原有总时差相等，则说明该工作的实际进度与计划进度一致；

2) 若工作尚有总时差大于原有总时差，说明该工作实际进度超前，超前的时间为两者之差；

3) 若工作尚有总时差小于原有总时差，但仍为正值，则说明该工作的实际进度比计划进度拖后，拖后时间为二者之差，但不影响总工期；

4) 若工作尚有总时差小于原有总时差，且为负值，则说明该工作的实际进度比计划进度拖后，拖后时间为二者之差，此时工作实际进度偏差将影响工期。

例 4-7

已知网络计划如图 4-46 所示，在第 5 天检查时，发现 A 工作已完成，B 工作已进行

1d，C 工作进行为 2d，D 工作尚未开始。用列表比较法，记录和比较进度情况。

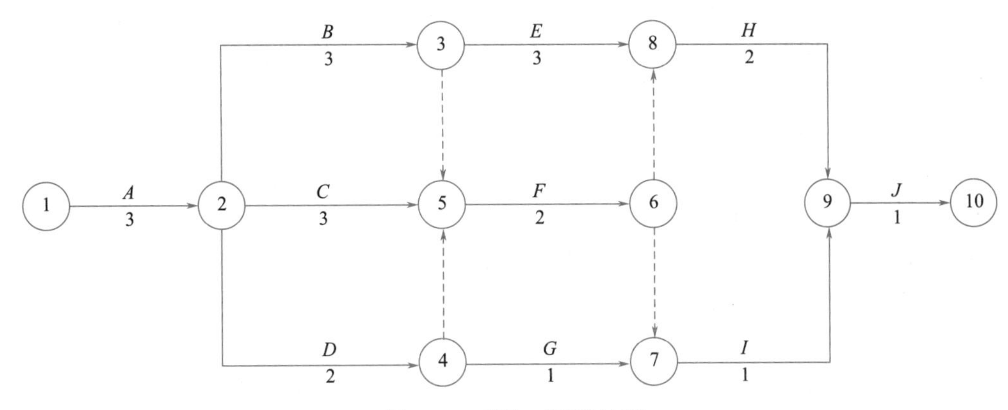

图 4-46　某施工网络计划

【解】(1) 计算时间参数。

(2) 根据上述公式计算有关参数，见表 4-11。

(3) 根据尚有总时差的计算结果，判断工作实际进度情况见表 4-11。

网络计划调整结果分析表　　表 4-11

工作代号	工作名称	检查计划时尚需作业天数	到计划最迟完成时尚有天数	原有总时差	尚有总时差	情况判断
①	②	③	④	⑤	⑥	⑦
2—3	B	2	1	0	—1	影响工期 1d
2—5	C	1	2	1	1	正常
2—4	D	2	2	2	0	正常

4.7.2　网络计划的调整

网络计划的调整时间一般应与网络计划的检查时间一致，根据计划检查结果可进行调整。

1. 分析进度偏差的原因

由于工程项目的工程特点，尤其是较大和复杂的工程项目，工期较长，影响进度因素较多。编制计划、执行和控制工程进度计划时，必须充分认识和评估这些因素，才能克服其影响，使工程进度尽可能按计划进行，当出现偏差时，应考虑有关影响因素，分析产生原因。其主要影响因素有：

(1) 工期及相关计划的失误

1) 计划时遗漏部分必需的功能或工作。

2) 计划值（例如计划工作量、持续时间）不足，相关的实际工作量增加。

3) 资源或能力不足，例如计划时没考虑到资源的限制或缺陷，没有考虑如何完成工作。

4）出现了计划中未能考虑到的风险或状况，未能使工程实施达到预定的效率。

5）在现代工程中，上级（业主、投资者、企业主管）常常在一开始就提出很紧迫的工期要求，使承包商或其他设计人、供应商的工期太紧。而且许多业主为了缩短工期，常常压缩承包商的做标期、前期准备的时间。

（2）工程条件的变化

1）工作量的变化。可能是由于设计的修改、设计的错误、业主新的要求、修改项目的目标及系统范围的扩展造成的。

2）外界（如政府、上层系统）对项目新的要求或限制，设计标准的提高可能造成项目资源的缺乏，使得工程无法及时完成。

3）环境条件的变化。工程地质条件和水文地质条件与勘察设计不符，如地质断层、地下障碍物、软弱地基、溶洞以及恶劣的气候条件等，都对工程进度产生影响，造成临时停工或破坏。

4）发生不可抗力事件。实施中如果出现意外的事件，如战争、内乱、拒付债务、工人罢工等政治事件；地震、洪水等严重的自然灾害；重大工程事故、试验失败、标准变化等技术事件；通货膨胀、分包单位违约等经济事件都会影响工程进度计划。

（3）管理过程中的失误

1）计划部门与实施者之间，总分包商之间，业主与承包商之间缺少沟通。

2）工程实施者缺乏工期意识，例如管理者拖延了图纸的供应和批准，任务下达时缺少必要的工期说明和责任落实，拖延了工程活动。

3）项目参加单位对各个活动（各专业工程和供应）之间的逻辑关系（活动链）没有了解清楚，下达任务时也没有做详细的解释，同时对活动的必要的前提条件准备不足，各单位之间缺少协调和信息沟通，许多工作脱节，资源供应出现问题。

4）由于其他方面未完成项目计划规定的任务造成拖延。例如设计单位拖延设计、运输不及时、上级机关拖延批准手续、质量检查拖延、业主不果断处理问题等。

5）承包商没有集中力量施工，材料供应拖延，资金缺乏，工期控制不紧。这可能是由于承包商同期工程太多，力量不足造成的。

6）业主没有集中资金的供应，拖欠工程款，或业主的材料、设备供应不及时。

（4）其他原因

例如由于采取其他调整措施造成工期的拖延，如设计的变更、因质量问题的返工、实施方案的修改。

2. 分析进度偏差后对后续工作及总工期的影响

在工程项目施工过程中，当通过实际进度与计划进度的比较，发现有进度偏差时，需要分析该偏差对后续工作及总工期的影响，从而采取相应的调整措施对原进度计划进行调整，以确保工期目标的顺利实现。进度偏差的大小及其所处的位置不同，对后续工作和总工期的影响程度是不同的，分析时需要利用网络计划中工作总时差和自由时差的概念进行判断。分析步骤如下：

（1）分析出现进度偏差的工作是否为关键工作

如果出现进度偏差的工作为关键工作，则无论其偏差有多大，都将对后续工作和总工期产生影响，必须采取相应的调整措施；如果出现偏差的工作是非关键工作，则需要根据进度偏差值与总时差和自由时差的关系作进一步分析。

（2）分析进度偏差是否超过总时差

如果工作的进度偏差大于该工作的总时差，则此进度偏差必将影响其后续工作和总工期，必须采取相应的调整措施；如果工作的进度偏差未超过该工作的总时差，则此进度偏差不影响总工期。至于对后续工作的影响程度，还需要根据偏差值与其自由时差关系作进一步分析。

（3）分析进度偏差是否超过自由时差

如果工作的进度偏差大于该工作的自由时差，则此进度偏差将对其后续工作产生影响，此时应根据后续工作的限制条件确定调整方法；如果工作的进度偏差未超过该工作的自由时差，则此进度偏差不影响后续工作，原进度计划可以不作调整。

通过进度偏差的分析，进度控制人员可以根据进度偏差的影响程度，制订相应的纠偏措施进行调整，以获得符合实际进度情况和计划目标的新进度计划。

3. 施工进度计划的调整方法

（1）增加资源投入

通过增加资源投入，缩短某些工作的持续时间，使工程进度加快，并保证实现计划工期。这些被压缩持续时间的工作是由于实际进度的拖延而引起总工期增长的关键线路和某些非关键线路上的工作，同时这些工作又是可压缩持续时间的工作。它会带来如下问题：

1）造成费用的增加，如增加人员的调遣费用、周转材料一次性费用、设备的进出场费。

2）由于增加资源造成资源使用效率的降低。

3）加剧资源供应的困难。如有些资源没有增加的可能性，加剧项目之间或工序之间对资源激烈的竞争。

（2）改变某些工作间的逻辑关系

在工作之间的逻辑关系允许的条件下，可改变逻辑关系，达到缩短工期的目的。例如可以把依次进行的有关工作改成平行的或互相搭接的，可以分成几个施工段进行流水施工等，都可以达到缩短工期的目的。这可能产生如下几个问题：

1）工作逻辑上的矛盾性。

2）资源的限制，平行施工要增加资源的投入强度。

3）工作面限制及由此产生的现场混乱和低效率问题。

（3）资源供应的调整

如果资源供应发生异常，应采用资源优化方法对计划进行调整，或采取应急措施，使其对工期影响最小。例如将服务部门的人员投入到生产中去，投入风险准备资源，采用加班或多班制工作。

（4）增减工作范围

包括增减工作量或增减一些工作包（或分项工程）。增减工作内容应做到不打乱原计划的逻辑关系，只对局部逻辑关系进行调整。在增减工作内容以后，应重新计算时间参数，分析对原网络计划的影响。当对工期有影响时，应采取调整措施，保证计划工期不变。但这可能产生如下影响：

1）损害工程的完整性、经济性、安全性、运行效率或提高项目运行费用。

2）必须经过上层管理者，如投资者、业主的批准。

(5) 提高劳动生产率

改善工具和器具以提高劳动生产效率；通过辅助措施和合理的工作过程，提高劳动生产率。要注意如下问题：

1) 加强培训，且应尽可能地提前。

2) 注意工人级别与工人技能的协调。

3) 工作中的激励机制，例如奖金、小组精神的发扬、个人负责制、目标明确。

4) 改善工作环境及项目的公用设施。

5) 项目小组时间上和空间上合理的组合和搭接。

6) 多沟通，避免项目组织中的矛盾。

(6) 将部分任务转移

如分包、委托给另外的单位，将原计划由自己生产的结构构件改为外购等，不仅有风险，会产生新的费用，而且需要增加控制和协调工作。

(7) 将一些工作包合并

特别是在关键线路上按先后顺序实施的工作包合并，与实施者一起研究，通过局部调整实施过程中的人力、物力的分配，达到缩短工期的目的。

例 4-8

某工程项目双代号时标网络计划如图 4-47 所示，该计划执行到第 40 天下班时刻检查时，其实际进度如图 4-47 中前锋线所示。试分析目前实际进度对后续工作和总工期的影响，并提出相应的进度调整措施。

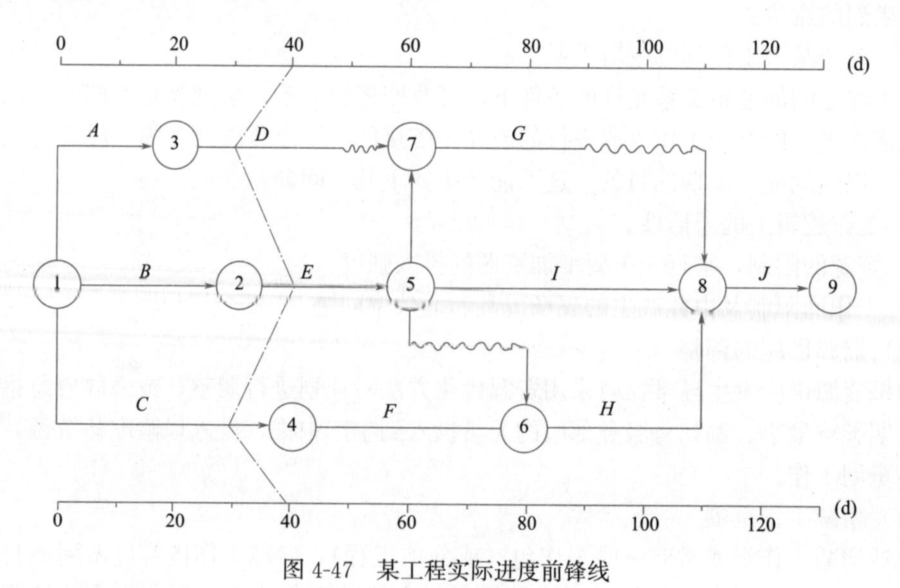

图 4-47　某工程实际进度前锋线

【解】从图中可看出：

(1) 工作 D 实际进度拖后 10d，但不影响后续工作，也不影响总工期。

(2) 工作 E 实际进度正常，既不影响后续工作，也不影响总工期。

(3) 工作 C 实际进度拖后 10d，由于其为关键工作，故其实际进度将使总工期延长

10d，并使其后续工作 F、H 和 J 的开始时间推迟 10d。

则现在拖延工期的网络计划如图 4-48 所示。

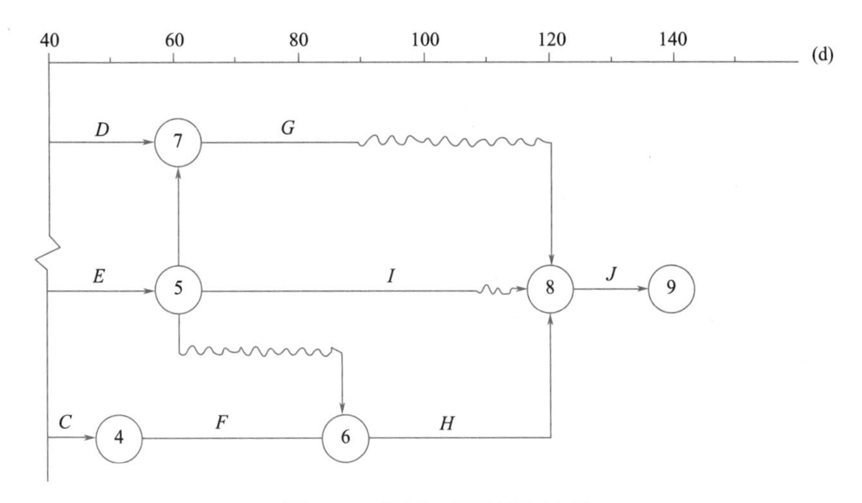

图 4-48　拖延工期的网络计划

如果该工程项目总工期不允许拖延，则为了保证其按原计划工期 130d 完成，必须采用工期优化的方法，缩短关键线路上后续工作的持续时间。现假设工作 C 的后续工作 F、H 和 J 均可以压缩 10d，通过比较，压缩工作 H 的持续时间所增加的费用量小，故将工作 H 的持续时间由 30d 缩短为 20d。调整后的网络计划如图 4-49 所示。

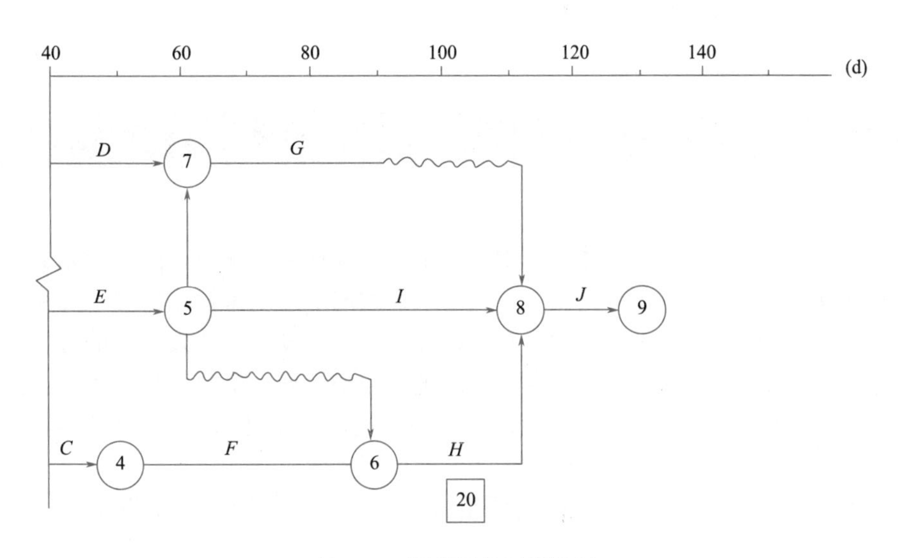

图 4-49　调整后的网络计划

4. 施工进度控制的措施

施工进度控制采取的主要措施有组织措施、技术措施、合同措施、经济措施和信息管理措施等。

(1) 组织措施主要是指落实各层次的进度控制的人员、具体任务和工作责任；建立进度控制的组织系统；按工程项目的结构、进展的阶段或合同结构等进行项目分离，确定其进度目标，建立控制目标体系；确定进度控制工作制度，如检查时间、方法、协调会议时间、参加人员等；对影响进度因素的分析和预测。

（2）技术措施主要是采取加快工程进度的技术方法。

（3）合同措施是指对分包单位签订工程合同的合同工期与有关进度计划目标相协调。

（4）经济措施是指实现进度计划的资金保证措施。

（5）信息管理措施是指不断地收集工程进度的有关资料进行整理统计并与计划进度比较，定期地向建设单位提供比较报告。

5. 工程项目进度控制的总结

项目经理部应在进度计划完成后，及时进行工程进度控制总结，为进度控制提供反馈信息。总结时应依据以下资料：

（1）工程项目进度计划。

（2）工程项目进度计划执行的实际记录。

（3）工程项目进度计划的检查结果。

（4）工程项目进度计划的调整资料。

工程项目进度控制总结应包括：

（1）合同工期目标和计划工期目标完成情况。

（2）工程项目进度控制经验。

（3）工程项目进度控制中存在的问题。

（4）科学的工程进度计划方法的应用情况。

（5）工程项目进度控制的改进意见。

4.8 应用实例

网络计划在实际工程中的具体应用中，由于工程大小繁简不一，网络计划的体系也不同，对于小型建设工程来讲，可编制一个整体工程的网络计划来控制进度，无需分若干等级。而对于大中型建设工程来说，为了有效地控制大型而复杂的建设工程的进度，有必要编制多级网络计划系统，即：建设项目施工总进度网络计划、单项工程（或分阶段）施工网络计划、单位工程施工网络计划、分部工程施工进度网络计划等。从而做到系统控制，层层落实责任，便于管理，既能考虑局部，又能保证整体。

网络进度技术是施工组织设计的重要组成部分，其体系应与施工组织设计的体系一致，有一级施工组织设计就必有一级网络计划。

4.8.1 现浇筑剪力墙住宅结构标准层流水施工网络计划

某现浇筑钢筋混凝土剪力墙高层住宅楼，主体结构施工时，每层分为 4 个流水段，墙体采用大模板施工。其结构标准层主要包括绑扎墙体钢筋、安装墙体大模板、浇筑墙体混凝土、拆大模板、支楼板模板、绑扎楼板钢筋、浇筑楼板混凝土等 7 个主要施工过程。其中绑扎墙体钢筋、安装墙体大模板、支楼板模板、绑扎楼板钢筋 4 项为主导施工过程。墙体大模板拆除及安装均由安装队完成，考虑周转要求，清晨拆除前一段后再进行本段的安装，而拆除墙模的施工段即可安装楼板模板。墙体及楼板混凝土均安排在晚上进行。

组织绑扎墙体钢筋、拆除墙体大模板、楼板支模、楼板扎筋、浇筑墙及楼板混凝土 5 个工作队的流水施工，流水节拍均定为 1d。其时标网络如图 4-50 所示。

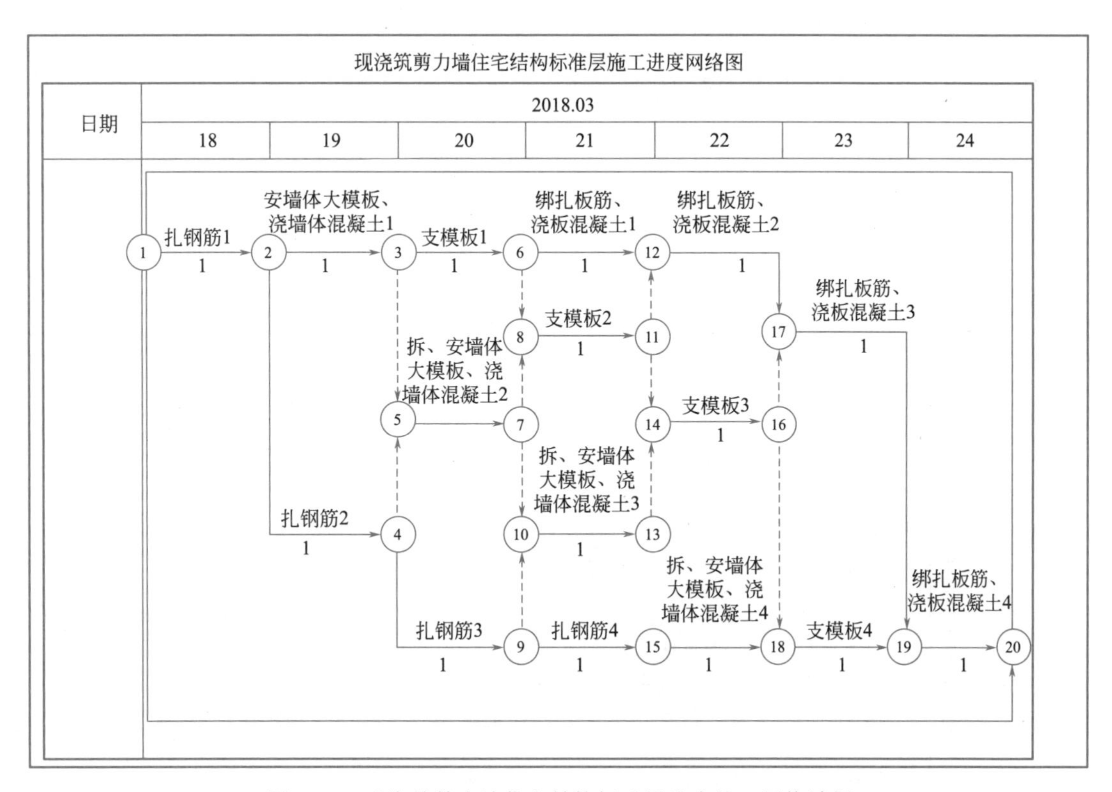

图 4-50　现浇筑剪力墙住宅结构标准层流水施工网络计划

4.8.2　某综合楼工程控制性网络计划

某工程位于××市××街南侧，占地面积 1725m²，地下 1 层、地上 8 层，总建筑面积 15600m²，是集办公、会议、教育培训为一体的综合性办公大楼。地下室为机房、停车场和人防设施，1 层为大堂和餐厅，2～6 层为办公用房，7 层为教学培训用房，8 层为多功能厅，建筑总高度 33.5m。内设主楼梯 1 部，消防楼梯 2 部，电梯 3 部。

基础为钢筋混凝土筏板基础，地下室埋深-4.8m。结构为框架-剪力墙体系。按 8 度抗震设防。填充墙采用轻质陶粒混凝土空心砌块。屋面采用细石混凝土刚性防水和 SBS 改性沥青防水卷材防水，上铺防滑地砖。主楼外墙饰面为方砖面块，立面中心为玻璃幕墙，两侧为铝合金通窗。室内墙面主要采用环保乳胶漆，顶棚采用铝合金龙骨岩棉板吊顶。首层及多功能厅地面铺设大理石，其余楼地面采用玻化砖铺设。合同工期为 360d。其控制性网络计划如图 4-51 所示。

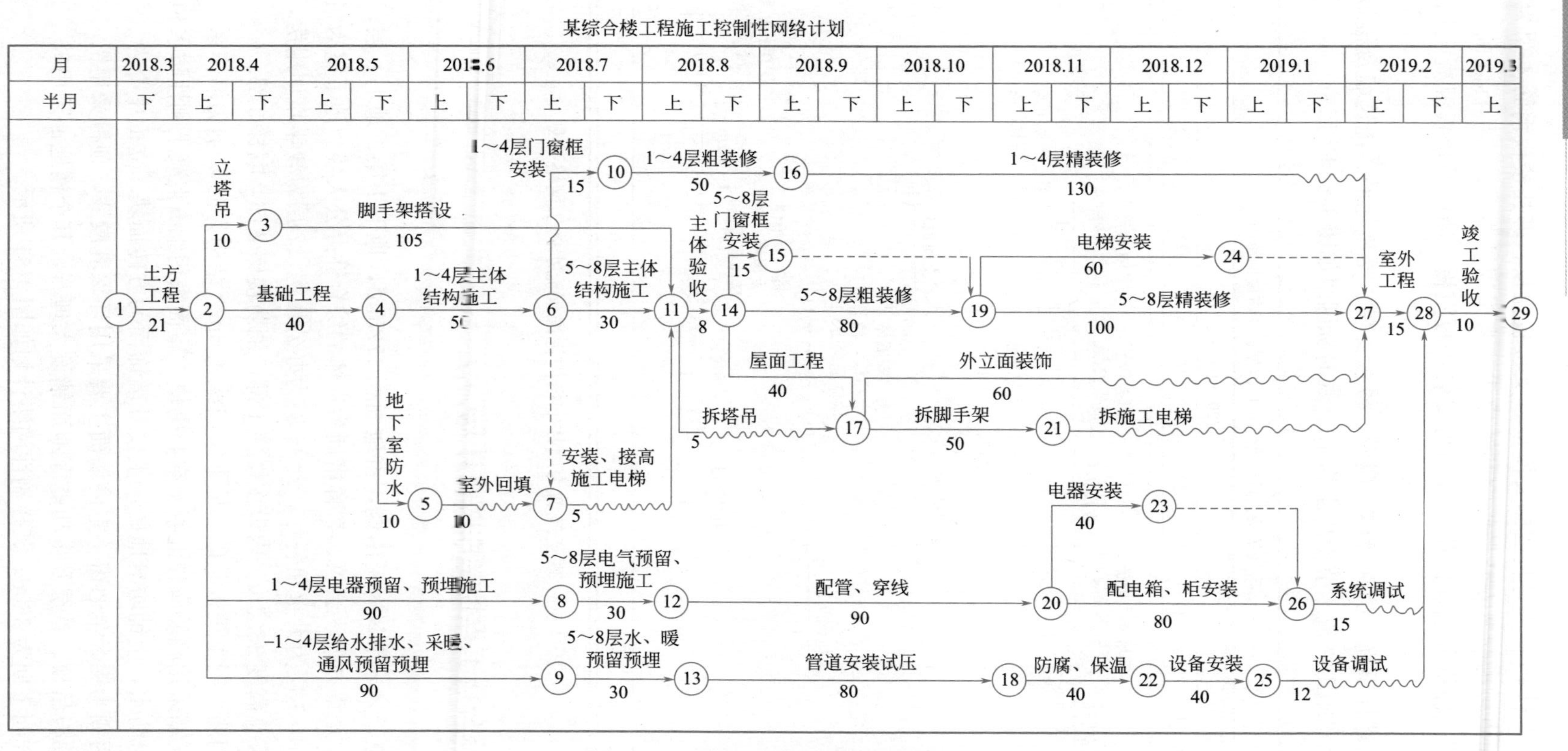

图 4-51　某综合楼工程施工控制性网络计划

单元总结

网络计划技术是指用于建筑工程项目计划与控制的一项管理技术。借助于网络图表达计划任务的进度安排及其中各项工作或工序之间的相互关系。在此基础上进行网络分析，计算网络时间，确定关键工作和关键线路；并利用时差，不断地改善网络计划，求得工期、资源与成本的优化方案。在计划执行过程中，通过信息反馈进行监督和控制，以保证达到预定的计划目标。本单元的学习任务是使学生掌握网络计划时间参数的基本知识和必要的时间参数计算，并具备绘制网络图、对网络计划进行优化、在工程实施过程中根据具体情况对进度计划进行控制和调整的能力。

习 题

一、填空题

1. 网络图按照网络计划表达方法不同，可分为__________、__________、__________、__________。

2. 工作中的逻辑关系包括__________和__________。

3. 网络图中，交叉箭线的表示方法有__________和__________。

4. 时标网络计划的绘制方法有__________和__________。

5. 网络计划优化分为__________、__________和__________三种。

二、选择题

1. 双代号网络图中，（　　）表示一项工作或一个施工过程。

A. 一根箭线　B. 一个节点　C. 一条线路　D. 关键线路

2. 在双代号网路图中，虚箭线（　　）。

A. 不消耗时间，只消耗资源　B. 只消耗时间，不消耗资源

C. 仅表示工作之间的逻辑关系　D. 既消耗时间，也消耗资源

3. 双代号网络中，箭线的箭尾节点表示该工作的（　　）。

A. 位置　B. 开始　C. 结束　D. 方向

4. 一个网络图只允许有（　　）个开始节点和（　　）个终点节点。

A. 多，1　B. 多，多　C. 1，多　D. 1，1

5. 在网络计划中，（　　）最小的工作为关键工作。

A. 自由时差　B. 持续时间　C. 时间间隔　D. 总时差

6. 某工程计划中工作 A 的持续时间为 4d，总时差为 3d，自由时差为 2d。如果工作 A 实际进度拖延 5d，则会影响工程计划工期（　　）d。

A. 2　B. 3　C. 4　D. 5

7. 下列不是关键线路的是（　　）。

A. 总持续时间最长的线路　B. 时标网络图中无波形线的线路

C. 全部由关键节点组成的线路　D. 总时差全部为 0 的线路

8. 单代号网络图用（　　）表示一项工作。

A. 节点　　B. 线路　　C. 直线　　D. 箭线

9. 某项工作有3项紧后工作，其持续时间分别为4d、5d、6d；其最迟完成时间分别为18d、16d、14d，本工作的最迟完成时间是（　　）d。

A. 14　　B. 11　　C. 8　　D. 6

10. 工期优化以（　　）为目标，使其满足规定。

A. 费用最低　　B. 资源均衡　　C. 最低成本　　D. 最短工期

三、简答题

1. 试述网络计划技术的特点与分类。
2. 双代号网络图的三个基本要素是什么？试述各要素的意义与特点。
3. 什么是工艺关系和组织关系？试举例说明。
4. 什么是双代号时标网络计划？有何特点？
5. 什么是网络优化？网络优化包括哪些内容？

四、应用题

1. 已知工作之间的逻辑关系见表4-12，试绘制双代号网络图，并用图上计算法计算各工作时间参数。

某工作之间的逻辑关系表　　表4-12

工作名称	A_1	A_2	A_3	B_1	B_2	B_3	C_1	C_2	C_3
紧前工作	—	A_1	A_2	A_1	A_2、B_1	A_3、B_2	B_1	B_2、C_1	B_3、C_2
持续时间	4	4	4	2	2	2	3	3	3

2. 图4-52为某单代号网络图，试采用图上计算法计算个工作时间参数。

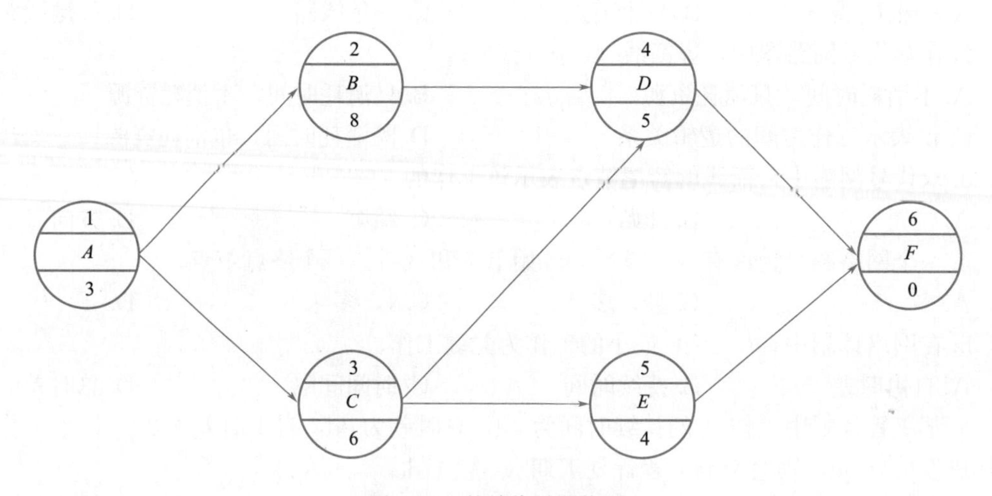

图4-52　某单代号网络图

3. 将如图4-53所示的无时标网络计划改绘为时标网络计划。

4. 已知某工程双代号时标网络图如图4-54所示，该计划执行到第5天检查时，其实

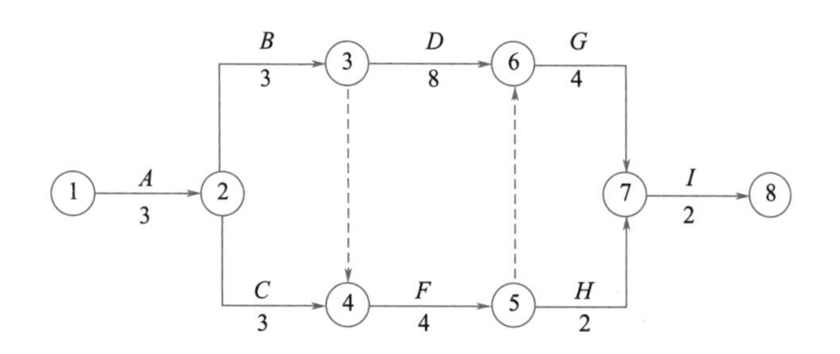

图 4-53　无时标网络计划图

际进度如图 4-54 中前锋线所示。试分析目前实际进度对后续工作和总工期的影响。

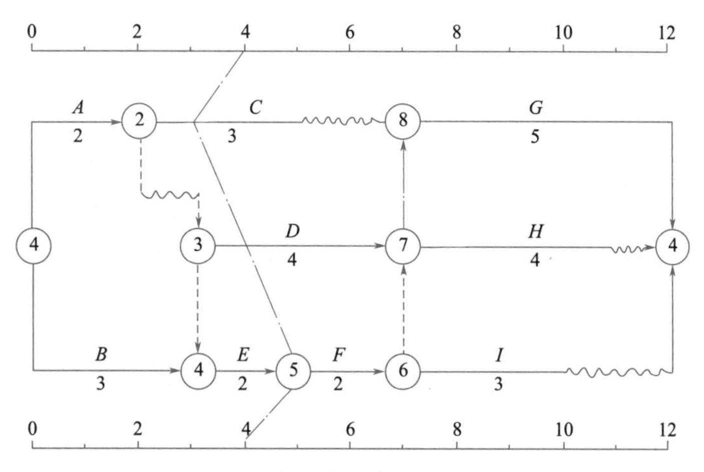

图 4-54　某工程双代号时标网络图

教学单元5 Chapter 05

施工组织总设计

1. 知识目标

（1）了解施工组织总设计的作用、编制程序和编制依据，了解总进度计划及总平面图编制的内容与方法。

（2）熟悉施工组织总设计的内容。

（3）掌握施工部署和施工方案编制的主要内容；掌握临时用水、用电的计算方法。

2. 能力目标

通过本教学单元的学习，根据初步设计或扩大初步设计图纸及其他资料和现场施工条件编制施工组织总设计，具备对整个建设项目进行全面规划和统筹安排的能力，具备指导全场性的施工准备工作和施工全局的能力。

3. 思政目标

施工组织总设计对整个项目的施工过程起统筹规划、重点控制的作用。施工组织总设计的任务，是对整个建设工程的施工过程和施工活动进行总的战略性部署，并对各单项工程（或单位工程）的施工进行指导、协调及阶段性目标控制，建立宏观大局观，树立远大理想，培养合作意识，服务国家和社会建设。

思维导图

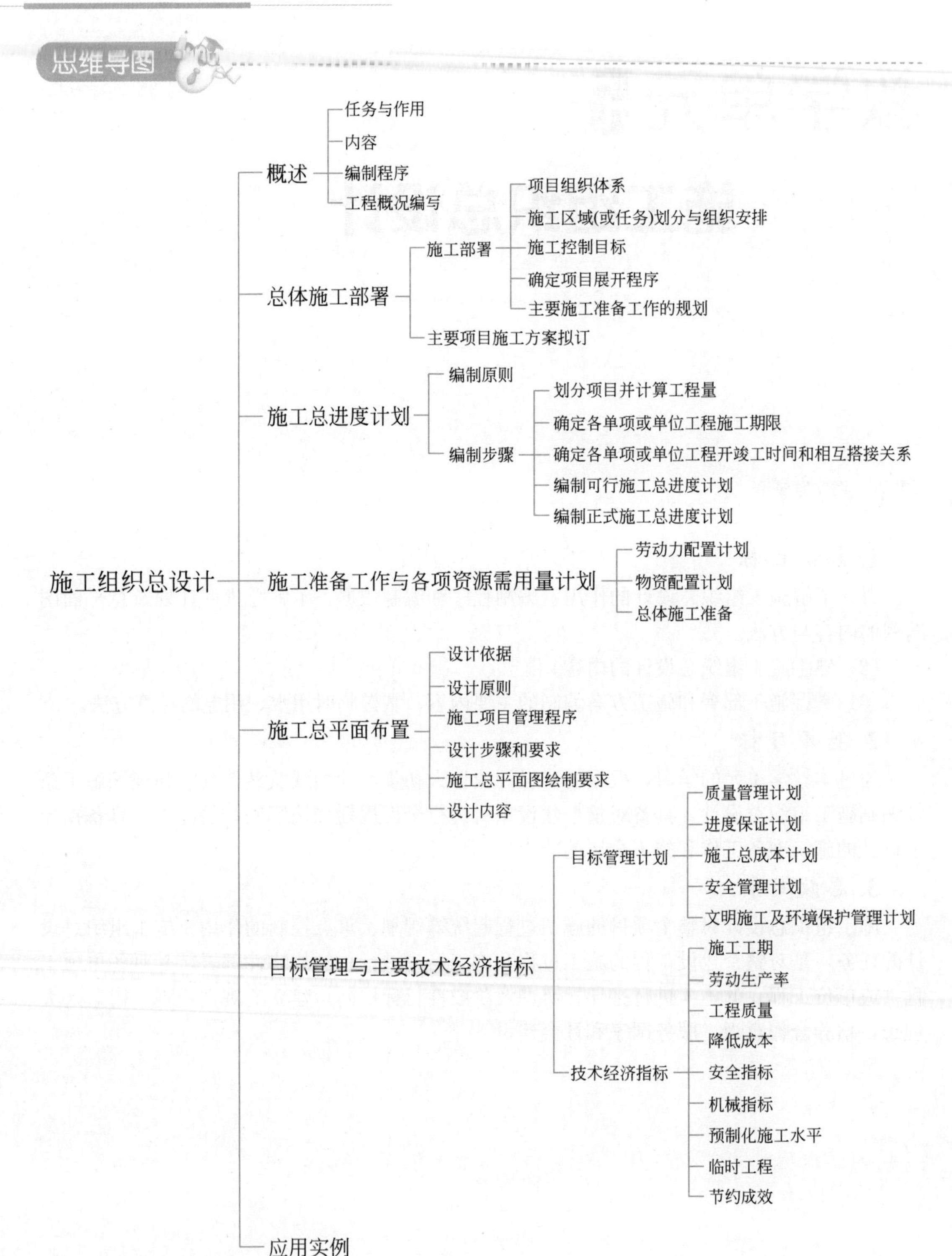
施工组织总设计
概述
任务与作用
内容
编制程序
工程概况编写
总体施工部署
施工部署
项目组织体系
施工区域(或任务)划分与组织安排
施工控制目标
确定项目展开程序
主要施工准备工作的规划
主要项目施工方案拟订
施工总进度计划
编制原则
编制步骤
划分项目并计算工程量
确定各单项或单位工程施工期限
确定各单项或单位工程开竣工时间和相互搭接关系
编制可行施工总进度计划
编制正式施工总进度计划
施工准备工作与各项资源需用量计划
劳动力配置计划
物资配置计划
总体施工准备
施工总平面布置
设计依据
设计原则
施工项目管理程序
设计步骤和要求
施工总平面图绘制要求
设计内容
目标管理与主要技术经济指标
目标管理计划
质量管理计划
进度保证计划
施工总成本计划
安全管理计划
文明施工及环境保护管理计划
技术经济指标
施工工期
劳动生产率
工程质量
降低成本
安全指标
机械指标
预制化施工水平
临时工程
节约成效
应用实例

5.1 概述

施工组织总设计是指以若干单位工程组成的群体工程或特大型项目为主要对象编制的施工组织设计，对整个项目的施工过程起统筹规划、重点控制的作用。

5.1.1 任务与作用

施工组织总设计的任务，是对整个建设工程的施工过程和施工活动进行总的战略性部署，并对各单项工程（或单位工程）的施工进行指导、协调及阶段性目标控制。其主要作用包括：为组织工程施工任务提供科学方案；为做好施工准备工作、保证资源供应提供依据；为施工单位编制生产计划和单位工程施工组织设计提供依据；为建设单位编制工程建设计划提供依据；为确定设计方案的施工可行性和经济合理性提供依据。

5.1.2 内容

施工组织总设计一般包括如下内容：

（1）编制依据。

（2）工程项目概况。

（3）施工部署及主要项目的施工方案。

（4）施工总进度计划。

（5）总体施工准备。

（6）主要资源配置计划。

（7）施工总平面布置。

（8）目标管理计划及技术经济指标。

5.1.3 编制程序

施工组织总设计的编制程序如图 5-1 所示。

该编制程序是根据施工组织总设计中各项内容的内在联系而确定的。其中，调查研究是编制施工组织总设计的准备工作，目的是获取足够的信息，为编制施工组织总设计提供依据。施工部署和施工方案是第一项重点内容，是编制施工进度计划和进行施工总平面图设计的依据。施工总进度计划是第二项重点内容，必须在编制了施工部署和施工方案之后进行，且只有编制了施工总进度计划，才具备编制其他计划的条件。施工总平面图是第三项重点内容，需依据施工方案和各种计划需求进行设计。

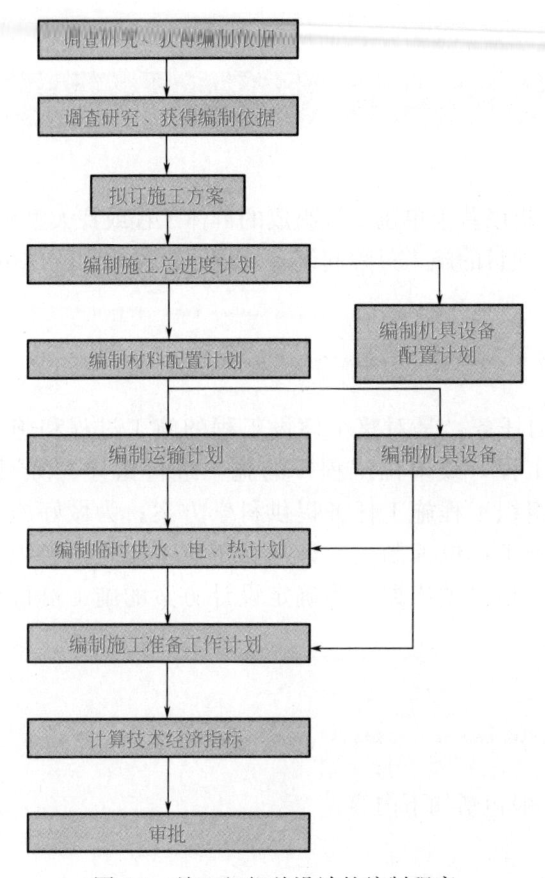

图 5-1　施工组织总设计的编制程序

5.1.4　编制依据

为了保证施工组织总设计的编制工作顺利进行，且能在实施中切实发挥指导作用，编制时必须密切地结合工程实际情况。其主要编制依据如下：

1. 计划文件及有关合同

计划文件及有关合同主要包括：国家批准的基本建设计划、可行性研究报告、工程项目一览表、分期分批施工项目和投资计划；地区主管部门的批文、施工单位上级主管部门下达的施工任务计划；招投标文件及签订的工程承包合同；工程材料和设备的订货指标；引进材料和设备供货合同等。

2. 设计文件及有关资料

设计文件及有关资料主要包括：建设项目的初步设计、扩大初步设计或技术设计的有关图纸、设计说明书、建筑区域平面图、建筑总平面图、建筑竖向设计、总概算或修正概算等。

3. 施工组织纲要

施工组织纲要也称投标（或标前）施工组织设计。它提出了施工目标和初步的施工部署，在施工组织总设计中要深化部署，履行所承诺的目标。

4. 现行规范、规程和有关规定

现行规范、规程和有关规定，包括与本工程建设有关的国家、行业和地方现行的法律、法规、规范、规程、标准、图集等。

5. 工程勘察和技术经济资料

工程勘察资料包括：建设地区的地形、地貌、工程地质及水文地质、气象等自然条件。技术经济资料包括：建设地区可能为建设项目服务的建筑安装企业、预制加工企业的人力、设备、技术和管理水平；工程材料的来源和供应情况；交通运输情况；水、电供应情况；商业、文化教育水平及设施情况等。

6. 类似建设项目的施工组织总设计和有关总结资料

5.1.5　工程概况编写

工程概况是对整个工程项目的总说明，一般应包括以下内容：

1. 工程项目的基本情况及特征

该项内容是要描述工程的主要特征和工程的全貌，为施工组织总设计的编制及审核提供前提条件。因此，应写明以下内容：

（1）工程名称、性质、建设地点和建设总期限。

（2）占地总面积、建设总规模（建筑面积、管线和道路长度、生产能力）和总投资。

（3）建安工作量、设备安装台数或吨数，应列出工程构成表和工程量汇总表，见表 5-1。

主要建筑物和构筑物一览表　　表 5-1

序号	单项工程名称	建筑结构特征	建筑面积（m^2）	占地面积（m^2）	层数	构筑物体积（m^3）	备注
1							
2							
…							

（4）建设单位、承包和分包单位及其他参建单位等基本情况。

（5）工程组成及每个单项（单位）工程设计特点，新技术的复杂程度。

（6）建筑总平面图和各单项、单位工程设计交图日期以及已定的设计方案等。

2. 承包的范围

依据合同约定，明确总承包范围、各分包单位的承包范围。

3. 建设地区条件

建设地区特征包括以下内容：

（1）气象、地形、地质和水文情况，场地周围环境情况。

（2）劳动力和生活设施情况：当地劳务市场情况，需在工地居住的人数，可作为临时宿舍、食堂、办公、生产用房的数量，水、电、暖、卫设施、食品供应情况邻近医疗单位情况，周围有无有害气体和污染企业，地方疾病情况，民族风俗习惯等。

(3) 地方建筑生产企业情况。

(4) 地方资源情况。

(5) 交通运输条件。

(6) 水、电和其他动力条件。

4. 施工条件

应说明主要设备供应情况，主要材料和特殊物资供应情况，参加施工的各单位生产能力、技术与管理水平情况。

5. 其他内容

其他内容包括：有关本建设项目的决议、合同或协议；土地征用范围、数量和居民搬迁时间；需拆迁与平整场地的要求等。

5.2 总体施工部署

施工部署是对项目实施过程做出的统筹规划和全面安排，包括项目施工主要目标、施工顺序及空间组织、施工组织安排等。

施工部署是施工组织设计的纲领性内容，施工进度计划、施工准备与资源配置计划、施工方法、施工现场平面布置和主要施工管理计划等施工组织设计的组成内容都应该围绕施工部署的原则编制。

施工部署和施工方案是对整个建设项目通盘考虑、统筹规划后所作出的战略性决策，明确了项目施工的总体设想。施工部署和施工方案是施工组织总设计的核心，直接影响建设项目的进度、质量和成本三大目标的实现。

5.2.1 施工部署

施工部署主要内容包括：明确项目的组织体系、部署原则、区域划分、进度安排、展开程序和全场性准备工作规划等。

1. 项目组织体系

项目组织体系应包含建设单位、承包和分包单位及其他参建单位，应以框图表示，明确各单位在本项目的地位及负责人（图 5-2）。

2. 施工区域（或任务）划分与组织安排

在明确施工项目管理体制、组织机构和管理模式的条件下划分各参与施工单位的任务，明确总包与分包的关系，建立施工现场统一的组织领导机构及职能部门，确定综合的和专业化的施工组织，明确各单位之间的分工与协作关系，确定各分包单位分期、分批的主攻项目和穿插项目。

3. 施工控制目标

施工控制目标包括在合同文件中规定或施工组织纲要中承诺的建设项目的施工总目标，单项工程的工期、成本、质量、安全、环境等目标。其中，工期、成本、质量的量化

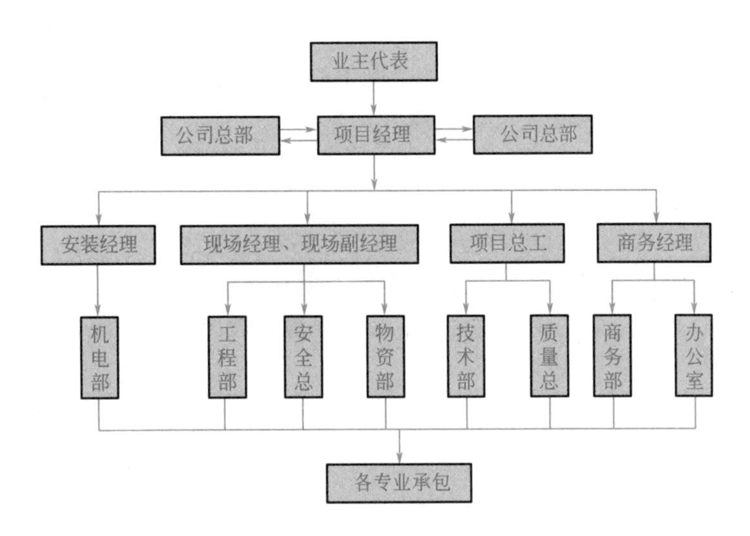

图 5-2　某件事工程项目的管理组织机构

注：人员姓名及部门负责人姓名已略去

目标见表 5-2。

施工控制目标　　表 5-2

序号	单项工程名称	建筑面积（m^2）	控制工期			控制成本（万元）	控制质量（合格或优良等）
			工期/月	开工日期	竣工日期		
1							
2							
…							

4. 确定项目展开程序

根据建设项目施工总目标及总程序的要求，确定分期、分批施工的合理展开程序。在确定展开程序时，应主要考虑以下几点。

（1）在满足合同工期要求的前提下，分期分批施工。这样既有利于保证项目的总工期，又可在全局上实现施工的连续性和均衡性，减少暂设工程数量，降低工程成本。至于分几批施工，还应根据其使用功能、业主要求、工程规模、资金情况等，由甲乙双方共同研究确定。

（2）统筹安排各类施工项目，保证重点，兼顾其他，确保按期交付使用。按照各工程项目的重要程度和复杂程度，优先安排的项目包括：①甲方要求先期交付使用的项目；②工工程量大、构造复杂、施工难度大、所需工期长的项目；③运输系统、动力系统，如道路、变电站等；④可供施工使用的项目。

（3）一般应按“先地下后地上、先深后浅、先干线后支线、先管线后筑路”的原则进行安排。

（4）注意工程交工的配套，使建成的工程能迅速投入生产或交付使用，尽早发挥该部分的投资效益。

（5）避免已完工程的使用，与在建工程的施工相互妨碍和干扰，要便于使用和施工。

（6）注意资源供应与技术条件之间的平衡，以便合理地利用资源，促进均衡施工。

（7）注意季节的影响，将不利于某季节施工的工程提前或推后，但应保证不影响质量和工期。如大规模土方和深基坑工程要避开雨期，寒冷地区的房屋工程尽量在入冬前封闭等。

5. 主要施工准备工作规划

主要施工准备工作的规划主要指全现场的准备，包括思想、组织、技术、物资等准备。首先应安排好场内外运输主干道、水电源及其引入方案；其次要安排好场地平整方案、全场性排水、防洪；还应安排好生产、生活基地，做出构件的现场预制、工厂预制或采购规划。

5.2.2 主要项目施工方案拟订

5.3 主要项目施工方案拟订

对于主要的单项或单位工程及特殊的分项工程，应在施工组织总设计中拟定其施工方案，其目的是进行技术和资源的准备工作，也为工程施工的顺利开展和工程现场的合理布局提供依据。

所谓主要单项或单位工程，是指工程量大、工期长、施工难度大，对整个建设项目的完成起关键作用的建筑物或构筑物，如生产车间、高层建筑等特殊的分项工程，如桩基、大跨结构、重型构件吊装、特殊外墙饰面工程等。

施工方案的内容包括：确定施工起点流向、施工程序、主要施工方法和施工机械等。选择大型机械应注意其可能性、适用性、经济合理性及技术先进性。可能性是指利用自有机械或通过租赁、购置等途径可以获得的机械；适用性是指机械的技术性能满足使用要求；经济合理性是指能充分发挥效率、所需费用较低；先进性是指性能好、功能多、能力强、安全可靠便于保养和维修。大型机械应能进行综合流水作业，在同一个项目中应减少其装拆、运的次数。辅机的选择应与主机配套。

5.3 施工总进度计划

施工总进度计划是对施工现场各项施工活动在时间上所做的安排，是施工部署在时间上的具体体现。其编制是根据施工部署等要求，合理确定每个独立完工工程及其单项工程的控制工期，合理安排它们之间的施工顺序和搭接关系。其作用在于能够确定各个单项工程的施工期限以及开竣工日期；同时也为制订资源配置计划、临时设施的建设和进行现场规划布置提供依据。

5.3.1 编制原则

（1）合理安排各单项工程或单位工程之间的施工顺序，优化配置劳动力、物资、施工机械等资源，保证建设工程项目在规定的工期内完工。

(2) 合理组织施工，保证施工的连续、均衡、有节奏，以加快施工速度，降低成本。

(3) 科学地安排全年各季度的施工任务，充分利用有利季节，尽量避免停工和赶工，从而在保证质量的同时节约费用。

5.3.2　编制步骤

1. 划分项目并计算工程量

根据批准的总承建任务一览表，列出工程项目一览表并分别计算各项目的工程量。由于施工总进度计划主要起控制作用，因此，项目划分不宜过细，可按确定的工程项目的开展程序进行排列，应突出主要项目，可以合并一些附属的、辅助的项目及小型的项目。

计算各工程项目工程量的目的，是为了正确选择施工方案和主要的施工、运输机械，初步规划各主要项目的流水施工，计算各项资源的需要量。因此，工程量只需粗略计算。可依据设计图纸及相关定额手册，分单位工程计算主要实物量。将计算所得的各项工程量填入工程量总表及总进度计划表头中（表 5-3）。

施工总（综合）进度计划　　表 5-3

序号	单项工程名称	土建工程指标		设备安装指标		造价(万元)			进度计划							
									××年				××年			
		单位	数量	单位	数量	合计	建设工程	设备安装	Ⅰ	Ⅱ	Ⅲ	Ⅳ	Ⅰ	Ⅱ	Ⅲ	Ⅳ
1																
2																
…																
资源动态图		施工总进度计划的技术经济指标分析：														

注：进度线应将土建工程、设备安装工程等以不同线条表示。

2. 确定各单项或单位工程施工期限

工程施工期限的确定，要考虑工程类型、结构特征、装修装饰的等级，工程复杂程度、施工管理水平、施工方法、机械化程度、施工现场条件与环境等因素。但工期应控制在合同工期以内，无合同工期的工程，应按工期定额或类似工程的经验确定。

3. 确定各单项或单位工程开竣工时间和相互搭接关系

根据建设项目总工期、总的展开程序和各单位工程的施工期限，进一步安排各施工项目的开、竣工时间和相互搭接关系。安排时应注意以下要求：

(1) 保证重点，兼顾一般

在安排进度时，同一时期施工的项目不宜过多，以避免人力、物力过于分散。因此要分清主次，抓住重点。对工程量大、工期长、质量要求高、施工难度大的单位工程，或对其他工程施工影响大、对整个建设项目的顺利完成起关键性作用的工程应优先安排。

(2) 尽量组织连续，均衡地施工

安排施工进度时，应尽量使各工种施工人员、施工机具在全工地内连续施工，尽量实现劳动力、材料和施工机具的消耗品均衡，以利于劳动力的调度、原材料供应和临时设施的充分利用。为此，应尽可能在工程项目之间组织“群体工程流水”，即在具有相同特征的建筑物或主要工种工程之间组织流水施工，从而实现人力、材料和施工机具的综合平衡。此外，还应留出一些附属项目或零星项目作为调节项目，穿插在主要项目的流水施工中，以增强施工的连续性和均衡性。

(3) 满足生产工艺要求

对以配套投产为目标的工业项目，应区分各项目的轻重缓急，把工艺调试在前的、占用工期较长的、工程难度较大的项目排在前面。

(4) 考虑经济效益，减少贷款利息

从货币时间价值观念出发，尽可能将投资额少的工程安排在最初年度内施工，而将投资额大的安排在最后，以减少投资贷款的利息。

(5) 考虑个体施工对总图施工的影响

安排施工进度时，要保证工程项目的室外管线、道路、绿化等其他配套设施能连续、及时地进行。因此，必须恰当安排各个建筑物、构筑物单位工程的起止时间，以便及时拆除施工机械设备、清理室外场地、清除临时设施，为总图施工创造条件。

(6) 全面考虑各种条件的限制

安排施工进度时，还应考虑各种客观条件的限制，如施工企业的施工力量，各种原材料及机具设备的供应情况、设计单位提供图纸的时间、建设单位的资金投入与保证情况、季节环境情况等。

4. 编制可行施工总进度计划

可行施工总进度计划可以用横道图或网络图形式表达。由于在工程实施过程中情况复杂多变，施工总进度计划只能起到控制性作用，故不必过细，否则将不便于优化。

编制时，应尽量安排全工地性的流水作业。安排时应以工程量大、工期长的单项工程或单位工程为主导，组织若干条流水线，并以此带动其他工程。

5. 编制正式施工总进度计划

可行施工总进度计划绘制完成后，应对其进行检查，检查内容包括是否满足总工期及起止时间的要求、各施工项目的搭接是否合理、资源需要量动态曲线是否较为均衡等。

如发现问题应进行优化。主要优化方法是改变某些工程的起止时间或调整主导工程的工期。如果利用计算机程序编制计划，还可分别进行工期优化、费用优化及资源优化。经调整符合要求后，编制正式的总进度计划。

5.4 施工准备工作与各项资源需用量计划

资源配置计划的编制需依据施工部署和施工总进度计划，重点确定劳动力、材料、构配件、加工品及施工机具等主要物资的需要量和时间，以便组织供应、保证施工总进度计划的实现，同时也为场地布置及临时设施的规划准备提供依据。

5.4.1　劳动力配置计划

劳动力配置计划是确定暂设工程规模和组织劳动力进场的依据，是根据工程量汇总表、施工准备工作计划施工总进度计划、概（预）算定额和有关经验资料，分别确定出每个单项工程专业工种的劳动量工日数、工人数和进场时间，然后逐项按月或按季度汇总，得出整个建设项目劳动力配置计划（表 5-4），并在表下绘制出劳动力动态曲线柱状图。

劳动力配置计划　　　　表 5-4

序号	单项工程名称	工种名称	劳动量（工日）	需要量(人)														
				20××年										20××年				
				3	4	5	6	7	8	9	10	11	12	1	2	3	4	…
1																		
2																		
…																		
合计																		

注：工种名称除生产工人外，应包括附属、辅助用工（如运输、构件加工、材料保管等）以及服务和管理用工。

5.4.2　物资配置计划

1. 主要材料和预制品配置计划

主要材料和预制品配置计划是组织材料和预制品加工、订货、运输、确定堆场和仓库的依据，是根据施工图纸、工程量、消耗定额和施工总进度计划而编制的。

根据各工种工程量汇总表所列各建筑物主要施工项目的工程量，查相关定额或指标，便可得出所需的材料、构配件和半成品的需要量。然后根据总进度计划表，大致估算出某些主要材料在某季度某月的需要量，从而编制出材料、构配件和半成品的配置计划，见表 5-5。

主要材料和预制品配置计划　　　　表 5-5

序号	单项工程名称	材料和预制品					需要量											
							20××年							20××年				
		编号	品名	规格	单位	数量	6	7	8	9	10	11	12	1	2	3	4	…
1																		
2																		
…																		
合计																		

注：1. 主要材料可按型钢、钢板、钢筋、管材、水泥、木材、砖、砌块、砂、石、防水卷材等分别列表；
　　2. 需要量按月或季度编制。

2. 主要施工机具和设备配置计划

该计划是组织机具供应、计算配电线路及选择变压器、进行场地布置的依据。主要施工机具可根据施工总进度计划及主要项目的施工方案和工程量，套定额或按经验确定。设备配置计划可根据施工部署施工方案 、施工总进度计划，主要工种工程量和机械台班产量定额而确定；运输机具的需要量根据运输量计算。上述汇总结果可参照表 5-6。

施工机具和设备配置计划　　表 5-6

序号	单项工程名称	施工机具和设备					需要量								
							20××年					20××年			
		编码	名称	型号	单位	电功率	8	9	10	11	12	1	2	3	…
1															
2															
…															
合计															

注：机具、设备名称可按土方、钢筋混凝土、起重、金属加工、运输、水加工、动力、测试、脚手架等分类填写，需要量按月或季度编制。

3. 大型临时设施计划

大型临时设施计划应遵循尽量利用已有或拟建工程的原则，按照施工部署、施工方案、各种配置计划，并根据业务量和临时设施计算结果进行编制。计划表形式见表 5-7。

大型临时设施计划　　表 5-7

序号	项目	名称	常用量		利用现有建筑	利用拟建永久工程	新建	单价（元/m²）	造价（万元）	占地（m²）	修建时间
			单位	数量							
1											
2											
…											
合计											

注：项目名称包括生产、生活用房、临时道路、临时用水、用电和供热系统等。

5.4.3 总体施工准备

总体施工准备包括技术准备、现场准备和资金准备。其主要内容包括：

（1）土地征用、居民拆迁和现场障碍拆除工作。

（2）确定场内外运输及施工用道路，水、电来源及其引入方案。

（3）制订场地平整及全场性排水、防洪方案。

（4）安排好生产和生活基地建设，包括混凝土集中搅拌站，预制构件厂，钢筋、木材加工厂，机修厂及职工生活福利设施等。

（5）落实材料、加工品、构配件的货源和运输储存方式。

（6）按照建筑总平面图要求，做好现场控制网测量工作。

（7）组织新结构、新材料、新技术、新工艺试制、试验和人员培训。

（8）编制各单位工程施工组织设计，研究制订施工技术措施等。

应根据施工部署与施工方案、资源计划及临时设施计划编制准备工作计划表。其表格形式见表 5-8。

主要施工准备工作计划表　　表 5-8

序号	准备工作名称	准备工作内容	主办单位	协办单位	完成日期	负责人
1						
2						
…						

5.5 施工总平面布置

施工总平面布置是按照施工部署、施工方案和施工总进度计划及资源需用量计划的要求，将施工现场做出合理的规划与布置，以总平面图表示。其作用是正确处理全工地施工期间所需各项设施和永久建筑与拟建工程之间的空间关系，以指导现场，实现有组织、有秩序和文明施工。

在工程项目正式开工之前，要按照施工准备工作计划的要求，建造相应的暂设工程，以满足施工需要，为工程项目创造良好的施工环境。暂设工程的类型及规模因工程而异，主要有：工地加工厂组织、工地仓库组织、工地运输组织、办公及福利设施组织、工地供水和供电组织。

5.5.1 设计内容

1. 永久性设施

永久性设施包括整个建设项目已有的建筑物、构筑物、其他设施及拟建工程的位置和尺寸。

2. 临时性设施

临时性设施指已有和拟建的、为全工地施工服务的临时设施的布置，包括：

（1）场地临时围墙，施工用的各种道路。

（2）加工厂、制备站及主要机械的位置。

（3）各种材料、半成品、构配件的仓库和主要堆场。

（4）行政管理用房、宿舍、食堂、文化生活福利等用房。

（5）水源、电源、动力设施、临时给水排水管线、供电线路及设施。

（6）机械站、车库位置。

（7）一切安全、消防设施。

3. 其他

其他内容包括：永久性测量放线标桩的位置；必要的图例、方向标识、比例尺等。

5.5.2 设计依据

（1）建筑总平面图、地形图、区域规划图和建设项目区域内已有的各种设施位置。

（2）建设地区的自然条件和技术经济条件。

（3）建设项目的工程概况、施工部署与施工方案，施工总进度计划及各种资源配置计划。

（4）各种现场加工、材料堆放、仓库及其他临时设施的数量及面积尺寸。

（5）现场管理及安全用电等方面有关文件和规范、规程等。

5.5.3 设计原则

（1）执行各种有关法律、法规、标准、规范与政策。

（2）尽量减少施工占地，使整体布局紧凑、合理。

（3）合理组织运输，保证运输方便、道路畅通，减少运输费用。

（4）合理划分施工区域和存放场地，减少各工程之间和各专业工种之间的相互干扰。

（5）充分利用各种永久性建筑物、构筑物和已有设施为施工服务，降低临时设施的费用。

（6）适当分开生产区与生活区，各种生产生活设施应便于使用。

（7）应满足环境保护、劳动保护、安全防火及文明施工等要求。

5.5.4 设计步骤和要求

1. 绘出整个施工场地范围及基本条件

施工场地范围及基本条件包括场地的围墙和已有的建筑物、道路、构筑物以及其他设施的位置和尺寸。

2. 布置新的临时设施及堆场

（1）场外交通的引入

设计施工总平面图时，首先应研究确定大宗材料成品、半成品、设备等进入工地的运输方式。

1）铁路运输。一般大型工业企业，厂区内都设有永久性铁路专用线，通常可将其提前修建，以便为工程施工服务。但由于铁路的引入将严重影响场内施工的运输和安全，因此，引入点宜在靠近工地的一侧或两侧。

2）水路运输。当大量物资由水路运入时，应首先考虑原有码头的运用和是否增设专用码头问题，要充分利用原有码头的吞吐能力。当需增设码头时，卸货码头不应少于两个，且宽度应大于2.5m，一般用石或钢筋混凝土结构建造。

3）公路运输。当大量物资由公路运入时，一般先将仓库、加工厂等生产性临时设施布置在最经济合理的地方，然后再布置通向场外的公路线。

（2）仓库与材料堆场的布置

通常考虑把仓库和材料堆场设置在运输方便、位置适中、运距较短且安全防火的地方，并应区别不同材料、设备和运输方式来设置。

1）当采用铁路运输时，仓库通常沿铁路线布置，并且要留有足够的装卸时间。

2）当采用水路运输时，一般应在码头附近设置转运仓库，以缩短船只在码头上的停留时间。

3）当采用公路运输时，仓库的布置较灵活。一般中心仓库布置在工地中央或靠近使用地点，也可以布置在工地入口处。大宗材料的堆场和仓库，可布置在相应的搅拌站加工场或预制场地附近。砖、瓦、砌块和预制构件等直接使用的材料应布置在施工对象附近，以免二次搬运。

（3）加工厂布置

各种加工厂布置，应以方便使用、安全防火、运输费用最少、不影响建筑安装工程正常施工为原则。一般应将加工厂集中布置在工地边缘，且靠近相应的仓库或材料堆场。

1）混凝土搅拌站。当现浇混凝土量大时，宜在工地设置集中搅拌站；当运输条件较差时，以分散搅拌为宜。

2）预制加工厂。预制加工厂一般设置在建设单位的空闲地带上，如材料堆场专用线转弯的扇形地带或场外临近处。

3）钢筋加工厂。当需进行大量的机械加工时，宜设置中心加工厂，其位置应靠近预制构件加工厂；对于小型构件和简单的钢筋加工，可在使用地点附近布置钢筋加工棚。

4）木材加工厂。要视加工量、加工性质和种类，决定是设置集中加工场还是分散的加工棚。一般原木、锯材堆场布置在铁路、公路或水路沿线附近，木材加工厂亦应设置在这些地段附近；锯木、成材、细木加工和成品堆放，应按工艺流程布置并应设置在施工区的下风向边缘。

5）金属结构、锻工电焊和机修等车间。由于生产上联系密切，以上车间应尽可能布置在一起。

（4）布置内部运输道路

根据各加工厂、仓库及各施工对象的相对位置，研究货物转运图，区分主、次道路，进行道路的规划。规划道路时应考虑以下几点：

1）合理规划，节约费用。在规划临时道路时，应充分利用拟建的永久性道路，提前建成或者先修路基和简易路面，作为施工所需的道路，以达到节约投资的目的。若地下管网的图纸尚未出全，则应在无管网地区先修筑临时道路，以免开挖管沟时破坏路面。

2）保证通畅。道路应有两个以上进出口，末端应设置回车场地。且尽量避免与铁路交叉，若有交叉，交角应大于30°，最好为直角相交。场内道路干线应采用环形布置，主要道路宜采用双车道，宽度不小于6m；次要道路宜采用单车道，宽度不小于4m。

3）选择合理的路面结构。道路的路面结构，应当根据运输情况和运输工具的类型而定。对永久性道路应先建成混凝土路面基层；场区内的干线和施工机械行驶路线，最好采用碎石级配路面，以利修补。场内支线一般为砂石路。

（5）行政与生活临时设施的布置

行政与生活临时设施包括：办公室、汽车库、职工休息室、开水房、小卖部、食堂、文体中心和浴室等。要根据工地施工人数计算其建筑面积。应尽量利用建设单位的生活基地或其他永久性建筑，不足部分另行建造。

全工地性行政管理用房宜设在工地入口处，以便对外联系；也可设在工地中间，便于全工地管理。工人用的福利设施应设置在工人较集中的地方，或工人必经之处。生活基地应设在场外，距工地500～1000m为宜。食堂可布置在工地内部或工地与生活区之间。

（6）临时水电管网的布置

当有可以利用的水源、电源时，可先将其接入工地，再沿主要干道布置干管、主线，然后与各用户接通。临时总变电站应设置在高压电引入处，不应放在工地中心；临时水池应放在地势较高处。

1）供水管网的布置。供水管网应尽量短，布置时应避开拟建工程的位置。水管宜采用暗埋铺设，有冬期施工要求时，应埋设至冰冻线以下。有重型机械或需从路下穿过时，应采取保护措施。高层建筑施工时，应设置水塔或加压泵，以满足水压要求。

根据工程防火要求，应设置足够数量的消火栓。消火栓一般设置在易燃建筑物、木材、仓库等附近，与建筑物或使用地点的距离不得大于25m，也不得小于5m。消火栓管径宜为100mm，沿路边布置，间距不得大于120m，每5000m^{2}现场不少于一个，距路边的距离不得大于2m。

2）供电线路的布置。供电线路宜沿路边布置，但距路基边缘不得小于1m。一般用钢筋混凝土杆或梢径不小于140mm的木杆架设，杆距不大于35m；电杆埋深不小于杆长的1/10加0.6m，回填土应分层夯实。架空线最大弧垂处距地面不小于4m，跨路时不小于6m，跨铁路时不小于7.5m；架空电线距建筑物不小于6m。在塔吊控制范围内应采用暗埋电缆等方式。

应该指出，上述各设计步骤是互相联系又互相制约的，在进行平面布置设计时应综合考虑、反复修正。当有几种方案时，尚应进行方案比较、优选。

5.5.5 施工总平面图绘制要求

施工总平面图的比例一般为1∶1000或1∶2000，绘制时应使用规定的图例或以文字标明。在进行各项布置后，经综合分析比较、调整修改，形成施工总平面图，并做必要的文字说明，标上图例、比例、指北针等。完成的施工总平面图要比例正确，图例规范，字迹端正，线条粗细分明，图面整洁美观。

许多大型建设项目的建设工期很长，随着工程的进展，施工现场的面貌及需求将不断改变。因此，应按不同施工阶段分别绘制施工总平面图。

5.6 目标管理与主要技术经济指标

5.6.1 目标管理计划

目标管理计划主要阐述质量、进度、节约安全、环保等各项目标的要求，建立保证体系，制订所需采取的主要措施。

1. 质量管理计划

应建立施工质量管理体系。按照施工部署中确定的施工质量目标要求，以及国家质量评定与验收标准、施工规范和规程有关要求，找出影响工程质量的关键部位或环节，设置施工质量控制点，制订施工质量保证措施（包括组织、技术、经济、合同等方面的措施）。

2. 进度保证计划

根据合同工期及工期总体控制计划，分析影响工期的主要因素，建立控制体系，制订保证工期的措施。

3. 施工总成本计划

根据建设项目的计划成本总指标，制订节约费用、控制成本的措施。

4. 安全管理计划

确定安全组织机构，明确安全管理人员及其职责和权限，建立健全安全管理规章制度（含安全检查、评价和奖励），制订安全技术措施。

5. 文明施工及环境保护管理计划

确定建设项目施工总环保目标和独立交工系统施工环保目标，确定环保组织机构和环保管理人员，明确施工环保事项内容和措施。如现场泥浆、污水的处理和排水，防烟尘和防噪声，防爆破危害、打桩震害，地下旧有管线或文物保护，卫生防疫和绿化工作，现场及周边交通环境保护等。

5.6.2 技术经济指标

为了考核施工组织总设计的编制质量以及将产生的效果，应计算下列技术经济指标。

1. 施工工期

施工工期是指建设项目从施工准备到竣工投产使用的持续时间。应计算的相关指标有以下几项：

（1）施工准备期。从施工准备开始到主要项目开工为止的全部时间。

（2）部分投产期。从主要项目开工到第一批项目投产使用的全部时间。

（3）单位工程工期。指建设项目中各单位工程从开工到竣工的全部时间。

2. 劳动生产率

（1）全员劳动生产率，元/（人·年）。

（2）单位用工，工日/（m^2 竣工面积）。

（3）劳动力不均衡系数：

劳动力不均衡系数＝施工高峰人数/施工期平均人数

3. 工程质量

工程质量应满足合同要求的质量等级和施工组织设计预期达到的质量等级。

4. 降低成本

（1）降低成本额

降低成本额＝承包成本－计划成本

（2）降低成本率

降低成本率＝（降低成本额/承包成本额）×100％

5. 安全指标

安全指标以发生的安全事故频率控制数来表示。

6. 机械指标

（1）机械化程度

机械化程度＝机械化施工完成的工作量/总工作量

（2）施工机械完好率。

（3）施工机械利用率。

7. 预制化施工程度

预制化施工程度＝在工厂及现场预制的工作量/总工作量

8. 临时工程

（1）临时工程投资比例

临时工程投资比例＝全部临时工程投资/建安工程总值

（2）临时工程费用比例

临时工程费用比例＝（临时工程投资－回收费＋租用费）/建安工程总值

9. 节约成效

节约成效要求分别计算节约钢材、木材、水泥三大材节约的百分比，并统计分析节水、节电情况。

5.7 应用实例

本实例为一高层公寓群体工程施工组织总设计。

5.7.1 工程概况

本工程为公寓小区，由 9 栋高层公寓和整套服务用房组成，建筑面积 16 万 m^2，占地 48 万 m^2，工程总造价约 4.2 亿元。

该小区东临城市道路，西北面紧靠河道，南面是拟建中的另一建筑物。9 栋公寓呈环形布置，中央是一座拥有 600 车位的大型地下车库。服务用房包括热力变电站、餐厅、幼儿园、房管办公楼、传达室、花房、垃圾站等，分布在公寓群周围。

1. 水文地质情况

拟建场地地势平坦，地下静止水位绝对标高 34.28～36.22m。历年最高水位绝对标高 38.50m，水质无侵蚀性。本工程最低基底绝对标高 31.00m，处于地下水位以上。采用深埋天然地基，持力层土质为中重亚黏土层，表层为厚 1.10～3.00m 的人工回填土。

2. 工程设计情况

本工程车库全部埋在地下，共 3 层，底相对标高－11.00m，全高 7.8m，全现浇钢混结构，顶盖为无柱帽的无梁楼盖。车库迎水面的墙、板均为 C25 自防水密实混凝土。

9 栋公寓均为正北布置，建筑形式及构造也大致相同，并以 3 号楼为基本形式。公寓±0.00 相当于绝对标高 42.00m，地下 3 层，分别为人防、地下室及设备室。标准层层高 3.2m，建筑物总高 55.20m，房间开间尺寸为 5.0m 和 4.2m，进深为 7.2m 和 6.6m，共 10 个开间。结构抗震烈度按 8 度设防。深埋天然地基、箱形基础。

设备情况：采暖分两个系统。第 1～8 层为低压双管，第 8 层以上为高压双管。生活用水第 1～3 层市政供应，第 4 层及以上屋顶水箱供给。室外管线：污水、煤气、热力与小区东侧干线连接。

3. 施工条件

拟建场地征地工作已结束，部分场地未腾清。根据建设单位提供的情况，地下无障碍物；现场东侧西侧均有上水干管并留阀门，可接施工用水；西南角有高压电源，可引入施工用电。

小区建筑面积 16 万 m^2，占地面积 4.8 万 m^2，施工用地为 1∶0.3 且工程基础深、放坡大，多栋号同时施工，施工用地比较紧张，房管办公楼、幼儿园等可作暂设房的永久建筑，不能先期施工。

主要材料、设备、劳动力已初步落实；构件及一般加工制品已有安排。

5.7.2　施工部署

本工程为多栋号群体工程，工期较长，业主要求 9 栋公寓分期交付使用，每年交付 3 栋。因此，总的施工部署以每年完成 3 栋公寓为一周期，适当安排配套工程，做到年计划与长远计划相适应，搞好工程协作，分期分批配套组织施工。

1. 施工组织

根据每个土建施工队有基本劳动力 600 人，每年能完成土建面积 2000m^2 的能力，决定由一个施工队承担这一任务，适当增加外包工力量，组织大包队，以提高劳动效率。成立现场工作组，解决材料、劳动力的调配和技术及加强总分包单位的协作等问题。

2. 施工安排

本工程应根据要求，定额经济指标及实际力量，积极科学地组织施工。首先要安排好公寓个体工程的工期，以基础工程控制在 5 个月左右、主体工程控制在 6 个月左右为宜，装修工程、水电设备工程采取提前插入、交叉作业等综合措施，以缩短工期。装修安排 11 个月左右完成，单栋控制工期为 22 个月左右，比定额工期（32 个月）提前 10 个月。在栋号流水中，也要组织平行流水、交叉作业，充分利用时间、空间。配套工程项目应同时安排，相互衔接。

施工部署分4个阶段，总工期控制在4.5年以内。

第一阶段：地下车库（21000m^2），第一年度4月至第二年度12月。按照先地下、后地上的原则以及公寓竣工必须使用车库的要求，先行施工地下车库。整个车库面积大、基础深。为尽量缩短基坑暴露时间，又分两期施工。

第二阶段：3号、4号、5号楼（14000m^2/栋），第二年度1月至第三年度12月，此三栋临街，作为首批竣工对象。3号、4号楼地下室在车库左右侧，可在车库施工期间穿插进行。在此阶段，热力变电站（约1000m^2）应安排施工，应注意到该栋号设备安装工期长。

第三阶段：1号、2号、6号楼（14000m^2/栋），第二年度10月至第四年度12月。考虑：1号、2号楼所在位置拆迁工作比较困难，故开工顺序为6号→1号→2号。此阶段同时施工的还有房管办公楼，此楼作为可供施工使用的项目安排。由于施工用地紧张，先将部分暂设房安排在准备第四阶段才开工的7号、8号、9号楼位置上，故要求在房管楼出图后尽早安排开工，利用其作施工用房，以便为7号、8号、9号楼的施工创造条件，并使房管楼作为最后交工栋号。

第四阶段：7号、8号、9号楼（14000m^2/栋），第三年度4月至第五年度10月。此三栋的开工顺序根据其地基上的暂设房拆除的条件来决定，计划先拆除混凝土搅拌站、操作棚，后拆除仓库、办公室，故开工栋号的顺序为9号→8号→7号。此外，餐厅、幼儿园、花房、垃圾站等工程可作为调剂劳动力的部分，以达到均衡施工的目的。

室外管线由于出图较晚，不可能完全做到先期施工，而且该小区管网为整体设计，布设的范围广、工程量大，普遍展开施工不能满足公寓分期交付使用的要求，所以宜配合各期竣工栋号施工，并采取临时封闭措施，以达到各阶段自成体系分期使用的目的。但每栋公寓基槽范围内的管线应在回填土前完成。

3. 主要工程量

主要工程量见表5-9。

主要工程量表 表5-9

工程项目	单位	地下车库	公寓		总计
			单栋	九栋	
机械挖土	m^3	180000	11268	101412	281412
素混凝土	m^3	1283	80	720	2003
钢筋混凝土	m^3	15012	5838	52542	67554
钢筋	t	3200	649	5841	9041
砖墙	m^3	339	145	1305	1644
预制板	块	2138	204	1836	3974
外墙板	块		390	3510	3510
预应力薄板	块		922	8298	8298
楼梯构件	件		120	1080	1080

续表

工程项目	单位	地下车库	公寓		总计
			单栋	九栋	
钢膜板	m^2	45144	38121	343089	388233
回填土	m^3	90000	2040	18360	108360
抹白灰	m^2		13385	120465	120465
抹水泥	m^2		5629	50661	50661
现制磨石地	m^2		487	4383	4383
预制磨石地	m^2		7017	63153	63153
缸砖地面	m^2		2076	18684	18684
陶瓷锦砖地面	m^2		515	4635	4635
瓷砖墙面	m^2		3400	30600	30600
吊顶	m^2		14082	126738	126738
干粘石	m^2		2800	25200	25200
水刷石	m^2		50	450	450
水刷豆石	m^2		155	1395	1395
室内管道	m		14153	127377	127377
炉片	个		399	3591	3591
卫生洁具	套		347	3123	3123
电线管、钢管	万 m		2.2	19.8	19.8
各种电线	万 m		9	81	81
配电箱	个		192	1728	1728
灯具	套		1071	9639	9639

4. 施工总进度计划

施工总进度控制计划见表 5-10。

施工总进度控制计划 **表 5-10**

项目 年度、季度	第 1 年度				第 2 年度				第 3 年度				第 4 年度				第 5 年度			
	1	2	3	4	1	2	3	4	1	2	3	4	1	2	3	4	1	2	3	4
车库一期(1～7)号		—	—	—	—	—														
3 号公寓基础					—	—	—													
3 号公寓结构							—	—												
3 号公寓装修									—	—	—									
4 号公寓基础					—	—	—													
4 号公寓结构								—	—											
4 号公寓装修								—	—	—	—	—								
5 号公寓基础					—	—	—													
5 号公寓结构								—	—	—										

续表

项目 年度、季度	第1年度				第2年度				第3年度				第4年度				第5年度			
	1	2	3	4	1	2	3	4	1	2	3	4	1	2	3	4	1	2	3	4
5号公寓装修																				
公寓餐厅基础																				
公寓餐厅结构																				
公寓餐厅装修																				
6号公寓基础																				
6号公寓结构																				
6号公寓装修																				
1号公寓基础																				
1号公寓结构																				
1号公寓装修																				
2号公寓基础																				
2号公寓结构																				
2号公寓装修																				
9号公寓基础																				
9号公寓结构																				
9号公寓装修																				
8号公寓基础																				
8号公寓结构																				
8号公寓装修																				
7号公寓基础																				
7号公寓结构																				
7号公寓装修																				
热力变电基础																				
热力变电结构																				
热力变电装修																				
房管办公楼基础																				
房管办公楼结构																				
房管办公楼装修																				
二期地下车库																				
幼儿园工程																				
室外管线工程																				
庭院道路工程																				

5. 流水段划分

地下车库以每1库为一大流水段，各段又按自然层分三层进行台阶式流水。公寓结构阶段分 5 段流水，常温阶段每天 1 段。

5.7.3　施工总平面布置

施工总平面布置如图 5-3 所示。

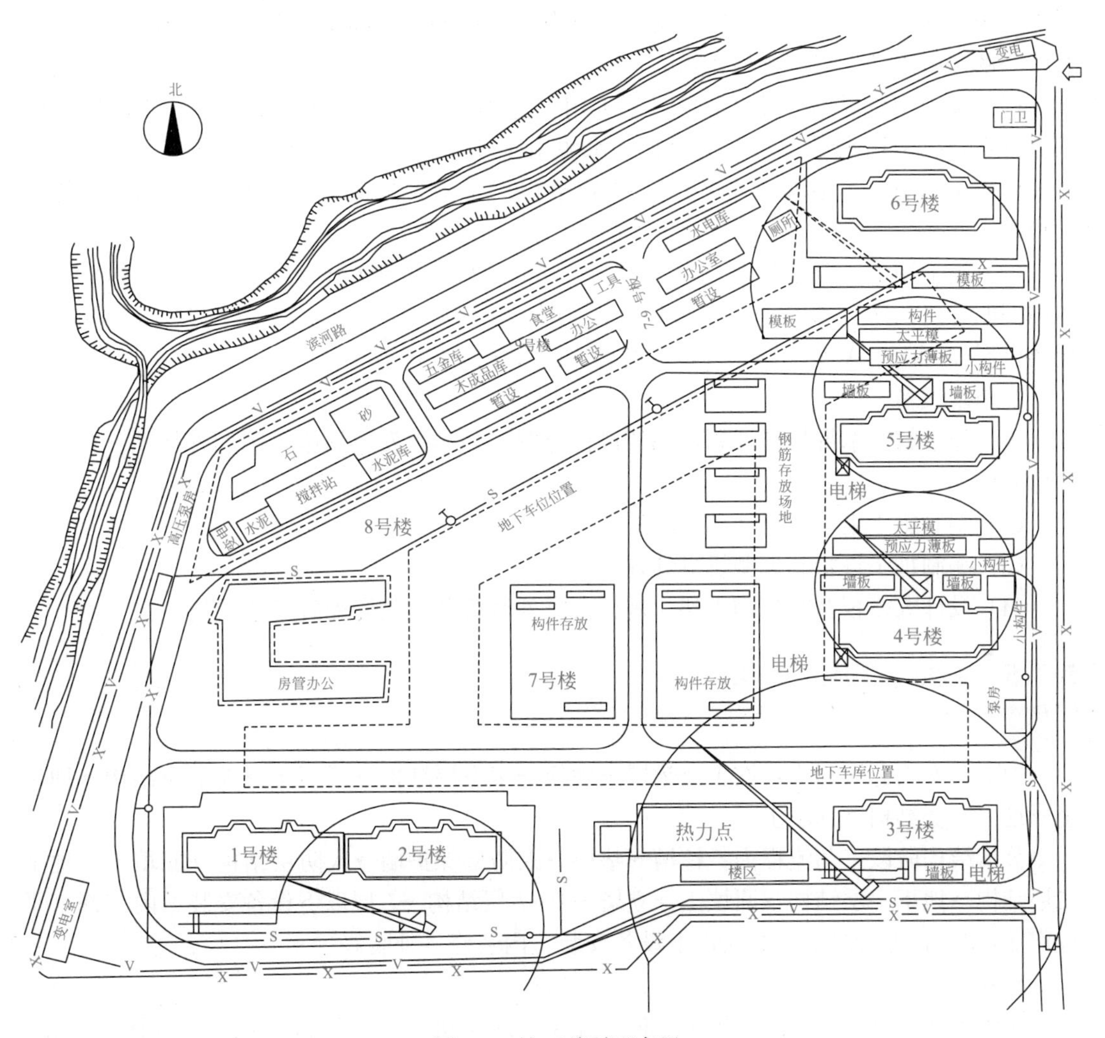

图 5-3　施工总平面布置

根据栋号多、工期长、施工场地紧张及分期交工的特点，现场按下列原则布置：

(1) 大量混凝土采用商品混凝土，现场设 2 台工作、1 台备用的搅拌机组成搅拌站。

(2) 1～6 号楼施工暂设用房大部分先安排在现场北面 7 号、8 号、9 号楼位置（虚线框内）。7 号、8 号、9 号楼开工前，完成房管办公楼作暂设用房，将原暂设用房迁至办公楼。暂设用房一般采用混合结构。

(3) 混凝土搅拌站迁移位置另定。

材料堆放：预制构件、大模板堆放在塔式起重机回转半径内，预制构件按两层的用量准备。钢筋及脚手架应分规格堆放。

5.7.4 施工准备

1. 三通一平

(1) 平整场地自然地坪标高 39.18～40.95m，接近建筑物室外标高。尚有部分民房未拆除，施工前不能统一平整。拟先解决地下车库施工场地，以后随拆迁进展陆续平整。应有统一的竖向设计，以利雨期排水。

(2) 施工用水现场不设生活区，施工用水主要为搅拌及养护混凝土、装修工程用水。根据计算，决定用水量按 15L/s 设计。水源由现场东侧市政管道引出，干管选 ϕ125mm 钢管，埋深 60cm (埋深应参考各地区的冻结深度)。沿现场循环道一侧每 100m 设一个消火栓。

(3) 施工用电：电动机总功率 $\sum P_1=1056.3$kW；电焊机总容量 $\sum P_2=728$kV・A；室内照明容量 $\sum P_3=6$kW；室外照明容量 $\sum P_4=10$kW。供电设备总需容量 $P=994$kV・A，现场已有 560kV・A 变压器一台，拟增设 560kV・A 变压器一台。

2. 技术设备

(1) 先了解和掌握绘图计划，摸清设计意图，如热力发电站施工图和外线图、公寓外装修做法等。

(2) 编制施工组织总设计和各项施工方案。

(3) 编制加工订货和大型机具计划。

(4) 设计大模板及大型脚手架，进行公寓外墙板预贴陶瓷锦砖工艺试验。

5.7.5 主要工程施工方法

地下车库工艺流程为：挖土→垫层→底板→架空层结构→回填土→地下层结构→回填土→地下一层结构→回填土。

公寓结构阶段工艺流程为：挖槽→垫层→人防层保护墙→人防层结构→回填土→地下二层结构→地下一层结构→回填土→立塔→1～7 层结构→7 层以下设备安装、内装修（平行作业，8～17 层结构）→8 层以上设备安装、内装修＋外装修。

1. 基础挖土

实际挖深 9.5m，采用挖土机、推土机和自卸车机械作业线进行挖方。分两层开挖，第一层 5.5m，坡度 1∶0.6；第二层 4m，坡度 1∶0.7。采用明沟→集水井→水泵系统排出场外。地下车库护坡钉钢丝网、抹 5cm 厚细石混凝土。

2. 水平及垂直运输

预制构件用拖车，大宗材料用货车，混凝土用罐车运至现场，场内混凝土运输用小翻斗车。结构阶段垂直运输主要采用塔式起重机。根据各阶段施工分别选定塔式起重机并进行布置，此处略。

施工用电梯，每一公寓楼设 1 台双笼外用电梯，结构施工至第 7 层时安装，供上人及运输装修材料用。每一公寓设 1 台高平架，供运输装修、水电材料及架设施工上水管道用，结构施工至第 6 层时搭设。

3. 架子工程

地下车库全部采用钢管架提升，随支随拆；公寓结构主要用钢管架。

4. 模板工程

主要采用钢模及钢支撑，不合钢模模数的部分用清水木模补充。不论是大平模或小钢模拼装，均应作钢模设计，必要时应有计算。

地下车库墙体用大平模，配备两个库的模板量。顶板模用小钢模及 ϕ48mm 钢管组成可移动的台模，台模以 3m×4m 左右为宜，具体尺寸由分项设计决定，配备两个车库的模板量。

公寓模板：地下室架空层利用保护墙作外模，内模用小钢模拼装。架空层以上内外模均用小钢模拆装。标准层模板按 5 段流水配置，墙模大部分用大平模，内纵墙每面一块，内横墙每面两块。标准层模板共配置两套。

5. 预制构件安装

公寓的预制构件有外墙板、预应力薄板、走廊板及阳台栏板等。

6. 钢筋工程

本工程钢筋总量约为 8000 余吨，大宗钢筋由加工厂统一配料成形，运至工地绑扎，现场只设小量小型加工设备，如切割机、弯钢机等。

本工程所用钢筋为 I、II 级钢。凡加工中采用焊接接头的钢筋由钢筋厂负责工艺试验并提供试验单，钢筋放样由施工队负责。钢筋规格不符合设计要求的，应与设计人员协商处理，不得任意代用。

所有钢筋均为散绑。墙体钢筋横筋在外，竖筋在内，上下错开接头 50%。组合柱、键槽钢筋焊接采用 T50 焊条。

钢筋绑扎要求：

(1) 车库底板、顶板钢筋较密，上下层钢筋应分两次隐蔽检验。

(2) 车库墙身的防水混凝土，钢筋顶杆加止水板。

(3) 公寓外墙板组合柱钢筋一定要插入套箍内，并作 10d 搭接。

(4) 墙体钢筋两网片间加门钩支撑，间距 1m，按梅花形布置。

7. 混凝土工程

混凝土现浇量共约 7 万 m^3；防水混凝土应使用强度等级 32.5 以上的水泥，冬期用普通硅酸盐水泥；大体积混凝土采用集中搅拌站供应的混凝土，外加剂在现场添加。车库迎水面为防水混凝土，其他为普通混凝土。浇筑方法及要求为：每库底板一次浇筑，不设后浇缝，与外墙交接处留凸形水平施工缝。每库外墙中部留一道 60cm 宽竖直后浇缝。公寓地下室及地上混凝土浇筑方法及要求为：底板及地下室墙身均不设后浇缝。内墙垂直施工缝根据流水段划分设置在门口处，墙体混凝土浇筑高度控制在叠合板以下 10cm。竖向结构混凝土分层浇筑的高度，第一次浇筑高度不大于 50cm，第一次以后每层浇筑高度不大于 1m。湿润养护不得少于 14 昼夜。

8. 防水工程

(1) 地下车库迎水面为防水混凝土，需做好以下处理：

1) 外墙过墙管应加法兰套管。

2) 变形缝止水带采用焊接，用钢丝将止水带固定在钢筋或模板上。

3）后浇缝应在混凝土龄期不少于28d后进行。安装附加钢筋支模后浇水湿润，1昼夜后再浇混凝土。每层厚不超过50cm，湿养护6周。

（2）公寓地下室油毡防水；架空层以下先砌保护墙内贴油毡，利用保护墙作外模板。架空层以上先浇筑混凝，外贴油毡后砌保护墙。

（3）公寓屋顶预埋的ϕ2mm锚环。应尽量设在暖沟内或靠近暖沟，并在屋面保温层做完后，先铺一层油毡。

9. 回填土工程

（1）土方平衡措施

1）两期车库及分期施工的公寓地下室尽可能以挖补填。

2）车库东西坡道及附属用房开工时间可灵活掌握，可作为取土回填的后备来源。

3）在拆迁问题没有提前解决的前提下，可利用未开工的公寓适当存土。

（2）回填土工程的几项要求

1）车库三层台阶式流水施工，每一层结构完成后，尽早回填土，以便安装上层模板，免搭脚手架。有利于混凝土的养护，可防止混凝土裂缝。

2）公寓架空层以下先砌保护墙并回填土，以利边坡稳定。

3）在回填土的过程中，应尽可能将回填范围的外管线一并完成。

10. 室外管线、室内管线及设备

（1）自来水：一次水有东、西两个进口，高压水分1号～4号楼及5号～9号楼两个区域，可根据分期要求加设阀门，但消防水管道不得加设阀门。

（2）煤气进口在东侧马路，分期使用可采取封口措施。

（3）暖气及热水系统可加堵处理，但不要设在车库内。

（4）雨水分两个出口通向西北侧道路雨水干线，请设计单位根据竣工次序稍加调整。

（5）配合土建进行预埋铁件、箱及预留槽、洞、暗埋管线施工。

（6）本工程管道系统比较符合标准化要求，应尽量预制。

（7）结构施工至6层以上时可插入安装，试水分高压、低压两个阶段进行。

（8）管道保温：污水托吊管道用麻布油毡3道，采暖管道用珍珠岩瓦块外抹石棉水泥壳。

11. 装修工程

施工布置中内装修与结构交叉进行，结构完成8层插入第一条装修线，由第2层～第8层逐层向上进行。结构完成后插入第二条装修线，由第8层向上进行。外装修在第8层～第15层墙面中筋及安钢门窗后进行。装修工程以施工队为主，组织抹灰工、木工、粉刷工等工种的混合队进行承包。油漆粉刷由专业队组织力量配合土建进度完成各项任务。主要项目施工方法如下：

（1）地面工程：基层清理作为一道工序安排，并进行隐检。面层标高由楼道统一引向各房间，块材应由门口往里铺设。水泥地面及在水泥砂浆作结合层的地面应适当养护。

（2）内墙装修：泡沫混凝土墙与混凝土墙交接处加贴10cm宽玻璃丝布。墙面抹灰均先在基层刷一道107胶或其他界面黏合剂。混凝土墙面用107胶水泥浆贴瓷砖。

（3）顶棚工程：凡石棉板吊顶处均事先在混凝土楼板内预留ϕ6mm吊环，大龙骨用10号钢丝与吊环锚固。

（4）外墙装修：外装修架子用双层吊篮，自上而下进行装修。现浇外墙粘石用机喷，陶瓷锦砖墙面装修应按正常工序要求，不得因面积小而减少工序，基层刷界面黏结剂。

5.7.6　主要技术管理与组织措施

1. 技术质量管理

（1）认真贯彻各项技术管理制度和岗位责任制。认真审阅图样、说明和有关施工的规程、规范和工艺标准。

（2）施工组织设计要“三结合”编制，报上级技术部门审批，要加强中间检查制度，对施工方案、技术措施、材料试验等，应定期检查执行情况。

（3）新材料、新工艺、新技术要经过批准、试验、鉴定后，方可使用，并建立完整的资料归档。

（4）工程质量要实行目标管理，推行全面质量管理。防水工程要抓好地下防水做法的各个环节，如防水混凝土、变形缝、止水带、螺栓孔的处理，外墙回填土的质量等。结构工程要抓好轴线标高、混凝土配合比、大模板混凝土烂根及钢筋绑扎、焊接质量等问题。装修工程要抓好样板间施工，工序安排要合理。水暖电卫工程要做好设备预留孔洞，土建与专业队均应设专人管理。

2. 消防安全管理

健全各级消防安全组织和专职人员，各分项施工方案、工艺设计均应有详细的安全措施，针对本工程特点应重点抓好下列几个方面：

（1）现场主要出入口应设专人指挥车辆。

（2）基坑边坡上设护身栏。

（3）东侧马路上高压线应搭设防护架。

（4）现浇处所设计的三脚架应有设计计算书并进行荷载试验。

（5）高层施工时应设通信联络装置。

单元总结

本章介绍了施工组织总设计的作用、编制程序和依据，阐述了总进度计划及总平面图编制的内容与方法等相关内容，重点阐述了施工组织总设计的内容、施工部署和施工方案编制的主要内容。

习　题

一、填空题

1. ___________和___________是第一项重点内容，是编制施工进度计划和进行施工总平面图设计的依据。

2. 施工部署主要内容包括：___________、___________、___________、___________、展开程序和全场性准备工作规划等。

3. 施工方案的内容包括：__________、__________、__________等。

4. 可行施工总进度计划可以用__________或__________形式表达。

5. 可行施工总进度计划绘制完成后，应对其进行检查，检查内容包括__________、__________、__________等。

6. 资源配置计划的编制需依据__________和__________，重点确定劳动力、材料、构配件、加工品及施工机具等主要物资的需要量和时间，以便组织供应，保证施工总进度计划的实现，同时也为场地布置及临时设施的规划准备提供依据。

7. __________是确定暂设工程规模和组织劳动力进场的依据。

8. __________可根据施工部署施工方案 、施工总进度计划，主要工种工程量和机械台班产量定额而确定。

9. 总体施工准备包括__________、__________和__________。

10. __________是按照施工部署、施工方案、施工总进度计划及资源需用量计划的要求，将施工现场做出合理的规划与布置，以总平面图表示。

二、选择题

1. 总体施工准备不包括（　　）。

A. 技术准备　　B. 现场准备　　C. 资金准备　　D. 材料准备

2. 施工总平面布置设计内容不包括（　　）。

A. 永久性设施

B. 临时性设施

C. 场外交通

D. 其他内容如：永久性测量放线标桩的位置；必要的图例、方向标识、比例尺等

3. 施工组织总设计是指以若干（　　）组成的群体工程或特大型项目为主要对象编制的施工组织设计，对整个项目的施工过程起统筹规划、重点控制的作用。

A. 建设工程　　B. 建设项目　　C. 单项工程　　D. 单位工程

4. 可行施工总进度计划可以用（　　）或网络图形式表达。

A. 横道图　　B. 计划表　　C. 工作计划　　D. 施工图

5. 施工总平面图的比例一般为（　　）或 1∶2000，绘制时应使用规定的图例或以文字标明。

A. 1∶10　　B. 1∶100　　C. 1∶1000　　D. 1∶10000

三、简答题

1. 施工组织总设计的编制依据有哪些？

2. 施工组织总设计由哪些内容组成？

3. 简述施工组织总设计的编制程序。

4. 施工部署的内容有哪些？

5. 简述施工总进度计划的编制步骤。

6. 全场性暂设工程有哪些？

7. 施工总平面图设计的内容有哪些？

扫一扫，看答案

教学单元 6 Chapter 06

单位工程施工组织设计

1. 知识目标

（1）了解单位工程施工组织设计的编制依据和编制程序。

（2）理解单位工程施工组织设计的主要内容；理解单位工程施工方案的选择（施工方案的内容、施工方法的选择）。

（3）熟悉工程概况和施工特点分析。

（4）掌握施工进度计划的编制方法、施工准备的内容、各项资源计划的编制和单位工程施工平面图设计。

2. 能力目标

通过本教学单元的学习，能够根据工程设计图纸、建设要求和相关规定，结合现场实际情况，编制单位工程施工组织设计，初步具备组织简单或小型单位工程施工的能力。

3. 思政目标

单位工程施工组织设计是用来规划和指导单位工程从施工准备到竣工验收全部施工活动的技术经济文件，对施工企业实现科学的生产管理、保证工程质量、节约工程资源以及降低工程成本等起着十分重要的作用，建立个体与整体、宏观与微观相协调的意识，培养辩证的思维。

思维导图

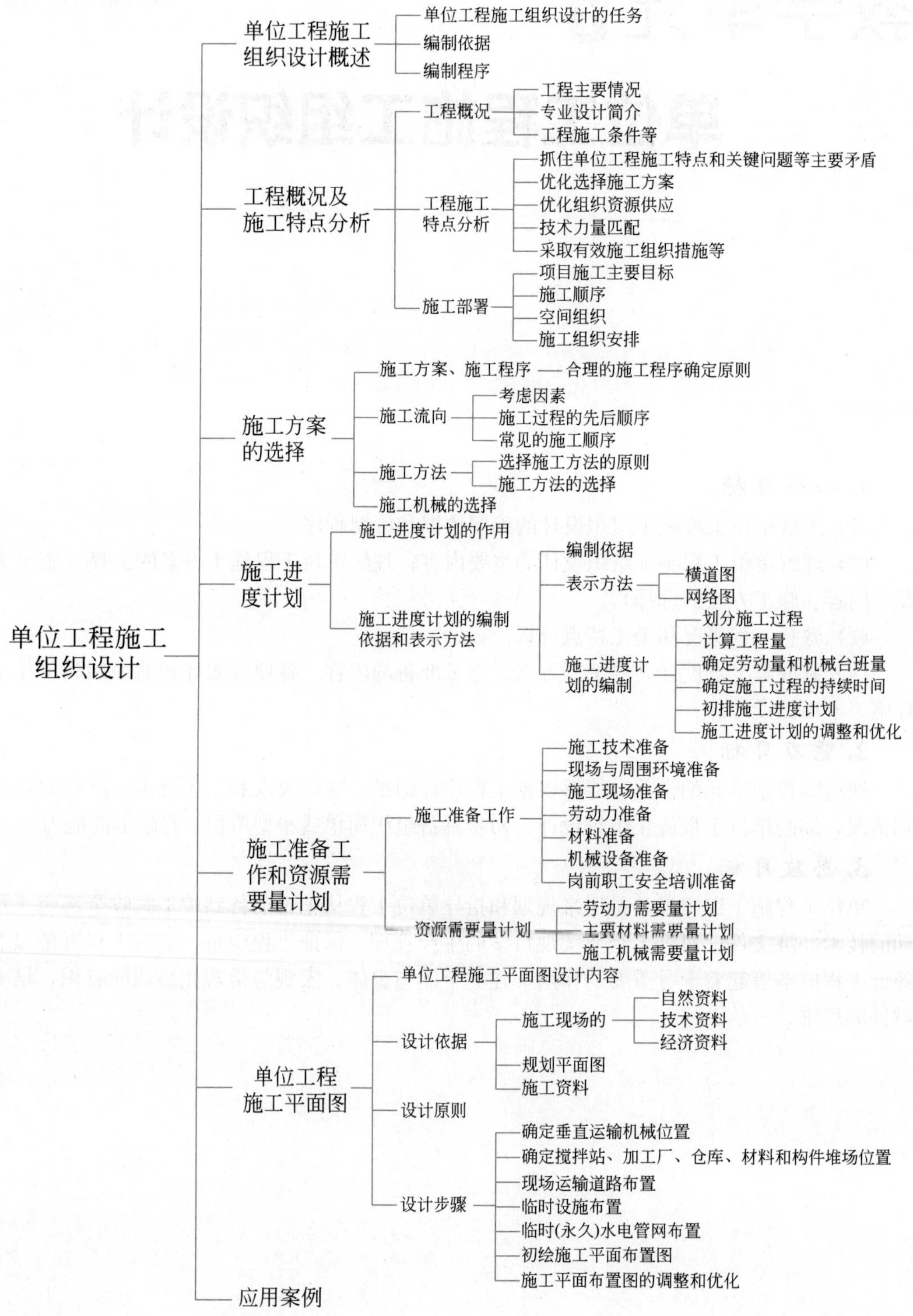
单位工程施工组织设计
单位工程施工组织设计概述
单位工程施工组织设计的任务
编制依据
编制程序
工程概况及施工特点分析
工程概况
工程主要情况
专业设计简介
工程施工条件等
工程施工特点分析
抓住单位工程施工特点和关键问题等主要矛盾
优化选择施工方案
优化组织资源供应
技术力量匹配
采取有效施工组织措施等
施工部署
项目施工主要目标
施工顺序
空间组织
施工组织安排
施工方案的选择
施工方案、施工程序
合理的施工程序确定原则
施工流向
考虑因素
施工过程的先后顺序
常见的施工顺序
施工方法
选择施工方法的原则
施工方法的选择
施工机械的选择
施工进度计划
施工进度计划的作用
施工进度计划的编制依据和表示方法
编制依据
表示方法
横道图
网络图
施工进度计划的编制
划分施工过程
计算工程量
确定劳动量和机械台班量
确定施工过程的持续时间
初排施工进度计划
施工进度计划的调整和优化
施工准备工作和资源需要量计划
施工准备工作
施工技术准备
现场与周围环境准备
施工现场准备
劳动力准备
材料准备
机械设备准备
岗前职工安全培训准备
资源需要量计划
劳动力需要量计划
主要材料需要量计划
施工机械需要量计划
单位工程施工平面图
单位工程施工平面图设计内容
设计依据
施工现场的
自然资料
技术资料
经济资料
规划平面图
施工资料
设计原则
设计步骤
确定垂直运输机械位置
确定搅拌站、加工厂、仓库、材料和构件堆场位置
现场运输道路布置
临时设施布置
临时(永久)水电管网布置
初绘施工平面布置图
施工平面布置图的调整和优化
应用案例

6.1 概述

6.1.1　单位工程施工组织设计的任务

单位工程施工组织设计是用来规划和指导单位工程从施工准备到竣工验收全部施工活动的技术经济文件，对施工企业实现科学的生产管理，保证工程质量、节约工程资源以及降低工程成本等，起着十分重要的作用。

单位工程施工组织设计的任务一般包括以下几点：

（1）贯彻施工组织总设计对该工程的规划精神。

（2）选择施工方法、施工机械，确定施工顺序。

（3）编制施工进度计划，确定各分部、分项工程之间的逻辑关系，保证工期目标的实现。

（4）确定各种物资、劳动力、机械的需要量计划，为施工准备、调度安排以及布置现场提供依据。

（5）合理布置施工现场，充分利用现场空间，减少运输和暂设费用，保证施工顺利、安全地进行。

（6）制定实现质量、进度、成本和安全目标的具体措施。

6.1.2　单位工程施工组织设计的编制依据

（1）主管部门的批示文件以及有关要求。主要包括上级机关对工程的相关指示和要求，建设单位对施工的要求，施工合同中的有关规定等。

（2）经过会审的施工图纸。包括单位工程的全部施工图纸，图纸会审要有相关标准图等设计资料。

（3）施工企业年度施工计划。主要有本工程开、竣工日期的规定，以及与其他项目穿插施工的要求。

（4）施工组织总设计。施工组织总设计以整个建设项目为主要对象编制的经济技术文件，对整个项目全局控制，单位工程作为整个项目的部分，其施工组织设计应当把施工组织总设计作为编制依据。

（5）工程预算文件及有关定额。应有详细的分部（分项）工程量，必要时有分层、分段、分部位的工程量，以及使用的预算定额和施工定额。

（6）建设单位对单位工程施工可能提供的条件。主要有供水、供电、供热的情况和可借用或租用的临时办公、仓库、宿舍等施工用房。

（7）施工资源配备情况。包括施工中需要的劳动力情况，材料、配件、成品、半成品的供应情况，施工机具和设备的配备及其生产能力等。

6.2
单位工程
施工组织
设计的
编制对象

(8) 施工现场的勘察资料。主要有地形、地质、水文、气象、交通运输、现场障碍物等情况以及工程地质勘查报告、地形图、测量控制网。

(9) 有关的规范、规程和标准。主要有《建筑工程施工质量验收统一标准》GB 50300—2013 等建筑工程施工质量验收规范。

(10) 有关的参考资料及施工组织设计实例。

(11) 招标投标文件、施工合同等前期资料。

6.1.3 单位工程施工组织设计的编制程序

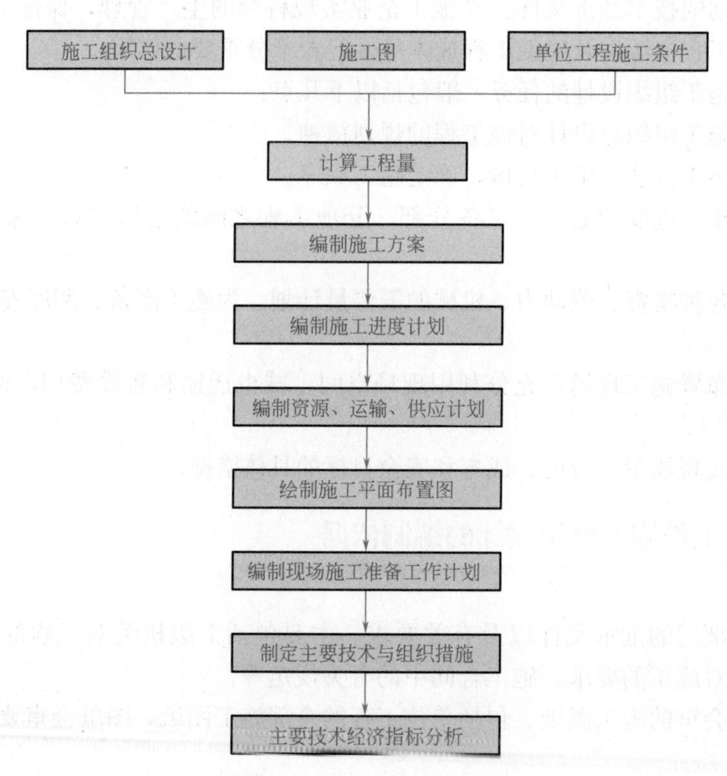

图 6-1 单位工程施工组织设计的编制程序

6.2 工程概况与施工特点分析

单位工程施工组织设计根据工程性质、规模、技术复杂难易程度不同，其编制内容的深度和广度也不尽相同，一般应包括：编制依据、工程概况、施工部署、施工进度计划、施工准备与资源配置计划、主要施工方法、施工现场平面布置及主要施工管理计划与措施等基本内容。

6.2.1　工程概况

工程概况包括工程主要情况、各专业设计简介和工程施工条件等。在编制工程概况时，为了清晰易读，宜采用图表说明。

1. 工程主要情况

（1）工程名称、性质、规模和地理位置；工程性质可分为工业和民用两大类，应简要介绍项目的使用功能；建设规模可包括项目的占地总面积、投资规模（产量）等。

（2）工程的建设、勘察、设计、建立和总承包等相关单位的情况。

（3）项目设计概况：简要介绍项目的建筑面积、建筑高度、建筑层数、结构形式、建筑结构及装饰用料、建筑抗震设防烈度、安装工程和机电设备的配置等情况。

（4）工程承包范围和分包工程范围。

（5）施工合同、招标文件或总承包单位对工程施工的重点要求。

（6）其他应当说明的情况。

2. 各专业设计简介

（1）建筑设计简介应依据建设单位提供的建筑设计文件进行描述，包括建筑规模、建筑功能、建筑特点、建筑耐火、防水及节能要求，并应简单描述工程的主要装修做法。

（2）结构设计简介应依据建设单位提供的结构设计文件进行描述，包括结构形式、地基基础形式、结构安全等级、抗震设防类别、主要结构构件类型及要求等。

（3）机电及设备安装专业设计简介应依据建设单位提供的各相关专业设计文件描述，包括给水、排水及采暖系统、通风与空调系统、电气系统、智能化系统、电梯等各个专业系统的做法要求。

3. 工程施工条件

（1）项目建设地点气象状况：简要介绍项目建设地点的气温、雨、雪、风、雷电等气象变化情况、冬雨期期限和冬期土的冻结深度等情况。

（2）项目施工区域地形和工程水文地质状况：简要介绍项目施工区域地形变化和绝对标高，地质构造、土的性质和类别、地基土的承载力、河流流量和水质、最高洪水期和枯水期的水位、地下水位的高低变化、含水层的厚度、流向和水质等情况。

（3）项目施工区域地上、地下管线及相邻的地上、地下建筑物（构筑物）情况。

（4）与项目施工有关的道路、河流等情况。

（5）当地建筑材料、设备供应和交通运输等服务能力状况。

（6）当地供电、供水、供热和通信能力状况。

（7）其他与施工有关的主要因素。

6.3 以教学楼为例分析工程施工条件

6.2.2　工程施工特点分析

简要介绍单位工程的施工特点和施工中的关键问题，以便在选择施工方案、组织资源供应、技术力量配备以及施工组织上采取有效的措施，保证工程顺利进行。例如：砖混结构住宅建筑的施工特点是砌筑和抹灰工程量大；框架及框架剪力墙结构建筑的施工特点是模板、钢筋和混凝土工程量大等。

6.2.3 单位工程施工部署

施工部署是施工组织设计的纲领性文件，是对项目实施过程做出的统筹规划和全面安排，包括项目施工主要目标、施工顺序、空间组织、施工组织安排等。

（1）单位工程施工组织设计目标应根据施工合同、招标文件以及本单位对工程管理目标的要求确定，包括进度、质量、安全、环境和成本等目标。各项目标均应满足施工组织总设计确定的总体目标。

（2）施工部署中的进度安排和空间组织应符合下列规定：

1）施工部署应对本单位工程的主要分部分项工程和专项工程的施工做出统筹安排，对施工过程的里程碑节点进行说明。

2）施工流水段应结合工程特点及工程量进行合理划分，并应说明划分依据及流水方向，确保均衡流水施工。单位工程施工阶段划分一般包括三个阶段：地基基础、主体工程、装修装饰和机电设备安装。

3）对于工程施工的重点和难点应进行分析，如工程量大、施工技术复杂或对工程质量起关键作用的分部分项工程。分析包括组织管理和施工技术两个方面内容。

4）工程管理的组织机构形式应根据施工项目的规模、复杂程度、专业特点、人员素质和地址范围确定。大中型项目宜设置矩阵式项目管理机构，远离企业管理层的大中型项目宜设置事业部式项目管理组织；小型项目宜设置直线职能式项目管理组织，并确定项目经理部的工作岗位设置及其职责划分，如图 6-2 所示。

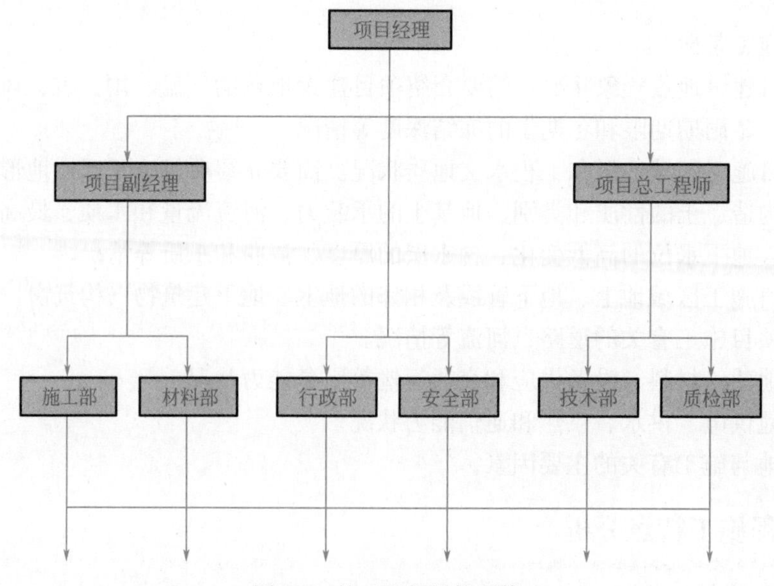

图 6-2 施工组织机构网络

5）对于工程施工中开发和使用的新技术、新工艺应作出部署，对新材料和新设备的使用应提出技术及管理要求。

6）对主要分包工程施工单位的选择要求及管理方式应进行简要说明。

知识拓展

组织结构是组织的骨架，包括纵、横两大系统，纵向是组织上下垂直机构或人员之间的联系，是一种领导隶属关系；横向是平行机构或人员之间的联系，是一种分工与协作关系，组织结构的基本类型有：

1. 直线制组织结构

组织中只有一套纵向的行政指挥系统。

优点：结构简单，权责明确、领导从属关系简单，命令与指挥统一，上呈下达准确，解决问题迅速，业务人员比重大、管理成本低。

缺点：没有专业管理分工，对领导的技能要求高，领导容易陷入企业事务性工作之中，不能集中精力解决企业的重大问题。

适应对象：小型企业、个体工商户。

2. 职能制

职能制是一种以职能分工为基础的分级管理结构，即将管理按专业进行划分，由职能管理机构分别领导业务机构。

优点：促进管理专业化分工，解决了管理人员的品质技能与管理任务不相适应的矛盾，使决策者从日常繁琐的业务中解脱出来，集中精力思考重大问题，提高管理成效。

缺点：破坏了命令统一的原则。

适应对象：中小型的、产品品种比较单一、生产技术发展变化较慢、外部环境比较稳定的企业。

3. 直线职能制（U型组织结构）

在经理的领导下，企业建立两套管理系统：一套是实现直线式领导的管理系统；另一套是协助经理指导和监督的职能管理系统。

优点：综合了直线制和职能制的优点。

缺点：过于强调集权、统一，不利于提高灵活性。

适应对象：中型企业。

4. 事业部制（M型组织结构）——斯隆模型

事业部制最早是由美国通用汽车公司总裁阿尔弗雷德·斯隆于1924年提出的，故有“斯隆模型”之称，也叫“联邦分权化”，是一种高度（层）集权下的分权管理体制（事业部是在公司统一领导下，按照产品、地区或顾客划分的进行生产经营活动的半独立经营单位）。

优点：有利于公司最高管理者摆脱日常行政事务，专心致力于公司的战略决策，充分调动各事业部的积极性，提高组织经营的灵活性和适应能力，还有利于公司培养人才、发现人才、使用人才，便于考核。

缺点：整体性不强，内部沟通与交流不畅。

适应对象：大型企业、跨国公司、多元化经营企业。

5. 矩阵制（目标——规划结构）

在原有的按直线指挥系统为职能部门组成纵向的垂直领导系统的基础上，又建立一种横向的领导系统，各成员既同原职能部门保持组织与业务上的联系，又参加项目工作。

优点：集中优势解决问题，资源共享，交流畅通。

缺点：组织复杂，双向领导。

适应对象：重大工程与项目、单项重大事务的临时性组织。

6.3 施工方案选择

施工方案是单位工程施工组织设计的核心内容，施工方案选择是否合理，将直接影响到工程的施工质量、施工速度、工程造价及企业的经济效益，故必须引起重视，因此应对拟定的几个施工方案进行技术经济分析比较，力求选择一个施工上可行、技术上先进、经济上合理，符合施工实际情况的施工方案。

施工方案的选择包括以下 4 方面的内容：施工程序的确定、确定施工流向及施工过程（分项工程）的先后顺序、施工方法和施工机械的选择。

6.3.1 施工程序

施工程序是指单位工程中各分部工程或施工阶段的先后次序及其制约关系。施工程序体现了施工步骤上的规律性。在组织施工时，应根据不同阶段，不同的工作内容，按其固有的、不可违背的先后次序展开。这对保证工程质量、保证工期，提高生产效益有很大的作用。

通常情况下，工程特点、施工条件、使用要求等对施工程序会产生较大的影响安排。合理的施工程序应遵守的原则如下：

(1) 遵守“先地下、后地上”“先土建、后设备”“先主体、后围护”“先结构，后装饰”的原则

1)“先地下、后地上”是指地上工程开始之前，尽量完成地下管道及管线、地下土方及设施的工程，这样可以避免给地上部分施工带来干扰和不便。

2)“先土建、后设备”是指不论工业建筑还是民用建筑，水、暖、电等设备的施工一般都在土建施工之后进行，但对于工业建筑中的设备安装工程，则应取决于工业建筑的种类，一般小的设备是在土建之后进行；大的设备则是“先设备、后土建”，如发电机主厂房等，这一点在确定施工程序时应该特别注意。

3)“先主体、后围护”是指先进行主体结构施工，然后进行围护工程施工，对于多高层框架结构而言，为加快施工速度、节约工期，主体工程和围护工程也可采用少搭接或部分搭接的方式进行施工。

4)“先结构、后装饰”是指先进行主体结构施工，然后进行装饰工程的施工。由于影响工程施工的因素很多，所以施工顺序不是一成不变的。随着科学技术的发展，新的施工方法和施工技术会出现，其施工顺序也将会发生一定的改变，这不仅可以保证工程质量，而且也能加快施工速度。例如，在高层建筑施工时，可使地下与地上部分同时进行施工

(逆作法)。

(2) 遵循“施工需要、组织需要”的原则，合理安排土建施工与设备安装的施工程序

随着建筑业的发展，设备安装与土建施工的程序变得越来越复杂，特别是一些大型厂房的施工，除了要完成土建工程之外，还要同时完成较复杂的工艺设备、机械及各工业管道的安装等。一般有以下 3 种方式安排土建施工与设备安装的施工程序：

1)“封闭式”施工程序。它是土建主体结构完工以后，再进行设备安装的施工程序。这种施工程序能保证设备及设备基础在室内进行施工，不受气候影响，也可以利用已建好的设备（如厂房吊车等）为设备安装服务。但这种施工程序可能会造成部分施工工作的重复进行，如部分柱基础土方的重复挖填和运输道路的重复铺设，也可能会因场地受限制而造成困难和不便，故这种施工程序通常使用在设备基础较小、各类管道埋置较浅、设备基础施工不会影响到柱基的情况。

2)“敞开式”施工程序。它是指先进行工艺机械设备的安装，然后进行土建工程的施工。这种施工程序通常适用于设备基础较大，且基础埋置较深，设备基础的施工将影响到厂房柱基的情况。其优缺点正好与“封闭式”施工程序相反。

3) 设备安装与土建施工同时进行。土建工程可为设备安装工程创造必要的条件同时又采取了防止设备被砂浆、垃圾等污染的保护措施，从而加快了工程进度。例如，在建造水泥厂时，经济效果较好的施工程序是两者同时进行。

6.3.2　确定施工流向及施工过程（分项工程）的先后顺序

1. 确定施工流向

施工流向是指单位工程在平面上或空间上施工的开始部位及其展开的方向。对单层建筑物来讲，仅需要确定在平面上施工的起点和施工流向；对多层建筑物，除了确定每层平面上施工的起点和流向外，还需确定在竖向上施工的起点和流向。确定单位工程施工流向时，应考虑的因素：

(1) 考虑车间的生产工艺流程及使用要求

图 6-3 为一个多跨单层装配式工业厂房，其生产工艺顺序如图中的罗马数字所表示。从施工的角度来看，从厂房的任何一端开始施工都是可行的，但是按照生产工艺顺序来进行施工，不但可以保证设备安装工程分期进行、缩短工期，而且还可提早投产充分发挥建设投资效果。

(2) 考虑单位工程的繁简程度和施工过程之间的关系

一般是指技术复杂、施工进度慢、工期长的区段和部位先行施工。例如，高层现浇钢筋混凝土结构房屋，主楼部分先施工，裙楼部分后施工。

(3) 考虑房屋高低层和高低跨

当房屋有高低层或高低跨时，应从高低层或高低跨并列处开始。例如，在高低跨并列的单层工业厂房结构安装中，应先从高低跨并列处开始吊装；在高低层并列的多层建筑中，层数多的区段先施工。

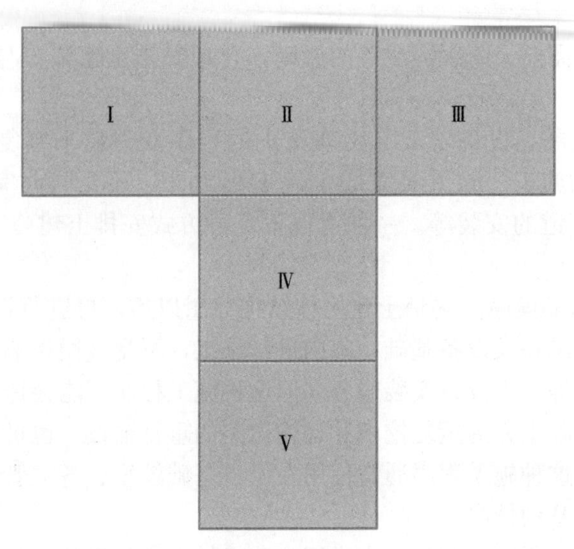

图 6-3　多跨单层工业厂房施工顺序图

（4）考虑施工方法的要求

施工流向应按所选的施工方法及所制定的施工组织要求进行安排。如一幢高层建筑物若采用顺作法对地下两层结构进行施工，其施工流程为：场地平整→测量定位→土方开挖、基坑支护→桩基础施工→底板施工→拆第二道支撑→地下两层施工→拆第一道支撑→±0.000 标高结构层施工→上部结构施工；若采用逆作法，其施工流程为：测量定位放线→地下连续墙施工→±0.000 标高结构层施工→地下两层结构施工，同时进行地上一层结构施工→底板施工并做各层柱，完成地下施工底板施工并做各层柱→完成地下施工→完成上部结构。又如，在结构吊装工程中，采用分件吊装法时，其施工流向不同于综合吊装法的施工流向。同样的工程设计人员的要求不同，也会使得其施工流向不同。

（5）考虑工程现场施工条件

施工场地大小、道路布置和施工方案中采用的施工机械也是确定施工流向的主要因素．如十方工程，在边开挖、边外运余土时，施工流向起点应确定在离道路远的部位开始，并应按由远及近的方向进行。

（6）考虑分部（分项）工程的特点及相互关系

分部（分项）工程不同，相互关系不同，其施工流向也不相同。特别是在确定竖向与平面组合的施工流向时显得尤其重要。例如，在多层建筑室内装饰中，根据装饰工程的工期质量、安全使用要求以及施工条件，其施工起点流向一般有自上而下、自下而上及自中而下再自上而中三种。

1）室内装饰工程自上而下的施工流向。指的是在主体结构工程封顶，做好屋面防水层后，从顶层开始，逐层向下进行，其施工流向如图 6-4 所示，有水平向下和垂直向下两种，水平向下的流向较多。

这种施工流向的优点是主体结构完成后再进行装修，有一定的沉降时间，这样能保证装饰工程的质量。同时做好屋面防水层后，可防止在雨期施工时，因雨水渗漏而影响装饰工程的质量。且自上而下流水施工，各工序之间交叉少，便于组织施工、清理垃圾，保证

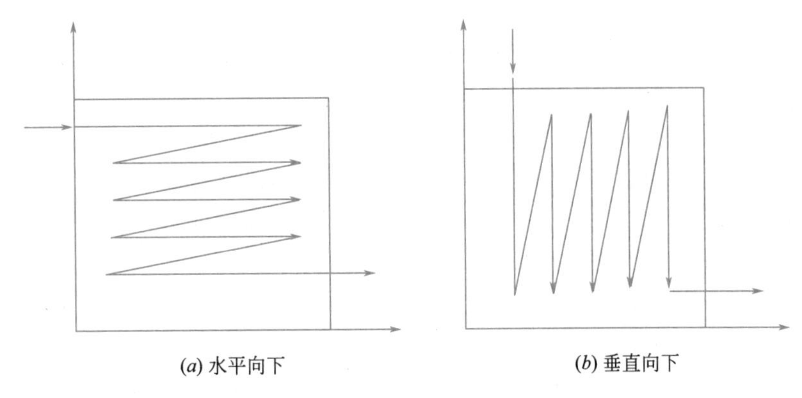

(a) 水平向下　　(b) 垂直向下

图 6-4　室内装修工程自上而下流向图

安全文明施工。其缺点是不能与主体工程施工进行搭接，工期长。

2）室内装饰工程自下而上的施工流向。指的是当主体结构工程的砖墙砌到 2～3 层以上时，装饰工程可从第 1 层开始，逐层向上进行的施工流向，其施工流向如图 6-5 所示，有水平向上和垂直向上两种。

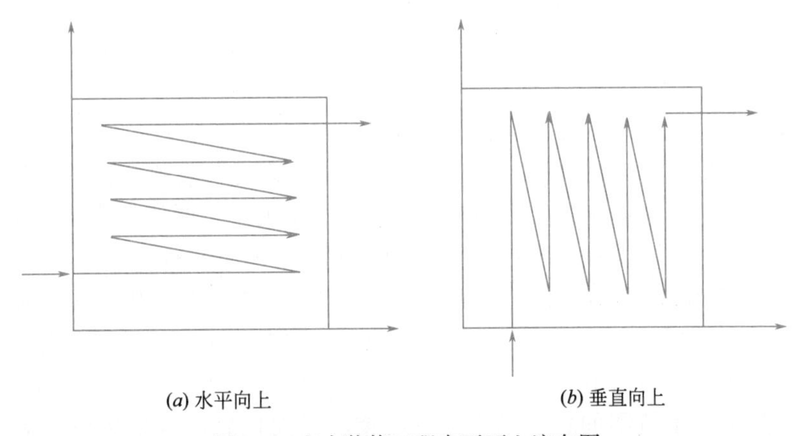

(a) 水平向上　　(b) 垂直向上

图 6-5　室内装修工程自下而上流向图

这种方式流向的优点是可以和主体砌墙工程进行交叉施工，工期短；缺点是工序之间交叉多、施工组织复杂，工程的质量及生产的安全性难以保证。例如，当采用预制楼板时，由于板缝浇灌不严密，极易造成靠墙边处漏水，严重影响装饰工程的质量，使用这种施工流向，应在相邻两层中加强施工组织与质量管理。

3）室外装饰工程自中而下，再自上而中的施工流向。这种施工流向综合了上述两种施工流向的优缺点，适用于中高层建筑的室内装修工程。由于在流水施工中，施工起点及流向决定了各施工段上的施工顺序，因此在确定施工流向时，应划分好施工段。

2. 确定施工过程的先后顺序

施工过程的先后顺序是指各施工过程之间的先后次序，也称为各分项工程的施工顺序。施工过程的确定既是为了按照客观的施工规律来组织施工，也是为了解决各工种在时间上的搭接问题。这样就可以在保证施工质量与施工安全的条件下，充分利用空间，组织好施工。

(1) 确定施工过程(分项工程)的名称

任何一个建筑物建造过程都是由许多工艺过程所组成的，而每一个工艺过程只完成建筑物的某一部分或某一种结构构件。在编制施工组织设计时，则需对工艺过程进行安排。对于劳动量大的工艺过程，可确定为一个施工过程(分项工程)。对于那些不重要的、劳动量小的工艺过程，则可合并为一个施工过程。例如，钢筋混凝土圈梁，按工艺过程可分为支模板、绑扎钢筋、浇筑混凝土。考虑到这3个工艺过程工程量小，则可合并为一个钢筋混凝土圈梁的施工过程(由一个混合工程队进行施工)。

1) 施工过程项目划分的粗细程度要适宜，应根据进度计划的需要来决定。对于控制性的施工进度计划，项目划分可粗一些，通常划分到分部工程即可。例如，可划分成施工前期准备工作、基础工程、主体工程、屋面工程及装饰工程等。对于指导性施工进度计划，尽可能划分得细一些，特别是对主导施工过程和主要分部工程，则要求更详细，这样便于控制进度、指导施工。如主体现浇钢筋混凝土工程可分为支模板、绑扎钢筋、浇筑混凝土等施工过程。

2) 施工过程的确定也要结合具体施工方法进行。例如，结构吊装时，如果采用分件吊装法时，施工过程则应按构件类型进行划分，如吊柱、吊屋架、吊屋面板；采用综合吊装法时，施工过程则应按单元或节间进行划分。

3) 凡是在同一时期内由同一工作队进行的施工过程可以合并在一起，否则应分开列项。

(2) 确定施工过程先后顺序时应考虑的因素

1) 施工工艺的要求。各种施工过程之间客观存在着的工艺顺序关系，并随房屋结构和构造的不同而不同，在确定施工顺序时必须顺从这个关系。例如，建筑物现浇楼板的施工过程的先后顺序是：支模板→绑扎钢筋→浇筑混凝土→养护→拆模。

2) 施工方法和施工机械的要求。选用不同的施工方法和施工机械时，施工过程的先后顺序是不同的。例如，在进行装配式单层工业厂房的安装时，如果采用分件吊装法，施工顺序应该是先吊柱，后吊吊车梁，最后吊屋架及屋面板；如果采用综合吊装法，则施工顺序应该是吊装完一个节间的柱、吊车梁、屋架、屋面板后，再吊装另一节间的所有构件。又如，在安装装配式多层多跨工业厂房时，如果采用塔式起重机，则可以自下向上逐层吊装；如果使用桅杆式起重机，则只能把整个房屋在平面上划分成若干个单元，由下向上吊完一个单元(节间)的构件后，再吊下一个单元(节间)的构件。

3) 施工组织的要求。施工过程的先后顺序与施工组织要求有关。例如，地下室的混地坪施工，可以安排在地下室的上层楼板施工之前完成，也可以安排在上层楼板施工之后进行，从施工组织角度来看，前一方案施工方便，比较合理。

4) 施工质量的要求。施工过程的先后顺序是否合理，将影响到施工的质量。如水磨石地面，只能在上一层水磨石地面完成之后才能进行下一层的顶棚抹灰工程，否则会造成质量缺陷。

5) 当地气候的条件。气候的不同会影响到施工过程的先后顺序。例如，在华东和南方地区，应首先考虑到雨期施工的特点；而在华北、西北和东北地区，则应多考虑冬期施工的特点。土方、砌墙、屋面等工程应尽可能地安排在雨期到来之前施工，而室内工程则可适当推后。

6）安全技术要求。合理的施工过程的先后顺序，必须使各施工过程不引起安全事故。例如，不能在同一个施工段上，一方面进行楼板施工，另一方面又进行其他作业。

3. 常见的几种建筑施工顺序

（1）多层砖混结构房屋的施工特点是：砌砖工程量大、材料运输量大、便于组织流水施工等。多层砖混结构房屋的施工，一般可划分为基础工程、主体结构工程、屋面工程及装饰工程 3 个施工阶段。

1）基础工程的施工顺序。基础工程是指室内地坪（±0.000）以下所有的工程。它的施工顺序一般是：定位放线→挖土→铺垫层→做钢筋混凝土基础→做墙基（素混凝土）→回填土；或者是：挖土→铺垫层→做基础→砌墙基础→铺防潮层→做地圈梁→回填土。

有地下障碍、坟穴、防空洞并存在软弱地基的时候，则需要进行地基处理。

有地下室时应在基础完成后砌地下室墙，然后做防潮层，最后浇筑地下室顶板及回填土。在组织施工时，应特别注意挖土与垫层的施工搭接要紧凑，时间不应该隔得太长，以防下雨后基坑内积水，影响地基的承载能力。还应该注意垫层施工后的技术间歇时间，使其达到一定的强度后，再进行后道工序的施工。各种管沟的挖土、铺设等尽可能与基础施工配合，平行搭接施工。基坑回填土，一般在基础工程完成后一次分层夯填完毕，这样既避免了基坑遇雨浸泡，又可以为后续工作创造良好的条件。当工程量较大且工期较紧时也可以将回填土分段与主体结构搭接进行，或安排在室内装修施工前进行。

2）主体结构工程的施工顺序。主体结构工程的施工，包括搭脚手架、墙体砌筑、安装门窗框、安装预制过梁、安装预制楼盖、现浇圈梁和雨篷、安装屋面板等。这一阶段，应以墙体砌筑为主进行流水施工，根据每个施工段砌墙工程量、工人人数、垂直运输量和吊装机械效率等计算确定流水节拍的大小，而其他施工过程应配合砌墙的流水，搭接进行。如脚手架的搭设和楼板铺设应配合砌墙进度逐段逐层进行。其他现浇构件的支模、扎筋可安排在墙体砌筑的后期进行，混凝土与圈梁同时浇筑。各层预制楼梯段的安装必须与墙体砌筑和安装楼板紧密结合，与之同时或相继完成。若现浇楼梯，更应该与楼层施工紧密结合，否则由于混凝土养护的需要，后道工序将不能如期进行，从而延长工期。

3）屋面、装修、房屋设备安装阶段的施工顺序。屋面保温层、找平层、防水层的施工应依次进行。刚性防水屋面的现浇钢筋混凝土防水层、分格缝施工应在主体结构完成后开始，并尽快完成，以便为室内装修创造条件。一般情况下，它可以和装修工程搭接或平行施工。

装修工程阶段的主要工作，可分为室外装修和室内装修两部分。其中室外装修包括外墙抹灰、勾缝、勒脚、散水、台阶、明沟和落水管等施工过程。室内装修包括：顶棚、墙面、地面抹灰、门窗（框）安装、五金和各种木装修、踢脚线、楼梯踏步抹灰、玻璃安装、油漆和喷白浆等施工过程。

正确拟定装修工程的施工顺序和流程。组织好立体交叉搭接流水施工，显得格外重要。

室内抹灰在同一层内的施工顺序有两种：地面→顶棚→墙面；顶棚→墙面→地面。前者便于清理地面，地面质量易于保证，而且便于墙面和顶棚的落灰，以节约材料，但地面需要养护和采取保护措施；后者应在做地面面层时将落地灰清扫干净，否则会影响地面的质量，而且地面施工用水的渗漏可能影响下一层墙面、顶棚的抹灰质量。

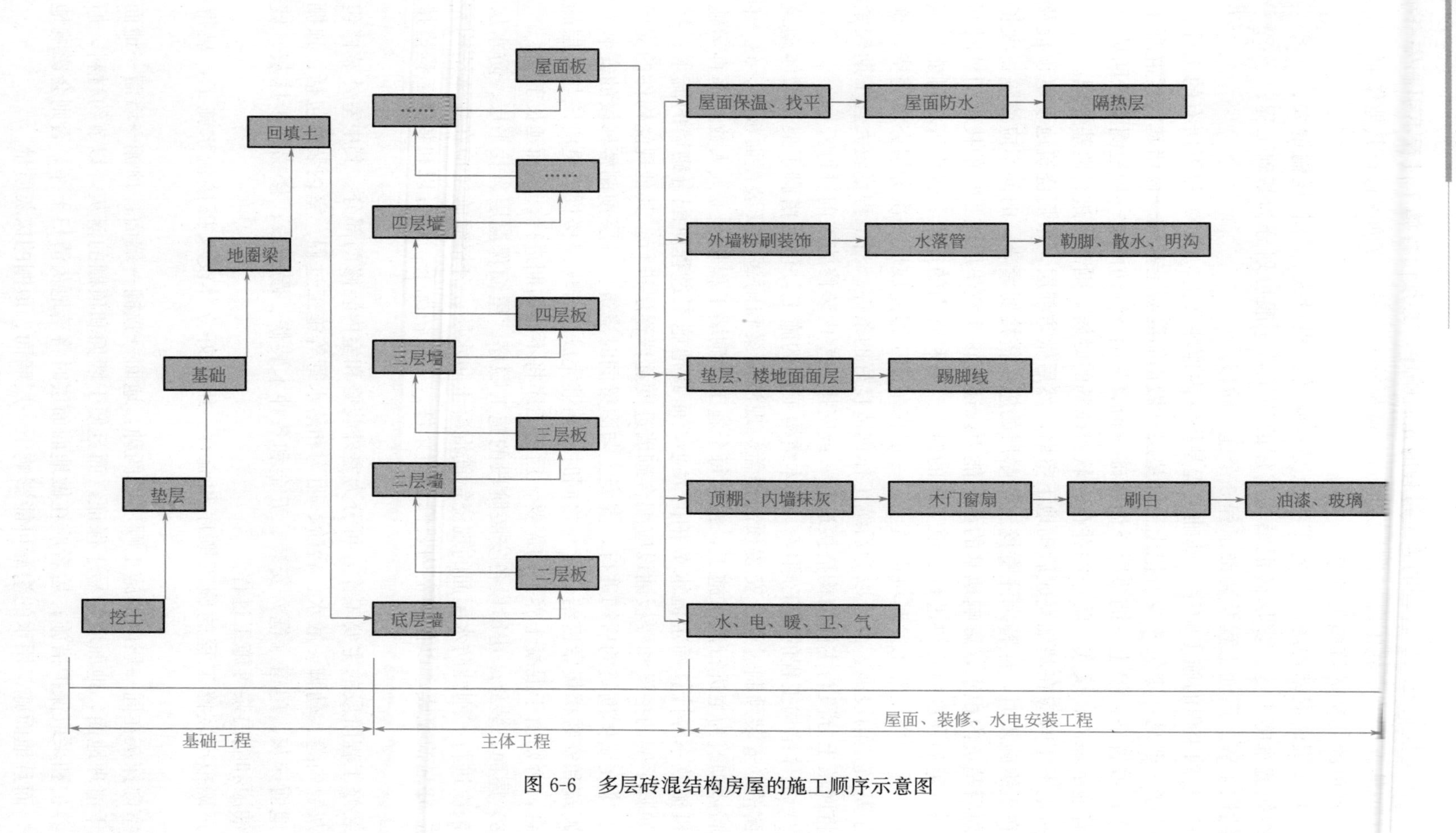

图 6-6　多层砖混结构房屋的施工顺序示意图

底层地坪一般是在各层装修基本完成后施工。为保证质量，楼梯间和踏步抹灰往往安排在各层装修基本完成后进行。门窗扇的安装可在抹灰之间或之后进行，主要视气候和施工条件而定。宜先油漆门窗，后安装玻璃。

房屋设备安装工程的施工可与土建相关分部分项工程交叉施工，紧密配合。例如，基础施工阶段，应先将相应的管沟埋好，再进行回填土。主体结构施工阶段，应在砌墙或现浇混凝土楼板的同时，预留电线、水管等孔洞或预埋木砖、混凝土砌块和其他预埋件。

（2）多、高层全现浇钢筋混凝土框架结构建筑的施工顺序。多、高层全现浇钢筋混凝土框架结构建筑施工，一般可划分为±0.000 以下基础工程、主体结构工程、屋面工程及围护工程、装饰工程等 4 个施工阶段。

1）基础工程的施工顺序。多、高层全现浇钢筋混凝土框架结构建筑的基础工程，一般可分为有地下室及无地下室基础工程。若有一层地下室且又建在软土地基层上时，其施工顺序是：桩基施工（包括围护桩）→土方开挖→破桩头及铺垫层→做基础地下室底板→做地下室墙、柱（包括防水处理）→做地下室顶板→回填土。若无地下室且也建在软土地基上时，其施工顺序是：柱基施工→挖土→铺垫层→钢筋混凝土基础施工→回填土。

2）主体结构工程的施工顺序。主体结构的施工主要包括柱、梁（主梁、次梁）楼板的施工。由于柱、梁、板的施工工程量很大，所需的材料、劳动力很多，而且对工程质量和工期起决定性作用，故采用多层框架在竖向上分层、在平面上分段的流水施工方法。若采用木模，其施工顺序为：绑扎柱钢筋→支柱、梁、板模板→浇筑混凝土→绑扎梁、板钢筋→浇梁、板混凝土。若采用钢模，其施工顺序为：绑扎柱钢筋→支柱模→浇筑混凝土→支梁、板模→绑扎梁、板钢筋→浇梁、板混凝土。

这里应特别注意的是在梁、板钢筋绑扎完毕后，应先认真进行检查验收，然后才能进行混凝土的浇筑工作。

3）屋面工程和围护工程的施工顺序。屋面工程的施工顺序与多层砖混结构房屋的屋面工程施工顺序相同。屋面保温层、找平层、防水层的施工应依次进行。

一般情况下，围护工程可以和装修工程搭接或平行施工。但内墙的砌筑应根据内墙的基础形式而定，有的需在地面工程完工后进行，有的可在地面工程开工之前与外墙同时进行。

4）装饰工程的施工顺序。装饰工程的施工顺序同多层砖混结构房屋的施工顺序一样，也分为室内装饰与室外装饰。室内装饰工程包括地面、门窗扇、玻璃安装、油漆、刷白等分项工程；室外装饰工程包括勾缝、勒脚、散水等分项工程。

6.3.3　选择施工方法

1. 选择施工方法时应遵循的原则

1）应根据工程特点，找出哪些项目是工程的主导项目，以便在选择施工方法时，有针对性地解决主导项目的施工问题。

2）所选择的施工方法应技术先进、经济合理、满足施工工艺要求及安全施工。

3）符合国家颁发施工验收规范和质量检验评定标准的有关规定。

4）要与所选择的施工机械及所划分的流水工作段相协调。

5）相对于常规做法和工人熟悉的分项工程，只需提出施工中应注意的特殊问题，不必详细拟定施工方法。

2. 施工方法的选择

在选择施工方法时，必须根据建筑结构的特点、抗震要求、工程量的大小、工期长短、资源供应状况、施工现场情况和周围环境因素，拟定出几个可行的方案。在此基础上进行技术经济分析比较，以确定较优的施工方法。通常施工方法选择的内容如下：

1）土石方工程。需根据：土石方工程量的计算与调配方案、土石方开挖方案及施工机械的选择、土方边坡坡度系数、土壁支撑方法、地下水位降低等确定。

2）基础工程。需根据：浅基础开挖及局部地基的处理、桩基础的施工及施工机械的选择、钢筋混凝土基础的施工及地下工程施工的技术要求等确定。

3）砌筑工程。需根据：脚手架的搭设及要求、垂直运输及水平运输设备的选择、砖墙砌筑的施工方法等确定。

4）钢筋混凝土工程。需根据：模板类型及支撑方法、选择钢筋的加工、绑扎及焊接的方式、选择混凝土供应和输送及浇筑顺序和方法、确定混凝土振捣设备的类型、确定施工缝设置、确定预应力钢筋混凝土的施工方法及控制应力等确定。

5）结构安装。需根据：结构安装方法和起重机类型及开行路线、构件运输要求及堆放置等确定。

6）屋面工程。需根据：确定屋面工程的施工步骤及要求、屋面材料的运输方式等确定。

7）装饰工程。需根据：选择装饰工程的施工方法及要求、施工工艺流水施工安排等确定。

8）需根据对“四新”项目（新结构、新工艺、新材料、新技术）施工方法的选择来确定。

6.3.4 施工机械的选择

在进行施工方法的选择时，必然要涉及施工机械的选择。施工机械选择得是否合理，则直接影响到施工进度、施工质量、工程成本及安全施工。

选择施工机械考虑的主要因素：

1）应根据工程特点，选择适宜主导工程的施工机械。所选设备机械应在技术上可行，在经济上合理。

2）在同一个建筑工地上所选择机械的类型、规格、型号应统一，以便于管理及维护。

3）尽可能使所选机械一机多用，提高机械设备的生产效率。

4）选择机械时，应考虑到施工企业工人的技术操作水平，尽量选用已有机械。

5）各种辅助机械或运输工具应与主导机械的生产能力协调配套，以充分发挥主导机械的效率。如土方工程施工中常用汽车运土，汽车的载重应为挖土机斗容量的整数倍，汽车的数量应保证挖土机连续工作。

目前建筑工地常用的机械有土方机械、打桩机械、起重机械、混凝土的制作及运输机械等。

6.4 施工进度计划

单位工程施工进度计划是根据单位工程设定的工期目标，对各项施工过程的施工顺序、起止时间和相互衔接关系所做的统筹策划和安排。

6.4.1 单位工程施工进度计划的作用

施工进度计划是施工部署在时间上的体现，反映了施工顺序和各个阶段工程进展情况。单位工程施工进度计划的作用，有如下几点：

（1）控制单位工程的施工进度，保证在规定工期内完成符合质量要求的工程任务。

（2）确定单位工程的各个施工过程的施工持续时间、施工顺序、相互衔接和平行搭接协作配合关系。

（3）为编制季度、月度生产作业计划提供依据。

（4）是编制各项资源需用量计划和施工准备工作计划的依据。

6.4.2 单位工程施工进度计划的编制依据及表示方法

单位工程施工进度计划的编制是在确定了施工部署和施工方案的基础上，根据规定工期和各种资源供应条件，按照施工过程的合理施工顺序及组织施工的原则，用图表的形式，确定一个工程从开始到竣工的各个施工过程在时间上的安排和相互间的搭接关系。

1. 单位工程施工进度计划的编制依据

（1）经过审批的建筑总平面图、单位工程全套施工图、地质地形图、工艺设计图、设备及其基础图、采用的各种标准图等技术资料。

（2）施工组织总设计的有关规定。

（3）施工工期要求及开、竣工日期。

（4）施工条件、资源供应条件及分包单位情况等。

（5）主要分部（分项）工程的施工方案。

（6）施工工期定额。

（7）其他有关要求和资料，如工程合同等。

2. 施工进度计划的表示方法

一般工程施工进度计划画横道图即可，对工程规模较大、工序比较复杂的工程宜采用网络图表示。

（1）横道图

从表 6-1 中可以看出，它由左、右两部分组成。左边部分列出分部（分项）工程名、工程量、劳动定额、劳动量或机械台班量、每天工作班次、每班工人（台）数及工作持续时间等；右边部分是从规定的开工之日起到竣工之日止的进度指示图表，用横道表各分部

横道图样表 1　　　　表 6-1

序号	施工过程		工程量		劳动定额	劳动量		机械台班		工作班制	每班人数	持续时间	施工进度											
	分部工程名称	分项工程名称	单位	数量		计算	实际	机械名称	台班数				20××年											
													××××年×月						××××年×月					
													2	4	6	8	10	12	2	4	6	8	10	12
1																								
2																								
3																								
4																								
5																								
6																								
7																								
…																								

（分项）工程的起止时间和相互间的搭接配合关系，表 6-2 汇总每天的资源需要量，绘出资源需要量的动态曲线，其中的方格根据需要可以是一格表示一天或表示若干天。

多年来，由于横道图的编制比较简单、使用直观，因此，我国施工单位大多习惯于用横道图表示施工进度计划并控制进度。但是，当工程项目分项较多时，工序、工种搭接关系较复杂时，横道图就难以体现主要矛盾，尤其是在执行计划过程中，某个项目由于某种原因提前或拖后，对其他项目所产生的影响难以分清，不能及时抓主要矛盾。而网络图则可以克服其缺点。

（2）网络图

网络图表示的施工进度，可以通过对各类参数的计算，找出关键线路，选择最优方案，而且各工序间的逻辑关系明确，有利于进度计划的控制及调整。

单位工程施工进度计划网络图的绘制：

1）根据各工序之间的逻辑关系，先绘制无时标的网络计划图，经调整修改后，绘制时标网络计划，以便于施工进度计划的检查及调整。

2）对较复杂的工程可先安排各分部工程的计划，然后再组合成单位工程的进度计划。

3）安排分部工程进度计划时应先确定其主导施工过程，并以它为主导，尽量组织有节奏流水。

4）施工进度计划图编制后要找出关键线路，计算出工期，并判别其是否满足工期目标要求，如不满足，应进行调整或优化。

5）优化完成后再绘制出正式的单位工程施工进度计划网络图。

6.4.3 单位工程施工进度计划的编制

单位工程施工进度计划的编制步骤如下：

1. 划分施工过程

以图 6-7 为例，在编制施工进度计划时，首先应按照图纸和施工顺序将拟建单位工程

横道图样表 2（1 号楼施工进度横道图）　　表 6-2

项目名称：

序号	工作内容	年月	2018年6月			2018年7月			2018年8月			2018年9月			2018年10月			2018年11月			2018年12月			2019年1月			2019年2月		
		日期	1~10	11~20	21~30	1~10	11~20	21~31	1~10	11~20	21~31	1~10	11~20	21~30	1~10	11~20	21~31	1~10	11~20	21~30	1~10	11~20	21~31	1~10	11~20	21~31	1~10	11~20	21~28
		天数	10	10	10	10	10	11	10	10	11	10	10	10	10	10	11	10	10	10	10	10	11	10	10	11	10	10	8
1	临建及塔吊基础	10																											
2	基础挖方清槽	10																											
3	基坑防护	3																											
4	基础褥垫层	3																											
5	砖模、防水及保护层	8																											
6	基础筏板施工	15																											
7	地下室施工	15																											
8	地下室外墙防水	15																											
9	地下室基础回填	12																											
10	1~5 层主体施工	31																											
11	6~10 层主体施工	30																											
12	11~15 层主体施工	31																											
13	16~20 层主体施工	30																											
14	21~屋面主体施工	20																											
15	……																												

编制：　　审核：　　审批：

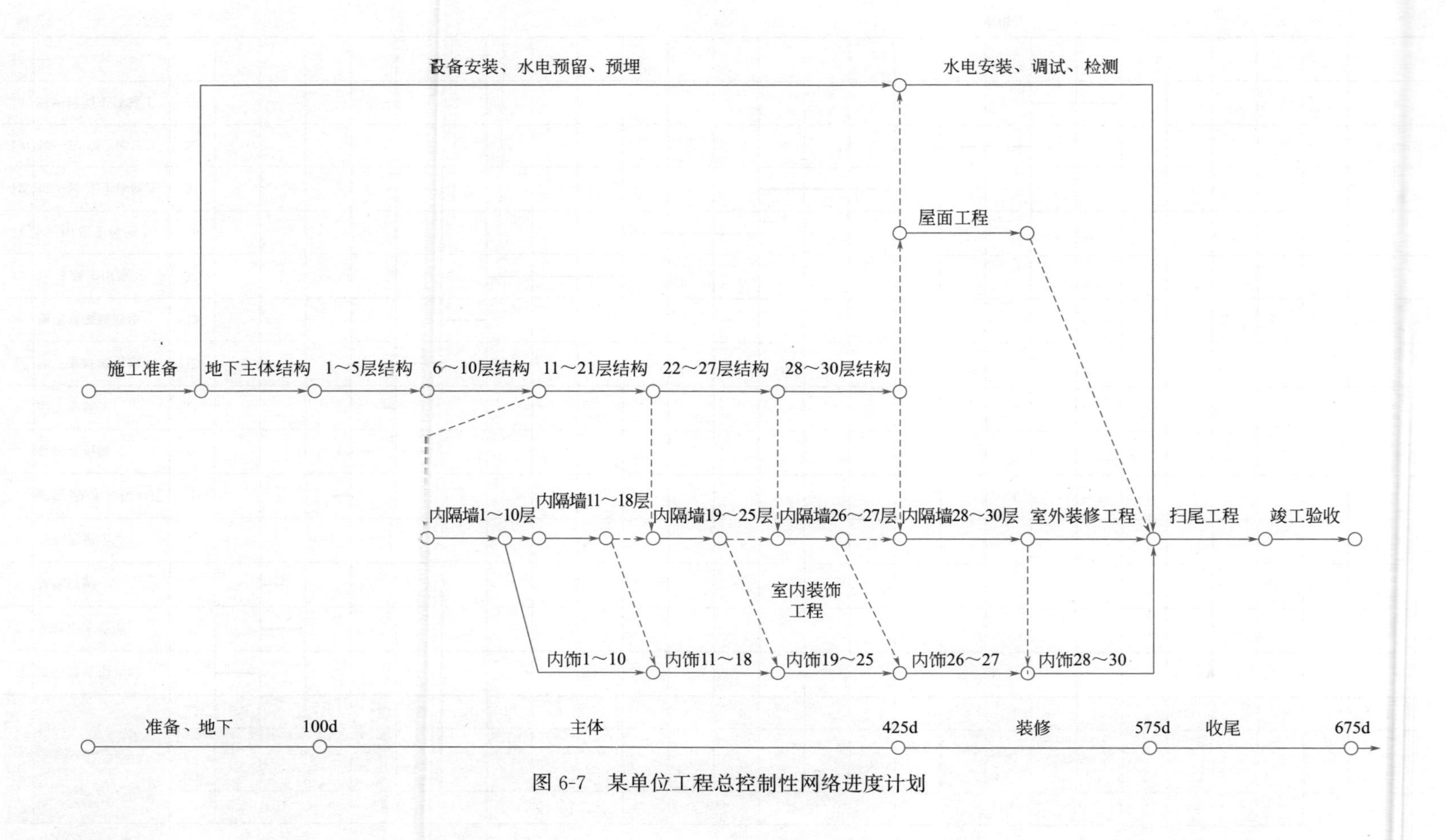

图 6-7 某单位工程总控制性网络进度计划

划分为若干个施工过程，并结合施工方法、施工条件、劳动组织等因素，加以适当调整或合并，划分施工过程时，应注意以下几个问题：

(1) 施工过程划分的粗细程度对于控制性施工进度计划，施工过程可以划分得粗一些，通常只列出分部工程，如基础工程、主体工程、屋面工程和装饰工程。而对实施性施工进度计划，施工过程划分就要细一些，应明确到分项工程或更具体，以满足指导施工作业的要求。如屋面工程应划分为找平层、隔气层、保温层、防水层等分项工程。

(2) 施工过程的划分要结合所选择的施工方案。如结构安装工程，若采用分件吊装方法，则施工过程的名称、数量和内容及其吊装顺序应按构件来确定；若采用综合吊装方法，则施工过程应按施工单元（节间或区段）来确定。

(3) 适当简化施工进度计划的内容，避免施工过程划分过细，重点不突出。因此，可考虑将某些穿插性分项工程合并到主要分项工程中去。对于在同一时间内由同一施工班组施工的过程可以合并，如工业厂房中的钢窗油漆、钢门油漆、钢支撑油漆、钢梯油漆等可合并为钢构件油漆一个施工过程。对于次要的、零星的分项工程可合并为“其他工程”一项列入；有些虽然重要但工程量不大的施工过程也可与相邻的施工过程合并，如垫层可与挖土合并为一项。

(4) 水、暖、电、卫和设备安装等专业工程不必细分具体内容，由各专业施工队自行编制进度计划并负责组织施工，而在单位工程施工进度计划中只要反映出这些工程与土建工程的配合关系即可。

(5) 所有施工过程应按施工顺序列成表格，编排序号避免遗漏或重复，其名称可参考现行的施工定额手册上的项目名称。

2. 计算工程量

工程量的计算应根据施工图纸据实计算，直接套用施工预算的工程量时，尤其是清单工程量，注意清单工程量与实际工程量的区别。计算工程量应注意以下几个问题：

(1) 工程量单位应与采用的企业劳动定额中相应项目的单位一致，以便在计算资源需用量时可直接套用定额，不再进行换算。

(2) 计算工程量时应结合选定的施工方法和安全技术要求，使计算所得工程量与施工实际情况相符合。例如，挖土时是否放坡，坡度大小；是否加工作面，其尺寸取多少；是否使用支撑加固；开挖方式是单独开挖、条形开挖还是整片开挖，这些都直接影响到土方工程量的计算。

(3) 结合施工组织的要求，分区、分段、分层计算工程量，以便组织流水作业。若每层、每段上的工程量相等或相差不大时，可根据工程量总数分别除以层数、段数，可得每层、每段上的工程量。

(4) 如已编制预算文件，应合理利用预算文件中的工程量，以免重复计算。施工进度计划中的施工项目大多可直接采用预算文件中的工程量，可按施工过程的划分情况将预算文件中有关项目的工程量汇总，如“砌筑砖墙”一项的工程量，可首先分析它包括哪些内容，然后按其所包含的内容从预算工程量中摘抄出来并加以汇总求得。当施工进度计划中有些施工项目与预算文件中的项目完全不同或局部有出入时（例如土方工程，施工进度计划依据的工程量需要结合施工方案据实计算土方量，而清单工程量的土方计算平面是基础水平投影，不考虑放坡），则应根据施工中的实际情况加以修改、调整或重新计算。

3. 套用企业劳动定额确定劳动量和机械台班量

企业劳动定额有两种形式，即时间定额和产量定额。时间定额是指某种专业、某种技术等级的工人小组或个人在合理的技术组织条件下，完成单位合格的建筑产品所必需的工作时间，一般用符号 H 表示，它的单位有：工日/m^3、工日/m^2、工日/m、工日/t 等，因为时间定额是以劳动工日数为单位，便于综合计算，故在劳动量统计中用得比较普遍。产量定额是指在合理的技术组织条件下，某种专业、某种技术等级的工人小组或个人在单位时间内所应完成合格的建筑产品的数量，一般用符号 S 表示，它的单位有：m/工日、m^2/工日、m^3/工日、t/工日等，因为产量定额是由建筑产品的数量来表示，具有形象化的特点，故在分配施工任务时用得比较普遍。时间定额和产量定额互为倒数。

套用国家或地方颁发的定额，必须注意结合本单位工人的技术等级、实际施工操作水平、施工机械情况和施工现场条件等因素，确定企业劳动定额的实际水平，使计算出来的劳动量、机械台班量符合实际需要，为准确编制施工进度计划打下基础。

有些采用新技术、新材料、新工艺或特殊施工方法的项目，企业劳动定额中尚未编入。这时可参考类似项目的定额、经验资料或按实际情况确定。

4. 确定施工过程的持续时间

各施工过程的工作持续时间的计算方法有经验估算法、定额计算法和倒排进度法。

（1）经验估算法

此法是根据以前的施工经验并按照实际施工条件估算各施工过程持续时间，这一方法建立在大量施工实践基础上，一般适用于采用新工艺、新技术、新结构、新材料等无定额可查的工程。

（2）定额计算法

此法是根据施工过程所需的劳动量或机械台班数，以及配备的施工人数或机械台数，按式（6-1）确定其工作时间：

$$T=\frac{P}{Rb} \tag{6-1}$$

式中 T——完成某施工过程的持续时间；

P——该施工过程所需的劳动量或机械台班数；

R——该施工过程每班所配备的劳动力人数或机械台班数；

b——每天采用的工作制。

如果组织分段流水施工，也可用式（6-1）确定每个施工段的流水节拍数。在应用时，特别要注意施工班组人数和机械台班数和工作班制的选定。例如对工作班制的确定，在一般情况下，当工期允许、劳动力和机械周转使用不紧迫，且施工也没有要求连续作业时可采用一班制；当工期紧，机械周转紧张或某些工序必须连续作业时，可采用二班甚至三班制。

（3）倒排进度法

这种方法是根据施工工期和施工经验，确定各施工过程的工作持续时间，再按劳动量选定工作制，便可确定施工人数或机械台班数。其计算公式如下：

$$R=\frac{P}{Tb} \tag{6-2}$$

式中 R——某施工过程每班所配备的劳动力人数或机械台班数；

P——该施工过程所需劳动量或机械台班量；

T——完成该施工过程的持续时间；

b——每天采用的工作制。

5. 初排施工进度

上述各项计算内容确定之后，即可编制施工进度计划的初始方案。其一般步骤是：先安排主导施工过程的施工进度，然后再安排其余施工过程，且应尽可能配合主导施工过程并最大限度地搭接，形成施工进度计划的初步方案。每个施工过程的施工起止时间应根据施工工艺顺序及组织顺序确定，总的原则是应使每个施工过程尽可能早地投入施工。为了能够指导施工，一般根据工程特点需要先编制分部工程施工进度计划，然后根据分部工程施工进度计划再编制单位工程施工进度计划，建筑工程的土建分部工程施工进度计划有基础工程、主体工程、屋面工程和装饰工程。

6. 施工进度计划的调整

施工进度计划的初始方案编完之后，需进行若干次的平衡调整工作，一般方法是：将某些分部工程适当提前或后延，适当增加资源投入，调整作业时间，必要时组织多班作业，直至达到符合要求、比较合理的施工进度计划。调整施工进度计划应注意以下几方面因素：

（1）整体进度是否满足工期要求；持续时间、起止时间是否合理。

（2）技术、工艺、组织上是否合理；各施工过程之间的相互衔接穿插是否符合施工工艺和安全生产的要求；技术与组织上的停歇时间是否考虑合理；有立体交叉或平行搭接者在工艺、质量、安全上是否符合要求。

（3）各主要资源的需求关系是否与供给相协调；劳动力的安排是否均衡；有无劳动力、材料、机械使用过分集中或冲突现象。

（4）修改或调整某一项工作可能影响若干项，故其他工作也需调整。

应当指出，编制施工进度计划的步骤不是孤立的，而是相互依赖、相互联系的。土木工程施工是一个复杂的生产过程，受到周围客观条件影响的因素很多，因此在编制施工进度计划时，应尽可能地分析施工条件，对可能出现的困难要有预见性，使计划既符合客观实际，又留有适当余地，以免计划安排不合理而使实际难以执行。总的要求是：在合理的工期下尽可能地使施工过程连续，便于资源的合理安排。

例如，某单位工程分部分项工程工程量见表 6-3。

某单位工程分部分项工程工程量表　　　　表 6-3

分部分项工程名称			工程量		时间定额	合计
			单位	数量		
基础工程	土方		m^3	935	0.32	299.2
	混凝土垫层		m^3	77	0.81	62.37
	砖基础		m^3	353	0.937	330.76
	地圈梁、构造柱	模板	m^2	181.8	0.133	242.16
		混凝土	m^3	19.65	1.21	34.22
		钢筋	t	4.91	6.97	23.78
	回填土		m^3	717	0.2	143.4

续表

分部分项工程名称			工程量		时间定额	合计
			单位	数量		
主体工程	24砖墙		m^3	1124.5	1.28	1439.36
	外墙脚手架		$10\ m^2$	174.9	7.31	1278.52
	里脚手架		$10\ m^2$	413.8	0.285	117.93
	现浇圈梁、单梁、楼板、楼梯	模板	m^2	3181.7	12.78	40662.13
		混凝土	m^3	574.4	1.79	1028.18
		钢筋	t	49.94	6.97	348.08
	预应力空气楼板		块	1371	0.73	1000.83
	楼板灌缝		100m	52.794	1.17	61.77
楼地面工程	地面混凝土垫层		m^3	27.75	0.81	22.48
	水泥砂浆楼地面		$10\ m^2$	335.1	0.376	126.00
装饰工程	内墙抹灰		$10\ m^2$	955.3	1.12	1069.94
	顶棚抹灰		$10\ m^2$	301.8	1.27	383.29
	干粘石		$10\ m^2$	199.6	2.33	465.07
	贴面砖		$10\ m^2$	44.3	4.44	196.69
	室内刷白		$10\ m^2$	1257.1	0.327	411.07
	木门安装		扇	294	0.147	43.22
	铝合金门、窗安装		樘	273	0.556	151.79
	木门窗油漆		$10\ m^2$	116.8	1.32	154.18
	玻璃安装		$10\ m^2$	68.2	0.886	60.43
	混凝土散水		m^3	68	0.77	52.36
屋面工程	屋面保温		$10\ m^2$	52.1	3.63	189.12
	架空隔热层		$10\ m^2$	49.97	0.843	42.12
	卷材防水层		$10\ m^2$	54.9	0.2	10.98
	屋面板水泥砂浆找平层		$10\ m^2$	52.1	0.427	22.25
	保温层上水泥砂浆找平层		$10\ m^2$	54.8	0.450	24.66
	隔气层		$10\ m^2$	52.1	0.205	10.68

施工进度计划的参数确定如下：

根据公式 $P=QH$ 算出各分项工程的劳动量，再由公式 $t=P/RN=Q/SRN$ 确定施工组织方式、班组数、人数和流水节拍。

（1）基础工程

根据工程的实际情况，将工程划分为挖土方、混凝土垫层和砖基础、地圈梁和构造柱、回填土四个施工过程，则 $n=4$。采用单班制，组织流水施工，$m=4$。

各分项工程计算：

① 土方工程

劳动量：$P=299.2$；

上工人数：R=25；

流水节拍：t=299.2/（25×4）=3。

② 混凝土垫层

劳动量：P=62.37；

上工人数：R=6；

流水节拍：t=62.37/（6×4）=3。

③ 砖基础

劳动量：P=330.76；

上工人数：R=28；

流水节拍：t=330.76/（28×4）=3。

④ 模板

劳动量：P=242.16；

上工人数：R=21；

流水节拍：t=242.16/（21×4）=3。

⑤ 钢筋

劳动量：P=34.22；

上工人数：R=3；

流水节拍：t=34.22/（3×4）=3。

⑥ 混凝土

劳动量：P=23.78；

上工人数：R=2；

流水节拍：t=23.78/（2×4）=3。

⑦ 回填土

劳动量：P=143.4；

上工人数：R=12；

流水节拍：t=143.4/（12×4）=3。

流水节拍：t=3。

该项工期：T=（n+m−1）×t=21d

（2）主体工程

1）根据主体工程实际情况，将外墙脚手架和里脚手架合并进行。根据工程量和施工工艺，将圈梁、单梁、楼板、楼梯工程中的模板和钢筋合并进行，将预应力空心楼板和楼板灌缝合并进行。24 砖墙单独进行。n=5 。

2）组织全等流水施工，脚手架与砌墙采用平行施工。该工程共有六层，自下而上，逐层施工，模板工程施工采用两班制施工。m=5。

3）各分项工程计算：

① 24 砖墙

劳动量：P=1439.36/6=239.893；

上工人数：R=24；

流水节拍：t=239.893/（24×5）=2。

② 外墙脚手架

劳动量：$P=1278.52/6=219.26$；

上工人数：$R=22$；

流水节拍：$t=219.26/(22\times5)=2$。

③ 里脚手架

劳动量：$P=117.93/6=19.5$；

上工人数：$R=2$；

流水节拍：$t=19.5/(2\times5)=2$。

④ 模板

劳动量：$P=40662.13/6=6777.02$；

上工人数：$R=680$；

流水节拍：$t=6777.02/(680\times5)=2$。

⑤ 混凝土

劳动量：$P=1028.18/6=171.36$；

上工人数：$R=18$；

流水节拍：$t=171.36/(18\times5)=2$。

⑥ 钢筋

劳动量：$P=348.08/6=58.01$；

上工人数：$R=6$；

流水节拍：$t=58.01/(6\times5)=2$。

⑦ 预应力空心楼板

劳动量：$P=1000.83/6=166.805$；

上工人数：$R=17$；

流水节拍：$t=166.805/(17\times5)=2$。

⑧ 楼板灌缝

劳动量：$P=61.77/6=10.28$；

上工人数：$R=2$；

流水节拍：$t=10.28/(2\times5)=2$。

4）流水节拍 $t=2$

5）单层工期：$T'=(n+m-1)\times t=18\text{d}$

6）该项工期：$T=6\times T'=108\text{d}$

（3）楼地面工程

1）根据施工工艺和实际情况，可以将楼地面工程中的地面混凝土垫层和水泥砂浆楼地面合并进行，即：$n=m=1$。

2）计算：劳动量：$P=22.48+126.00=148.48$，$R=15$；

流水节拍：$t=148.48/(1\times15)=10$。

3）$t=10$。

4）工程工期：$T=10\text{d}$。

（4）屋面工程

1）根据施工顺序，分为屋面板水泥砂浆找平层、屋面保温、保温层上水泥砂浆找平层、隔气层、卷材防水层、架空隔热层六个分项工程。$n=6$。

2）组织流水施工，$m=6$，屋面保温施工采用两班制。

3）各分项工程计算：

① 屋面保温

劳动量：$P=189.12$；

上工人数：$R=16$；

流水节拍：$t=189.12/(16\times2\times6)=1$。

② 架空隔热层

劳动量：$P=42.12$；

上工人数：$R=8$；

流水节拍：$t=42.12/(8\times6)=1$。

③ 卷材防水层

劳动量：$P=10.98$；

上工人数：$R=2$；

流水节拍：$t=10.98/(2\times6)=1$。

④ 屋面板找平

劳动量：$P=22.25$；

上工人数：$R=4$；

流水节拍：$t=22.25/(4\times6)=1$。

⑤ 保温层上找平层

劳动量：$P=24.66$；

上工人数：$R=5$；

流水节拍：$t=24.66/(5\times6)=1$。

⑥ 隔气层

劳动量：$P=10.68$；

上工人数：$R=2$；

流水节拍：$t=10.68/(2\times6)=1$。

4）流水节拍 $t=1$。

5）该项工期 $T=(n+m-1)\times t=11$d。

（5）装饰工程

1）根据施工工艺和顺序，将顶棚抹灰与内墙抹灰合并，木门安装、铝合金门、窗安装合并，木门窗油漆、玻璃安装合并，干粘石、贴面砖、室内刷白、混凝土散水单独施工。$n=7$。

2）采用流水施工，室内、外装饰采用平行施工，抹灰工程采用分两班制。该工程共有六层，自上而下，逐层施工。$m=7$。

3）各分项工程计算：

① 内墙抹灰

劳动量：$P=1069.94/6=178.32$；

上工人数：$R=26$；

流水节拍：$t=178.32/(26\times7)=1$。

② 顶棚抹灰

劳动量：$P=383.29/6=63.88$；

上工人数：$R=10$；

流水节拍：$t=63.88/(10\times7)=1$。

③ 干粘石

劳动量：$P=465.07/6=77.51$；

上工人数：$R=12$；

流水节拍：$t=77.51/(12\times7)=1$。

④ 贴面砖

劳动量：$P=196.69/6=32.78$；

上工人数：$R=5$；

流水节拍：$t=32.78/(5\times7)=1$。

⑤ 室内刷白

劳动量：$P=411.07/6=68.51$；

上工人数：$R=10$；

流水节拍：$t=68.51/(10\times7)=1$。

⑥ 木门安装

劳动量：$P=43.22/6=7.02$；

上工人数：$R=2$；

流水节拍：$t=7.02/(2\times5)=1$。

⑦ 铝合金门窗安装

劳动量：$P=151.79/6=25.20$；

上工人数：$R=4$；

流水节拍：$t=25.20/(4\times7)=1$。

⑧ 木门窗油漆

劳动量：$P=154.18/6=25.70$；

上工人数：$R=4$；

流水节拍：$t=25.70/(4\times7)=1$。

⑨ 玻璃安装

劳动量：$P=60.43/6=10.07$；

上工人数：$R=2$；

流水节拍：$t=10.07/(2\times7)=1$。

⑩ 混凝土散水

劳动量；$P=52.36/6=8.73$；

上工人数：$R=2$；

流水节拍：$t=8.73/(2\times7)=1$。

4）流水节拍：$t=1$。

5）单层工期：$T'=(n+m-1)\times t=13\text{d}$。

6）该项工期：$T=6\times T'=78\text{d}$。

（6）工程总工期

$$T=21+108+10+11+78=228\text{d}$$

6.5 施工准备工作与各项资源需用量计划

6.5.1 施工准备工作

施工准备工作的基本内容包括：技术准备、物质准备、施工组织准备、施工现场准备和场外协调工作准备等，这些工作有的在开工前完成，有的则可贯穿于施工过程中进行。

1. 施工技术准备

在开工前及时收集各种技术资料，包括工程地质资料、施工图、工程量清单、材料工本分析或成本分析等前期准备工作。

（1）施工前应组织施工人员对设计文件、图纸、资料认真进行熟悉，核对是否齐全、有无遗漏、差错或相互之间有无矛盾，发现差错应及时向设计单位提出补齐或更正，并做出记录。

（2）在研究设计图纸、资料过程中，需与现场实际情况核对，并在必要时进行补充调查，以利做好准备。

（3）会同甲方摸清原有地下管线及地上构造物情况，便于施工时采取保护措施，避免发生意外事故。

（4）做好各种原材料试验、沥青混凝土及砂浆配合比等试验工作，并报监理方审批。

（5）施工前应对测量仪器如水准仪、激光经纬仪、钢尺进行校核。

（6）对建设单位所交付的中心桩、道路控制点、雨污水管道、控制点进行检查复核。

（7）按照施工需要加密控制网，为保证控制网的可靠性，应做好保护桩。主控点（或保护桩）均应稳固可靠，保留至工程结束。为防止差错，对主控点等重要标志至少由两组相互检查核对，并做出测量和检查核对记录。

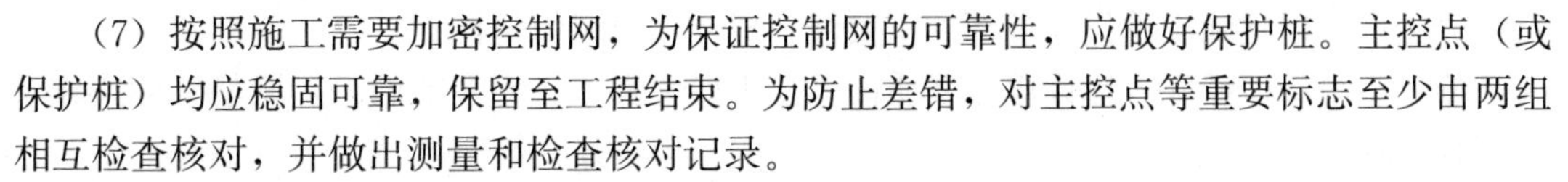

（8）根据建设单位提供的水准点，建立施工临时水准点网，每100m设置一点。

（9）实测成果经内业计算，须符合设计及测量规范要求，并上报监理复核检测认可后，方能使用测量成果。

（10）了解沿线各单位因施工受到的影响情况，以及车辆交通影响，以便提出安排方案。

（11）根据设计方案，有哪些新材料、新工艺、新机具需要事先进行科研工作。

（12）做好与设计的结合工作：进一步了解各种设计作法，并向设计单位介绍施工经验资料，使各种做法能进一步完善，减少出现较大的设计变更。

（13）各类施工工艺的设计、安排、试验、审核。

（14）编制施工机具、材料、构件加工和外购委托计划，力求保证工期进度的需要。

（15）根据建设单位的要求和提供的情况，绘制具体的施工总平面图。

（16）根据施工清单预算提出的劳动力计划，做好组织落实，保证施工需要。

2. 现场与周围环境的处理

根据本工程总平面布置和现场测量，拟建工程周围的环境要求较高。事先查明施工区域附近受施工影响的建筑物、管线，并考虑可能发生的各种问题，若发现问题及时采取措施迅速解决，防止发生意外。同时，施工中将合理安排施工作业时间，保证周围附近已建设施不受影响。

3. 施工现场准备

（1）根据建设单位指定的水源、电源、水准点和轴线控制桩，架设水电线路和各种生产、生活用临时设施。

（2）清除现场障碍，搞好场地平整。围护好场地，注意环境卫生，场容整洁。

（3）认真组织测量放线，确保定位准备，做好控制桩和水准点。

（4）做好道路、排水（全现场的排水措施），特别是拌合机、生活区的污水要妥善处理。

（5）现场开工前，必需材料分期分批组织进场。

（6）坐标点的引入：项目经理部进场后，以城市规划部门及业主提供的测量点为起算依据，利用测量设备比如全站仪，沿整个施工现场布设一条附合导线，进行整个场区控制。

4. 劳动力准备

根据施工进度计划，组织施工班组继续进场，并对技术性工种的施工人员进行岗位培训，实行挂证上岗；为保证工程质量和工期，优先派驻强有力的项目班子及抽调有丰富经验的班组进场施工。

建立拟建工程项目的领导机构，设立现场项目部，建立精干施工队伍，集合施工力量，组织劳动力进场，向施工队伍、工人进行施工组织设计、计划技术交底并建立健全各项管理制度。对特殊及技术工种必须持有统一考核颁发的操作作业证及技术等级证书。

（1）设立现场项目部

充分认识组建施工项目经理部的重要性，成立项目组织机构。

施工项目经理部工人选拔思想素质高、技术能力强、一专多能的人，既能实际操作又能胜任管理。

在劳务队伍的选择上，挑选施工经验丰富、勤劳苦干的优秀施工班组组织项目工程的施工；对特殊及技术工种均保证持证上岗。

（2）明确项目经理部领导成员职责

1）项目经理

直接与甲方、监理、公司总部密切联系，及时请示汇报施工中有关情况，按要求及时报送每旬（月、季、年）施工总结简报。全面负责工程实施过程，确保项目顺利建成。全面负责工程资材配备，协调理顺各部门关系。制定工程质量方针、目标，采取必要的组织、管理措施保证质量方针的贯彻执行。管理项目资金的运转，主持每月经济活动分析。直接参与对甲方的协调工作。

2）技术总负责

全面负责工程技术、质量和安全工作，协调各专业施工技术管理。参与制定、贯彻工程质量方针。解决施工过程中出现的技术问题。负责施工过程中的质量监控。技术资料的管理。

3）财务总负责

负责日常生产的财务管理及各种材料、设备的资金计划安排。协助项目经理做好成本控制，管理项目资金运转。负责项目经理部后勤管理工作。

（3）组织人员培训

培训内容为政治思想、劳动纪律、项目工程概况及承担项目任务的重要性等。

5. 材料准备

（1）材料准备：根据施工组织设计中的施工进度计划和施工预算中的工料分析，编制工程所需材料用量计划，作为备料、供料和确定仓库、堆场面积及组织运输的依据，组织材料按计划进场，并作好保管工作。

（2）施工机具准备：拟由企业内部负责解决的施工机具，应根据需用量计划组织落实，确保按期供应。

（3）施工临设及常规物资：搭建临时设施及筹备各类施工工具，测量定位仪器、消防器材、周转材料等，均应提前进场，并合理分类堆放，派专人看护。

（4）施工用建筑材料视施工阶段进展情况计划材料进场时间，预先编制采购计划，并报请业主及监理工程师的审核确认，所有进场物资按预先设定场地分类别堆放，并作好标识。

（5）对于一些特殊产品，根据工程进展的实际情况编制使用计划，报业主及现场监理工程师审核及批准，组织进场，同时在管理中派专人负责供料和有关事宜，如收料登记，指定场地堆放、产品保护等工作。

（6）施工现场的管材、钢材、商品混凝土、沥青混凝土、水泥稳定碎石料等均由专业供应商供货。

（7）严格按质量标准采购工程需用的成品、半成品、构配件及原材料、设备等，合理组织材料供应和材料使用并做好储运、搬运工作，做好抽样复试工作，质量管理人员对提供产品进行抽查监督。

（8）材料供应计划

1）工程主要材料量待中标后，按工程预算及图纸计算汇总。

2）各种主材和地方材料由材料采购员有计划的采购。

3）工程材料按工程进行需用量，提出材料进场或入库日程，后期详列材料供应计划日程表。

4）组织进场材料检验和办理手续。

6. 机械设备准备

（1）根据施工组织中确定的施工方法、施工机具配备要求和数量、施工进度安排，编排施工机械设备需求计划。

（2）对大型施工机械（如挖土机、装载机、压路机、摊铺机等）的需求量和时间，向施工企业设备部门联系，提出要求，签订合同，并做好进场准备工作。

7. 岗前职工安全教育准备

（1）岗前安全教育要求

认真做好“三级”安全教育工作，其中新工人（包括合同工、临时工、民工、学徒工、实习和代培人员）入场，必须进行不少于50课时的“三级”安全教育，并进行登记签字后方可上岗作业。

“三级”安全教育的级别划分是：一级安全教育指公司级，教育时间不少于15课时；二级安全教育是指项目部级，教育时间不少于15课时；三级安全教育是指班组（岗位）级，教育时间不少于20课时。

“三级”安全教育的内容包括：一级安全教育的内容为安全生产的方针、政策、法律、法规，标准、规范，行业和企业的安全生产规章制度，企业安全生产的特点等；二级安全教育的内容为项目安全生产规章制度和要求，安全生产的特点，可能存在的不安全因素及注意事项；三级安全教育的内容为班组（岗位）安全生产的特点，主要危险和防护要求，本工程安全操作规程，“三不伤害”自我保护要求，事故案例剖析，劳动纪律和岗位讲评等。

采用新技术、新工艺、新设备施工和待岗、转岗、换岗的职工，在重新上岗前必须进行一次安全教育。

电工、焊工、架子工、爆破工、机操工、塔吊工、起重工（包括指挥），打桩机和各种机动车辆司机等特种作业人员，取得特种作业操作证后，每年必须按规定进行有针对性的专业培训，培训时间不少于20课时。

企业法定代表人、项目经理依法取得安全生产管理知识考核合格证外，每年接受安全培训的时间不得少于30课时。

企业专职安全管理人员除依法取得安全生产管理知识考核合格证外，每年还必须接受安全专业技术业务培训，时间不得少于40课时。

企业其他管理人员和技术人员每年接受安全培训的时间，不得少于20课时。

经建设行政主管部门或有关主管部门许可的培训部门负责组织企业法定代表人、项目经理、安全员和从事安全培训工作的教师资格的安全培训教育工作，并实行登记。各企业、单位负责组织开展企业其他管理人员、技术人员和特种作业人员安全专业技术业务培训，负责本企业职工三级安全教育的第一级教育工作，并实行登记；项目部负责本单位职工三级安全教育的第二级教育工作，并实行登记；项目部和作业班组负责本班组职工三级安全教育的第三级教育工作，并实行登记。

（2）安全教育内容

1）从业人员的权利和义务

① 生产经营单位的从业人员有权了解其作业场所和工作岗位存在的危险因素、防范措施及事故应急措施，有权对本单位的安全生产工作提出建议。

② 从业人员有权利对本单位安全生产工作中存在的问题提出批评、检举、控告；有权拒绝违章指挥和强令冒险作业。生产经营单位不因从业人员对本单位安全生产工作提出批评、检举、控告或者拒绝违章指挥、强令冒险作业而降低其工资福利等待遇或者解除与

其订立的劳动合同。

③ 从业人员的作业过程中，应当严格遵守本单位的安全生产规章制度和操作规程，服从管理，正确佩戴和使用劳动防护用品。

④ 从业人员应当接受安全生产教育和培训，掌握本职工作所需的安全生产知识，提高安全生产技能，增强事故预防和应急处理能力。

⑤ 从业人员发现事故隐患或者其他不安全因素，应当立即向现场安全生产管理人员或者本单位负责人报告；接到报告的人员应当及时予以处理。

2）班组安全教育

① 进入施工现场，必须佩戴安全帽，遵守纪律及现场的各项规则制度，按规定着装，不得违章作业，不准饮酒。

② 未经允许，不得擅自移动或拆除施工现场的安全设施、脚手架、安全网等。

③ 上下作业应走马道、楼梯，不准攀龙门架、脚手架。

④ 从事高处作业的人员必须持证上岗，并认真遵守安全施工规定，衣着要便捷灵活不笨重，禁止穿硬底鞋和带钉易滑的鞋。定期体检。经医生诊断，凡患高血压、心脏病、贫血病、癫痫病以及其他不适于高空作业的，不得从事高空作业。

⑤ 高处作业物料要堆放平稳，不可放置在临边和洞口附近，凡有坠落可能的，要及时撤出或固定以防跌落伤人。

⑥ 发现安全设施有缺陷或隐患，应及时报告处理，对危险及人身安全的必须停止施工，消险后再进行高处作业。

⑦ 高处上作业安全设施要经常检查，处于良好状态。

⑧ 支模过程中，如需中途停歇，将支撑、拉头、柱头板等钉牢。拆模间歇时，应将已活动的模板、牵杠、支模等运走或妥善堆放，防止因踏空、扶空而坠落。二人抬运模板时要互相配合，协同工作，传递模板。工具应用运输工具或绳子系牢后升降，不得乱抛。高空拆除时，应有专人指挥，并在下面标出工作区，用绳子和白旗加以围挡，暂停人员过往。

⑨ 拆除模板应经施工技术人员同意。操作时应按顺序分段进行，严禁猛撬、硬砸或大面积撬落和拉倒。作业人员要站立在安全地点进行操作，防止上下在同一垂直面工作，操作人员要主动避让掉物，增强自我保护的安全意识。拆除模板一般需长撬棒，人不许站在正在拆除的模板上，在拆除楼板模板时，要注意整块模板掉下，尤其是用定型模板做平台模板时更要注意，拆除人员要站在门窗洞口外拉支撑，防止模板突然全部掉落伤人。不得留下松动和悬挂的模板。拆下的模板应及时运送到指定地点集中堆放，防止钉子扎脚。

⑩ 不得在脚物架上堆放大批模板等材料。

⑪ 工作前应先检查使用工具是否牢固，扳手等工具必须用绳链栓在身上，钉子必须放在工具袋内以免掉落伤人，工作时要思想集中，防止钉子扎脚和高空坠落。

⑫ 正确使用劳动保护用品，高处作业必须系安全带。

⑬ 工作中发现不安全因素，可暂停作业并立即报告。

⑭ 严禁在高空作业时抛扔物品，戏要打闹。当日完后，应仔细检查岗位周围情况，如发现留有隐患的部位，应及时进行修复方可撤离岗位。

⑮ 搭设和拆除现场必须设警戒区域，张挂醒目的警戒标志。警戒区域内严禁非操作人员通行或在脚手架下方继续组织施工。地面监护人员必须履行职责，高层建筑脚手架搭设和拆除，应配备良好的通信装置。

⑯ 如遇强风、雨、雪等特殊气候，不应进行脚手架的搭设和拆除，夜间实施脚手架作业，应具备良好的照明设备。

⑰ 搭设的架子应按脚手架搭设规范要求操作。对钢管有严重锈蚀、弯曲、压扁或裂缝的不得使用。扣件发生有脆裂、变形滑丝的禁止使用。

⑱ 钢筋、半成品等应按规格、品种分别堆放整齐，制作场地要平整，工作台要稳固，夜间使用照明灯具必须加网罩。

⑲ 拉直钢筋，卡头要卡牢，地锚要结实牢固，拉筋沿线 2m 区域内禁止行人。

⑳ 在高空、深坑绑扎钢筋和安装骨架，须搭设脚手架和马道。

㉑ 绑扎立柱、墙体钢筋，不得站在钢筋骨架上和攀登骨架上下。

㉒ 绑扎高层建筑的圈梁、挑檐、外墙、边柱钢筋，应搭设外架和挂设安全网，绑扎时系好安全带。

㉓ 起吊钢筋骨架，下方禁止站人，必须待骨架降落到离地 1m 以内方准靠近就位支撑好方可摘钩。

㉔ 绑扎时应检查脚手架是否稳固，不应在架子上集中堆放钢筋，所堆放的箍筋应放置好，以免坠落伤人。

㉕ 绑扎完毕应及时清理剩余箍筋、铅丝，做到工完场清，钢筋工应根据自身工作特点作好安全防护措施，以安全为主。

㉖ 钢筋半成品等应按规格品种分类堆放整齐制作场地平整，工作台要稳固。

㉗ 浇筑混凝土时认真贯彻安全帽、安全网、安全带的安全“三宝”的使用制度和“四口”的防护制度。开动地泵前应检查机械运转情况。

㉘ 使用振捣器应穿胶鞋，湿手不得接触开关，电源线应完好，防止破皮漏电。管道接头、安全卡必须完好，管道架必须牢固，输送前必须试送，检修必须卸压。

㉙ 施工前对所施工的部位，进行安全检查，发现隐患，经有关人员处理解决后，方可进行施工操作。

㉚ 严禁在施工作业上互相丢材料、工具物品及向下抛丢杂物，严禁酒后作业。

㉛ 电源线不得有破皮漏电现象。夜间施工作业配有足够的照明设施，临时照明电要有安全距离，有专业电工负责接拆。现场的所有机械、设备、电器需安设漏电保护器，并在每班前有持证电工检查。

6.5.2 资源需用量计划

单位工程施工进度计划编制确定以后，便可以编制相应的资源供应计划和施工准备工作计划（主要材料、预制构件、门窗等的需用量和加工计划；编制施工机具及周转材料的需用量和进场计划）。以便按计划要求组织运输、加工、订货、调配和供应等工作，保证施工按计划顺利地进行。这些计划是做好劳动力与物资的供应、平衡、调度、落实的依据，也是施工单位编制施工作业计划的主要依据之一。

1. 劳动力需要量计划

劳动力需要量计划主要用于调配劳动力、安排生活福利设施。劳动力的需要量是根据单位工程施工进度计划中所列各施工过程中每天所需人工数之和确定。各施工过程劳动力进场时间和用量的多少，应根据计划和现场条件而定，见表 6-4 和表 6-5。

劳动力需要量计划样表 1　　表 6-4

序号	工种	人数		备注
		基础、主体阶段	装饰阶段	
1	钢筋工	80	0	各工种工人根据施工进度需要进场
2	钢结构安装工	60	0	
3	模板工	120	0	
4	脚手架	30	0	
5	混凝土工	20	0	
6	瓦工	40	0	
7	抹灰工	10	80	
8	电工	30	60	
9	室内管道工	20	40	
10	机械工	10	0	
11	粉刷工	8	60	
12	塔吊工	4	0	
13	木工	0	12	
14	油漆工	0	60	
15	防水工	10	40	
16	外保温工		60	
17	门窗工		40	
18	幕墙工		25	
19	吊顶工		80	
20	粘砖工		60	
21	室外管道		50	

劳动力需要量计划样表 2　　表 6-5

2019 年 03 月至 2019 年 06 月														
序号	工种	最高峰数量	2019 年 03 月			2019 年 04 月			2019 年 05 月			2019 年 06 月		
			上旬	中旬	下旬	上旬	中旬	下旬	上旬	中旬	下旬	上旬	中旬	下旬
1	模板工	20		4	12	18	18	20	20	20	20	20	20	20
2	钢筋工	20		4	12	18	18	20	20	20	20	20	20	20
3	混凝土工	12		4	4	8	8	12	12	12	12	12	12	12

续表

2019年03月至2019年06月														
序号	工种	最高峰数量	2019年03月			2019年04月			2019年05月			2019年06月		
			上旬	中旬	下旬	上旬	中旬	下旬	上旬	中旬	下旬	上旬	中旬	下旬
4	架子工	24				20	20	24	24	24	24	24	24	24
5	电焊工	8		2	4	8	8	8	8	8	8	8	8	8
6	机械工	8	4	4	8	8	8	8	8	8	8	8	8	8
7	力工	40	12	12	24	32	32	40	40	40	40	40	40	40
8	电工	4		2	4	4	4	4	4	4	4	4	4	4
9	防水工	14												
10	砖工	23												
11	装饰工	30												
12	测量工	6		4	6	6	6	6	6	6	6	6	6	6
13	合计	142	16	36	74	74	90	122	142	142	142	142	142	142

2. 主要材料需要量计划

材料需要量计划主要为组织备料、确定仓库、堆场面积、组织运输之用，以满足施工组织计划中各施工过程所需的材料供应量。材料需要量是将施工进度表中各施工过程的工程量，按材料名称、规格、使用时间、进场量等并考虑各种材料的贮备和消耗情况进行计算汇总，确定每天（或月、旬）所需的材料数量，见表6-6和表6-7。

主要材料需要量计划样表1 表6-6

序号	材料名称	单位	计划总用量	计划用量												
				2018年		2019年										
				11月	12月	1月	2月	3月	4月	5月	6月	7月	8月	9月	10月	11月
1	商品混凝土	m^3														
2	钢筋	t														
3	中砂	m^3														
4	中粗砂	m^3														
5	砂碎	m^3														
6	土方	m^3														
7	波纹管	m														
8	铜芯电力电缆	m														
9	标志牌	套														
…	…	…														

主要材料需要量计划样表 2　　表 6-7

序号	名称	规格	单位	需要量	分期进场时间、数量						备注
					时间/数量	时间/数量	时间/数量	时间/数量	时间/数量	时间/数量	
1											
2											
3											
4											
5											
6											
7											
9											
…											

3. 施工机械需用量计划

根据采用的施工方案和安排的施工进度来确定施工机械的类型、数量、进场时间。施工机械需用量是把单位工程施工进度中的每一个施工过程，每天所需的机械类型、数量和施工日期进行汇总。对于机械设备的进场时间，应该考虑设备安装和调试所需的时间，见表 6-8。

施工机械需要量计划样表　　表 6-8

序号	名称	规格	功率(kW)	数量	总用电(kW)	备注
1	塔式起重机	QTZ63	34.7	2	68	
2	静压机		120	1	120	
3	汽车吊	QY16D		3	0	
4	汽车吊	QY50K		6	0	
5	反铲挖掘机	PC200-	110	3	0	
6	物料提升机	SSD100	33	2	66	

续表

序号	名称	规格	功率(kW)	数量	总用电(kW)	备注
7	钢筋切断机	GQ40L	5.5	6	33	
8	钢筋弯曲机	GW40—	3.5	7	24.5	
9	钢筋调直切断机	HSG40	10	2	20	
10	交流电焊机	BX—50	38	5	190	
11	电渣压力焊	HYS-63	35	5	105	
12	木工圆锯	MJ104	5.5	3	16.5	
13	木工平刨	MB506	4	4	16	
14	木工压刨	MB206	4	2	8	
15	无齿锯		1	2	2	
16	插入式振动器	ZX50-6	1.1	10	11	
17	平板式振捣器	ZB11	3.5	5	17.5	
18	真空吸水泵		4	5	20	
19	台钻		1.5	2	3	
20	电锤		1.2	6	7.2	
21	冲击式打夯机		7.5	5	37.5	
总计(kW)					765.2	

6.6 单位工程施工平面图

单位工程施工平面图是对一个建筑物或构筑物施工现场的平面规划和空间布置图。它是根据工程规模、特点和施工现场的条件，按照一定的设计原则，正确地解决施工期间所需要的各种暂设工程和其他设施与永久性建筑物和拟建建筑物之间的合理位置关系。

6.6.1 单位工程施工平面图的设计内容

单位工程施工平面图通常用 1∶500～1∶200 的比例绘制，一般应在图上标明下列内容：

(1) 施工区域范围内一切已建和拟建的地上、地下建筑物、构筑物和各种管线及其他设施的位置和尺寸，并标注出道路、河流、湖泊等位置和尺寸以及指北针、风向玫瑰图等。

(2) 测量放线标桩位置、地形等高线和取弃土方场地。

（3）自行式起重机开行路线，垂直运输机械的位置。

（4）材料、构件、半成品和机具的仓库或堆场。

（5）生产、办公和生活用临时设施的布置，如搅拌站、泵站、办公室、工人休息室以及其他需搭建的临时设施。

（6）场内施工道路的布置及其与场外交通的联系。

（7）临时给排水管线、供电线路、供气、供热管道及通信线路的布置，水源、电源、变压器位置确定，现场排水沟渠及排水方向的考虑。

（8）脚手架、封闭式安全网、围挡、安全及防火设施的位置。

（9）劳动保护、安全、防火及防洪设施布置以及其他需要布置的内容。

6.6.2　设计依据

布置施工平面图，首先应对现场情况进行深入细致地调查研究，对原始资料进行详细的分析，确保施工平面图的设计与现场相一致，尤其是要对地下设施资料进行认真的调查。

单位工程施工平面图设计的主要依据是：

1. 施工现场的自然资料和技术经济资料

（1）自然条件资料包括：气象、地形、地质、水文等。主要用于排水、易燃易爆、有毒品的布置以及冬雨期施工安排。

（2）技术经济条件包括：交通运输、水电源、当地材料供应、构配件的生产能力和供应能力、生产生活基地状况等。

2. 项目整体建筑规划平面图

项目整体规划平面图是设计施工平面图的主要依据。

（1）项目整体建筑规划平面图中一切地上、地下拟建和已建的建筑物和构筑物，是确定临时设施位置的依据，也是修建工地内运输道路和解决排水问题的依据。

（2）项目整体建筑规划平面图中的管道综合布置图的已有和拟建的管道位置，是施工准备工作的重要依据。如已有管线是否影响施工、是否需要利用或拆除，临时性建筑应避开拟建综合管道位置等。

（3）拟建工程的其他施工图资料。

3. 施工方面的资料

（1）施工方案确定的垂直运输机械、起重机械和其他施工机具位置、数量、加工场的规模及场地规划。

（2）施工进度计划中各施工过程的施工顺序，分阶段施工现场布置要求。

（3）资源需要量计划确定的材料堆场和仓库面积及位置。

（4）尽量利用建设单位提供的已有设施，减少现场临时设施的搭设数量。

6.6.3　设计原则

根据工程规模和现场条件，单位工程施工平面图的布置方案是不相同的，一般应遵循以下原则：

(1) 在满足施工的条件下，场地布置要紧凑，施工占用场地要尽量小，以不占或少占农田为原则。

6.11
青苗
补偿费

(2) 最大限度地缩小场地内运输量，尽可能减少二次搬运，各种主要材料、构配件堆场宜布置在塔式起重机有效作业范围之内，大宗材料和构件应靠近使用地点布置；在满足连续施工的条件下，各种材料应按计划分批进场，充分利用场地。

(3) 最大限度地减少暂设工程的费用，尽可能利用已有或拟建工程。如利用原有水、电管线、道路、原有房屋等为施工服务；利用可装拆式活动房屋，利用当地市政设施等。

(4) 在保证施工顺利进行的情况下，要满足劳动保护、安全生产和防火要求。对于易燃、易爆、有毒设施，要注意布置在下风向，保持安全距离；对于电缆等架设要有一定高度；注意布置消防设施，雨期施工应考虑防洪、排涝措施等。

6.6.4 单位工程施工平面图设计步骤

在整个施工过程中，各种施工机械、材料、构件在工地上的实际布置情况是随时改变的，所以在布置各阶段的施工平面图时，就需要按不同施工阶段分别设计几张施工平面图以便能把不同施工阶段的合理布置具体反映出来。但对整个施工时期使用的主要道路、水电管线和临时房屋等，不要轻易变动，以节省费用。

布置重型工业厂房的施工平面图，还应该考虑到一般土建工程同其他设备安装等专业工程的配合问题，一般以土建施工单位为主会同各专业施工单位，共同编制综合施工平面图。在综合施工平面图中，尤其要根据各专业工程在各施工阶段中的要求将现场平面统筹规划、合理划分，以满足所有专业施工的要求。对于一般工程，只需要对主体结构阶段设计施工平面图，同时考虑其他施工阶段如何周转使用施工场地。

一般情况下，单位工程施工平面图布置步骤为：确定起重机的位置→确定搅拌站、仓库、材料和构件堆场、加工厂的位置→确定运输道路的布置→布置行政、文化、生活、福利用地等临时设施→布置水电管线。

1. 确定垂直运输机械位置

垂直运输机械的位置直接影响仓库、料堆、砂浆和混凝土搅拌站的位置及道路和水电线路的布置等，因此要首先予以考虑。

(1) 塔式起重机布置

1) 附着式塔式起重机

建筑施工中多用附着式塔式起重机，其布置要结合建筑物的平面形状、尺寸和四周的施工场地条件而定，应使拟建建筑物平面尽量处于塔式起重机的工作半径回转范围之内，避免出现“死角”；要使构件、成品和半成品堆放位置及搅拌站前台尽量处于塔臂的活动范围之内。布置塔式起重机时应考虑其起重量、起重高度和起重半径等参数，同时还应考虑装、拆塔式起重机时场地条件及施工安全等方面的要求，如塔基是否坚实、多塔工作时是否有塔臂碰撞的可能性、塔臂范围内是否有需要防护的高压电线等问题。

在高层建筑施工中，往往还需配备若干台固定式升降机（人货两用电梯）在主体结构施工阶段作为塔式起重机的辅助设备；在装饰工程插入施工时，作为主要垂运设备，主体结构施工完毕，塔式起重机可提前拆除转移到其他工程。

2）轨道式塔式起重机

有轨式塔式起重机通常沿建筑物一侧或两侧布置，必要时还需增加转弯设备，尽量使轨道长度最短，轨道的路基要坚实，并做好路基四周的排水处理。此种起重机由于稳定性差，很少使用。

（2）固定式垂运机械的布置

固定式垂运机械（如井架、龙门架、桅杆、施工电梯等）的布置，主要根据其机械性能、建（构）筑物的平面形状和大小、施工段的划分情况、起重高度、材料和构件的重量及垂直运输量、运输道路等情况而定。其目的是充分发挥起重机械的能力，做到使用安全、方便，便于组织流水施工，并使地面与楼面上的水平运输距离最短，布置时应考虑以下几个方面：

1）当建筑物各部位高度相同时，应布置在施工段的分界线附近；当建筑物各部位高度不同时，应布置在高低分界线较高部位一侧，以使楼面上各施工段的水平运输互不干扰。

2）若有可能，应尽量布置在窗口处，以避免砌墙留槎，减少井架拆除后的修补工作。

3）垂直运输设备的数量要根据施工进度、垂直提升构件和材料的数量、台班工作效率等因素确定，其服务范围一般为 30～40m，井架应立在外脚手架之外，并有一定安全距离，一般为 3m 以上，同时做好井架周围的排水工作。

4）卷扬机的位置不应距起重机械过近，以便司机的视线能看到整个升降过程，一般要求卷扬机距起重机械距离大于建筑物的高度。

2. 确定搅拌站、加工厂、仓库及各种材料、构件堆场的位置

考虑到运输和装卸料的方便，搅拌站、仓库和材料、构件堆场的位置应尽量靠近使用地点或在起重机服务范围以内，以缩短运距，避免二次搬运。根据施工阶段、施工部位和起重机械的类型不同，材料、构件等堆场位置一般应遵循以下几点要求：

（1）建筑物基础和第一层施工所用的材料，应该布置在建筑物的四周。其堆放位置应根据基坑（槽）的深度、宽度及其坡度或支护形式确定，并与基坑边缘保持一定安全距离（至少 1m）、以免造成基坑土壁坍方。第二层以上施工材料，布置在起重机附近，砂、石等大宗材料，尽量布置在搅拌站附近。

（2）当采用固定式垂运机械时，其材料堆场、仓库以及搅拌站位置应尽可能靠近垂直运输设备布置，减少二次搬运；当采用塔式起重机进行垂直运输时，应布置在塔式起重机有效起重幅度范围内。

（3）多种材料同时布置时，对大宗的、重量大的和先期使用的材料尽可能靠近使用地点或起重机附近布置；而少量的、轻的、后期使用的材料则可布置得稍远一些。搅拌站出料口一般设在起重机半径内，砂、石、水泥等大宗材料的布置，可尽量布置在搅拌站附近，使搅拌材料运至搅拌机的运距尽量短。石灰仓库和淋灰池的位置要接近砂浆搅拌站并在下风处。沥青堆场及熬制锅的位置要离开易燃仓库或堆场，也应布置在下风处。

（4）要考虑不同施工阶段、施工部位和使用时间，材料、构件堆场的位置要分区域设置或分阶段设置，按不同施工阶段、不同材料的特点，在同一位置上可先后布置几种不同的材料，让材料分批进场，在不影响施工进度的前提下，尽量少占工地面积。

（5）模板、脚手架等周转性材料，应选择在装卸、取用、整理方便和靠近拟建工程的地方布置。

3. 现场运输道路的布置

现场运输道路的布置必须满足材料、构件等物品的运输及消防的要求，一般沿着仓库和堆场进行布置。现场的主要道路应尽可能利用拟建工程的永久性道路，可先做好永久性道路的路基，在交工之前再铺路面，以减少投资。现场道路布置时，单行道路宽不小于3.5m，双行道路宽不小于6m。为使运输工具有回转的可能性，主要道路宜围绕单位工程环型布置，转弯半径要满足最长车辆拐弯的要求，单行道不小于9～12m，双行道不小于7～12m。路基要坚实，做到雨期不泥泞不翻浆，路面材料要选择透水性好的材料，保证雨后2h内车辆能够通行。道路两侧要设有排水沟，以利雨期排水，排水沟深度不小于0.4m，底宽不小于0.3m。

4. 临时设施的布置

临时设施分为生产性临时设施（如钢筋加工棚、水泵房、木工加工房）和非生产性临时设施（如办公室、工人休息室、门卫室、食堂、厕所等）。主要考虑以下几方面：

（1）木工和钢筋加工车间的位置可考虑布置在建筑物四周较远的地方，但应有一定的场地堆放木材、钢筋和成品。

（2）易燃易爆品仓库应远离锅炉房等。

（3）现场的非生产性临时设施，应尽量少设，尽量利用原有房屋，必须修建时要经过计算，合理确定面积，努力节约临时设施费用，必须设置的临时设施应考虑使用方便，又不妨碍施工，并要符合安全、卫生、防火的规定。通常，办公室的布置应靠近施工现场，宜设在工地出入口处；工人临时休息室应设在工人作业区，宿舍、生活区与生产区分开设置，且应布置在安全的上风向；门卫、收发室宜布置在工地出入口处。

5. 水、电管网的布置

（1）临时用水管网的布置

施工现场用水包括生产、生活、消防用水三大类。在可能的条件下，单位工程随工用水及消防用水要尽量利用工程永久性供水系统，以便节约临时供水设施费用。

施工用的临时给水管，一般由建设单位的干管或施工单位自行布置的干管接到用水地点，有枝状、环状和混合状等布置方式。布置时应力求管网长度最短，管径大小、取水点的位置与数量视工程规模大小通过计算确定。管道应埋入地下，尤其是寒冷地区，给水管要埋置在冰冻层以下，避免冬期施工时水管冻裂，也防止汽车及其他机械在上面行走压坏水管。临时管线不要布置在二期将要修建的建（构）筑物或室外管沟处，以免在项目开工时，切断了水源影响施工用水。同时应按防火要求，设置室外消防栓，高层建筑施工一般要设置高压水泵和楼层临时消火栓，消火栓作用半径为50m，其位置在楼梯通道处或外架子、垂直运输井架附近，冬期施工还要采取防冻保温措施，条件允许时，可利用城市或建筑单位的永久消防设施。为防止供水的意外中断，可在建筑物附近设置简易蓄水池。为便于排除地面水和地下水，要及时修通永久性下水道，并结合现场地形，在建筑物四周设置排泄地面水和地下水的沟渠，如排入城市下水系统，还应设置沉淀池。

（2）临时用电管网的布置

单位工程施工用电应在全工地施工总平面图中一并考虑。一般施工中的临时供电应根据计算出的各个施工阶段所需最大用电量，选择变压器和配电设备。根据用电设备的位置及容量，确定动力和照明供电线路。变压器（站）的位置应布置在现场边缘高压线接入处，四周用铁丝网围住，不宜布置在交通要道口；临时变压器设置，应距地面不小于 30cm，并应在 2m 以外处设置高度大于 1.7m 的保护栏杆。架空线路应尽量设在道路一侧，不得妨碍交通和施工机械运转，塔式起重机工作区和交通频繁的道路的电缆应埋在地下，架空线路距在建建（构）筑物的水平距离应大于 1.5m，架空线路应尽量保持线路水平，以免电杆受力不均。低压线路的架空线与施工建（构）筑物水平距离不小于 1.0m，与地面距离不小于 6m；架空线跨越建（构）筑物或临时设施时，垂直距离不小于 2.5m。各用电点必须配备与用电设备功率相匹配的，并由闸刀开关、熔断保险、漏电保护器和插座等组成的配电箱，其高度与安装位置应以操作方便、安全为准；每台用电机械或设备均应分设闸刀开关和熔断器，实行单机单闸，严禁一闸多机。设置在室外的配电箱应有防雨措施，严禁漏电、短路及触电事故的发生。

6. 绘制施工现场平面布置图（图 6-8、图 6-9）

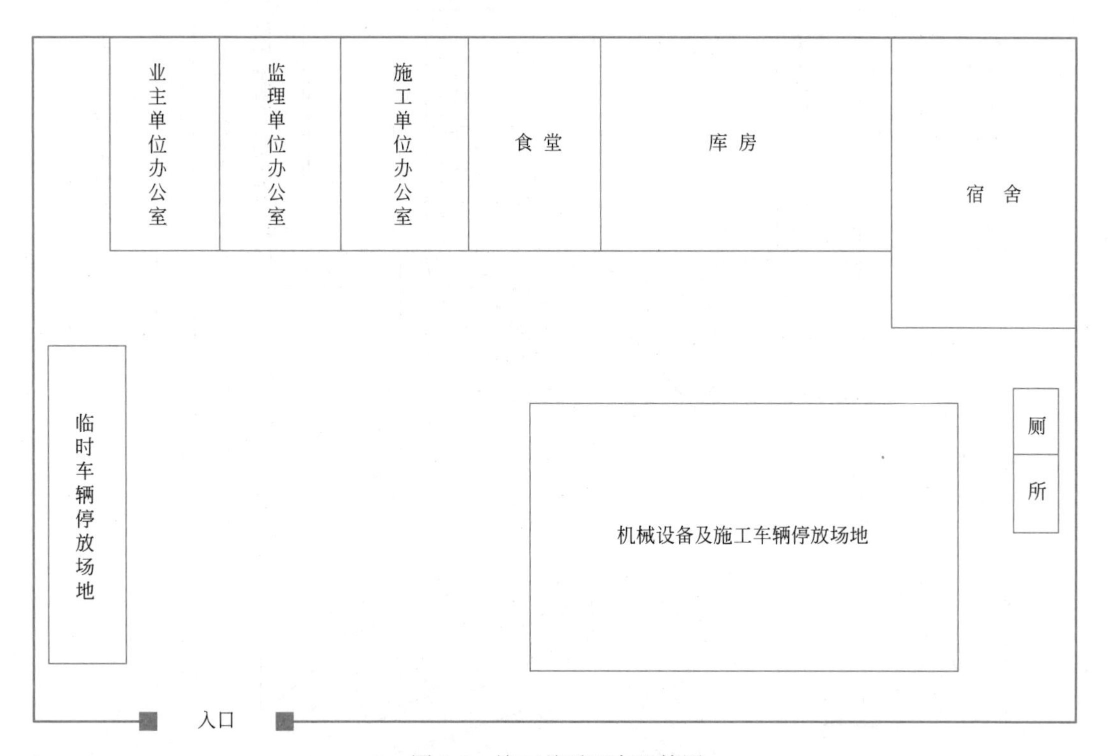

图 6-8 施工总平面布置简图

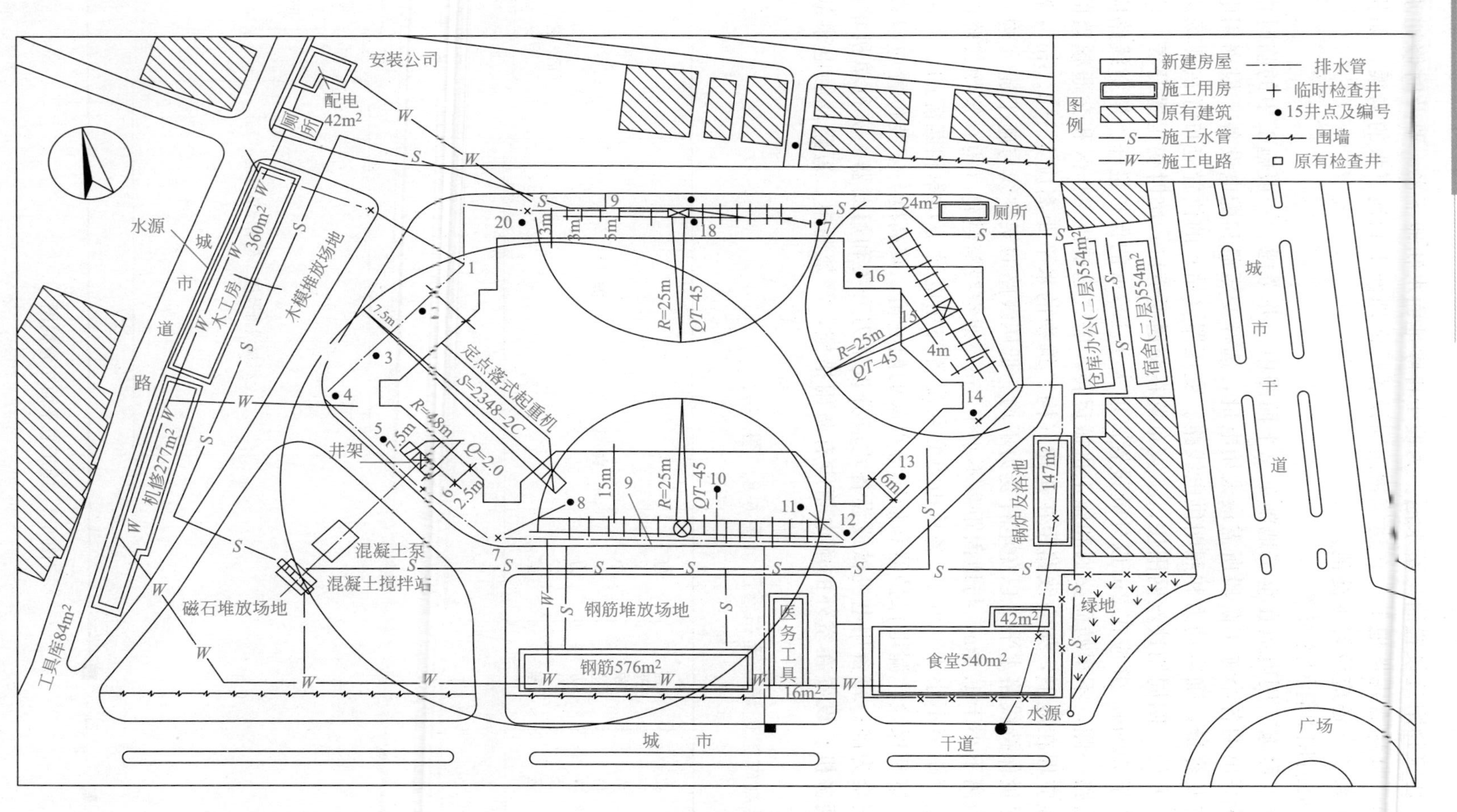

图 6-9 施工总平面布置图样图

6.7 应用案例

6.7.1 应用案例1

1. 背景资料

某新建工程，建筑面积2800m²，地下一层，地上六层，框架结构，建筑总高28.5m，建设单位与某施工单位签订了施工合同，合同约定项目施工创省级安全文明工地。在施工过程中，发生了如下事件：

事件一：建设单位组织监理单位、施工单位对工程施工安全进行检查，检查内容包括：安全思想、安全责任、安全制度、安全措施。

事件二：施工单位编制的项目安全措施计划的内容包括有：管理目标、规章制度、应急准备与响应、教育培训。检查组认为安全措施计划主要内容不全，要求补充。

事件三：施工现场入口仅设置了企业标识牌、工程概况牌，检查组认为制度牌设置不完整，要求补充。工人宿舍室内净高2.3m，封闭式窗户，每个房间住20个工人，检查组认为不符合相关要求，对此下发了整改通知单。

事件四：检查组按照《建筑施工安全检查标准》JGJ 59对本次安全检查进行了评价，汇总表得分68分。

2. 问题

（1）除事件一所述检查内容外，施工安全检查还应检查哪些内容？

（2）事件二中，安全措施计划中还应补充哪些内容？

（3）事件三中，施工现场入口还应设置哪些制度牌？现场工人宿舍应如何整改？

（4）事件四中，建筑施工安全检查评定结论有哪些等级？本次检查应评定为哪个等级？

3. 解析

（1）参考答案

除了事件一中所述的检查内容外，施工安全检查还应该检查的内容包括：安全防护、设备设施、教育培训、操作行为、劳动防护用品使用和伤亡事故处理。

（2）参考答案

事件二中安全措施计划还应补充的内容：工程概况；组织机构与职责权限；风险分析与控制措施；安全专项施工方案；资源配置与费用投入计划；检查评价、验证与持续改进。

（3）参考答案

① 制度牌：事件三中，施工现场入口还应设置的制度牌有：施工现场总平面图，环境保护制度牌，安全生产制度牌，文明施工制度牌，消防保卫制度牌，管理人员名单及监督电话牌。

② 宿舍整改：室内净高不得小于2.4m；现场宿舍必须设置可开启式窗户；每间宿舍

居住人员不得超过16人。

(4) 参考答案

① 建筑施工安全检查评定结论有优良、合格、不合格三个等级。

② 本次检查评定的等级为不合格。

6.7.2 应用案例2

1. 背景材料

某住宅小区，其占地东西长400m，南北宽200m。其中，有一栋高层宿舍，是结构为25层大模板全现浇钢筋混凝土塔楼结构，使用两台塔式起重机。设环行道路，沿路布置临时用水和临时用电，不设生活区，不设搅拌站，不熬制沥青。

2. 问题

(1) 施工平面图的设计原则是什么?

(2) 进行塔楼施工平面图设计时，以上设施布置的先后顺序是什么?

(3) 如果布置供水，需要考虑哪些用水? 如果按消防用水的低限(10L/s)作为总用水量，流速为1.5m/s，管径选多大的?

(4) 布置道路的宽度应如何布设?

(5) 如何设置消火栓? 消火栓与路边距离应是多少?

(6) 按现场的环境保护要求，提出对噪声施工的限制，停水、停电、封路的办理，垃圾渣土处理办法。

(7) 电线、电缆穿路的要求有哪些?

3. 解析

(1) 参考答案

少占地；少二次搬运；少临建；利于生产和生活；保安全；依据充分。

(2) 参考答案

这是一个单位工程的施工平面图，应按下列顺序布置：确定起重机的位置→定材料和构件堆场→布置道路→布置水电管线。

(3) 参考答案

用水种类：施工用水，机械用水；现场生活用水；消防用水。

消防用水低限为10L/s，管径计算如下：

$$\sqrt{\frac{4Q}{\pi}\times v\times 1000}=\sqrt{4\times\frac{10}{3.14}\times 1.5\times 1000}=0.092\text{m}=92\text{mm}$$

(4) 参考答案

布置道路宽度如下：单行道3～3.5m；双车道5.5～6.0m；木材场两侧有6m宽通道，道路端头设12m×12m回车场。

(5) 参考答案

按120m间距计算，如果沿路设消火栓，按周长400×2+200×2−4×30=1080m计，设消火栓数量为：1080÷120=9个。消火栓离路边应不大于2m。

(6) 参考答案

晚 10 时至晨 6 时，不进行混凝土浇筑和产生强噪声作业；渣土、垃圾外运；按要求办理停电、停水、封路手续。

（7）参考答案

电线、电缆穿路的要求：电线穿路用直径 51～76mm 的钢管，电缆穿路用直径 102mm 钢管，埋入地下 60cm 处。

单元总结

单位工程施工组织设计是用来规划和指导单位工程从施工准备到竣工验收全部施工活动的技术经济文件，对施工企业实现科学的生产管理、保证工程质量、节约资源和降低工程成本等，起着十分重要的作用。

通过本教学单元的学习，学生应当掌握：

1. 单位工程施工组织设计的编制依据。
2. 单位工程施工组织设计的编制程序。
3. 单位工程概况、施工部署。
4. 单位工程施工方案的选择、施工程序、施工流向。
5. 施工进度计划的编制和表示方法。
6. 施工准备工作、资源需要量计划。
7. 单位工程施工平面图设计。

并对在编制单位工程施工组织设计过程中的资料收集、文档管理、工作流程、方案设计、设计优化等工作内容有初步的体验和了解。

《建筑施工组织设计规范》GB/T 50502—2009 选节可见二维码。

6.13 规范选节

习 题

一、判断题

1. 单位工程施工平面图是对一个建筑物的施工场地的平面规划和空间布置。（　　）
2. 横道图是流水施工的表达方式之一，而网络图不是。（　　）
3. 施工起点流向是指单位工程在平面或竖向上施工开始的部位和方向。（　　）
4. 利用横道图表示工程项目的施工进度计划可以明确哪些为关键工作。（　　）

二、单选题

1. 下列建筑中，属于单位工程的是（　　）。

A. 一所学院　　B. 学校的一个教学楼

C. 工厂一个车间的土建工程　　D. 土建工程中的基础工程

2. 下列工程中，（　　）应由单位工程施工技术负责人进行编制。

A. 施工组织总设计　　B. 单位工程施工组织设计

C. 分部工程施工设计　　D. 以上都不对

3. 下列内容中，不属于单位工程施工组织设计的内容的是（　　）。

A. 施工进度计划　　B. 施工平面图

C. 施工日志　　D. 工程概况

4. 单位工程施工组织设计是（　　）为对象，直接指导现场施工活动的技术文件。

A. 建设项目　　B. 单项工程

C. 单位工程　　D. 分部工程

5. 工程概况的主要内容包括工程特点，当地自然状况和（　　）。

A. 建筑特点　　B. 结构特点

C. 施工条件　　D. 地质特点

6. 单位工程施工组织设计包括工程概况、施工方案及（　　）等方面内容。

A. 施工进度计划表　　B. 作业进度计划表

C. 准备工作计划表　　D. 加工供应计划表

7. 对于较简单的一般工业与民用建筑，单位工程施工组织设计的内容可以简化只包括主要施工方法、施工进度计划和（　　）。

A. 施工方案　　B. 施工平面图

C. 施工准备　　D. 施工作业计划

8. 单位工程施工组织设计编制的程序中，在编制施工准备工作计划与计算技术经济指标之间的工作是（　　）。

A. 编制施工进度计划　　B. 编制运输计划

C. 布置施工平面图　　D. 计算工程量

9. 对建筑设计特点的介绍中应重点说明的内容是（　　）。

A. 平面形状和组合　　B. 建筑面积和层高

C. 内、外装饰做法　　D. 施工要求高，难度大的项目

10. 对结构特征的简述中，除简述基础构造埋置深度、承重结构类型外，应作突出说明的是（　　）。

A. 单件重量及高度　　B. 预制还是现浇

C. 结构施工的难点、重点及结构特征　　D. 楼梯形式及做法

11. 砖混结构住宅建筑施工的关键是（　　）。

A. 砖墙与楼板承重

B. 砌砖墙与楼板安装

C. 组织立体，交叉平行流水作业

D. 重视混凝土现浇部位与楼层施工的配合

12. 单层排结构工业厂房施工的关键是（　　）。

A. 空间高度高，跨度大　　B. 构件重量大，高度高

C. 现场预制和吊装方法　　D. 构件重量大，构件长

13. 合理选择（　　）是单位工程施工组织设计的核心。

A. 施工方法　　B. 施工顺序

C. 施工机械　　D. 施工方案

14. 砖混结构住宅建筑的施工，一般分为基础工程、（　　）和屋面装修及房屋设备安装三个阶段。

A. 吊装工程　　B. 主体工程

C. 预制工程　　D. 混凝土工程

15. 单位工程施工进度计划根据施工项目划分的（　　）可分为控制性和指导性施工进度计划。

A. 粗细程度　　B. 详略程度

C. 重要程度　　D. 物资需用量的大小

16. 单位工程控制性施工计划是以（　　）作为施工项目划分为对象。

A. 分项工程　　B. 分部工程

C. 施工过程　　D. 施工工序

17. 某工程一砖外墙砌筑，其工程量为 800m^3 若采用平均时间定额为 0.80 工日/m^3 则完成此项任务所需的劳动量为（　　）工日。

A. 600　　B. 620　　C. 640　　D. 660

18. 单位工程施工平面设计首先确定（　　）位置。

A. 引入水电　　B. 引入道路

C. 起重运输机械　　D. 临时设施

19. 塔式起重机布置最佳状况应使建筑物平面均在塔式起重机服务范围以内，避免（　　）。

A. 活角　　B. 死角　　C. 吊角　　D. 斜角

20. 消防栓距离建筑物不应小于（　　）m，也不应大于（　　）m。

A. 3，23　　B. 4，24　　C. 5，25　　D. 6，26

三、简答题

1. 影响建设工程施工进度的因素有哪些？

2. 结合实践谈谈编制单位工程施工组织设计时应注意哪些问题？

教学单元7 Chapter 07

建筑工程质量管理

教学目标

1. 知识目标

(1) 了解质量管理的内容及相关理论；了解建筑工程质量管理体系；了解影响工程质量的因素。

(2) 理解质量与质量管理的相关概念；理解施工质量控制的基本环节及内容。

(3) 掌握五种常用的质量管理统计分析方法；掌握工程项目竣工验收程序及主要工作内容；掌握工程质量事故处理程序及施工质量缺陷处理的基本方法。

2. 能力目标

通过本教学单元的学习，能够参与编制施工项目质量计划、质量控制措施等质量控制文件，并实施质量交底；能够进行工程质量检查、验收、评定；能够识别一般质量缺陷，并进行分析和处理；能参与调查、分析质量事故，并具备处理一般质量事故的能力。

3. 思政目标

建筑工程质量管理是在工程项目的质量方面指挥和控制组织的协调活动，其目的是为项目的用户（顾客、项目的相关者等）提供高品质的工程和服务，培养良好的品德、独立的人格和钻研技术的意识。

思维导图

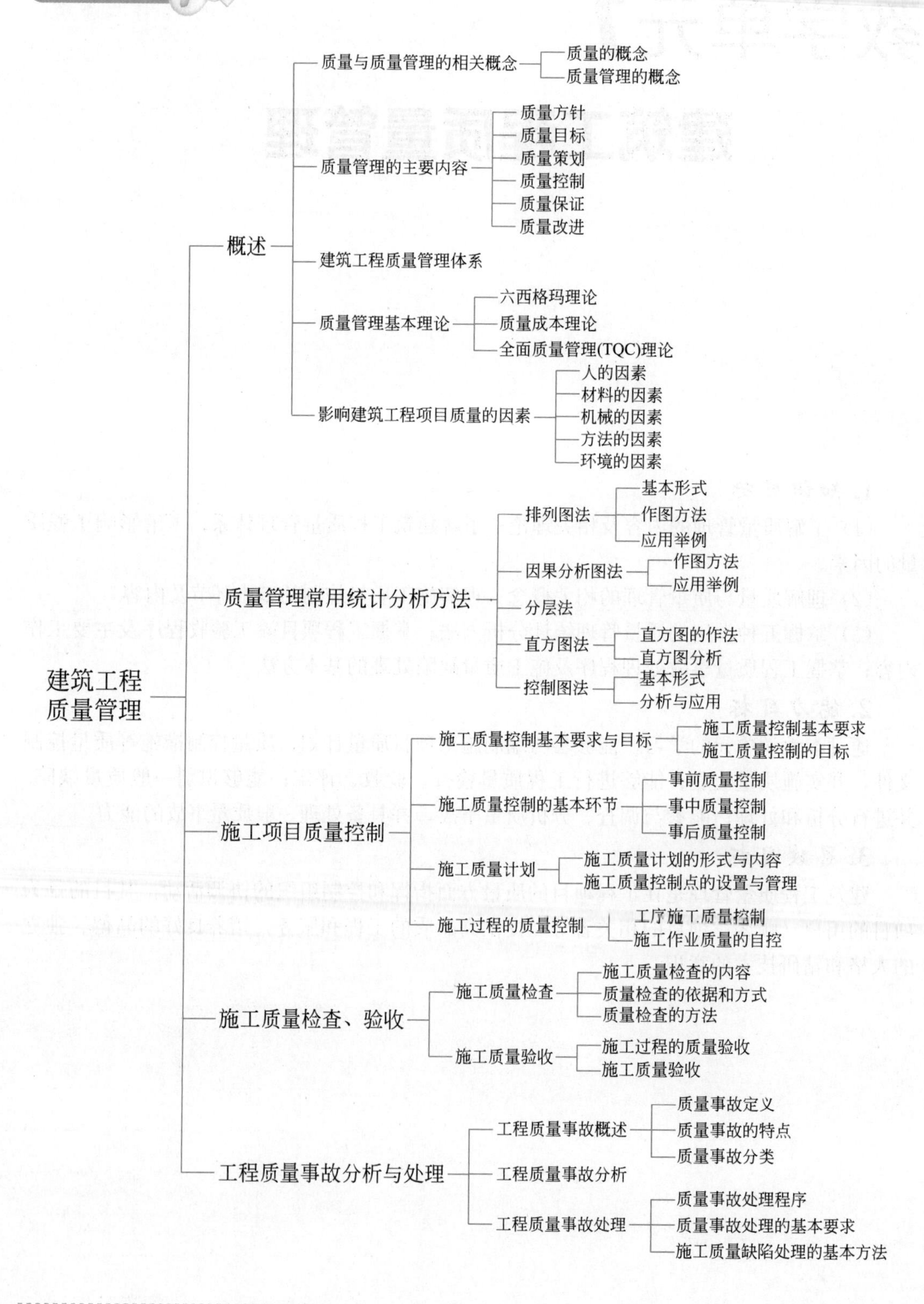
建筑工程质量管理
概述
质量与质量管理的相关概念
质量的概念
质量管理的概念
质量管理的主要内容
质量方针
质量目标
质量策划
质量控制
质量保证
质量改进
建筑工程质量管理体系
质量管理基本理论
六西格玛理论
质量成本理论
全面质量管理(TQC)理论
影响建筑工程项目质量的因素
人的因素
材料的因素
机械的因素
方法的因素
环境的因素
质量管理常用统计分析方法
排列图法
基本形式
作图方法
应用举例
因果分析图法
作图方法
应用举例
分层法
直方图法
直方图的作法
直方图分析
控制图法
基本形式
分析与应用
施工项目质量控制
施工质量控制基本要求与目标
施工质量控制基本要求
施工质量控制的目标
施工质量控制的基本环节
事前质量控制
事中质量控制
事后质量控制
施工质量计划
施工质量计划的形式与内容
施工质量控制点的设置与管理
施工过程的质量控制
工序施工质量控制
施工作业质量的自控
施工质量检查、验收
施工质量检查
施工质量检查的内容
质量检查的依据和方式
质量检查的方法
施工质量验收
施工过程的质量验收
施工质量验收
工程质量事故分析与处理
工程质量事故概述
质量事故定义
质量事故的特点
质量事故分类
工程质量事故分析
工程质量事故处理
质量事故处理程序
质量事故处理的基本要求
施工质量缺陷处理的基本方法

7.1 概述

7.1.1 质量与质量管理的相关概念

1. 关于质量的概念

（1）质量

《质量管理体系 基础与术语》GB/T 19000—2016 中关于质量的定义是："一个关注质量的组织倡导一种文化，其结果导致其行为、态度、活动和过程，它们通过满足顾客和其他有关的相关方的需求和期望创造价值。"对质量的定义理解要注意以下两点：

1）质量的广义性。产品和服务的质量不仅包括其预期的功能和性能，而且还涉及顾客对其价值和利益的感知。因此，质量不仅指产品质量，也包括某项活动或过程的工作质量，还包括质量管理活动体系运行的质量。

2）质量时效性。组织的产品和服务质量取决于满足顾客的能力以及对有关的相关方预期或非预期的影响。由于组织的顾客和其他相关方对组织的产品、过程和体系的需求和预期是不断变化的，例如，原先被顾客认为质量好的产品会因为顾客的要求的提高而不再受到顾客的欢迎。因此，组织应不断地调整顾客对质量的要求。

（2）建筑工程质量

建筑工程质量是指反映建筑工程满足相关标准规定和合同约定的要求，包括其在安全、使用功能及其耐久性能、环境保护等方面所有明显和隐含能力的特性综合。

（3）施工质量

施工质量是指建设工程项目施工活动及其产品的质量。即通过施工使工程满足业主（顾客）需要并符合国家法律、法规、技术规程标准、设计文件及合同规定的要求。

2. 关于质量管理的概念

质量管理是指为确保项目的质量特性满足要求而进行的计划、组织、指挥、协调和控制等活动。

建筑工程项目质量管理，是指在工程项目的质量方面指挥和控制组织的协调活动。建筑施工项目质量管理的目的是为项目的用户（顾客、项目的相关者等）提供高品质的工程和服务。衡量建筑工程项目质量管理好坏的标准，主要看建筑工程项目系统质量管理的好坏。建筑工程项目系统质量管理，从主体看是由建设单位质量管理、设计单位质量管理、施工单位的质量管理和供应商的质量管理组成；从过程看是由前期质量管理、设计质量管理和施工质量管理组成。

7.1.2 质量管理的主要内容

1. 质量方针

质量方针是企业经营管理总方针的重要组成部分，是企业总的质量宗旨和方向，由企业的最高管理者（如集团总裁、企业总经理）批准并正式发布。

企业通过建立并实施质量方针可以统一全体员工的质量意识，确定企业质量管理体系的方向和原则。质量方针是检验企业质量管理体系运行效果的最高标准。质量管理体系运行的各方面是否符合要求，运行效果是否达到预期的目的，都可以用质量方针进行分析和评审。

2. 质量目标

质量目标是企业经营目标的组成部分，是企业在质量方面所追求的目的，由企业管理层依据质量方针制定，质量目标通常根据企业的相关职能和层次分别进行规定。

质量目标可以体现企业的质量水平。企业的质量目标可以为员工提供其在质量方面的关注焦点，可以帮助企业合理地分配和利用资源。通过对质量目标完成情况的考核、评审，企业可以发现质量管理中的问题并进行改进。通过调整质量目标，企业可以达到改进质量管理体系的目的。

3. 质量策划

质量策划是质量管理的一部分，致力于制定质量目标并规定必要的运行过程和相关资源以实现质量目标。

企业通常针对质量目标、质量管理体系、工程项目和质量管理过程进行质量策划。质量策划是实施质量控制、质量保证和质量改进的前提和基础。质量策划在高品质、低碳化、低成本和短工期的条件下，其作用十分重要。策划不仅是保证质量目标实现的基础，而且是实现持续创新的核心手段。因此，质量管理的可持续关键在于质量策划的水平。

4. 质量控制

质量控制是质量管理的一部分，致力于满足质量要求。

质量控制活动主要是企业内部的生产管理，是指为达到和保持质量而进行控制的技术措施和管理措施方面的活动。质量检验从属于质量控制，是质量控制的重要活动。

5. 质量保证

质量保证是质量管理的一部分，致力于提供质量要求会得到满足的信任。质量保证用来审计质量要求和质量控制测量结果，确保采用合理的质量标准和操作性定义的过程。

质量保证多用于有合同的场合，是在企业质量管理体系内实施并根据需要进行证实的全部有计划、有系统的活动，其主要目的是使顾客确信产品或服务能满足规定的质量要求。

6. 质量改进

质量改进也是质量管理的一部分，致力于增强满足质量要求的能力。

质量改进是在企业范围内所采取的提高活动和过程的效果与效率的措施，是对现有的质量水平在控制的基础上加以提高，使质量达到一个新水平、新高度。

7.1.3 质量管理体系

1. ISO9000 简介

ISO9000 系列标准是在世界贸易交往合作日趋频繁、全面质量管理理论和实践的基础上，由国际标准化组织（ISO）进行全面分析、研究和总结，最后正式发布的。这套标准从 1987 年正式发布以来受到世界各国的欢迎，成为影响最大的质量管理方面的国际标准，我国也采用了此标准。

2. “ISO9000 族标准”

“ISO9000 族标准”指由 ISO/TC176 制定的所有国际标准。

ISO9000 族标准自 1987 年发布以来，经过不断的发展和完善，进行了四次改版，分别是 1994 版、2000 版、2008 版、2015 版，当前 ISO9001：2008 和 ISO9001：2015 标准将在为期 3 年的转换期中并存，截止到 2018 年 9 月，所有的 ISO9001：2008 证书都将失效，目前大多数公司是 2008 版，也有少数公司正在向 2015 版过渡。

2015 版 ISO9000 族国际标准组成为：

（1）ISO9000：2015《质量管理体系　基础和术语》作为选用标准，同时也是名词术语标准，代替 ISO9000：2008 标准。

（2）ISO9001：2015《质量管理体系　要求》代替 ISO9001：2008 标准。

（3）ISO9004：2009《可持续性管理—质量管理方法》代替 ISO9004：2000 标准。

（4）ISO19011：2011《质量和环境管理体系审核指南》代替 ISO19011：2002 标准。

ISO9000：2015 标准遵循以下七大质量管理原则：①以顾客为关注焦点；②领导作用；③全员参与；④过程方法；⑤改进；⑥循证决策；⑦关系管理。

7.1.4 质量管理基本理论

工程项目质量的形成过程有其客观规律，质量管理也只有在一系列科学原理的指导下才能取得成效。现代质量管理理论经过多年的发展与完善，已成功跨越质量检验阶段、统计质量控制阶段以及全面质量管理阶段，形成的一套较为完整的理论体系。本节选取六西格玛、质量成本、全面质量管理等理论作简单的介绍。

1. 六西格玛理论

（1）六西格玛简介

六西格玛（6σ），最先由摩托罗拉公司于 1987 提出并实施；后由通用电气、ABB、西门子等商业机构采用并发展，到现在已是国际上炙手可热的管理模式。现在，20%以上的财富 500 强企业已经实施或正在实施六西格玛管理法。六西格玛是在提高顾客满意程度的同时降低经营成本和周期的过程革新方法，它是通过提高组织核心过程的运行质量，进而提升企业赢利能力的管理方式，也是在新经济环境下企业获得竞争力和持续发展能力的经营策略。它希望达到的目标：每一百万个活动或操作中，失误或次品数不超过 3～4 个。

（2）六西格玛质量管理方法

六西格玛质量管理法是以质量为主线、以顾客需求为中心、利用对事实和数据的分析、改进提升一个组织的业务流程能力，从而增强企业竞争力，是一套灵活的、综合性的管理方法体系。

六西格玛要求企业完全从外部顾客角度，而不是从自己的角度来看待企业内部的各种流程。强调通过设计、调整并最终优化过程工作质量来形成保证顾客满意的产品质量特性。以“关注过程”为手段，最终实现“关注顾客”的目标，六西格玛管理的对象主要是过程的工作质量而不仅仅是直接针对产品质量的。因此，六西格玛质量管理的本质是一个全面质量管理概念，而不仅仅是质量提高手段。

目前，六西格玛的系统和方法因其良好的经济性和可操作性，已被广泛的接受和应用。对于工程施工的质量管理，其核心是通过流程优化来消除或减少生产过程中的缺陷，从而达到改进质量、降低成本、提高效益的目的。由于工程项目的一次性，使得工程施工过程中并没有采取纠正质量缺陷措施的机会，如果出现质量问题后果是毁灭性的。因此对工程项目施工这种一次性工程尤其需要应用六西格玛管理方法。

2. 质量成本理论

质量成本是指为保证和提供建筑产品质量而进行的质量管理活动所花费的费用，或者说与质量管理职能管理有关的成本。质量成本分广义和狭义，广义质量成本包括设计质量成本、制造质量成本和检验质量成本；而狭义的质量成本仅指制造质量成本。

在建筑施工的总成本中，虽然质量成本一般只占 5%左右，但在建筑材料及其人工成本市场趋于均衡的情况下，它对建筑施工企业的市场竞争和经济效益有着重要的影响。加强对质量成本的控制是建筑施工企业进行成本控制不可缺少的工作之一。

建筑施工质量成本是将建筑产品质量保持在设计质量水平上所需要的相关费用与未达到预期质量标准而产生的一切损失费用之和。在建筑施工中，它是建筑施工总成本的组成部分。建筑施工质量成本由施工过程中发生预防成本、鉴定成本、内部故障成本和外部故障成本构成。纵坐标代表成本，横坐标代表质量合格率，画出故障成本、鉴定成本、预防成本的产品质量成本曲线，三条曲线之和为质量成本。质量成本曲线如图 7-1 所示。

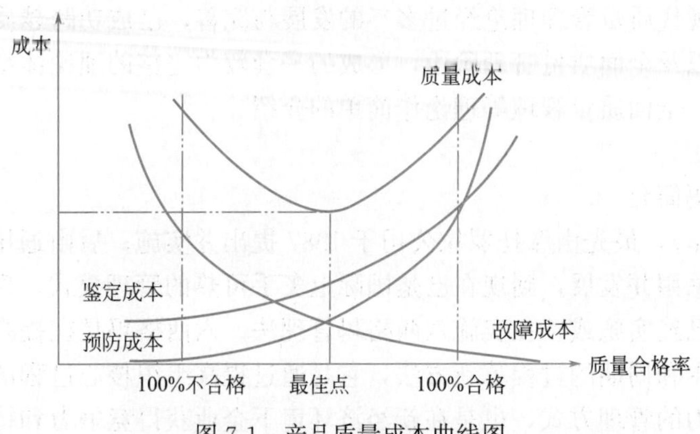

图 7-1　产品质量成本曲线图

从图中可以看出故障成本的曲线一般随着质量的提高呈现出由高到低的下降趋势，而鉴定成本和预防成本随着质量的提高呈现出由低到高的上升趋势，质量成本曲线的最低点所对应的产品质量合格率，是产品最佳质量控制点，其对应的成本成为“最佳质量成本”。

建筑施工质量成本控制是对建筑产品质量形成全过程的全面控制。其主要目的就是在保证施工项目质量达到设计标准的情况下，使其经济效益达到最佳。合理调控工程施工中质量成本的比例结构和成本分布可以寻找出一个适宜的质量成本区域，这样就能使工程施工既能有效地降低施工成本总额，又能保证施工质量符合设计规定要求，从而提高质量成本投入的经济性和合理性，取得良好的经济效益

建筑施工质量成本控制是一项涉及施工生产各方面的综合性工作。在实际工作中，必须将质量成本的四大构成要素以系统的思想进行整合，对工程项目的材料、人工等成本项目进行事前和事中目标成本控制，促进企业的质量成本在工程进程中始终处于最佳的状态。

3. 全面质量管理（TQC）理论

在阿曼德·费根堡姆的《全面质量管理》一书中对全面质量管理的定义为：为了能够在最经济的水平上并考虑到充分满足顾客要求的条件下进行市场研究设计、制造和售后服务，把企业内部部门的研制质量、维持质量和提高质量的活动构成一体的一种有效的体系。

全面质量管理的核心是“三全”管理，即全过程、全员和全企业的质量管理。

(1) 全过程的质量管理。全面质量管理的范围是产品或服务质量的产生、形成和实现的全过程。对于建筑工程项目而言，包括从工程项目立项、设计、招标投标、施工到竣工验收直至回访保修的全过程。全过程管理就是对每一道工序都要有质量标准，严把质量关，防止不合格产品流入下一道工序。

(2) 全员的质量管理。每道工序质量都符合质量标准必然涉及每一名员工，员工必须有强烈的质量意识和优秀的工作质量，因此，各部门各个层次的人员都要有明确的质量责任、任务和经验，尤其是要开展质量管理（QC）小组活动。

(3) 全企业的质量管理。主要是从组织管理来解释，在企业管理中，每一个管理层次都有相应的质量管理活动，不同的管理层次的质量管理活动也不同，上层侧重于决策和协调，中层侧重于执行其质量职能，基层（施工班组）侧重于严格按技术标准和操作规程进行施工。

全面质量管理的基本方法为 PDCA 循环。PDCA 循环是美国质量管理专家爱德华兹·戴明博士首先提出的，PDCA 循环也是全面质量管理应遵循的科学程序。

工程项目质量管理是一个持续循环的过程。首先，提出质量目标，明确质量目标后，在质量目标的基础上制定质量计划，质量计划一定要切实可行，然后将计划加以实施，在实施过程中还要经常的检查、监测，来评价结果与预先制定的计划是否一致，若不满足计划要求，则要对出现的工程质量问题进行处理。这一过程的原理就是 PDCA 循环。PDCA 循环包括计划（P）、实施（D）、检查（C）、处理（A）四个阶段共八个步骤。

(1) 计划阶段。就是通过市场调查及用户要求，制定出质量目标计划，经过分析和诊断，确定达到这些目标的具体措施和方法。具体分为四个步骤：

第一步：分析现状，找出存在的质量问题。

第二步：分析产生质量问题的各种影响因素。

第三步：从中找出影响质量问题的主要因素。

第四步：针对影响质量的主要因素，制定活动计划和措施。

（2）实施阶段。就是按照第一阶段制定的计划，组织施工生产，并且要全面保证施工的工程质量符合国家标准要求。这个阶段只有一个步骤。

第五步：按照既定计划实施。

（3）检查阶段。主要任务是对已施工的工程计划执行情况进行检查和验收。

第六步：根据计划的内容和要求，检查实施结果，看是否达到预期的效果。

（4）处理阶段。主要是把经验加以总结，制定成标准、规程、制度等作为以后工作的依据。对遗留问题，作为改进的目标。这个阶段有两个步骤。

第七步：对检查结果进行总结，把成功经验归纳为标准、制度。防止重复发生。

第八步：处理遗留问题，进入下一个循环。

PDCA 循环特点是：四个阶段的工作完整统一，缺一不可，大环套着小环，小环促进大环，每次循环都会把质量管理活动向前推进一步。如图 7-2 所示。

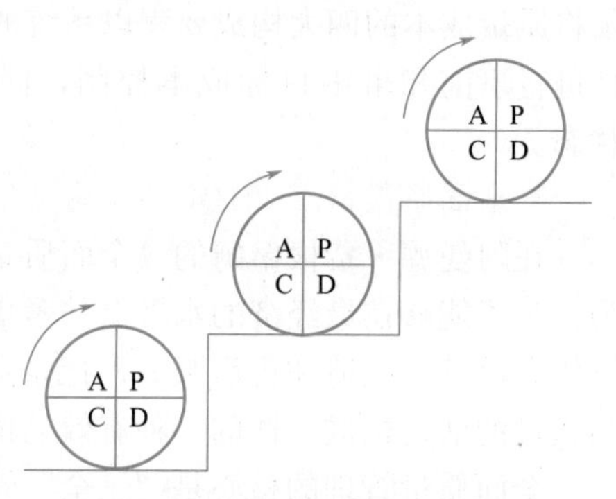

图 7-2 PDCA 循环上升图

7.1.5 影响建筑工程项目质量的因素

影响建筑工程质量的因素主要有人、材料、机械、方法和环境。因此，对这五方面的因素严格予以控制是保证建筑工程质量的关键。

1. 人的因素

人是工程质量的控制者，也是工程质量的“制造者”，控制人的因素，即调动人的积极性，避免人的失误等，人是控制工程质量的关键因素。这里的“人”指的是项目的所有参与者，既包括项目的组织领导者，又包括一线的施工工人，任何人的错误都会直接或间接的影响工程质量。

为保证工程质量，对人员除了加强政治思想教育、纪律教育、职业道德教育、专业技术知识培训、健全岗位责任制、改善劳动条件、公平合理的激励外，还需要根据工程项目的特点，确保质量出发，本着适才适用、扬长避短的原则来控制人的使用。

2. 材料的因素

材料包括原材料、成品、半成品、构配件等。加强对材料的控制，是工程项目施工的物质基础，是工程质量的重要保证。材料质量不符合要求，就不可能有符合要求的工程质量。工程材料选用是否合理、产品是否合格、材质是否符合规范要求、材料运输保管是否得当等都将影响工程项目的质量。对原材料、半成品及设备进行控制的主要内容有：

（1）控制材料设备性能、标准与设计文件相符性。

（2）控制材料设备各项性能指标、检测测试指标与标准要求的相符性。

（3）控制材料设备进场验收程序及质量文件资料的齐全程度等。

3. 机械的因素

施工机械设备是实现施工机械化的重要物质基础，对工程项目的施工进度和质量均有直接影响。因此在施工阶段必须对施工机械的性能、选型和使用操作等方面进行控制。要依据不同的工艺特点和技术要求选用合适的机具设备；要正确使用、管理和保养好机具设备。为此，要健全特种作业人员持证上岗制度、岗位责任制度、交接制度、技术保养制度、安全使用制度、机具设备检查制度等，确保机具设备处于最佳状态。

4. 方法的因素

这里所指的方法，包括所采取的技术方案、工艺流程、组织措施、检测手段、施工组织设计等，尤其是施工方案正确与否，是直接影响工程项目的进度控制、质量控制、成本控制的目标是否顺利实现的关键。所以，必须结合工程实际，从技术、组织、管理、经济等方面进行全面分析，综合考虑，力求方案技术可行、经济合理、工艺先进、措施得力、操作方便，有利于提高工程质量、加快进度、降低成本。

5. 环境的因素

影响工程项目质量的环境因素很多，主要包括以下三个方面：

（1）工程技术环境，如工程地质、水文、气象等。

（2）工程管理环境，如质量保证体系、质量管理制度等。

（3）劳动作业环境，如劳动工具、工作面、作业场所等。

环境因素对工程质量的影响具有复杂而多变的特点，如气象条件多种变化，温度、湿度、大风、暴雨、酷暑、严寒都直接影响工程质量。又如前一道工序通常是后一道工序的环境。因此，根据工程特点和具体条件，应对影响工程质量的环境因素采取有效的措施加以控制，尤其是在施工现场应建立起文明施工和文明生产的环境，保持材料、构配件堆放有序，道路通畅，工作场所洁净整齐，施工秩序井井有条，建立健全质量管理体系，避免和减少管理缺陷，为保证工程质量和施工安全创造良好条件。

7.2 质量管理常用统计分析方法

质量管理统计型工具是以收集大量数据为研究对象并采用统计计算的方法来反映事物规律，从而推断总体质量水平的方法。常见质量管理统计型工具包括排列图法、因果分析图、分层法、直方图法、控制图法、散布图法、调查表法，也称为质量管理七大工具，本节主要介绍排列图法、因果分析图、分层法、直方图法、控制图法。

7.2.1 排列图法

排列图法又称主次因素分析图，也称为帕累托图，是将出现的质量问题和质量改进项目按照重要程度依次排列而采用的一种图表。可以用来分析质量问题，确定产生质量问题的主要因素。按等级排序的目的是指导如何采取纠正措施，项目班子应首先采取措施纠正造成最多数量缺陷的问题。该法则认为相对来说数量较少的原因往往造成绝大多数的问题或缺陷。

1. 基本形式

排列图用双直角坐标系表示，由两个纵坐标、一个横坐标、若干个直方形和一条曲线组成。左边纵坐标表示产品频数，即不合格产品件数；右边纵坐标表示频率，即不合格产品累计百分数。横坐标表示影响产品质量的诸因素或项目。若干个直方形分别表示各影响因素的项目，每个直方图的高度表示该因素影响的大小程度，按影响程度的大小（即出现频数多少），从左到右依次排列。根据右侧的纵坐标可以画出累计频率曲线，这条曲线叫帕累托曲线。

在排列图上，通常把曲线的累计频率百分数分为三类，累计频率在0～80%范围的因素，称为A类因素，是主要因素；累计频率在80%～90%范围内的因素，称为B类因素，是次要因素；累计频率在90%～100%范围内的因素，称为C类因素，是一般因素。在实际中通常把A类区的项目作为主要矛盾来攻克。运用排列图，便于找出主次矛盾，使错综复杂的问题一目了然，有利于采取对策，加以改进。

2. 作图方法

（1）收集一定时间内的数据。

（2）确定分类项目，作统计数据表。

（3）按一定的刻度确定纵坐标，按影响因素的多少确定横坐标、纵坐标。

（4）根据频数找出对应的影响因素，画出直方图。

（5）根据累计百分比按照每个影响因素，分别打点连成直线。

（6）标注必要的说明，包括：项目、总数、作图时间等。

3. 应用举例

某建筑公司在某栋号楼现浇混凝土工程施工完毕后进行了质量检查，总共发现有82处不合格，对其进行原因分析后，列出了不合格原因调查表，见表7-1。

不合格原因调查表　　表7-1

序号	不合格原因	不合格数量	累计频数	累计频率(%)
1	蜂窝麻面	40	40	48.8
2	截面尺寸	23	63	76.8
3	露筋	9	72	87.8
4	混凝土强度不足	6	78	95.1
5	其他	4	82	100

由表7-1按从上到下次序在横坐标上从左到右标出各质量不合格原因，依照频数和累计频率画出排列图，如图7-3所示。由此可确定本例中造成现浇混凝土质量不合格中主要原因有蜂窝麻面和截面尺寸，在施工过程中应重点控制。

7.2.2 因果分析图法

因果分析图又称特性要因图、石川图或鱼刺图，是用来表示工程（产品）质量特性与影响质量的有关因素之间的关系图，即表达和分析因果关系的一种图表。

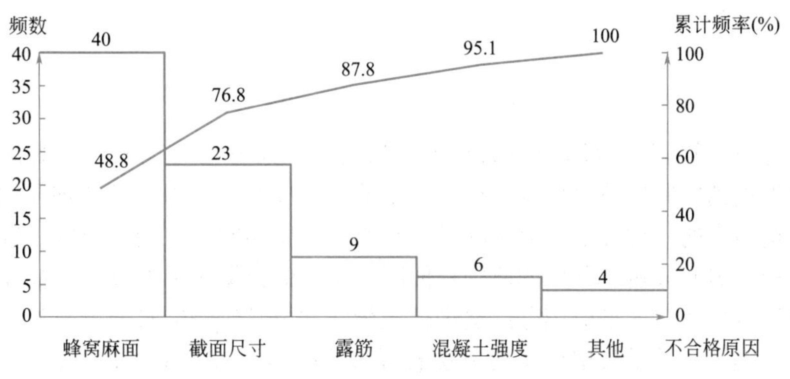

图 7-3　现浇混凝土质量不合格原因排列图

1. 作图方法

因果分析图的作图过程是一个判断推理的过程，其作图方法是：首先明确需要解决问题的质量特性，如质量、成本、进度、安全等方面的问题，画出质量特性主干线；然后分析确定可以影响质量特性的大原因（大枝），如人（操作者）、方法（施工程序、方法）、材料（原材料、半成品）、机械和环境（地区、气候、地形）等原因；之后再围绕大原因进一步分析确定影响质量特性的中、小原因，即画出中、小树枝，中、小直线相互间也构成原因→结果的关系，展开到能采取措施为止。最后讨论分析主要原因，把主要的、关键的原因分别用粗线或其他颜色标出来，或加上文字说明进行现场验证。

2. 应用举例

混凝土强度偏低的因果分析图如图 7-4 所示。

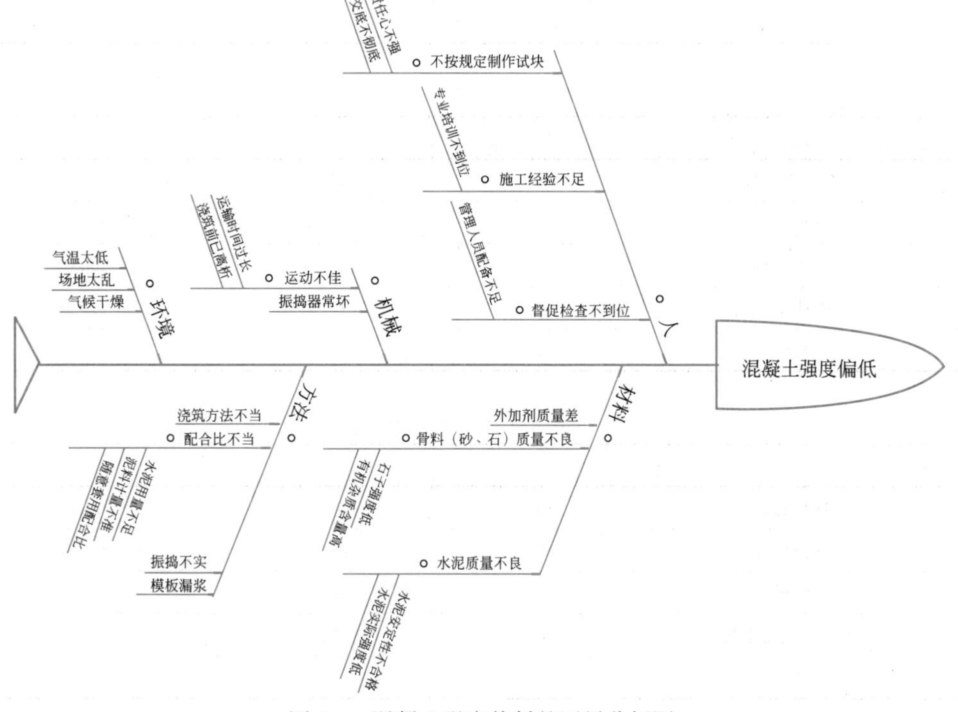

图 7-4　混凝土强度偏低的因果分析图

7.2.3 分层法

分层法是质量管理中常用的数据整理方法之一，又称为分类法、分组法。所谓分层法，就是把收集到的原始质量数据，按照一定的目的和要求加以分类整理以便分析质量问题以及其影响因素的一种方法。分层的目的是要把性质相同、在同一条件下收集的数据归在一起，以利于展开分析。分层的原则是使同一层内的数据波动幅度尽可能小，而各层之间的差别则尽可能大，这是应用分层法进行质量问题及其影响因素分析的关键。

在土木工程中，质量数据分层的方法有很多，一般可按时间、操作人员、操作方法、工程部位、原材料供应、设备型号、检查手段、工作环境等作为分层抽样的依据。

例如某建筑公司对一在建的某住宅楼工程进行质量检查，发现171处存在着工程质量问题，用分层法分析。

第一次分层：按照分部工程分，见表7-2。

第二次分层：按照分项工程分，见表7-3。

第三次分层：按照工艺过程分，见表7-4。

分部工程质量问题分布点　　表7-2

序号	结构类型	问题个数	频率	累计频率
1	主体工程	77	45.0%	45.0%
2	建筑装饰与装修工程	62	36.3%	81.3%
3	屋面工程	20	11.7%	93.0%
4	地基与基础工程	12	7.0%	100.0%
	合计	171		

主体工程分项质量分布表　　表7-3

序号	结构类型	问题个数	频率	累计频率
1	混凝土工程	32	41.6%	41.6%
2	模板工程	21	27.3%	68.8%
3	钢筋工程	16	20.8%	89.6%
4	砌体工程	8	10.4%	100.0%
	合计	77		

混凝土工程质量分层表　　表7-4

序号	结构类型	问题个数	频率	累计频率
1	蜂窝麻面	13	40.6%	40.6%
2	截面尺寸	9	28.1%	68.8%
3	露筋	6	18.8%	87.5%
4	混凝土强度不足	4	12.5%	100.0%
	合计	32		

7.2.4　直方图法

直方图又称为质量分布图、矩形图，它是通过对数据的进行加工整理，观察分析和掌握质量分布规律，预测工序质量好坏的有效方法。除此之外，直方图还可用来估计不合格产品率的高低。

1. 直方图的作法

步骤 1：计算极差 R

收集一批数据（一般取 $n>50$），在全部数据中找出最大值和最小值，极差 R 可按下式求得：

$$R = X_{max} - X_{min} \tag{7-1}$$

步骤 2：确定组数 k

组数过少，虽然可得到相对简单的表格，却失去次数分配的本质与意义；组数过多，虽然表格详尽，但无法达到简化的目的。通常，应先将异常值剔除后再进行分组。一般采用表 7-5 的经验数值来确定。

数据分组参照表　　表 7-5

数据数(n)	组数(k)
50 以内	5～6
50～100	6～10
100～250	7～12
250 以上	10～20

步骤 3：计算组距 h

组距是组与组之间的差距。组距划分要恰当，如果分得太多，则画出的直方图像“锯齿状”从而看不出明显的规律；划分的太少，会掩盖组内数据变动的情况，组距可按照下式计算：

$$h = \frac{R}{k} \tag{7-2}$$

式中，R 为极差，k 为组数。

步骤 4：计算组界 r_i

$$r_1 = X_{min} - \frac{h}{2} \tag{7-3}$$

一般情况下：

$$r_i = r_{i-1} + h \tag{7-4}$$

为了避免某些数据正好落在组界上，应将组界的值取得比数据多一位小数。

步骤 5：频数统计

将测得的原始数据分别归入相应组中，用正字法计算落入每一组界内的频数，填好各组频数后，检验总数是否与数据总数相符，避免重复或遗漏。

步骤6：画直方图

直方图的图形由横轴和纵轴组成。选用一定比例在横轴上划出组界，在纵轴上划出频数，确定每一个小直方的高度，绘制成柱形直方图。

2. 直方图分析

（1）分布状态的分析

形状观察分析是将绘制好的直方图形状与正态分布图的形状进行比较分析，一看形状是否相似，二看分布区间的宽窄。直方图的分布形状及分布区间宽窄是由质量特性统计数据的平均值和标准偏差所决定的。

正常的直方图呈正态分布，其形状特征是中间高、两边低、成对称，如图7-5（*a*）所示。正常直方图反映生产过程质量处于正常和稳定状态。数理统计研究证明。当随机抽样方案合理且样本数量足够大时，在生产能力处于正常和稳定状态，质量特性检测数据趋于正态分布。

异常直方图则呈非正态分布，常见的异常直方图有以下几种：

1）锯齿分布，这多数是由于绘制直方图时分组不当，或测量仪器精度不够而造成的，如图7-5（*b*）所示。

2）孤岛分布，这往往是因少量材料不合格，短期内工人操作不熟练所造成，如图7-5（*c*）所示。

3）双峰分布，这往往是由于把来自两个总体的数据混在了一起作图所造成的，例如把两个班组的数据混为一批，如图7-5（*d*）所示。

4）陡壁分布，这是由于人为的剔除一些数据，进行不真实的统计造成的，如图7-5（*e*）所示。

5）偏态分布，主要是因为计数值或计量值只控制一侧界限或剔除了不合格数据造成的，如图7-5（*f*）所示。

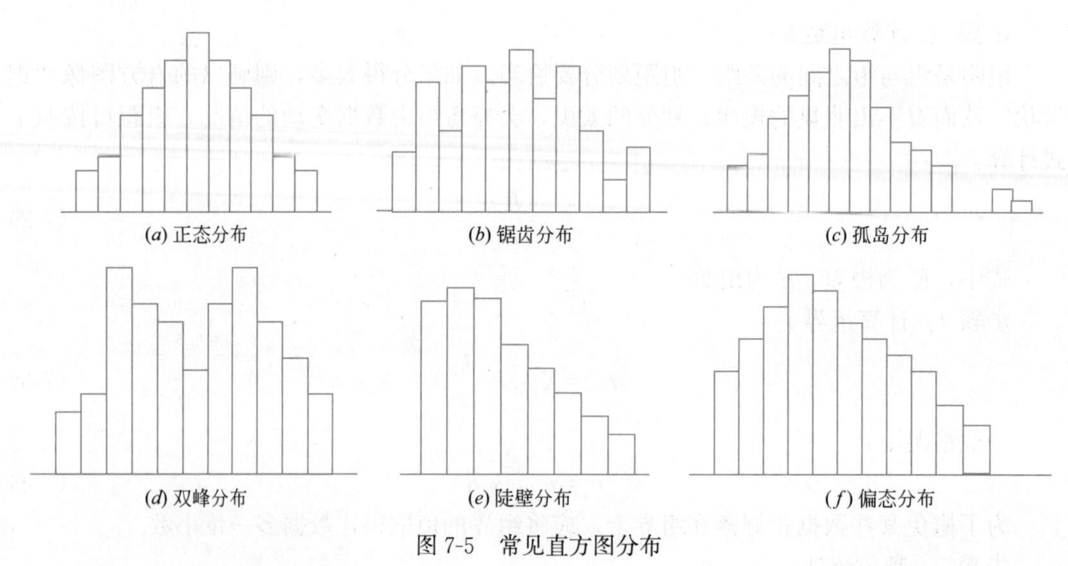

图7-5　常见直方图分布

（2）同标准规格比较分析

当生产过程质量处于稳定状态时（直方图为正常型），还需进一步将直方图与规格标准进行比较，以判断生产过程质量满足标准要求的程度。用 T 表示质量标准要求的界限，B 代表实际质量特性值的分布范围，一般而言，希望过程能力（直方图）在规格界限内，且最好质量分布中心与质量标准中心相一致。

1）理想型

B 在 T 中间，即质量分布中心与质量标准中心重合，两边各有一定余地，是一种最理想的直方图，如图 7-6（*a*）所示。表示生产过程处于正常、稳定状态。

2）一侧无余地

B 在 T 内，但质量分布中心与质量标准中心不重合，偏向一边，另一边还有很多余地，若生产过程再变大（或变小）很可能会有不合格品发生，如图 7-6（*b*）所示。出现这种情况必须立即采取措施，设法使直方图移到中间来。

3）两侧无余地

B 在 T 内，且 B 的范围非常接近 T 的范围，两边几乎没有余地。虽没有不合格品发生，一旦生产过程发生细微变化，就会有不合格品产生的危险，如图 7-6（*c*）所示。遇到这种情况必须立即采取措施，设法提高产品的精度，缩小质量特性分布范围。

4）余地太多

B 在 T 内，但两侧有很大余地，说明加工过于精细、不经济，如图 7-6（*d*）所示。如果此种情形是因增加成本而得到，对公司而言并非好现象，故可考虑放松质量控制标准，以降低成本、减少浪费。

5）平均值偏左（或偏右）

B 过分偏离 T 的中心，即超出 T 的上限或下限，说明已经出现不合格品，如图 7-6（*e*）所示。此时必须采取措施进行调整，使质量分布位于标准之内。

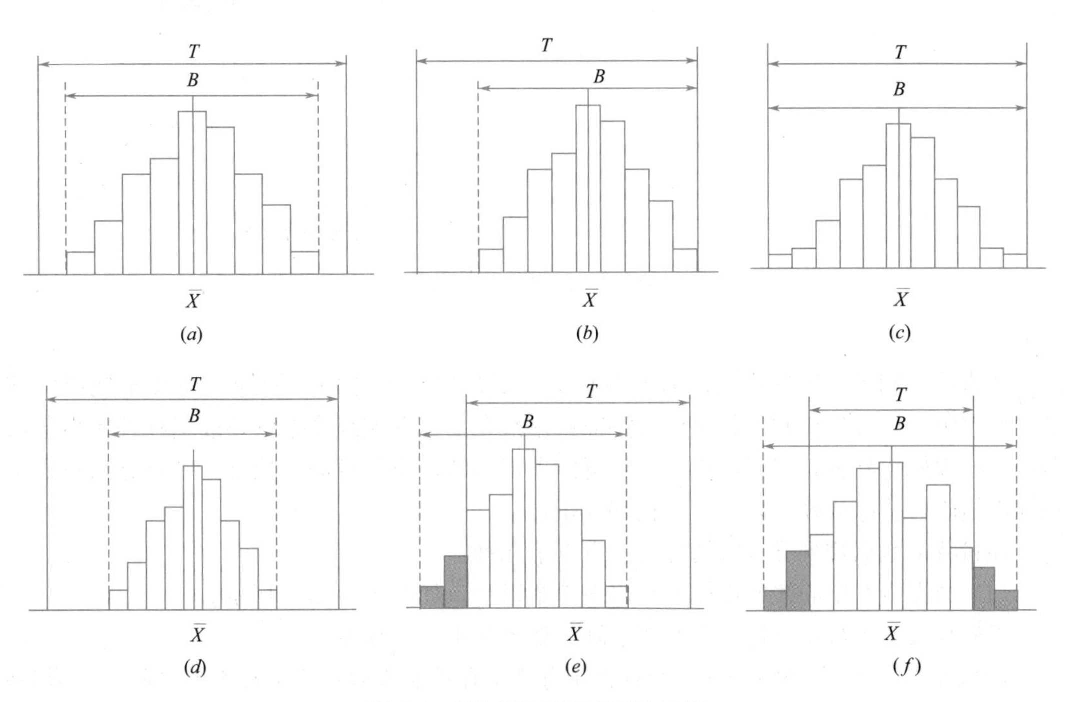

图 7-6　直方图与质量标准上下限

6）离散度过大

B 完全超出了 T 的上下限，离散度太大，必然产生大量报废品，说明标准太高或者过程能力不足，如图 7-6（f）所示。应提高过程能力，使质量分布范围 B 缩小；或是规格标准定得太严，应适当放宽。

7.2.5 控制图法

控制图又叫管理图，是分析和判断生产过程是否处于控制状态所使用的带有控制界限的图。产品的生产过程是连续不断的，产品质量的波动也是连续不断的，因此对产品质量的形成过程进行动态监控是十分必要的，控制图法就是对质量分布进行动态监控的有效方法。

1. 控制图的基本形式

如图 7-7 所示，图中纵坐标为质量特性值，横坐标为抽样时间或样本序号。图中坐标内有三条线，上下两条虚线分别为上控制界限（UCL）和下控制界限（LCL），中间一条实线叫中心线（CL），是数据的均值。在生产过程中，按时间抽取子样，测量其特征值，将其统计量作为一个点画在控制图上，然后连接各点成为一条折线，即表示质量波动情况。

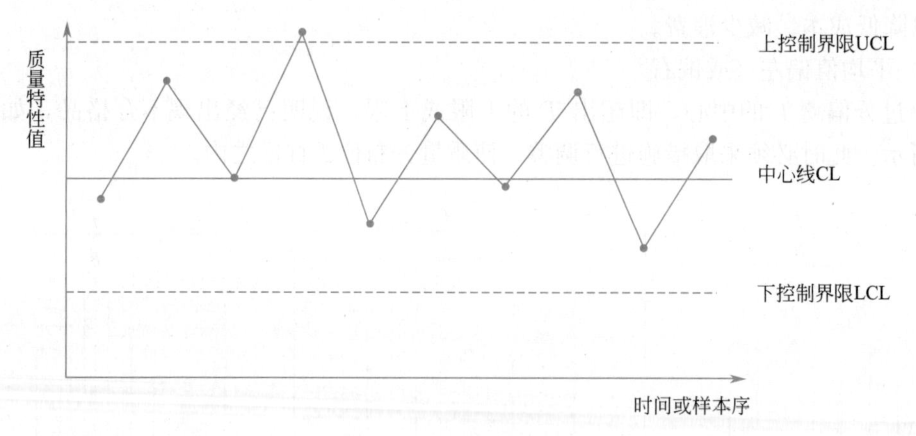

图 7-7 控制图基本样式

2. 控制图的分析与应用

正常的控制图是质量特征数据值落在上、下控制界限之内，围绕中心线不规律的波动，则表示生产过程正常。如果质量特征数据落在上、下控制界限以外或仍在控制界限以内，但排列发生异常，则表示生产过程可能出现问题，应及时进行检查，针对异常数据采取相应措施，排除故障，使生产过程恢复正常。

质量特征数据排列异常的情况通常有以下几种：

（1）数据点在中心线的单侧连续出现 7 个以上，如图 7-8（a）所示。

（2）连续 7 个数据点连续上升或下降，如图 7-8（b）所示。

（3）接近控制界限的连续 3 个数据点中有 2 个在控制界限和 2 倍标准差之间，如图 7-8（c）所示。

(4) 连续 11 个数据点中，至少有 10 个数据点在中心线一侧，即绝大多数点接近中心线，如图 7-8（*d*）所示。

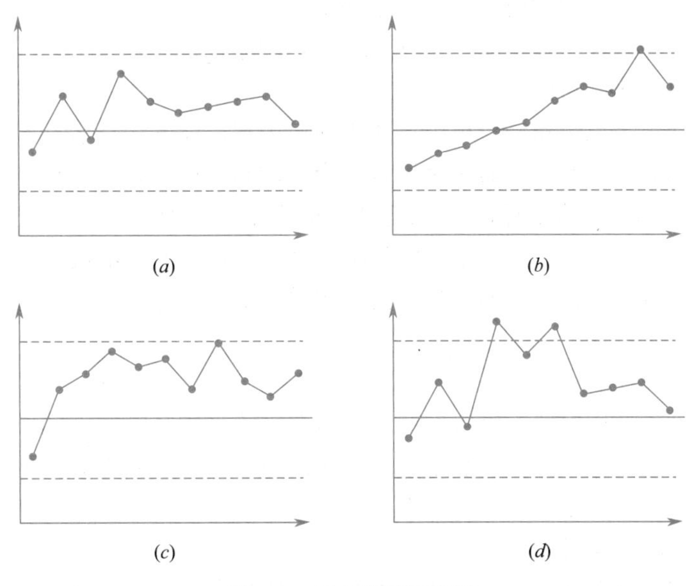

图 7-8　异常状况控制图

7.3 施工项目质量控制

7.3.1 施工质量控制基本要求与目标

1. 施工质量控制基本要求

工程项目施工是实现项目设计意图形成工程实体的阶段，是最终形成项目质量和实现项目使用价值的阶段。项目施工质量控制是整个工程项目质量控制的关键和重点。

施工质量要达到最基本要求是：通过施工形成项目工程实体质量经检查验收合格。

2. 施工质量控制的目标

建设工程项目施工质量控制的总目标，是实现由建设工程项目决策、设计文件和施工合同所决定的预期使用功能和质量标准。尽管建设单位、设计单位、施工单位、供货单位和监理机构等在施工阶段质量控制的地位和任务目标不同，但从建设工程项目管理的角度，都是致力于实现建设工程项目的质量总目标。因此，施工质量控制目标，可具体表述如下：

(1) 建设单位的控制目标

建设单位在施工阶段，通过对施工全过程、全面的质量监督管理、协调和决策，保证竣工项目达到投资决策所确定的质量标准。

(2) 设计单位的控制目标

设计单位在施工阶段，通过对关键部位和重要施工项目施工质量的验收签证、设计变更控制及纠正施工中所发现的设计问题，采纳变更设计的合理化建议等，保证竣工项目的各项施工结果与设计文件（包括变更文件）所规定的质量标准相一致。

(3) 施工单位的控制目标

施工单位包括施工总包和分包单位，作为建设工程产品的生产者和经营者，应根据施工合同的任务范围和质量要求，通过全过程、全面的施工质量自控，保证最终交付满足施工合同及设计文件所规定质量标准（含建设工程质量创优要求）的建设工程产品。我国《建设工程质量管理条例》规定，施工单位对建设工程的施工质量负责；分包单位应当按照分包含同的约定对其分包工程的质量向总承包单位负责，总承包单位与分包单位对分包工程的质量承担连带责任。

(4) 供货单位的控制目标

建筑材料、设备、构配件等供应厂商，应按照采购供货合同约定的质量标准提供货物及其质量保证、检验试验单据、产品规格和使用说明书，以及其他必要的数据和资料，并对其产品质量负责。

(5) 监理单位的控制目标

建设工程监理单位在施工阶段，通过审核施工质量文件、报告报表及采取现场旁站巡视、平行检测等形式进行施工过程质量监理；并应用施工指令和结算支付控制等手段，监控施工承包单位的质量活动行为、协调施工关系，正确履行对工程施工质量的监督责任，以保证工程质量达到施工合同和设计文件所规定的质量标准。我国《建筑法》规定建设工程监理人员认为工程施工不符合工程设计要求、施工技术标准和合同约定的，有权要求建筑施工企业改正。

7.3.2 施工质量控制的基本环节

施工质量控制应贯彻全面、全员、全过程质量管理的思想。运用动态控制原理，进行质量的事前控制、事中控制和事后控制。

1. 事前质量控制

即在正式施工前进行的事前主动质量控制，通过编制施工质量计划，明确质量目标制订施工方案，设置质量管理点，落实质量责任，分析可能导致质量目标偏离的各种影响因素，针对这些影响因素制订有效的预防措施，防患于未然。

事前质量预控要求针对质量控制对象的控制目标、活动条件、影响因素进行周密分析、找出薄弱环节，制定有效的控制措施和对策。

2. 事中质量控制

指在施工质量形成过程中，对影响施工质量的各种因素进行全面的动态控制。事中质量控制也称作业活动过程质量控制，包括质量活动主体的自我控制和他人监控的控制方式。自我控制是第一位的。即作业者在作业过程对自己质量活动行为的约束和技术能力的发挥，以完成符合预定质量目标的作业任务；他人监控是对作业者的质量活动过程和结果，由来自企业内部管理者和企业外部有关方面进行监督检查，如工程监理机构、政府质量监督部门等的监控。

施工质量的自控和监控是相辅相成的系统过程。自控主体的质量意识和能力是关键，是施工质量的决定因素；各监控主体所进行的施工质量监控是对自控行为的推动和约束。因此，自控主体必须正确处理自控和监控的关系。在致力于施工质量自控的同时，还必须接受来自业主、监理等方面对其质量行为和结果所进行的监督管理，包括质量检查、评价和验收。自控主体不能因为监控主体的存在和监控职能的实施而减轻或推脱其质量责任。

事中质量控制的目标是确保工序质量合格，杜绝质量事故发生；控制的关键是坚持质量标准；控制的重点是工序质量、工作质量和质量控制点的控制。

3. 事后质量控制

事后质量控制也称为事后质量把关，使不合格的工序或最终产品（包括单位工程或整个工程项目）不流入下道工序、不进入市场。事后控制包括对质量活动结果的评价、认定；对工序质量偏差的纠正；对不合格产品进行整改和处理。控制的重点是发现施工质量方面的缺陷，并通过分析提出施工质量改进的措施，保证质量处于受控状态。

以上三大环节不是互相孤立和截然分开的，它们共同构成有机的系统过程，实质上也就是质量管理 PDCA 循环的具体化，在每一次滚动循环中不断提高，达到质量管理和质量控制的持续改进。

7.3.3　施工质量计划

1. 施工质量计划的形式与内容

按照我国质量管理体系标准，质量计划是质量管理体系文件的组成内容。在合同环境下质量计划是企业向顾客表明质量管理方针、目标及其具体实现的方法、手段和措施，体现企业对质量责任的承诺和实施的具体步骤。

质量计划是质量管理体系标准的一个质量术语和职能，在建筑施工企业的质量管理体系中，以施工项目为对象的质量计划称为施工质量计划。

（1）现行施工质量计划的形式

目前，我国除了已经建立质量管理体系的部分施工企业直接采用施工质量计划的方式外，通常还普遍使用工程项目施工组织设计或在施工项目管理实施规划中包含质量计划的内容。

施工组织设计施工项目管理实施规划之所以能发挥施工质量计划的作用，是因为根据建筑生产的技术经济特点，每个工程项目都需要进行施工生产过程的组织与计划，包括施工质量、进度、成本、安全等目标的设定，实现目标的步骤和技术措施的安排等。因此，施工质量计划所要求的内容，理所当然地被包含于施工组织设计或项目管理实中，而且能够充分体现施工项目管理目标（质量、工期、成本、安全）的关联性、制约性和整体性，这也和全面质量管理的思想方法相一致。

（2）施工质量计划的基本内容

施工质量计划的基本内容一般应包括：

1）工程特点及施工条件（合同条件、法规条件和现场条件等）分析。

2）质量总目标及其分解目标。

3）质量管理组织机构和职责，人员及资源配置计划。

4）确定施工工艺与操作方法的技术方案和施工组织方案。

5）施工材料、设备等物资的质量管理及控制措施。

6）施工质量检验、检测、试验工作的计划安排及其实施方法与检测标准。

7）施工质量控制点及其跟踪控制的方式与要求。

8）质量记录的要求等。

2. 施工质量控制点的设置与管理

质量控制点是指对本工程质量的性能、安全、寿命、可靠性等有严重影响的关键部位或对下道工序有严重影响的关键工序，这些点的质量得到了有效控制，工程质量就有了保证。

（1）质量控制点的设置

施工质量控制点的设置是施工质量计划的重要组成内容。质量控制点应选择那些技术要求高、施工难度大、对工程质量影响大或是发生质量问题时危害大的对象进行设置。一般选择下列部位或环节作为质量控制点：

1）对工程质量形成过程产生直接影响的关键部位、工序、环节及隐蔽工程。

2）施工过程中的薄弱环节，或者质量不稳定的工序、部位或对象。

3）对下道工序有较大影响的上道工序。

4）采用新技术、新工艺、新材料的部位或环节。

5）对施工质量无把握的、施工条件困难的或技术难度大的工序或环节。

6）用户反馈指出的和过去有过返工的不良工序。

一般建筑工程质量控制点的设置可参考表 7-6。

质量控制点的设置　　表 7-6

分项工程	质量控制点
工程测量定位	标准轴线桩、水平桩、龙门板、定位轴线、标高
地基、基础（含设备基础）	基坑（槽）尺寸、标高、土质、地基承载力，基础垫层标高，基础位置、尺寸、标高，预埋件、预留洞孔的位置、标高、规格、数量，基础杯口弹线
砌体	砌体轴线，皮数杆，砂浆配合比，预留洞孔、预埋件的位置、数量，砌块排列
模板	位置、标高、尺寸，预留洞孔位置、尺寸，预埋件的位置，模板的承载力、刚度和稳定性，模板内部清理及隔离剂情况
钢筋混凝土	水泥品种、强度等级，砂石质量，混凝土配合比，外加剂掺量，混凝土振捣，钢筋品种、规格、尺寸、搭接长度，钢筋焊接、机械连接，预留洞、孔及预埋件规格、位置、尺寸、数量，预制构件吊装或出厂（脱模）强度，吊装位置、标高、支承长度、焊缝长度
吊装	吊装设备的起重能力、吊具、索具、地锚
钢结构	翻样图、放大样
焊接	焊接条件、焊接工艺
装修	视具体情况而定

（2）质量控制点的管理

对施工质量控制点的控制，首先要做好质量控制点的事前质量预控工作，包括：明确质量控制的目标控制参数，编制作业指导书和质量控制措施；确定质量检查检验方式及抽样的数量与方法；明确检查结果的判断标准及质量记录与信息反馈要求等。

其次，要向施工作业班组进行认真交底，使每一个控制点上的作业人员明白施工作业规程及质量检验评定标准，掌握施工操作要领；在施工过程中，相关技术管理和质量控制人员要在现场进行重点指导和检查验收。

同时，还要做好施工质量控制点的动态设置和动态跟踪管理。所谓动态设置，是指在开工前、设计交底和图纸会审时，可确定项目的一批质量控制点，随着工程的展开施工条件的变化，随时或定期进行控制点的调整和更新。动态跟踪是应用动态控制原理，落实专人负责跟踪和记录控制点质量控制的状态和效果，并及时向项目管理组织的高层管理者反馈质量控制信息，保持施工质量控制点的受控状态。

对于危险性较大的分部分项工程或特殊施工过程，除按一般过程质量控制的规定执行外，还应由专业技术人员编制专项施工方案或作业指导书，经施工单位技术负责人、项目总监理工程师、建设单位项目负责人审阅签字后执行。超过一定规模的危险性较大的分部分项工程，还要组织专家对专项施工方案进行论证。作业前施工员、技术员做好交底和记录，使操作人员在明确工艺标准、质量要求的基础上进行作业。为保证质量控制点的目标实现，应严格按照三级检查制度进行检查控制。在施工中发现质量控制点有异常时，应立即停止施工，召开分析会，查找原因采取对策予以解决。

施工单位应积极主动地支持、配合监理工程师的工作，应根据现场工程监理机构的要求，对施工作业质量控制点，按照不同的性质和管理要求，细分为“见证点”和“待检点”进行施工质量的监督和检查。凡属“见证点”的施工作业，如重要部位、特种作业、专门工艺等，施工方必须在该项作业开始前，书面通知现场监理机构到位旁站，见证施工作业过程；凡属“待检点”的施工作业，如隐蔽工程等，施工方必须在完成施工质量自检的基础上，提前通知项目监理机构进行检查验收，然后才能进行工程隐蔽或下道工序的施工。未经过项目监理机构检查验收合格，不得进行工程隐蔽或下道工序的施工。

7.3.4　施工过程的质量控制

施工过程的质量控制，是在工程项目质量实际形成过程中的事中质量控制。一般可称过程控制。

建设工程项目施工是由一系列相互关联、相互制约的作业过程（工序）构成，因此施工质量控制，必须对全部作业过程，即各道工序的作业质量持续进行控制。从项目管理的立场看，工序作业质量的控制，首先是质量生产者即作业者的自控，在施工生产要素合格的条件下，作业者能力及其发挥的状况是决定作业质量的关键。其次，是来自作业者外部的各种作业质量检查、验收和对质量行为的监督，也是不可缺少的设防和把关的管理措施。

1. 工序施工质量控制

工序是人、机械、材料设备、施工方法和环境因素对工程质量综合起作用的过程，所以对施工过程的质量控制，必须以工序作业质量控制为基础和核心。因此，工序的质量控制是施工阶段质量控制的重点。只有严格控制工序质量，才能确保施工项目的实体质量。工序施工质量控制主要包括工序施工条件质量控制和工序施工效果质量控制。

(1) 工序施工条件

工序施工条件是指从事工序活动的各生产要素质量及生产环境条件，工序施工条件控制就是控制工序活动的各种投入要素质量和环境条件质量。控制的手段主要有：检查、测试、试验、跟踪监督等。控制的依据主要是：设计质量标准、材料质量标准、机械设备技术性能标准、施工工艺标准以及操作规程等。

(2) 工序施工效果控制

工序施工效果是工序产品的质量特征和特性指标的反映。对工序施工效果的控制就是控制工序产品的质量特征和特性指标能否达到设计质量标准以及施工质量验收标准的要求。工序施工效果控制属于事后质量控制，其控制的主要途径是：实测获取数据、统计分析所获取的数据、判断认定质量等级和纠正质量偏差。

(3) 工序质量控制的程序

1) 选择和确定工序质量控制点。

2) 确定每个工序控制点的质量目标。

3) 按规定检测方法对工序质量控制点现状进行跟踪检测。

4) 将工序质量控制点的质量现状和质量目标进行比较，找出二者差距及产生原因。

5) 采取相应的技术、组织和管理措施，消除质量差距。

(4) 工序质量控制的要点

1) 必须主动控制工序作业条件，变事后检查为事前控制。对影响工序质量的各种因素，如材料、施工工艺、环境、操作者和施工机具等项，要预先进行分析，找出主要影响因素，并加以严格控制，从而防止工序质量出现问题。

2) 必须动态控制工序质量，变事后检查为事中控制。及时检验工序质量，利用数理统计方法分析工序质量状态，并使其处于稳定状态。如果工序质量处于异常状态，则应停止施工；在经过原因分析，采取措施，消除异常状态后，方可继续施工。

3) 合理设置工序质量控制点，并做好工序质量预控工作，做好工序质量控制，应当遵循以下两点：

① 确定工序质量标准，并规定其抽样方法、测量方法、一般质量要求和上下波动幅度。

② 确定工序技术标准和工艺标准，具体规定每道工序或操作的要求，并进行跟踪检验。

2. 施工作业质量的自控

(1) 施工作业质量自控的意义

施工作业质量的自控，从经营的层面上说，强调的是作为建筑产品生产者和经营者的施工企业，应全面履行企业的质量责任，向顾客提供质量合格的工程产品；从生产的过程来说，强调的是施工作业者的岗位质量责任，向后道工序提供合格的作业成果（中间产品）。因此，施工方是施工阶段质量自控主体。《中华人民共和国建筑法》和《建设工程质量管理条例》规定：施工单位对建设工程的施工质量负责；施工单位必须按照工程设计要求、施工技术标准和合同的约定，对建筑材料、建筑构配件和设备进行检验，不合格的不得使用。

(2) 施工作业质量自控的程序

施工作业质量的自控过程是由施工作业组织的成员进行的，其基本的控制程序包括作业技术交底、作业活动的实施和作业质量的自检自查、互检互查以及专职管理人员的质量检查等。具体内容包括：

1) 施工作业技术的交底。

2) 施工作业活动的实施。

3) 施工作业质量的检验。

(3) 施工作业质量自控的要求

工序作业质量是直接形成工程质量的基础，为达到对工序作业质量控制的效果，在加强工序管理和质量目标控制方面应坚持以下要求：

1) 预防为主

严格按照施工质量计划的要求，进行各分部分项施工作业的部署。同时，根据施工作业的内容、范围和特点，制定施工作业计划，明确作业质量目标和作业技术要领，认真进行作业技术交底，落实各项作业技术组织措施。

2) 重点控制

在施工作业计划中，一方面要认真贯彻实施施工质量计划中的质量控制点的控制措施，同时，要根据作业活动的实际需要，进一步建立工序作业控制点，深化工序作业的重点控制。

3) 坚持标准

工序作业人员对工序作业过程应严格进行质量自检，通过自检不断改善作业，并创造条件开展作业质量互检，通过互检加强技术与经验的交流。对已完工序作业产品批或分部分项工程，应严格坚持质量标准。对不合格的施工作业质量，不得进行验收签证，必须按照规定的程序进行处理。

4) 记录完整

施工图纸、质量计划、作业指导书、材料质保书、检验试验及检测报告、质量验收记录等，是形成可追溯性质量保证的依据，也是工程竣工验收所不可缺少的质量控制资料。因此，对工序作业质量，应有计划、有步骤地按照施工管理规范的要求进行填写记载，做到及时、准确、完整、有效，并具有可追溯性。

7.4 施工质量检查、验收

7.4.1 施工质量检查

质量检查（或称检验）的定义是：“对产品、过程或服务的一种或多种特性进行测量、检查、试验、计量，并将这些特性与规定的要求进行比较，以确定其符合性的活动”。在施工过程中，为了确定建筑产品是否符合质量要求，就需要借助某种手段或方法对产品（工程）的质量特性进行测定，然后把测定的结果同该特性规定的质量标准进行比较，从而判定该产品（工程）是合格品、优良品或不合格品。因此质量检验是保证产品（工程）质量的重要手段。

1. 施工质量检查的内容

质量检查的内容由施工准备的检验、施工过程的检验及交工验收的检验三部分内容组成。

（1）施工准备的检验内容

1）主要检查是否具备开工条件，开工后是否能够保持连续正常施工，能否保证工程质量。

2）对原材料、半成品、成品、构配件以及新产品的试制和新技术的推广，须进行预先检验。用直观的方法检验外形、规格、尺寸、色泽和平整度等；用仪器设备测试隔声、隔热、防水、抗渗、耐酸、耐碱、绝缘等物理、化学性能，以及构配件和结构性材料的抗弯、抗压、抗剪、抗震等力学性能检验工作。

对于混凝土和砂浆，还必须按设计配合比做试件检验，或采用超声波、回弹仪等测试手段进行混凝土的非破损的检验。

3）对工程地质、地貌、测量定位、标高等资料进行复核检查。

4）对构配件放样图纸有无差错进行复核检查。

（2）施工过程的检验内容

1）工序交接检查，对于重要的工序或对工程质量有重大影响的工序，应严格执行“三检”制度（即自检、互检、专检），未经监理工程师（或建设单位本项目技术负责人）检查认可，不得进行下道工序施工。

2）隐蔽工程的检查，施工中凡是隐蔽工程必须检查认证后方可进行隐蔽掩盖。

3）停工后复工的检查，因客观因素停工或处理质量事故等停工复工时，经检查认可后方能复工。

4）分项、分部工程完工后的检查，应经检查认可，并签署验收记录后，才能进行下一工程的施工。

5）成品保护的检查，检查成品有无保护措施以及保护措施是否有效可靠。

（3）交工验收的检验内容

1）检查施工过程的自检原始记录。

2）检查施工过程的技术档案资料。如隐蔽工程验收记录、技术复核、设计变更材料代用以及各类试验、试压报告等。

3）对竣工项目的外观检查。主要包括室内外的装饰、装修工程，屋面和地面工程，水、电及设备安装工程的实测检查等。

4）对使用功能的检查。包括门窗启闭是否灵活、屋面排水是否畅通、地漏标高是否恰当、设备运转是否正常、原设计的功能是否全部达到等。

2. 质量检查的依据和方式

（1）质量检查的依据

工程质量检查主要依据国家颁发的《建筑工程施工质量验收统一标准》GB 50300、各专业工程施工质量验收规范及施工技术操作规程，原材料、半成品以及构配件的质量检验标准，设计图纸及有关文件。

(2) 质量检查的方式

1) 全数检验：指对批量中的全部工程进行检验，此种检验一般应用于非破损性检查，检查项目少以及检验数量少的成品。这种检查方法工作量大，花费的时间长且只适用于非破坏性的检查。在建筑工程中，往往对关键性的或质量要求特别严格的分部分项工程，如对高级的大理石饰面工程，才采用这种检查方法。

2) 抽样检验：指对批量中抽取部分工程进行检验，并通过检验结果对该批产品（工程）质量进行估计和判断的过程。抽样的条件是：产品（工程）在施工过程中质量基本上是稳定的，而抽样的产品（工程）批量大、项目多。如对分部分项工程，按一定的比率从总体中抽出一部分子样来分析，判断总体中所有检验对象的质量情况。这种检查与全数检查相对照，具有投入人力少、花费时间短和检查费用低的优点，因此，在一般分部、分项工程中普遍采用。

抽样检查采用随机抽样的方法，所谓随机抽样，是使构成总体的每一单位体或位置，都有同等的机会、同样可能被抽到，从而避免抽样检查的片面性和倾向性。随机抽样时，除了上述同等的机会、同样的可能之外，还有一个数量的要求，即子样数量不应少于总体的 10%。

3) 审核检验：即随机抽取极少数样品，进行复核性的检验，查看质量水平的现状并做出准确的评价。

3. 质量检查的方法

现场质量检查是施工作业质量监控的主要手段，由于工程技术特性和质量标准各不相同，质量检查的方法也有很多种，现场质量检查的方法主要有以下几种：

(1) 目测法

即凭借感官进行检查，也称观感质量检验，其手段可概括为“看、摸、敲、照”四个字。

① 看——就是根据质量标准要求进行外观检查。例如，清水墙面是否洁净，喷涂的密实度和颜色是否良好、均匀，工人的操作是否正常，内墙抹灰的大面及口角是否平直，混凝土外观是否符合要求等。

② 摸——就是通过触摸手感进行检查、鉴别。例如，油漆的光滑度，浆活是否牢固、不掉粉等。

③ 敲——就是运用敲击工具进行音感检查。例如，对地面工程、装饰工程中的水磨石、面砖等，均应进行敲击检查。

④ 照——就是通过人工光源或反射光照射，检查难以看到或光线较暗的部位。例如，管道井、电梯井等内部管线、设备安装质量，装饰吊顶内连接及设备安装质量等。

(2) 实测法

就是通过实测数据与施工规范、质量标准的要求及允许偏差值进行对照，以此判断质量是否符合要求，其手段可概括为“靠、量、吊、套”四个字。

① 靠——就是用直尺、塞尺检查诸如墙面、地面、路面等的平整度。

② 量——就是指用测量工具和计量仪表等检查断面尺寸、轴线、标高、湿度、温度

等的偏差。例如，大理石板拼缝尺寸、摊铺沥青拌合料的温度、混凝土坍落度的检测等。

③ 吊——就是利用托线板以及线坠吊线检查垂直度。例如，砌体垂直度检查、门窗的安装等。

④ 套——是以方尺套方，辅以塞尺检查。例如，对阴阳角的方正、踢脚线的垂直度、预制构件的方正、门窗口及构件的对角线检查等。

（3）试验法

是指必须通过试验手段，才能对质量进行判断的检查方法。如抗拉强度、密度、含水量、凝结时间、安定性及抗渗、耐磨、耐热性能等。此外，根据规定有时还需进行现场试验，例如，对桩或地基的静载试验、下水管道的通水试验、压力管道的耐压试验、防水层的蓄水或淋水试验等。

7.4.2 施工质量验收

建设工程项目的质量验收，主要是指工程施工质量的验收。建筑工程的施工质量验收应按照现行的《建筑工程施工质量验收统一标准》GB 50300 进行。该标准是建筑工程专业工程施工质量验收规范编制的统一准则，各专业工程施工质量验收规范应与该标准配合使用。

根据上述施工质量验收统一标准，所谓“验收”，是指建筑工程在施工单位自行质量检查评定的基础上，参与建设活动的有关单位共同对检验批、分项、分部、单位工程的质量进行抽样复验，根据相关标准以书面形式对工程质量达到合格与否做出确认。

正确地进行工程项目质量的检查评定和验收，是施工质量控制的重要环节。施工质量验收包括施工过程的质量验收及工程项目竣工质量验收两个部分。

1. 施工过程的质量验收

工程项目质量验收，应将项目划分为单位工程、分部工程、分项工程和检验批进行验收。施工过程质量验收主要是指检验批和分项、分部工程的质量验收。

（1）施工过程质量验收的内容

现行的《建筑工程施工质量验收统一标准》GB 50300 与各个专业工程施工质量验收规范，明确规定了各分项工程施工质量的基本要求、分项工程检验批量的抽查办法和抽查数量、检验批主控项目和一般项目的检验方法、检查内容和允许偏差，以及各分部工程验收的方法和需要的技术资料等，同时对涉及人民生命财产安全、人身健康、环境保护和公共利益的内容以强制性条文作出规定，要求坚决、严格遵照执行。

检验批和分项工程是质量验收的基本单元；分部工程是在所含全部分项工程验收的基础上进行验收的，在施工过程中随完工随验收，并留下完整的质量验收记录和资料；单位工程作为具有独立使用功能的完整的建筑产品，进行竣工质量验收。

施工过程的质量验收通过验收后留下完整的质量验收记录和资料，为工程项目竣工质量验收提供依据，包括以下验收环节：

1）检验批质量验收

所谓检验批是指“按同一生产条件或按规定的方式汇总起来供检验用的，由一定数量样本组成的检验体”。检验批是工程验收的最小单位，是分项工程乃至整个建筑工程质量验收的基础。

检验批应由专业监理工程师组织施工单位项目专业质量检查员、专业工长等进行验收。

检验批质量验收合格应符合下列规定：

① 主控项目的质量经抽样检验均应合格。

② 一般项目的质量经抽样检验合格。

③ 具有完整的施工操作依据、质量验收记录。

主控项目是指建筑工程中的对安全、节能、环境保护和主要使用功能起决定性作用的检验项目。主控项目的验收必须从严要求，不允许有不符合要求的检验结果，主控项目的检查具有否决权。除主控项目以外的检验项目称为一般项目。

2）分项工程质量验收

分项工程的质量验收在检验批验收的基础上进行。一般情况下，两者具有相同或相近的性质，只是批量的大小不同而已。分项工程可由一个或若干检验批组成。

分项工程应由专业监理工程师组织施工单位项目专业技术负责人等进行验收。

分项工程质量验收合格应符合下列规定：

① 所含检验批的质量均应验收合格。

② 所含检验批的质量验收记录应完整。

3）分部工程质量验收

分部工程的验收在其所含各分项工程验收的基础上进行。

分部工程应由总监理工程师组织施工单位项目负责人和项目技术负责人等进行验收；勘察、设计单位项目负责人和施工单位技术、质量部门负责人应参加地基与基础分部工程验收；设计单位项目负责人和施工单位技术、质量部门负责人应参加主体结构、节能分部工程验收。

分部工程质量验收合格应符合下列规定：

① 所含分项工程的质量均应验收合格。

② 质量控制资料应完整。

③ 有关安全、节能、环境保护和主要使用功能的抽样检验结果应符合相应规定。

④ 观感质量应符合要求。

必须注意的是，由于分部工程所含的各分项工程性质不同，因此它并不是在所含的验收基础上的简单相加，即所含分项验收合格且质量控制资料完整，只是分部工程质量验收的基本条件，还必须在此基础上对涉及安全、节能、环境保护和主要使用功能的地基基础、主体结构和设备安装分部工程进行见证取样试验或抽样检测；而且还需要对其观感质量进行验收，并综合给出质量评价，对于评价为“差”的检查点应通过返修处理等进行补救。

（2）施工过程质量验收不合格的处理

1）施工过程的质量验收是以检验批的施工质量为基本验收单元。检验批质量不合格可能是由于使用的材料不合格，或施工作业质量不合格，或质量控制资料不完整等原因所致，其处理方法有：

① 在检验批验收时，发现存在严重缺陷的应返工重做，有一般的缺陷可通过返修或

更换器具、设备消除缺陷，返工或返修后应重新进行验收。

② 个别检验批发现某些项目或指标（如试块强度等）不满足要求难以确定是否验收时，应请有资质的检测机构检测鉴定，当鉴定结果能够达到设计要求时，应予以验收。

③ 当检测鉴定达不到设计要求，但经原设计单位核算认可能够满足结构安全和使用功能的检验批，可予以验收。

2）严重质量缺陷或超过检验批范围的缺陷，经有资质的检测机构检测鉴定以后，认为不能满足最低限度的安全储备和使用功能，则必须进行加固处理，经返修或加固处理的分项、分部工程，满足安全及使用功能要求时，可按技术处理方案和协商文件的要求予以验收，责任方应承担经济责任。

3）通过返修或加固处理后仍不能满足安全或重要使用要求的分部工程及单位工程，严禁验收。

2. 竣工质量验收

项目竣工质量验收是施工质量控制的最后一个环节，是对施工过程质量控制成果的全面检验，是从终端把关方面进行质量控制。未经验收或验收不合格的工程，不得交付使用。

（1）工程项目竣工质量验收的依据

1）国家相关法律法规和建设主管部门颁布的管理条例和办法。

2）建筑工程施工质量验收统一标准。

3）专业工程施工质量验收规范。

4）经批准的设计文件、施工图纸及说明书。

5）工程施工承包合同。

6）其他相关文件。

（2）竣工验收的基本条件

1）完成建设工程设计和合同约定的各项内容。

2）有完整的技术档案和施工管理资料。

3）有工程使用的主要建筑材料、建筑构配件和设备的进场试验报告。

4）有勘测、设计、施工、工程监理等单位分别签署的质量合格文件。

5）按设计内容完成，工程质量和使用功能符合规范规定的设计要求，并按合同规定完成了协议内容。

（3）竣工验收的程序和组织

单位工程中的分包工程完工后，分包单位应对所承包的工程项目进行自检，并应按规定的程序进行验收。验收时，总包单位应派人参加。

单位工程完工后，施工单位应组织有关人员进行自检。总监理工程师应组织各专业理工程师对工程质量进行竣工预验收。存在施工质量问题时，应由施工单位及时整改。

工程竣工质量验收由建设单位负责组织实施。

建设单位组织单位工程质量验收时，分包单位负责人应参加验收。

竣工质量验收应当按以下程序进行：

1）工程完工并对存在的质量问题整改完毕后，施工单位向建设单位提交工程竣工报告，申请工程竣工验收。实行监理的工程，工程竣工报告须经总监理工程师签署意见。

2）建设单位收到工程竣工报告后，对符合竣工验收要求的工程，组织勘察、施工、监理等单位组成验收组，制定验收方案。对于重大工程和技术复杂工程，根据需要可邀请有关专家参加验收组。

3）建设单位应当在工程竣工验收 7 个工作日前将验收的时间、地点及验收组名单书面通知负责监督该工程的工程质量监督机构。

4）建设单位组织工程竣工验收

① 建设、勘察、设计、施工、监理单位分别汇报工程合同履约情况和在工程建设各个环节执行法律、法规和工程建设强制性标准的情况。

② 审阅建设、勘察、设计、施工、监理单位的工程档案资料。

③ 实地查验工程质量。

④ 对工程勘察、设计、施工、设备安装质量和各管理环节等方面做出全面评价，形成经验收组人员签署的工程竣工验收意见。参与工程竣工验收的建设、勘察、设计、施工、监理等各方不能形成一致意见时，应当协商提出解决的方法，待意见一致后，重新组织工程竣工验收。

工程竣工验收合格后，建设单位应当及时提出工程竣工验收报告。

（4）竣工验收备案

建设单位应当自建设工程竣工验收合格之日起 15 日内，向工程所在地的县级以上地方人民政府建设主管部门备案。

建设单位办理工程竣工验收备案应当提交下列文件：

1）工程竣工验收备案表。

2）工程竣工验收报告。

3）法律、行政法规规定应当由规划、环保等部门出具的认可文件或者准许使用文件。

4）法律规定应当由公安消防部门出具的对大型的人员密集场所和其他特殊建设工程验收合格的证明文件。

5）施工单位签署的工程质量保修书。

6）法规、规章规定必须提供的其他文件。

（5）竣工后保修

施工项目具有一次性的特点，工程竣工交验后，该工程项目组织机构即行撤销。因此工程质量回访和保修工作由施工企业有关职能部门进行，建筑工程的保修制度是指建筑工程在竣工验收合格之日起，在一定的期限内，对工程发生的确实是由于施工单位施工责任造成的建筑使用功能不良或无法使用的问题，由施工单位负责修理，直至达到正常使用的标准。

《建设工程质量管理条例》规定：施工单位对施工中出现质量问题的建设工程或者竣工验收不合格的建设工程，应当负责返修。

1）基础设施工程、房屋建筑的地基基础工程和主体结构工程，为设计文件规定的该工程的合理使用年限。

2）屋面防水工程、有防水要求的卫生间、房间和外墙面的防渗漏，为 5 年。

3）供热与供冷系统，为 2 个采暖期、供冷期。

4）电气管线、给水排水管道、设备安装和装修工程，为 2 年。

其他项目保修年限由建设单位和施工单位约定。建设工程的保修期，自竣工验收合格之日起计算。

建设工程在保修范围和保修期限内发生质量问题的，施工单位应当履行保修义务，并对造成的损失承担赔偿责任，其费用可从质量保修金中列支。质量保修金是指建设单位与承包人在建设工程承包合同中约定，在建筑工程竣工验收交付使用后，从应付的建设工程款中预留一定的金额用以维修建筑工程在保修期限内和保修范围内出现的质量缺陷，主要担保竣工验收后保修期限内的质量问题。

7.5 工程质量事故分析与处理

7.5.1 工程质量事故概述

1. 工程质量事故定义

根据住房和城乡建设部《关于做好房屋建筑和市政基础设施工程质量事故报告和调查处理工作的通知》建质［2010］111 号，工程质量事故是指由于建设、勘察、设计、施工、监理等单位违反工程质量有关法律法规和工程建设标准，使工程产生结构安全、重要使用功能等方面的质量缺陷，造成人身伤亡或者重大经济损失的事故。

2. 工程质量事故的特点

工程质量事故具有复杂性、严重性、可变性和多发性的特点。

（1）复杂性

影响工程质量的因素繁多，造成质量事故的原因错综复杂，即使是同一类质量事故，而原因却可能多种多样截然不同。使得对质量事故进行分析，判断其性质、原因及发展，确定处理方案与措施等都增加了复杂性及困难度。

（2）严重性

工程项目一旦出现质量事故，其影响必然较大。轻者影响施工顺利进行、拖延工期、增加工程费用，重者则会留下隐患成为危险的建筑，影响其使用功能甚至不能使用，严重的还会引起建筑物的失稳、倒塌，造成人民生命、财产的巨大损失。所以对于建设工程质量问题和质量事故不能掉以轻心，必须予以高度重视。

（3）可变性

建筑工程中的质量问题，多数情况下会随着时间、环境和施工条件等变化而发生变化。有些在初始阶段并不严重的质量问题，如不能及时处理和纠正，有可能发展成一般质量事故，一般质量事故有可能发展成为严重或重大质量事故。所以，在分析、处理工程质量问题时，一定要注意质量问题的可变性，应及时采取可靠的措施，防止其进一步恶化而发生质量事故；或加强观测与试验，取得数据，预测未来发展的趋势。

（4）多发性

建设工程中的质量事故，往往在一些工程部位中经常发生，如混凝土强度不足、钢筋混凝土构件开裂等。因此，总结经验，吸取教训，采取有效措施予以预防十分必要。

3. 工程质量事故分类

（1）按事故造成损失程度分级

按照工程质量事故造成的人员伤亡或者直接经济损失，将工程质量事故分为 4 个等级：

1）特别重大事故，是指造成 30 人以上死亡，或者 100 人以上重伤，或者 1 亿元以上直接经济损失的事故。

2）重大事故，是指造成 10 人以上 30 人以下死亡，或者 50 人以上 100 人以下重伤，或者 5000 万元以上 1 亿元以下直接经济损失的事故。

3）较大事故，是指造成 3 人以上 10 人以下死亡，或者 10 人以上 50 人以下重伤，或者 1000 万元以上 5000 万元以下直接经济损失的事故。

4）一般事故，是指造成 3 人以下死亡，或者 10 人以下重伤，或者 100 万元以上 1000 万元以下直接经济损失的事故。

等级划分中所称的“以上”包括本数，所称的“以下”不包括本数。

（2）按事故责任分类

1）指导责任事故，指由于工程实施指导或领导失误而造成的质量事故。例如，由于工程负责人片面追求施工进度，放松或不按照质量标准进行控制和检验，降低施工质量标准等。

2）操作责任事故，指在施工过程中，由于操作者不按规程或标准实施操作，而造成的质量事故。例如，浇筑混凝土随意加水或振捣疏漏造成混凝土质量事故等。

3）自然灾害事故，指由于突发的严重自然灾害等不可抗力造成的质量事故。例如地震、台风、暴雨、洪水等对工程造成破坏甚至倒塌，这样的事故虽然属不可抗力，但灾害事故造成的损失程度往往与人们是否是提前采取了有效的预防措施有关，相关责任人员也可能负有一定责任。

（3）按质量事故产生的原因分类

1）技术原因，指在工程项目实施中由于设计、施工在技术上的失误造成的质量事故。

2）管理原因，指在管理上的不完善或失误引发的质量事故。

3）社会、经济原因，指由于经济因素及社会上存在的弊端和不正之风滋长了建设中违法违规行为，而造成的质量事故。

7.5.2　工程质量事故分析

由于建设工期长，所用材料品种复杂，在施工中受社会环境和自然条件方面异常因素的影响，工程质量事故的表现形式千差万别，类型多种多样。例如结构倒塌、倾斜、错位、不均匀或超量沉陷、变形、开裂、渗漏、破坏、强度不足、尺寸偏差过大等，但究其原因，归纳其最基本因素主要有以下几方面：

1. 违背基本建设程序

基本建设程序是工程项目建设过程及其客观规律的反映，《建设工程质量管理条例》明确指出：从事建设工程活动，必须严格执行基本建设程序，坚持先勘察、后设计、再施工的原则。但有些工程不按基建程序办事，例如未经可行性论证、未做好调查分析就拍板定案；未搞清地质情况就仓促开工；边设计、边施工；无图施工，不经竣工验收就交付使用等。这些常是导致重大工程质量事故的重要原因。

2. 工程地质勘查失真

不进行或不认真地进行地质勘查，盲目估算地基承载力，从而造成建筑物过大的不均匀沉降导致结构裂缝，甚至倒塌，或对基岩起伏、土层分布误判，或未查清地下软土层、墓穴、孔洞等。这些均会导致采用不恰当或错误的基础方案，造成地基不均匀沉降、失稳使上部结构或墙体开裂、破坏，或引发建筑物倾斜、倒塌等质量事故。

3. 地基处理失误

对软弱土、杂填土、冲填土、湿陷性黄土、膨胀土、红黏土、溶岩、土洞、岩层出露等不均匀地基未进行处理或处理不当也是导致重大事故的原因。必须根据不同地基的特点，从地基处理、结构措施、防水措施、施工措施等方面综合考虑，加以治理。

4. 设计考虑不周

设计考虑不周，例如盲目套用图纸、采用不正确的结构方案、计算简图与实际受力情况不符、荷载取值过小、内力分析有误、沉降缝或变形缝设置不当、悬挑结构未进行抗倾覆验算以及计算错误等。这些都是引发质量事故的隐患。

5. 施工采用了不合格的原材料及制品

如钢筋物理力学性能不良，导致钢筋混凝土结构产生裂缝或脆性破坏；骨料中活性氧化硅会导致碱骨料反应使混凝土产生裂缝；水泥安定性不良，造成混凝土爆裂；水泥受潮、过期、结块，砂石含泥量及有害物含量、外加剂掺量等不符合要求时，会影响混凝土强度、和易性、密实性、抗渗性，从而导致混凝土结构强度不足、裂缝、渗漏、蜂窝等质量事故。此外，预制构件断面尺寸不足，支承锚固长度不足，未可靠地建立预应力值，漏放或少放钢筋，板面开裂等均可能出现断裂、垮塌事故。

6. 施工与管理不到位

施工与管理不到位是造成大量质量事故的常见原因。其主要表现为：

（1）未经设计部门同意，擅自修改设计，或不按图施工。例如，将铰接做成刚接、将简支梁做成连续梁、用光圆钢筋代替异形钢筋等，导致结构破坏。挡土墙不按图设置滤水层、排水孔，导致压力增大，墙体破坏或倾覆。

（2）图纸未经会审即仓促施工，或不熟悉图纸、盲目施工。

（3）不按有关的施工规范和操作规程施工。例如，浇筑混凝土时振捣不良；造成薄弱部位；砖砌体包心砌筑，上下通缝，灰浆不均匀饱满等均能导致砖墙或砖柱破坏。

（4）不懂装懂、蛮干施工。例如，将钢筋混凝土预制梁倒置吊装、将悬挑结构钢筋放在受压区等均将导致结构破坏，造成严重后果。

（5）管理紊乱，施工方案考虑不周，施工顺序错误，技术交底不清，违章作业，疏于检查、验收等，均可能导致质量事故。

7. 受自然环境因素影响

建筑工程项目施工周期长，露天作业多，受自然影响大，空气温度、湿度、暴雨、风、浪、洪水、雷电、日晒等均可能成为质量事故的诱因，施工中应特别注意并采取有效的措施预防。

8. 建筑产品使用不当

对建筑物或设施使用不当也易造成质量事故。例如，未经校核验算就任意对建筑物加层；任意拆除承重结构部位；任意在结构物上开槽、打洞、削弱承重结构截面等也会引起质量事故。

7.5.3　工程质量事故处理

1. 质量事故处理程序

当出现工程质量缺陷或事故后，可以按以下程序处理（图 7-9）。

（1）事故报告

工程质量事故发生后，事故现场有关人员应当立即向工程建设单位负责人报告；工程建设单位负责人接到报告后，应于 1h 内向事故发生地县级以上人民政府住房和城乡建设主管部门及有关部门报告；同时应按照应急预案采取相应措施。情况紧急时，事故现场有关人员可直接向事故发生地县级以上人民政府住房和城乡建设主管部门报告。

（2）事故调查

事故调查要按规定区分事故的大小分别由相应级别的人民政府直接或授权委托有关部门组织事故调查组进行调查。未造成人员伤亡的一般事故，县级人民政府也可以委托事故发生单位组织事故调查组进行调查。事故调查应力求及时、客观、全面，以便为事故的分析与处理提供正确的依据。调查结果要整理撰写成事故调查报告，其主要内容应包括：

1）事故项目及各参建单位概况。

2）事故发生经过和事故救援情况。

3）事故造成的人员伤亡和直接经济损失。

4）事故项目有关质量检测报告和技术分析报告。

5）事故发生的原因和事故性质。

6）事故责任的认定和对事故责任者的处理建议。

7）事故防范和整改措施。

（3）事故的原因分析

原因分析要建立在事故情况调查的基础上，避免情况不明就主观推断事故的原因，特别是对涉及勘察、设计、施工、材料和管理等方面的质量事故，事故的原因往往错综复杂，因此，必须对调查所得到的数据、资料进行仔细的分析，依据国家有关法律法规和工程建设标准分析事故的直接原因和间接原因，必要时组织对事故项目进行检测鉴定和专家技术论证，去伪存真，找出造成事故的主要原因。

（4）制定事故处理的技术方案

事故的处理要建立在原因分析的基础上，要广泛地听取专家及有关方面的意见，经科学论证，再决定事故是否要进行技术处理和怎样处理。在制定事故处理的技术方案时，应做到安全可靠、技术可行、不留隐患、经济合理、具有可操作性、满足项目的安全和使用功能要求。

（5）事故处理

事故处理的内容包括：事故的技术处理，按经过论证的技术方案进行处理，解决事故造成的质量缺陷问题，事故的责任处罚，依据有关人民政府对事故调查报告的批复和有关法律法规的规定，对事故相关责任者实施行政处罚，负有事故责任的人员涉嫌犯罪的，依法追究刑事责任。

（6）事故处理的鉴定验收

质量事故的技术处理是否达到预期的目的、是否依然存在隐患，应当通过检查鉴定和做出确认。事故处理的质量检查鉴定，应严格按施工验收规范和相关质量标准的规定进行，必要时还应通过实际量测、试验和仪器检测等方法获取必要的数据，以便准确地对事故处理的结果作出鉴定，形成鉴定结论。

（7）提交事故处理报告

事故处理后，必须尽快提交完整的事故处理报告，其内容包括：事故调查的原始资料测试的数据；事故原因分析和论证结果；事故处理的依据；事故处理的技术方案及措施；实施技术处理过程中有关的数据、记录、资料；检查验收记录；对事故相关责任者的处罚情况和事故处理的结论等。

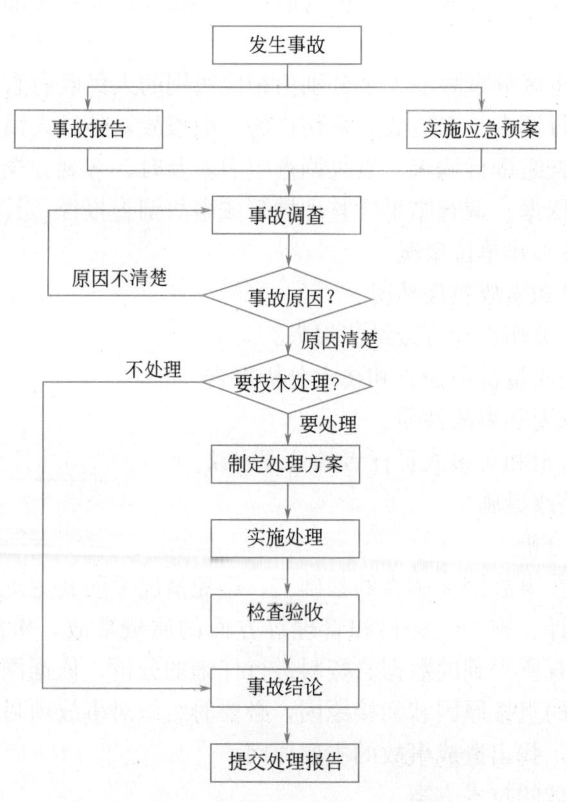

图 7-9 质量事故处理的一般程序

2. 质量事故处理的基本要求

（1）质量事故的处理要达到安全可靠、不留隐患，满足生产和使用要求，施工方便、经济合理的目的。

（2）消除造成事故的原因，注意综合治理，防止事故再次发生。

（3）正确确定及时处理的范围和正确选择处理的时间和方法。

（4）切实做好事故处理的检查验收工作，认真落实防范措施。

（5）确保事故处理期间的安全。

3. 施工质量缺陷处理的基本方法

（1）返修处理

当项目的某些部分的质量虽未达到规范、标准或设计规定的要求，存在一定的缺陷，但经过采取整修等措施后可以达到要求的质量标准，又不影响使用功能或外观的要求时，可采取返修处理的方法。例如，某些混凝土结构表面出现蜂窝、麻面，或者混凝土结构局部出现损伤，如结构受撞击、局部未振实、冻害、火灾、酸类腐蚀、碱骨料反应等，当这些缺陷或损伤仅仅在结构的表面或局部，不影响其使用和外观，则可进行返修处理。再比如对混凝土结构出现的裂缝，经分析研究认为不影响结构的安全和使用功能时，也可采取返修处理。当裂缝宽度不大于 0.2mm 时，可采用表面密封法；当裂缝宽度大于 0.3mn 时，采用嵌缝密闭法；当裂缝较深时，则应采取灌浆修补的方法。

（2）加固处理

主要是针对危及结构承载力的质量缺陷的处理。通过加固处理，使建筑结构恢复或提高承载力，重新满足结构安全性与可靠性的要求，使结构能继续使用或改作其他用途。对混凝土结构常用的加固方法主要有：增大截面加固法、外包角钢加固法、粘钢加固法、增设支点加固法、增设剪力墙加固法、预应力加固法等。

（3）返工处理

当工程质量缺陷经过返修、加固处理后仍不能满足规定的质量标准要求，或不具备补救可能性，则必须采取重新制作、重新施工的返工处理措施。例如，某防洪堤坝填筑压实后其压实土的干密度未达到规定值，经核算将影响土体的稳定且不满足抗渗能力的要求，须挖除不合格土，重新填筑，重新施工；某公路桥梁工程预应力按规定张拉系数为 1.3，而实际仅为 0.8，属严重的质量缺陷，也无法修补，只能重新制作；再比如某高层住宅施工中，有几层的混凝土结构误用了安定性不合格的水泥，无法采用其他补救办法，不得不爆破拆除重新浇筑。

（4）限制使用

当工程质量缺陷按修补方法处理后无法保证达到规定的使用要求和安全要求，而又无法返工处理的情况下，不得已时可做出如结构卸荷或减荷以及限制使用的决定。

（5）不作处理

某些工程质量问题虽然达不到规定的要求或标准，但其情况不严重，对结构安全或使用功能影响很小，经过分析、论证、法定检测单位鉴定和设计单位等认可后可不作专门处理。一般可不作专门处理的情况有以下几种：

1）不影响结构安全和使用功能的。例如，有的工业建筑物出现放线定位的偏差，且严重超过规范标准规定，若要纠正会造成重大经济损失，但经过分析、论证其偏差不影响生产工艺和正常使用，在外观上也无明显影响，可不作处理。又如，某些部位的混凝土表面的裂缝，经检查分析，属于表面养护不够的干缩微裂，不影响安全和外观，也可不作处理。

2）后道工序可以弥补的质量缺陷。例如，混凝土结构表面的轻微麻面，可通过后续的抹灰、刮涂、喷涂等弥补，也可不作处理。再比如，混凝土现浇楼面的平整度偏差达到

10m，但由于后续垫层和面层的施工可以弥补，所以也可不作处理。

3）法定检测单位鉴定合格的。例如，某检验批混凝土试块强度值不满足规范要求，强度不足，但经法定检测单位对混凝土实体强度进行实际检测后。其实际强度达到规范允许和设计要求值时，可不作处理。经检测未达到要求值，但相差不多，经分析论证只要使用前经再次检测达到设计强度，也可不作处理，但应严格控制施工荷载。

4）出现的质量缺陷，经检测鉴定达不到设计要求，但经原设计单位核算，仍能满足结构安全和使用功能的。例如，某一结构构件截面尺寸不足，或材料强度不足，影响结构承载力，但按实际情况进行复核验算后仍能满足设计要求的承载力时，可不进行专门处理。这种做法实际上是挖掘设计潜力或降低设计的安全系数，应慎重处理。

（6）报废处理

出现质量事故的项目，经过分析或检测，采取上述处理方法后仍不能满足规定的质量要求或标准，则必须予以报废处理。

单元总结

本教学单元介绍了施工项目质量管理的概念，阐述了施工项目质量控制基本原理、施工质量控制、检查、验收以及工程质量事故处理等相关内容，重点阐述了质量管理常用统计分析方法。通过本教学单元的学习，可以了解和掌握施工项目各个阶段的质量控制原则和任务，并掌握质量控制的方法，提高施工项目的质量和经济效益。

习　题

一、单选题

1. 质量成本的内容一般包括四项内容，下列不属于质量成本内容的项目是（　　）。

A. 预防成本　　B. 内部故障成本

C. 坏账成本　　D. 外部故障成本

2. 质量管理的 PDCA 循环中，“D”的职能是（　　）。

A. 将质量目标值通过投入产出活动转化为实际值

B. 对质量检查中的问题或不合格及时采取措施纠正

C. 确定质量目标和制定实现质量目标的行动方案

D. 对计划执行情况和结果进行检查

3. 下列哪一项是建设项目质量的影响因素之一？（　）

A. 法律因素　　B. 环境因素　　C. 管理因素　　D. 资金因素

4. 对工程质量状况和质量问题，按总承包、专业分包和劳务分包分门别类地进行调查和分析，以准确有效地找出问题及其原因所在。这是质量管理统计方法中（　　）的基本思想。

A. 因果分析图法　　B. 分层法

C. 排列图法　　D. 直方图法

5. 质量管理统计方法中，用来寻找质量主要因素的方法是（　　）。

A. 因果分析图法　　B. 分层法
C. 排列图法　　D. 直方图法

6. 在直方图的位置观察分析中，若质量特性数据的分布居中，边界在质量标准的上下界限内，且有较大距离时，说明该生产过程（　　）。

A. 质量能力不足　　B. 易出现质量不合格
C. 存在质量不合格　　D. 质量能力偏大

7. 关于施工质量计划的说法，正确的是（　　）。

A. 施工质量计划是以施工项目为对象由建设单位编制的计划
B. 施工质量计划应包括施工组织方案
C. 施工质量计划一经审核批准不得修改
D. 施工总承包单位不对分包单位的施工质量计划进行审核

8. 施工单位内部的施工作业质量检查包括（　　）。

A. 自检、互检和旁站检查　　B. 自检、专检和平行检验
C. 自检、专检、旁站检查和平行检验　　D. 自检、互检、专检和交接检查

9. 对装饰工程中的水磨石、面砖、石材饰面等现场检查时，均应进行敲击检查其铺贴质量。该方法属于现场质量检查方法中的（　　）。

A. 目测法　　B. 实测法　　C. 记录法　　D. 试验法

10. 下列现场质量检查方法中，属于无损检测方法是（　　）。

A. 托线板挂锤吊线检查　　B. 超声波探伤检查
C. 铁锤敲击检查　　D. 留置试块试验检查

11. 关于建设工程项目施工质量验收的说法，正确的是（　　）。

A. 分项工程、分部工程应由专业监理工程师组织验收
B. 分部工程的质量验收在分项工程验收的基础上进行
C. 分项工程是工程验收的最小单元
D. 分部工程所含全部分项工程质量验收合格，即可认为该分部工程验收合格

12. 下列施工检验批验收的做法中，正确的是（　　）。

A. 存在一般缺陷的检验批应推到重做
B. 某些指标不能满足要求时，可予以验收
C. 严重缺陷经加固处理后能满足安全使用要求，可按技术处理方案进行验收
D. 经加固处理后仍不能满足安全要求的分部工程可缺项验收

13. 单位工程完工后，施工单位自行组织有关人员进行质量检查评定，在具备竣工验收条件后，向（　　）提交工程验收报告。

A. 监理单位　　B. 建设单位
C. 勘察、设计单位　　D. 政府建设工程质量监督部门

14. 根据《质量管理体系 基础和术语》GB/T 19000—2016/ISO9000：2015，“与预期或规定用途有关的不合格”称为（　　）。

A. 质量问题　　B. 质量事故　　C. 质量不合格　　D. 质量缺陷

15. 根据事故造成损失的程度，下列工程质量事故中，属于重大事故的是（　　）。

A. 造成 1 亿元以上直接经济损失的事故

B. 造成 1000 万元以上 5000 万元以下直接经济损失的事故

C. 造成 100 万以上 1000 万元以下直接经济损失的事故

D. 造成 5000 万元以上 1 亿元以下直接经济损失的事故

16. 某工程在浇筑楼板混凝土时，发生支模架坍塌，造成 3 人死亡，6 人重伤，经调查，系现场技术管理人员未进行技术交底所致。该工程质量事故应判定为（　　）。

A. 操作责任的较大事故　　B. 操作责任的重大事故

C. 指导责任的较大事故　　D. 指导责任的重大事故

17. 下列导致施工质量事故发生的原因中，属于管理原因的是（　　）。

A. 材料检验不严　　B. 施工工艺错误

C. 盲目追求利润，偷工减料　　D. 操作者选用不合适施工方法

18. 下列工程质量问题中，可不做专门处理的是（　　）。

A. 某高层住宅施工中，底部二层的混凝土结构误用安定性不合格的水泥

B. 某防洪堤坝填筑压实后，压实土的干密度未达到规定值

C. 某检验批混凝土试块强度不满足规范要求，但混凝土实体强度检测后满足设计要求

D. 某工程主体结构混凝土表面裂缝大于 0.5mm

19. 某基础混凝土试块强度值不满足设计要求，但经法定检测单位对混凝土实体强度进行实际检测后，其实际强度达到规范允许和设计要求值。正确的处理方式是（　　）。

A. 修补　　B. 不作处理　　C. 返工　　D. 加固

20. 工程施工质量事故的处理工作包括：①事故调查；②事故原因分析；③事故处理；④事故处理的鉴定验收；⑤制定事故处理方案。正确的处理程序是（　　）。

A. ①—②—③—④—⑤　　B. ②—①—③—④—⑤

C. ①—②—⑤—③—④　　D. ④—②—⑤—①—③

二、多选题

1. 全面质量管理内涵中的“三全”管理指的是（　　）质量管理。

A. 全企业　　B. 全过程　　C. 全员参与　　D. 全部

E. 全方位

2. 建筑工程施工质量验收中，检验批质量验收的内容包括（　　）。

A. 质量资料　　B. 允许偏差项目　　C. 主控项目　　D. 观感质量

E. 一般项目

3. 某工程质量事故发生后，对该事故进行调查，经过原因分析判定该事故不需要处理，其后续工作有（　　）。

A. 做出结论　　B. 提交处理报告　　C. 补充调查　　D. 检查验收

E. 实施防护措施

4. 下列可能导致施工质量发生的原因中，属于管理原因的有（　　）。

A. 质量控制不严格　　B. 操作人员技术素质差

C. 地质勘查过于疏略　　D. 材料质量检验不严

E. 违章作业

5. 现场质量检查的方法主要有以下哪几种？（　　）

A. 实测法　　B. 检验法　　C. 目测法　　D. 实验法

三、简答题

1. PDCA 循环原理中的四个阶段八个步骤分别是什么？

2. 影响质量控制的因素有哪些？

3. 简述施工质量控制的基本环节。

教学单元8 建筑工程安全和文明施工管理

Chapter 08

1. 知识目标

(1) 了解建筑施工安全法律法规；了解诱发安全事故的原因。

(2) 熟悉施工项目现场文明施工和环境保护的意义和措施。

(3) 掌握施工现场安全管理制度、安全技术标准；掌握安全检查的内容和形式；掌握施工安全事故的处理程序和措施。

2. 能力目标

通过本教学单元的学习，能运用安全技术标准进行现场管理，会编制分部分项工程安全技术交底，能开展安全教育工作，具备一定的组织和协调能力，具备发现一般安全隐患和问题并及时有效地处理问题的能力。

3. 思政目标

建筑工程安全事故一旦发生，便会造成人身伤亡和财产损失。较大、重大事故时有发生，不仅对国民经济造成重大损失，更是对人的生命不尊重，安全事故对施工安全生产提出新的挑战，培养严谨的科学精神，敬畏自然、珍惜生命，勇于担当社会责任。

思维导图

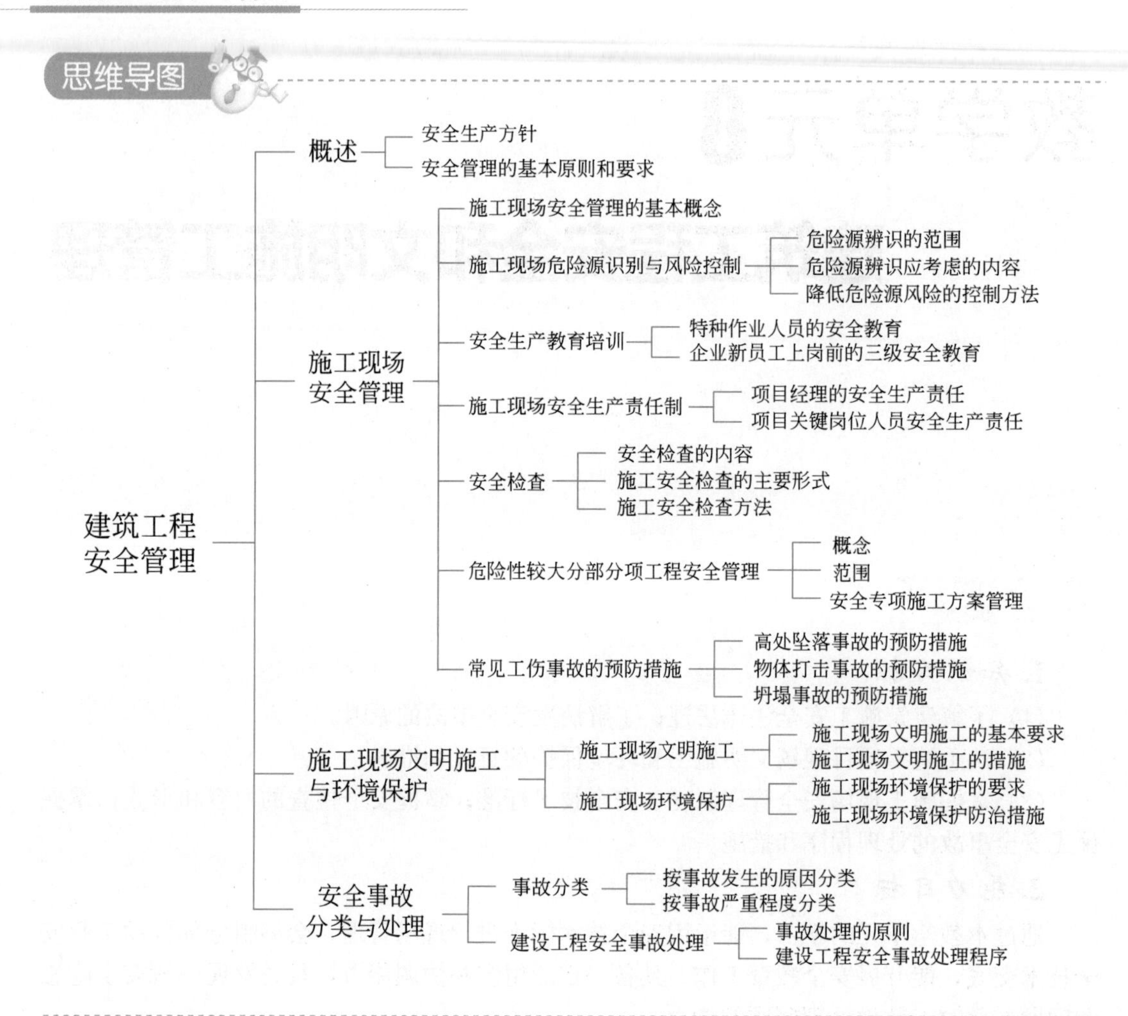

8.1 概述

在生产和其他活动中“没有危险，不受威胁，不出事故”，这就是安全。安全是相对于危险而言的。危险事件一旦发生，便会造成人身伤亡和财产损失。因此，安全不但包括人身安全，也包括财产（机械设备、物资）安全。

近年来，随着我国经济的快速发展，投资规模不断扩大，建筑业迅猛发展。随之而来的状况是建筑安全生产伤亡总人数居高不下，较大、重大事故时有发生，对国民经济造成了重大损失，对施工安全生产工作提出了新的挑战。

8.1.1 安全生产方针

安全生产方针是指政府对安全生产工作总的要求，它是安全生产工作的方向。

我国安全生产方针是：安全第一、预防为主、综合治理。

“安全第一”是安全生产方针的基础，当安全和生产发生矛盾的时候，必须先要解决安全问题，保证劳动者在安全生产的条件下进行生产劳动。只有保证安全的前提下，生产才能正常的进行，才能充分发挥职工的生产积极性，提高劳动生产率，促进经济建设的发展和保持社会的稳定。“安全第一”是从保护和发展生产力的角度，表明在生产范围内安全与生产的关系，肯定安全在建筑生产活动中的首要位置和重要性。

“预防为主”是安全生产方针的核心和具体体现，是实施安全生产的根本途径。“预防为主”是指在建筑生产活动中，针对建筑生产的特点，对生产要素采取管理措施，有效地控制不安全因素的发展与扩大，把可能发生的事故消灭在萌芽状态，以保证生产活动中人的安全与健康。安全工作必须始终将“预防”作为主要任务予以统筹考虑，除了自然灾害造成的事故以外，任何建筑施工、工业生产事故都是可以预防的。

安全和生产的辩证统一关系是：生产必须安全，安全促进生产。安全工作必须围绕生产活动进行，不仅要保证职工的生命安全和身体健康，而且要促进生产发展，离开生产，安全工作就没有意义。所以要综合治理，统筹一切有利的因素进行安全工作，从安全生产责任制、安全措施、安全管理、安全教育培训以及安全事故的处理等通过“预防”的方式体现出来，通过责任制落实出来，确保整个建筑生产过程中的安全，促进生产的有效发展。

把“综合治理”充实到安全生产方针当中，这一发展和完善，更好地反映了安全生产工作的规律特点。安全生产方针是完整的统一体，坚持安全第一，必须以预防为主，实施综合治理；只有认真治理隐患，有效防范事故，才能把安全第一落到实处。事故源于隐患，防范事故的有效办法，就是主动排查、综合治理各类隐患，不能等到付出了生命代价、有了血的教训之后再去改进工作。

8.1.2　安全管理的基本原则和要求

1. 坚持“管生产必须管安全”原则、“安全具有否决权”原则

“管生产必须管安全”原则强调安全寓于生产之中，并对生产发挥促进与保证作用。一切与生产有关的机构、人员，都必须参与安全管理并承担安全责任。它体现了安全和生产的统一，生产和安全是一个有机的整体，两者不能分割。也就是说，安全管理和生产管理的目标及目的高度的一致和完全的统一。

“安全具有否决权”的原则强调安全生产工作是衡量建设工程项目管理的一项基本内容，它要求在对项目各项指标考核、评优创先时，首先必须考虑安全指标的完成情况。安全指标没有实现，其他指标顺利完成，仍无法实现项目的最优化，安全具有一票否决的作用。

2. 必须明确安全管理的目的性

安全管理的目的是对生产中的人、物、环境因素状态的管理，有效地控制人的不安全行为和物的不安全状态，才能消除或避免事故，达到保护劳动者的安全与健康的目的。没有明确目的，安全管理是一种盲目行为。

3. 坚持做到“四不伤害”

安全生产全体人员必须牢记“四不伤害”（不伤害自己、不伤害别人、不被别人伤害、努力帮助别人不被伤害）。切实落实“三不违反”（不违章指挥、不违章操作、不违反劳动纪律）等安全禁止性规定。

4. 建设工程安全管理是一个系统工程

安全管理需运用多种学科的理论和办法，从各个不同学科的侧面，研究工程中造成人体伤害的有害因素，只有构建“政府统一领导、部门依法监管、企业全面负责、群众参与监督、全社会广泛支持”的安全生产工作格局，才能全面保护从业人员的安全与健康。

8.2 施工现场安全管理

8.2.1 施工现场安全管理的基本概念

安全生产，是为了使生产过程在符合物质条件和工作秩序下进行，防止发生人身伤亡和财产损失等生产事故，消除或控制危险、有害因素，保障人身安全与健康、设备和设施免受损坏、环境免遭破坏的总称。

安全生产管理，是管理的重要组成部分，是安全科学的一个分支。所谓安全生产管理，就是针对人们生产过程的安全问题，运用有效的资源，发挥人们的智慧，通过人们的努力，进行有关决策、计划、组织和控制等活动，实现生产过程中人与机器设备、物料、环境的和谐，达到安全生产的目标。

安全生产管理的目标，是减少和控制危害，减少和控制事故，尽量避免生产过程中由于事故所造成的人身伤害、财产损失、环境污染以及其他损失。安全生产管理包括安全生产法制管理、行政管理、监督检查、工艺技术管理、设备设施管理、作业环境和条件管理等。

安全生产管理的基本对象，是企业的员工，涉及企业中的所有人员、设备设施、物料、环境、财务、信息等各个方面。安全生产管理的内容包括：安全生产管理机构和安全生产管理人员、安全生产责任制、安全生产管理规章制度、安全生产策划、安全培训教育、安全生产档案等。

建筑工程安全管理是指在既定的安全方针下，确定安全管理目标和职责，并在安全体系中，通过诸如安全策划、安全检查、安全检验和安全改进，使其实施全部管理职能的所有活动。

建筑工程安全管理主体包括：

（1）建设行政主管部门，它对建设活动中的安全问题所进行的行业管理。

（2）从事建设活动的主体，它们对自身建设活动的安全生产所进行的企业管理。从事建设活动的主体所进行的安全生产管理包括建设单位对安全生产的管理，设计单位对安全生产的管理，施工单位对建设工程安全生产的管理等。

8.2.2　施工现场危险源识别与风险控制

危险源的识别是预防事故的切入点，常见的人的不安全行为、物的不安全状态、环境的不良及管理缺陷，都归结为危险源。

分部分项工程施工前，项目部应组织全体管理人员进行危险源识别和风险评价，形成清单，明确风险等级和具体的风险控制措施（包括工程技术措施和管理措施）。在施工前，由工程技术人员向全体参与施工的人员（包括管理人员和操作人员）进行告知和交底，并在施工区域进行公示，安全员在施工过程中对照清单进行巡查、监督。

1. 施工现场危险源辨识的范围

应以工程项目施工过程的辨识为主要内容，以分部分项工程实现的工艺流程为主线，加上固定区域（材料库房、固定存放区等）、施工机具及临时生产加工区（木工棚、钢筋棚、安装加工区）、办公区、生活区等区域。

2. 危险源辨识应考虑的内容

（1）常规和非常规活动

如极端气象条件（暴风雪、暴雨、六级以上的大风等）、供电中断、紧急情况、设备的清洁、非预定的维修、紧急情况（坍塌急救、中毒窒息急救、触电急救等）。

（2）进入施工区的所有人员的活动

包括分包、监理、建设单位、材料供方、参观人员等。

（3）源于场所外能够对工作场所内人员的健康安全产生不利影响的危险源

如施工围墙外的信号发射塔、高压输电线、天然气管道等。

（4）项目部所使用的基础设施、设备和材料

包括搭建的临建、工作棚；也包括租赁的民房、起重机械、钢管、扣件等。

（5）自身产生的、越过工作场所的边界的危险源

如塔式起重机的大臂吊物伸出围墙外，在建物距围墙距离小于坠落半径范围等。

（6）人的不安全行为

大量研究表明，人的不安全动作所导致的事故至少占事故总数的80%，物的不安全状态引发的事故仅占不到20%。美国杜邦公司对近十年来发生的事故直接原因统计分析后，更得出“人的不安全行为导致了96%的事故发生，而物的不安全状态仅仅导致了4%的事故发生”的结论。因此，在落实现场安全防护设施、消除环境的不利因素的同时，必须更加重视人的安全意识提高，在日常管理工作中不断识别和纠正人的不安全行为。

《企业职工伤亡事故分类》GB 6441 列举了常见的人的不安全行为，为日常安全管理工作中识别人的不安全行为提供了很好的思路：

1）操作错误、忽视安全、忽视警告

① 未经许可开动、关停、移动机械设备；

② 开动、关停机械设备时未给信号；

③ 开关未锁紧，造成意外转动、通电或泄漏等；

④ 忘记关闭设备；

⑤ 忽视警告标志、警告信号；

⑥ 操作错误（按钮、阀门、扳手、把柄等的操作）；
⑦ 奔跑作业；
⑧ 供料或送料速度快；
⑨ 机器超速运转；
⑩ 违章驾驶机动车；
⑪ 酒后作业或酒后进入施工区域；
⑫ 工件紧固不到位（如塔式起重机标准节和回转部位的螺栓、扣件的拧紧等）。

2）造成安全装置失效

① 拆除了安全装置（如现场不经漏电保护器接电、将施工升降机防坠器拆除等）；
② 安全装置堵塞，失去了作用（如附着架防坠器扭力弹簧人为失效等）；
③ 因调整的错误造成安全装置失效（如塔式起重机力矩限制器、吊钩超高限位等）。

3）使用不安全设备

① 临时使用不牢固的设施（如使用随意搭设的斜梯、平台等）；
② 使用无安全装置的设备（如防护罩缺失、绝缘损坏的手动工具等）。

4）用手代替工具操作

① 用手代替手动工具；
② 用手清除切屑；
③ 不用夹具固定，手持工件进行加工（如短钢筋的切断等）。

5）物体（如成品、半成品、材料、工具等）存放不当

6）冒险进入危险场所

① 冒险进入涵洞、污水井、化粪池等；
② 接近漏料处（无安全设施）；
③ 运料、装车时未离开危险区；
④ 未经安全人员许可进入罐体或井内、起重吊装区、坠落半径范围；
⑤ 未做好准备工作就开始作业（如进入污水井前通风时间不足等）；
⑥ 调车场超速上下车；
⑦ 易燃易爆场所有明火；
⑧ 私自搭乘场内车辆；
⑨ 未及时瞭望（车辆或人员经过十字路口未减速观察等）。

7）攀、坐不安全位置

如平台护栏、吊车吊钩、脚手架、女儿墙、窗台、坠落半径范围内等。

8）在吊物下作业、停留

9）机器运转时加油、修理、检查、调整、焊接、清扫等

如施工升降机一侧吊笼运行时检修、搅拌机滚筒旋转时清理。

10）有分散注意力的行为

① 如施工升降机司机工作期间听音乐、玩手机；
② 在施工现场边使用手机边行走。

11）在必须使用个人防护用品用具的作业或场合中，忽视其使用

① 电焊或打磨、切割作业未戴护目镜或面罩；

② 未戴防护手套；

③ 未穿安全鞋（如电工未穿绝缘鞋、搬运人员未穿防砸鞋）；

④ 进入施工区未戴安全帽或戴安全帽不系帽带；

⑤ 未佩戴呼吸护具（如有限空间作业、粉尘作业等）；

⑥ 悬空作业未佩戴安全带；

⑦ 未戴工作帽（如女工操作机械）。

（7）物的不安全状态和管理缺陷的识别

《企业职工伤亡事故分类》GB 6441 列举了常见的物的不安全状态和管理缺陷；《生产过程危险和有害因素分类与代码》GB/T 13861 也列举了常见的六类危险源；作为建筑施工现场，《建筑施工安全检查标准》JGJ 59 的 19 项检查评分表，列举了房屋建筑工程施工过程常见的物的不安全状态和管理缺陷，对于辨识危险源具有很好的参考价值。在辨识危险源时应一并参考，并结合本企业或本行业近年来发生的事故情况，综合进行分析辨识。

（8）由于施工工艺变更、建设单位的设计变更产生的新的危险源

如原计划在冬期施工的基坑工程变更为雨期施工、操作人员或管理人员发生变化、变更设计增加防腐作业等可能产生新的危险源。

3. 降低危险源风险的控制方法

项目部在充分识别危险源的基础上，通过采用直接判断法和作业条件危险性评价法两种评价方法进行复合评价，对危险源进行风险等级评价，并明确具体的风险控制措施。

控制措施的确定首先考虑消除危险源；其次是降低风险（或通过减少事件发生的可能性，或者通过降低潜在的人身伤害或健康损害的严重程度）；将采用个体防护装备作为最后的手段。应用控制措施层级优先选择顺序如下：

（1）消除——改变设计或施工工艺以消除危险源，如将人工挖孔改为机械成孔。

（2）替代——用低危害物质替代或降低系统能量，如降低电压、降低温度、降低电流等。

（3）工程控制措施——安装防护栏杆、机械防护、连锁装置、隔声罩、通风等。

（4）标示、警告和（或）管理控制措施——安全标志、危险区域标识、发光标志、人行道标识、警告器或警示灯、报警器、安全规程、设备检修、门禁控制、作业安全制度、操作规程牌和作业许可等。

（5）个体防护装备——安全帽、安全带和安全锁、防护眼镜、面罩、听力保护器、口罩、绝缘手套、防护鞋等。

通过以上风险控制措施的综合运用，进一步降低危险源的安全风险，有效降低安全生产事故的发生，防止和减少人员的伤害。

8.2.3　安全生产教育培训

安全生产教育是实现安全生产的一项重要基础工作，通过安全生产教育可以增强职工的安全生产意识、掌握安全知识、提高自我防护能力，使得安全管理目标更好的贯彻实现。

1. 特种作业人员的安全教育

特种作业人员，是指直接从事特殊种类作业的从业人员。按照《特种作业人员安全技术培训考核管理规定》的规定，电工作业人员、锅炉司炉、操作压力容器者、起重机械作业人员、爆破作业人员、金属焊接（气割）作业人员、煤矿井下瓦斯检验者、机动车辆驾驶人员、机动船舶驾驶人员及轮机操作人员、建筑登高架设作业者，以及符合特种作业人员定义的其他作业人员，均属特种作业人员。

特种作业人员必须经专门的安全技术培训并考核合格，取得《中华人民共和国特种作业操作证》后，方可上岗作业。

特种作业人员每年安全教育培训内容包括：

（1）特种作业人员所在岗位的工作特点，可能存在的危险因素、隐患和有毒有害因素及安全注意事项、防范对策。

（2）特种作业岗位的安全技术要领及个人防护用品的正确使用方法。

（3）本岗位涉及机具设备及安全防护设施的性能、作用和安全操作要求。

（4）本岗位曾发生的事故案例及经验教训。

2. 企业新员工上岗前的三级安全教育

企业新员工上岗前必须进行三级安全教育，必须按照规定通过三级安全教育和实际操作训练，并经考核后方可上岗。

对于建设工程来说，三级安全教育具体是指企业（公司）、项目（或工区、工程处、施工队）、班组这三级。

（1）企业安全教育内容包括：熟悉企业安全生产制度，学习相关法律法规，如《中华人民共和国建筑法》《建设工程安全生产管理条例》等。

（2）项目安全教育内容包括：学习安全知识，安全技能，设备性能，操作规程，安全生产法律、法规、制度和安全纪律，讲解安全事故案例等。

（3）班组安全教育内容包括：了解本班组作业特点，学习安全操作规程、安全生产制度及纪律；学习正确使用安全防护装置、设施及个人劳动防护用品知识；了解本班组作业中的不安全因素及防范对策、作业环境和所使用的机具安全要求等。

8.2.4 施工现场安全生产责任制

安全生产责任制是最基本的安全管理制度，是所有安全生产管理制度的核心。

安全生产责任制是指企业项目经理部各级领导、各个部门和各类人员所规定的，在其各自职责范围内，对安全生产负责的制度。安全生产责任制应根据“管生产必须管安全”“安全生产人人有责”的原则，明确各级领导、各职能部门和各类人员在施工生产活动中应负的安全责任，其内容应充分体现责、权、利相统一的原则。

1. 项目经理的安全生产责任

项目经理是施工项目安全生产的第一责任人，在项目代表企业法人履行企业各项法定的安全生产责任和合同约定的义务，因此，项目经理必须了解我国法律法规和规范性文件对项目经理安全责任的规定，以便在项目部认真履行法定职责，确保项目施工过程始终处于受控状态。

《建设工程安全生产管理条例》第 21 条第二款规定：施工单位的项目负责人应当由取得相应执业资格的人员担任，对建设工程项目的安全施工负责，落实安全生产责任制度、安全生产规章制度和操作规程，确保安全生产费用的有效使用，并根据工程的特点组织制定安全施工措施，消除安全事故隐患，及时、如实报告生产安全事故。这是我国从行政法规的层面，规定了项目负责人的安全生产责任。

2014 年 8 月，住房和城乡建设部印发了《建筑施工项目经理质量安全责任十项规定（试行）》（建质［2014］123 号），对项目经理的质量安全生产责任进一步细化，具体规定如下：

（1）建筑施工项目经理（以下简称项目经理）必须按规定取得相应执业资格和安全生产考核合格证书；合同约定的项目经理必须在岗履职，不得违反规定同时在两个及两个以上的工程项目担任项目经理。

（2）项目经理必须对工程项目施工质量安全负全责，负责建立质量安全管理体系，负责配备专职质量、安全等施工现场管理人员，负责落实质量安全责任制、质量安全管理规章制度和操作规程。

（3）项目经理必须按照工程设计图纸和技术标准组织施工，不得偷工减料；负责组织编制施工组织设计，负责组织制定质量安全技术措施，负责组织编制、论证和实施危险性较大分部分项工程专项施工方案；负责组织质量安全技术交底。

（4）项目经理必须组织对进入现场的建筑材料、构配件、设备、预拌混凝土等进行检验，未经检验或检验不合格，不得使用；必须组织对涉及结构安全的试块、试件以及有关材料进行取样检测，送检试样不得弄虚作假，不得篡改或者伪造检测报告，不得明示或暗示检测机构出具虚假检测报告。

（5）项目经理必须组织做好隐蔽工程的验收工作，参加地基基础、主体结构等分部工程的验收，参加单位工程和工程竣工验收；必须在验收文件上签字，不得签署虚假文件。

（6）项目经理必须在起重机械安装、拆卸，模板支架搭设等危险性较大分部分项工程施工期间现场带班；必须组织起重机械、模板支架等使用前验收，未经验收或验收不合格的不得使用；必须组织起重机械使用过程日常检查，不得使用安全保护装置失效的起重机械。

（7）项目经理必须将安全生产费用足额用于安全防护和安全措施，不得挪作他用；作业人员未配备安全防护用具，不得上岗；严禁使用国家明令淘汰、禁止使用的危及施工质量安全的工艺、设备、材料。

（8）项目经理必须定期组织质量安全隐患排查，及时消除质量安全隐患；必须落实住房和城乡建设主管部门和工程建设相关单位提出的质量安全隐患整改要求，在隐患整改报告上签字。

（9）项目经理必须组织对施工现场作业人员进行岗前质量安全教育，组织审核建筑施工特种作业人员操作资格证书，未经质量安全教育和无证人员不得上岗。

（10）项目经理必须按规定报告质量安全事故，立即启动应急预案，保护事故现场，开展应急救援。

同时，要求施工企业应当定期或不定期对项目经理履职情况进行检查，发现项目经理履职不到位的，及时予以纠正；必要时，按照规定程序更换符合条件的项目经理。要求住房和城乡建设主管部门应当加强对项目经理履职情况的动态监管，在检查中发现项目经理违反上述规定的，依照相关法律法规和规章实施行政处罚，同时对相应违法违规行为实行记分管理，行政处罚及记分情况应当在建筑市场监管与诚信信息发布平台上公布。

2. 项目关键岗位人员安全生产责任

安全生产人人有责，只有全员重视安全，对发现的事故隐患和违章行为及时进行制止，才能有效预防事故的发生。

（1）项目技术负责人的安全生产责任

1）对项目的施工安全技术负分管责任。

2）具体负责国家和地方有关安全生产的技术标准和政策在项目的贯彻实施。

3）组织危险性较大工程的识别，组织编制、审核工程安全技术措施和专项施工方案，履行相应论证、审批程序，并对超过一定规模的危险性较大工程专项施工方案实施过程进行监测和预警。

4）组织新技术、新设备、新材料、新工艺安全技术措施的制定，监督指导安全技术措施的实施。

5）参与项目安全技术教育。工程开工前，负责对项目和分包单位施工管理及相关人员进行安全技术总交底；结构复杂、危险性较大分项工程施工前，负责对项目和分包单位管理人员和操作人员进行专项施工方案的技术交底。

6）协助项目经理组织危险性较大工程专项施工方案实施的验收，并签署意见。

7）根据建设单位或监理单位签发的变更及施工环境变化，及时补充完善工程安全技术措施或专项施工方案。

8）组织编制项目生产安全事故应急预案并指导演练。发生生产安全事故，应亲临现场指导实施救援。

（2）项目安全员的安全生产责任

1）宣传国家和地方安全生产的法律法规、标准规范和企业、项目的安全生产规章制度，并监督检查执行情况，对项目的安全生产负监督管理责任。

2）协助项目经理建立健全项目安全管理制度、实施职业健康安全教育培训。

3）参加危险性较大工程专项方案论证和分项工程安全技术交底会，监督检查安全技术措施的实施，参加安全技术措施实施验收。

4）参加项目定期安全检查，对发现的事故隐患下发书面整改通知、告知操作人员，涉及分包单位的，书面通知分包单位限期整改，并负责跟踪验证。

5）负责施工现场日常安全监督检查并做好检查记录，对发现的事故隐患督促立即整改，必要时报告项目经理；对于发现的重大事故隐患，有权采取局部停工措施，立即报告项目经理，同时书面通知分包单位限期整改，并有权向企业安全生产管理机构报告。

6）监督危险性较大工程安全专项施工方案实施，发现未严格执行专项方案的情况应立即向项目技术负责人报告。

7）监督检查劳保用品的发放和正确使用。

8）监督指导施工现场安全警示标志和操作规程牌的设置和维护。

9）对管理人员和作业人员违章违规行为进行纠正或查处；涉及分包单位人员的，书面告知分包单位。

10）依照企业制度报告安全生产信息，参与事故应急救援和处理。

11）负责安全管理内业资料的收集、整理、归档工作。

（3）项目施工员的安全生产责任

1）对所管的分项工程、分包单位和作业班组的安全生产负直接管理责任。

2）组织实施所管分项工程安全技术措施和专项安全施工方案，落实各项安全监控、监测措施。在所管危险性较大工程施工中，组织分包单位实施班前安全确认。

3）组织核查所管分包和作业人员的安全资格，发现不具备相应资格和未经安全教育的，有权拒绝安排任务和采取停工措施。

4）组织对所管分包单位和作业班组的人员实施进场和经常性安全教育培训。

5）对所管理的作业班组，结合分项工程特点和专项施工方案规定，实施施工前和季节性的安全技术交底，并督促落实安全技术措施。

6）对所管分项工程所使用的设备、设施、安全措施所需材料组织进场和使用前的验收。

7）参加所管分项工程安全技术措施和危险性较大工程实施验收，必要时向分包单位办理设施及施工区域移交手续。

8）参加安全检查，对检查出的问题和隐患，按照分工负责限期落实整改措施。

9）协调所管施工区域多个分包单位的安全管理和施工平面布置的动态管理。

10）发生生产安全事故，应立即组织抢救、保护现场，并及时报告项目经理。

（4）项目机械员的安全生产责任

1）对项目机械设备的安全负直接管理责任。负责落实国家、地方和企业机械设备管理的各项制度，协助项目经理制定项目机械设备安全管理制度，并检查监督执行情况。

2）协助项目经理审查机械设备产权单位的资格、机械设备的技术文件和性能、操作人员的资格等；负责审查、收集产权单位、操作人员及机械设备的相关有效技术档案。收集租赁合同和安全管理协议。

3）协助项目经理审查、收集建筑起重设备产权单位的安装资质、安全许可证和人员的资格，组织实施安装拆卸人员的安全交底和进场安全教育。

4）参与组织设备进场安装前的联合验收，防止报废、淘汰或禁止使用的设备进场。

5）负责进场建筑起重设备作业人员资格的审查。组织机械设备操作、指挥、检修等人员的安全交底和安全教育，并监督安全技术操作规程的执行。

6）督促产权单位实施建筑起重设备安装、拆卸，告知和使用前的检测、验收及使用登记等工作。

7）检查机械设备的安全使用、维修保养；监督建筑起重设备产权单位实施设备的定期检查、维修保养制度，收集相应记录。

8）负责对机械设备及其安全装置、吊具、索具等进行经常性和定期检查，发现隐患书面通知产权单位整改，必要时有权采取停用措施。

9）负责进场机械设备的安全管理，并建立相应的技术档案。参与机械设备事故的调查处理。

8.2.5　安全检查

安全检查是安全管理工作的重要内容，是发现安全事故隐患、获得安全信息的重要手段。无论过去、现在还是将来，安全检查在安全管理中都占有极重要的地位，在建筑企业的施工生产过程中，由于生产作业条件、生产环境、施工生产对象等经常在发生变化，产生的问题事前也很难预料，加上部分职工对安全生产的认识不足、安全管理办法和安全措施也有一些漏洞，导致违章现象时有发生。对于这些可能导致阻碍生产、危害人身安全和财产安全的危险因素，如不及时发现、制止和采取措施，就有可能造成伤亡事故。因此，对施工生产过程中的人、物、管理等情况必须经常进行监督检查，随时发现隐患，收集并传递信息，控制事故的发生。

1. 安全检查的内容

（1）查思想

查思想主要是检查以项目经理为首的项目全体员工（包括分包作业人员）的安全生产意识和对安全生产工作的重视程度。

（2）查制度、查管理

企业的安全生产制度是全体职工的行动准则之一，是维护生产秩序的重要规范。查制度、查管理，就是检查企业安全生产的规章制度是否健全，在生产活动中是否得到了贯彻执行，符不符合“全、细、严”的要求。企业安全规章制度一般应包括下列几个方面：安全组织机构；安全生产责任制；安全奖惩制度；安全教育制度特种作业管理制度；安全技术措施管理制度；安全检查及隐患整改制度；违章违制及事故管理制度；保健、防护品的发放管理制度；职工安全守则与工种安全技术操作规程等。

在安全检查中，必须考察上述各项规章制度的贯彻执行情况。随时考核各级管理人员和岗位作业人员对安全规章制度与操作规程的掌握情况，对不遵守纪律、不执行安全生产规章制度的人员，要进行严肃的批评、教育和处理。

（3）查隐患、查整改

查隐患、查整改，就是检查施工生产过程中存在的可能导致事故发生的不安全因素，对各种隐患提出具体整改要求，并及时通知有关单位和部门，制定措施督促整改，保持工作环境处于安全状态。这种检查，一般是从作业场所、生产设施、设备、原材料及个人防护等方面进行考察的。如作业场所的通道、照明、材料堆放、温度等是否符合安全卫生标准；生产中常用的机电设备和各种压力容器有无可靠的保险、信号等安全装置；易燃易爆和腐蚀性物品的使用、保管是否符合规定；对有毒有害气体、粉尘、噪声、辐射有无防护和监测设施；高空作业的梯子、跳板、架子、栏杆及安全网的架设是否牢固；吊装作业的机具、绳索保险是否符合技术要求；个人防护用品的配备和使用是否符合规定等。对随时有可能造成伤亡事故的重大隐患，检查人员有权下令停工，并同时报告有关领导，待隐患排除后，经检查人员签证认可方可复工。

2. 施工安全检查的主要形式

施工安全检查的主要形式一般可分为定期安全检查、经常性安全检查、季节性安全检查、节假日安全检查、开工复工安全检查、专业性安全检查和设备设施安全验收检查等。安全检查的组织形式应根据检查的目的、内容面定，因此参加检查的组成人员也就不完全相同。

（1）定期安全检查。建筑施工企业应建立定期分级安全检查制度，定期安全检查属全面性和考核性的检查，建筑工程施工现场应至少每旬开展一次安全检查工作，施工现场的定期安全检查应由项目经理亲自组织。

（2）经常性安全检查。建筑工程施工应经常开展预防性的安全检查工作，以便于及时发现并消除事故隐患，保证施工生产正常进行。施工现场经常性的安全检查方式主要有以下：

1）现场专（兼）职安全生产管理人员及安全值班人员每天例行开展的安全巡视、巡查。

2）现场项目经理、责任工程师及相关专业技术管理人员在检查生产工作的同时进行的安全检查。

3）作业班组在班前、班中、班后进行的安全检查

（3）季节性安全检查。季节性安全检查主要是针对气候特点（如暑季、雨期、风季、冬期等）可能给安全生产造成的不利影响或带来的危害而组织的安全检查。

（4）节假日安全检查。在节假日特别是重大或传统节假日（如“五一”、“十一”、元旦、春节等）前后和节假日期间，为防止现场管理人员和作业人员思想麻痹、纪律松懈等进行的安全检查。节假日加班，更要认真检查各项安全防范措施的落实情况。

（5）开工复工安全检查。针对工程项目开工、复工之前进行的安全检查，主要是检查现场是否具备保障安全生产的条件。

（6）专业性安全检查。由有关专业人员对现场某项专业安全问题或在施工生产过程中存在的比较系统性的安全问题进行的单项检查。这类检查专业性强，主要应由专业工程技术人员、专业安全管理人员参加。

（7）设备设施安全验收检查。针对现场塔式起重机等起重设备、外用施工电梯、龙门架及井架物、提升机、电气设备、脚手架、现浇混凝土模板支撑系统等设备设施在安装、搭设过程中或完成后进行的安全验收、检查。

以上各种形式的检查，都应做好详细记录，对不能及时整改的隐患问题，除采取安全措施外，还要填写“隐患”整改通知书，按企业规定的职责范围分级落实整改措施，限期解决，定期进行复查，每次检查，都应写出小结，提出分析、评价和处理意见。

3. 施工安全检查方法

施工安全检查在正确使用安全检查表的基础上，可以采用“问”“看”“量”“测”“运转试验”等方法进行。

（1）“问”。主要是指通过询问、提问，对以项目经理为首的现场管理人员和操作工人进行的应知应会抽查，以便了解现场管理人员和操作工人的安全意识和安全素质。

（2）“看”。主要是指查看施工现场安全管理资料和对施工现场进行巡视。例如：查看项目负责人、专职安全管理人员、特种作业人员等的持证上岗情况；现场安全标志设置情况；劳动防护用品使用情况；现场安全防护情况；现场安全设施及机械设备安全装置配置情况；劳动防护用品使用情况；现场安全设施及机械设备安全装置配置情况；“三宝”（安全帽、安全带、安全网）使用情况，“四口”（在建工程预留洞口、电梯井口、通道口、楼梯口）、“五临边”（在建工程的楼面临边、屋面临边、阳台临边、升降口临边、基坑临边）防护情况等。

（3）“量”。主要是指使用测量工具对施工现场的一些设施、装置进行实测实量。

（4）“测”。主要是指使用专用仪器、仪表等监测器具对特定对象关键特性技术参数的

测试。例如：使用漏电保护器测试仪对漏电保护器漏电动作电流、漏电动作时间的测试，使用地阻仪对现场各种接地装置接地电阻的测试，使用兆欧表对电机绝缘电阻的测试，使用经纬仪对塔式起重机、外用电梯安装垂直度的测试等。

（5）“运转试验”。主要是指由具有专业资格的人员对机械设备进行实际操作、试验，检验其运转的可靠性或安全限位装置的灵敏性。

8.2.6 危险性较大的分部分项工程安全管理

1. 危险性较大的分部分项工程的概念

住房和城乡建设部令第37号《危险性较大的分部分项工程安全管理规定》中关于危险性较大的分部分项工程（以下简称“危大工程”）的定义为：是指房屋建筑和市政基础设施工程在施工过程中，容易导致人员群死群伤或者造成重大经济损失的分部分项工程。

2. 危险性较大的分部分项工程的范围

住房和城乡建设部办公厅关于实施《危险性较大的分部分项工程安全管理规定》有关问题的通知（建办质［2018］31号）中，危险性较大的分部分项工程范围包括：

（1）基坑工程

1）开挖深度超过3m（含3m）的基坑（槽）的土方开挖、支护、降水工程。

2）开挖深度虽未超过3m，但地质条件、周围环境和地下管线复杂，或影响毗邻建、构筑物安全的基坑（槽）的土方开挖、支护、降水工程。

（2）模板工程及支撑体系

1）各类工具式模板工程：包括滑模、爬模、飞模、隧道模等工程。

2）混凝土模板支撑工程：搭设高度5m及以上，或搭设跨度10m及以上，或施工总荷载（荷载效应基本组合的设计值，以下简称设计值）$10kN/m^2$及以上，或集中线荷载（设计值）15kN/m及以上，或高度大于支撑水平投影宽度且相对独立无联系构件的混凝土模板支撑工程。

3）承重支撑体系：用于钢结构安装等满堂支撑体系。

（3）起重吊装及起重机械安装拆卸工程

1）采用非常规起重设备、方法，且单件起吊重量在10kN及以上的起重吊装工程。

2）采用起重机械进行安装的工程。

3）起重机械安装和拆卸工程。

（4）脚手架工程

1）搭设高度24m及以上的落地式钢管脚手架工程（包括采光井、电梯井脚手架）。

2）附着式升降脚手架工程。

3）悬挑式脚手架工程。

4）高处作业吊篮。

5）卸料平台、操作平台工程。

6）异型脚手架工程。

（5）拆除工程

可能影响行人、交通、电力设施、通信设施或其他建、构筑物安全的拆除工程。

（6）暗挖工程

采用矿山法、盾构法、顶管法施工的隧道、洞室工程。

（7）其他

1）建筑幕墙安装工程。

2）钢结构、网架和索膜结构安装工程。

3）人工挖孔桩工程。

4）水下作业工程。

5）装配式建筑混凝土预制构件安装工程。

6）采用新技术、新工艺、新材料、新设备可能影响工程施工安全，尚无国家、行业及地方技术标准的分部分项工程。

超过一定规模的危险性较大的分部分项工程范围包括：

（1）深基坑工程

开挖深度超过 5m（含 5m）的基坑（槽）的土方开挖、支护、降水工程。

（2）模板工程及支撑体系

1）各类工具式模板工程：包括滑模、爬模、飞模、隧道模等工程。

2）混凝土模板支撑工程：搭设高度 8m 及以上，或搭设跨度 18m 及以上，或施工总荷载（设计值）$15kN/m^2$ 及以上，或集中线荷载（设计值）20kN/m 及以上。

3）承重支撑体系：用于钢结构安装等满堂支撑体系，承受单点集中荷载 7kN 及以上。

（3）起重吊装及起重机械安装拆卸工程

1）采用非常规起重设备、方法，且单件起吊重量在 100kN 及以上的起重吊装工程。

2）起重量 300kN 及以上，或搭设总高度 200m 及以上，或搭设基础标高在 200m 及以上的起重机械安装和拆卸工程。

（4）脚手架工程

1）搭设高度 50m 及以上的落地式钢管脚手架工程。

2）提升高度在 150m 及以上的附着式升降脚手架工程或附着式升降操作平台工程。

3）分段架体搭设高度 20m 及以上的悬挑式脚手架工程。

（5）拆除工程

1）码头、桥梁、高架、烟囱、水塔或拆除中容易引起有毒有害气（液）体或粉尘扩散、易燃易爆事故发生的特殊建、构筑物的拆除工程。

2）文物保护建筑、优秀历史建筑或历史文化风貌区影响范围内的拆除工程。

（6）暗挖工程

采用矿山法、盾构法、顶管法施工的隧道、洞室工程。

（7）其他

1）施工高度 50m 及以上的建筑幕墙安装工程。

2）跨度 36m 及以上的钢结构安装工程，或跨度 60m 及以上的网架和索膜结构安装工程。

3）开挖深度 16m 及以上的人工挖孔桩工程。

4）水下作业工程。

5）重量1000kN及以上的大型结构整体顶升、平移、转体等施工工艺。

6）采用新技术、新工艺、新材料、新设备可能影响工程施工安全，尚无国家、行业及地方技术标准的分部分项工程。

3. 危险性较大分部分项工程安全专项施工方案管理

（1）专项方案的编制

施工单位应当在危大工程施工前组织工程技术人员编制专项施工方案。实行施工总承包的，专项施工方案应当由施工总承包单位组织编制。危大工程实行分包的，专项施工方案可以由相关专业分包单位组织编制。

（2）专项方案应当包括的内容

1）工程概况：危大工程概况和特点、施工平面布置、施工要求和技术保证条件。

2）编制依据：相关法律、法规、规范性文件、标准、规范及施工图设计文件、施工组织设计等。

3）施工计划：包括施工进度计划、材料与设备计划。

4）施工工艺技术：技术参数、工艺流程、施工方法、操作要求、检查要求等。

5）施工安全保证措施：组织保障措施、技术措施、监测监控措施等。

6）施工管理及作业人员配备和分工：施工管理人员、专职安全生产管理人员、特种作业人员、其他作业人员等。

7）验收要求：验收标准、验收程序、验收内容、验收人员等。

8）应急处置措施。

9）计算书及相关施工图纸。

（3）专项方案的审批

专项施工方案应当由施工单位技术负责人审核签字、加盖单位公章，并由总监理工程师审查签字、加盖执业印章后方可实施。

危大工程实行分包并由分包单位编制专项施工方案的，专项施工方案应当由总承包单位技术负责人及分包单位技术负责人共同审核签字并加盖单位公章。

（4）超过一定规模的危险性较大工程专项方案论证

对于超过一定规模的危大工程，施工单位应当组织召开专家论证会对专项施工方案进行论证。实行施工总承包的，由施工总承包单位组织召开专家论证会。专家论证前专项施工方案应当通过施工单位审核和总监理工程师审查。专家论证的主要内容应当包括：

1）专项施工方案内容是否完整、可行。

2）专项施工方案计算书和验算依据、施工图是否符合有关标准规范。

3）专项施工方案是否满足现场实际情况，并能够确保施工安全。

（5）关于专项施工方案修改

超过一定规模的危大工程专项施工方案经专家论证后结论为“通过”的，施工单位可参考专家意见自行修改完善；结论为“修改后通过”的，专家意见要明确具体修改内容，施工单位应当按照专家意见进行修改，并履行有关审核和审查手续后方可实施，修改情况应及时告知专家。

8.2.7 施工现场常见工伤事故的预防措施

1. 高处坠落事故的预防措施

高处坠落是指在高处作业中发生坠落造成的伤亡事故。凡在坠落高度基准面 2m 以上（含 2m）有可能坠落的高处进行的作业。从临边、洞口，包括屋面边、楼板边、阳台边预留洞口、楼梯口等坠落；在物料提升机和塔式起重机安装、拆除过程坠落；混凝土构件浇筑时因模板支撑失稳倒塌，及安装拆除模板时坠落；结构和设备吊装，及电动吊篮施工时坠落。

（1）支搭脚手架要求

2m 以上的各种脚手架，均要按规程标准支搭，凡铺脚手板的施工层都要在架子外侧绑护身栏和挡脚板。施工层脚手板必须铺严，架子上不准留单跳板、探头板。脚手板与建筑物的间隙不得大于 20cm。

在施工中，采用脚手架做外防护时，防护高度必须保持在 1m 以上，在防护高度不足 1m 时，要先增高防护后方准继续施工，高层脚手架要做到“五有”，即有设计、有计算、有施工图、有书面安全技术交底、有上级技术领导审批。

（2）专用脚手架

安装电梯的专用脚手架主要有两种：一种是钢管组装式电梯井架子，另一种是钢丝绳吊挂式电梯井架子。这两种脚手架均应按规定支搭，确保施工安全。

（3）工具式脚手架

工具式脚手架主要有插口架子、吊篮架子和桥式架子。

插口架子就位和拆移时必须严格遵循“先别后摘，先挂后拆”的基本操作程序，“先别后摘”就是在塔式起重机吊着插口架子与建筑物就位固定时，要先将插进窗口的插口用木方子别好背牢，然后再到架子上摘塔式起重机的挂钩；“先挂后拆”就是在准备移动提升插口架子时，要先上到架子上，把塔式起重机的钩子挂好以后，再到建筑物里边去拆固定架子的别杆，按上述程序操作就不会出事故，否则可能造成重大伤亡。

吊篮架子解决了高层的外装修问题，应用比较普遍，在使用中应注意以下几个关键问题：

1）吊篮的挑梁部分。挑梁应用不小于 14 号工字钢或承载能力大于 14 号工字钢的其他材料。固定点的预埋环要与楼板或墙体主筋焊牢。挑梁吊点到支点的长度与支点到吊环固定点的长度比应不大于 1∶2，且抵抗力矩应大于倾覆力矩 3 倍以上，挑梁探出建筑物一端应稍高于另一端。挑梁之间应用钢管或杉杆连接牢固，成为整体。

2）吊篮的升降工具。一般以手扳葫芦和倒链为主。手扳葫芦应选用 3t 以上的，倒链选用 2t 以上的，吊篮的钢丝绳直径应不小于 12.5mm，吊篮的保险绳直径与主绳相同。在升降吊篮时，保险绳不可一次放松过长，两端升降应同步。吊篮升降工具和钢丝绳在使用前要认真进行检查。吊篮保险绳必须兜底使用。

3）吊篮的防护必须严密。吊篮靠建筑物一侧设 1.2m 高护身栏，两侧和外面要用安全网封严，吊篮顶上要有钢丝网护头棚。吊篮在使用时应与建筑物拉牢。

4）在吊篮里作业的人员，包括升降过程的操作人员均必须挂好安全带。

桥式脚手架只允许在高度20m以下的建筑中使用，桥架的跨度不得大于12m。升降桥时，操作人员必须将安全带挂在立柱上，桥两端要同步升降，并设保险绳或保险装置。桥架使用时应与建筑物拉接牢固，外防护使用应保证防护高度必须超出操作面1.2m，超出部分应绑护身栏和立挂安全网。

（4）支搭安全网

《建筑施工安全检查标准》JGJ 59中规定，取消在建筑物外围使用安全平网，改为用封闭的立网。并规定密目式安全立网的标准为：①每100cm^2（10cm×10cm）面积上有2000个以上的网目；②须做贯穿试验，即将网与地面张为30°的夹角，在其中心上方3m处，用49.4N（5kg）重的ϕ48～ϕ51钢管垂直自由落下，以不穿透为准。

（5）"四口"的防护

"四口"是指大于20cm×20cm的设备或管道的预留洞口、室内楼梯口、室内电梯口、建筑物的阳台口和建筑通廊、采光井等洞口。

洞口及临边的防护方法是：1.5m×1.5m以下的孔洞，应预埋通长钢筋网或加固定盖板；1.5m×1.5m以上的孔洞，四周必须设两道护身栏杆，中间支挂水平安全网。

电梯井口必须设置高度不低于1.2m的金属防护门。电梯井内首层和首层以上每隔四层设一道水平安全网，安全网应封闭严密。

楼梯踏步及休息平台处，必须设两道牢固的防护栏杆或用立挂安全网做防护，回转式楼梯间应支设首层水平安全网，每隔四层设一道水平安全网。

阳台栏板应随层安装。不能随层安装的，必须设两道防护栏杆或立挂安全网封闭。

框架结构无维护墙时的楼层临边、屋面周边、斜道的两侧边、垂直运输架卸料平台的两侧边等临边必须设两道防护栏杆，必要时加设一道挡脚板或立挂安全网。

（6）高凳和梯子的使用注意事项

在室内施工时常用的高凳和梯子，使用不当也会出现坠落和伤亡。在使用中应注意以下几点：

1）单梯只准上1人操作，支设角度以60°～70°为宜，梯子下脚要采取防滑处理。

2）使用人字双梯时，两梯夹角应保持60°，两梯间要拉牢；移动梯子时，人员必须下梯。

3）高处作业使用的铁凳、木凳应牢固，两凳间需搭设脚手板的，间距不得大于2m，只准站1人，脚手板上不准放置灰桶。

4）使用2m高以上的高凳或在较高的梯子上操作时，要加护栏或挂安全带。

在没有可靠的防护措施而又必须进行高处作业时，工人必须挂好安全带。在施工或维修时，严禁在石棉瓦、刨花板和三合板顶棚上行走。

2. 物体打击事故的预防措施

物体打击是指施工过程中的砖石块、工具、材料、零部件等在高空下落时对人体造成的伤害，以及崩块、锤击、滚石等对人身造成的伤害，不包括因爆炸而引起的物体打击。主要发生在同一垂直作用面的交叉作业中和通道口处坠落物体的打击。

物体打击事故的预防措施有：

（1）教育职工进入现场必须戴好安全帽。任何人都不准从高处向下抛投物料，各工种作业时要及时清理渣土杂物，以防无意碰落或被风吹落伤人。

（2）施工现场要设固定进楼通道。通道要搭护头棚。低层施工出入口护头棚长度不小于 3m，高层施工护头棚长度不小于 6m；护头棚宽度应宽于出入通道两侧各 1m，护头棚要满铺脚手板。建筑物其他门口要封死，不准人员穿行。人员行走或休息时，不准临近建筑物。

（3）吊运大模板、构件时要严格遵守起重作业规定，吊物上不准有零散小件。

（4）人工搬运构件、材料时，要精神集中，互相配合，搬运大型物体时，要有专人指挥零散材料堆放要整齐。各种构件、模板要停放平稳。

3. 坍塌事故的预防措施

坍塌事故是指物体在外力和重力的作用下，超过自身极限强度的破坏成因，结构稳定失衡塌落而造成物体高处坠落、物体打击、挤压伤害及窒息的事故。

坍塌事故主要分为：土方坍塌、模板坍塌、脚手架坍塌、拆除工程的坍塌、建筑物及构筑物的坍塌事故等五种类型。前四种一般发生在施工作业中，而后一种一般发生在使用过程中。目前建筑施工中，最常见的坍塌事故是土方坍塌和模板支撑体系失稳坍塌。

（1）土方坍塌预防措施

1）施工方案：基础施工要有防护方案，基坑深度超过 5m，要有专项支护设计。

2）确保边坡稳定：开挖沟槽、基坑等，应根据土质和挖掘深度等条件放足边坡坡度，如场地不允许放坡开挖时，应设固壁支撑或支护结构体系。挖出的土堆放距坑、槽边距离不得小于设计规定，且堆高不超过 1.5m。开挖过程中，应经常检查边壁土质稳固情况，发现有裂缝、疏松或支撑走动，要随时采取措施。根据土质、沟深、地下水位、机械设备重量等情况，确定堆放材料和施工机械距坑槽的距离。

3）挖土顺序应符合施工组织设计的规定，并遵循由上而下逐层开挖的原则，禁止采用掏洞的方法操作。

4）排水和降低地下水位。开挖低于地下水位的土方时，应根据地质资料、开挖深度等确定排水或降水措施，并应在地下施工的全过程中，有效地处理地下水，以防坍塌。

5）作业人员必须严格遵守安全操作规程。下坑槽作业前，要查看边坡土壤变化，有裂缝的部分要及时挖掉。上下要走扶梯或马道，不在边坡爬上爬下，防止把边坡蹬塌，也不要从上往下跳。工间休息时应到地面上，防止边坡坍塌被砸或被埋。不准拆移土壁支撑或其他支护设施。

6）监测措施。经常查看边坡和支护情况，发现异常，应及时采取措施，并通知地下作业人员撤离。作业人员发现边坡大量掉土、支护设施有声响时，应立即撤离，防止土体坍塌造成伤亡事故。

7）支护设施拆除。应按施工组织设计的规定进行，通常采用自下而上，随填土进程，填一层拆一层，不得一次拆到顶。

（2）模板工程失稳坍塌预防措施

1）模板设计。模板工程施工前，应由专业技术人员进行模板设计，并经上一级技术部门批准。模板设计的内容包括：模板及支撑构件的材料及类别与规格的选择，受力构件及地面承载力的计算，构造措施等。

2）模板施工技术方案。施工应根据模板施工技术方案进行，方案的主要内容有：模板的制作、安装、拆除等的施工顺序、方法及安全措施。施工方案需经上一级部门批准。

3）模板安装。模板及支撑的安装应严格按设计要求和施工方案进行施工，如设计存在问题或实施有困难时，需向工地技术负责人提出，并经上一级技术负责人同意后方可更改。

4）检查验收。模板工程安装完成后，必须按照设计要求，由工地负责人与安全检查员共同检查验收，确认安全可靠后，才能浇灌混凝土。浇混凝土过程中，应指定专人对模板所支撑的受力情况进行监视，发现问题，及时处理。

5）拆模。模板支撑的拆除，必须在确认混凝土强度达到设计要求后才能进行，且拆除顺序也应严格按照模板施工技术方案的要求，严禁野蛮拆模。

8.3 施工现场文明施工与环境保护

8.3.1 施工现场文明施工

文明施工是指保持施工场地整洁、卫生，施工组织科学、施工程序合理的一种施工活动。实现文明施工，不仅要着重做好现场的场容管理工作，而且还要相应做好现场材料、设备、安全、技术、保卫、消防和生活卫生等方面的管理工作。一个工地的文明施工水平是该工地乃至所在企业各项管理工作水平的综合体现。

建设工程文明施工包括：规范施工现场的场容，保持作业环境的整洁卫生；科学组织施工，使生产有序进行；减少施工对周围居民和环境的影响；遵守施工现场文明施工的规定和要求，保证职工的安全和身体健康等。

1. 施工现场文明施工的基本要求

（1）有整套的施工组织设计或施工方案，施工总平面布置紧凑、施工场地规划合理，符合环保、市容、卫生的要求。

（2）有健全的施工组织管理机构和指挥系统，岗位分工明确；工序交叉合理，交接责任明确。

（3）有严格的成品保护措施和制度，大小临时设施和各种材料、构件、半成品按平面布置堆放整齐。

（4）施工现场平整，道路畅通，排水设施得当。水电路整齐，机具设备状况良好，使用合理。施工作业符合消防和安全要求。

（5）搞好环境卫生管理，包括施工区、生活区环境卫生和食堂卫生管理。

（6）文明施工应贯穿施工结束后的清场。

2. 施工现场文明施工的措施

（1）加强现场文明施工的管理

1）建立文明施工的管理组织

应确立项目经理为现场文明施工的第一责任人，以各专业工程师、施工质量、安全材料、保卫等现场项目经理部人员为成员的施工现场文明管理组织，共同负责本工程现场文明施工工作。

2）健全文明施工的管理制度

包括建立各级文明施工岗位责任制，将文明施工工作考核列入经济责任制，建立定期的检查制度，实行自检、互检、交接检制度，建立奖惩制度，开展文明施工立功竞赛，加强文明施工教育培训等。

（2）落实现场文明施工的各项管理措施

针对现场文明施工的各项要求，落实相应的各项管理措施。

1）施工平面布置

施工总平面图是现场管理、实现文明施工的依据。施工总平面图应对施工机械设备材料和构配件的堆场、现场加工场地，以及现场临时运输道路、临时供水供电线路和其他临时设施进行合理布置，并随工程实施的不同阶段进行场地布置和调整。

2）现场围挡、标牌

① 施工现场必须实行封闭管理，设置进出口大门，制定门卫制度，严格执行外来人员进场登记制度。沿工地四周连续设置围挡，市区主要路段和其他涉及市容景观路段的工地设置围挡的高度不低于 2.5m，其他工地的围挡高度不低于 1.8m，围挡材料要求坚固稳定、统一、整洁、美观。

② 施工现场必须设有“五牌一图”，即工程概况牌、管理人员名单及监督电话牌、消防保卫（防火责任）牌、安全生产牌、文明施工牌和施工现场总平面图。

③ 施工现场应合理悬挂安全生产宣传和警示牌，标牌悬挂牢固可靠，特别是主要施工部位、作业点和危险区域以及主要通道口都必须有针对性地悬挂醒目的安全警示牌。

3）施工场地

① 施工现场应积极推行硬地坪施工，作业区、生活区主干道地面必须用一定厚度的混凝土硬化，场内其他道路地面也应硬化处理。

② 施工现场道路畅通、平坦、整洁，无散落物。

③ 施工现场设置排水系统，排水畅通，不积水。

④ 严禁泥浆、污水、废水外流或未经允许排入河道，严禁堵塞下水道和排水河道。

⑤ 施工现场适当地方设置吸烟处，作业区内禁止随意吸烟。

⑥ 积极美化施工现场环境，根据季节变化，适当进行绿化布置。

4）材料堆放、周转设备管理

① 建筑材料、构配件、料具必须按施工现场总平面布置图堆放，布置合理。

② 建筑材料、构配件及其他料具等必须做到安全、整齐堆放（存放），不得超高。堆料分门别类，悬挂标牌，标牌应统一制作，标明名称、品种、规格数量等。

③ 建立材料收发管理制度，仓库、工具间材料堆放整齐，易燃易爆物品分类堆放，专人负责，确保安全。

④ 施工现场建立清扫制度，落实到人，做到工完料尽场地清，车辆进出场应有防泥带出措施。建筑垃圾及时清运，临时存放现场的也应集中堆放整齐、悬挂标牌。不用的施工机具和设备应及时出场。

⑤ 施工设施、大模、砖夹等，集中堆放整齐；大模板成对放稳，角度正确。钢模及

零配件、脚手扣件分类分规格，集中存放。竹木杂料，应分类堆放、规则成方，不散不乱、不作他用。

5）现场生活设施

① 施工现场作业区与办公、生活区必须明显划分，确因场地狭窄不能划分的，要有可靠的隔离栏防护措施。

② 宿舍内应确保主体结构安全，设施完好。宿舍周围环境应保持整洁、安全。

③ 宿舍内应有保暖、消暑、防煤气中毒、防蚊虫叮咬等措施。严禁使用煤气灶、煤油炉、电饭煲、“热得快”、电炒锅、电炉等器具。

④ 食堂应有良好的通风和洁卫措施，保持卫生整洁，炊事员持健康证上岗。

⑤ 建立现场卫生责任制，设卫生保洁员。

⑥ 施工现场应设固定的男、女简易淋浴室和厕所，并要保证结构稳定、牢固和防风雨。并实行专人管理、及时清扫，保持整洁，要有灭蚊蝇滋生措施。

6）现场消防、防火管理

① 现场建立消防管理制度，建立消防领导小组，落实消防责任制和责任人员，做到思想重视、措施跟上、管理到位。

② 定期对有关人员进行消防教育，落实消防措施。

③ 现场必须有消防平面布置图，临时设施按消防条例有关规定搭设，做到标准规范。

④ 易燃易爆物品堆放间、油漆间、木工间、总配电室等消防防火重点部位要按规定设置灭火机和消防沙箱，并有专人负责，对违反消防条例的有关人员进行严肃处理。

⑤ 施工现场用明火做到严格按动用明火规定执行，审批手续齐全。

7）医疗急救的管理

展开卫生防病教育，准备必要的医疗设施，配备经过培训的急救人员，有急救措施、急救器材和保健医药箱。在现场办公室的显著位置张贴急救车和有关医院的电话号码等。

8）社区服务的管理

建立施工不扰民的措施。现场不得焚烧有毒、有害物质等。

9）治安管理

① 建立现场治安保卫领导小组，有专人管理。

② 新入场的人员做到及时登记，做到合法用工。

③ 按照治安管理条例和施工现场的治安管理规定搞好各项管理工作。

④ 建立门卫值班管理制度，严禁无证人员和其他闲杂人员进入施工现场，避免安全事故和失盗事件的发生。

（3）建立检查考核制度

对于建设工程文明施工，国家和各地大多制定了标准或规定，也有比较成熟的经验。在实际工作中，项目应结合相关标准和规定建立文明施工考核制度，推进各项文明施工措施的落实。

（4）抓好文明施工建设工作

1）建立宣传教育制度。现场宣传安全生产、文明施工、国家大事、社会形势、企业精神、优秀事迹等。

2）坚持以人为本，加强管理人员和班组文明建设。教育职工遵纪守法，提高企业整体管理水平和文明素质。

3）主动与有关单位配合，积极开展共建文明活动，树立企业良好的社会形象。

8.3.2　施工现场环境保护

1. 施工现场环境保护的要求

建设工程项目必须满足有关环境保护法律法规的要求，在施工过程中注意环境保护对企业发展、员工健康和社会文明有重要意义。

环境保护是按照法律法规、各级主管部门和企业的要求，保护和改善作业现场的环境，控制现场的各种粉尘、废水、废气、固体废弃物、噪声、振动等对环境的污染和危害。环境保护也是文明施工的重要内容之一。

根据《中华人民共和国环境保护法》和《中华人民共和国环境影响评价法》的有关规定，建设工程项目对环境保护的基本要求如下：

（1）涉及依法划定的自然保护区、风景名胜区、生活饮用水水源保护区及其他需要特别保护的区域时，应当符合国家有关法律法规及该区域内建设工程项目环境管理的规定，不得建设污染环境的工业生产设施；建设的工程项目设施的污染物排放不得超过规定的排放标准。已经建成的设施，其污染物排放超过排放标准的，限期整改。

（2）开发利用自然资源的项目，必须采取措施保护生态环境。

（3）建设工程项目选址、选线、布局应当符合区域、流域规划和城市总体规划。

（4）应满足项目所在区域环境质量、相应环境功能区划和生态功能区划标准或要求。

（5）拟采取的污染防治措施应确保污染物排放达到国家和地方规定的排放标准，满足污染物总量控制要求；涉及可能产生放射性污染的，应采取有效预防和控制放射性污染措施。

（6）建设工程应当采用节能、节水等有利于环境与资源保护的建筑设计方案、建筑材料、装修材料、建筑构配件及设备。建筑材料和装修材料必须符合国家标准。禁止生产销售和使用有毒、有害物质超过国家标准的建筑材料和装修材料。

（7）尽量减少建设工程施工中所产生的干扰周围生活环境的噪声。

（8）应采取生态保护措施，有效预防和控制生态破坏。

（9）对环境可能造成重大影响、应当编制环境影响报告书的建设工程项目，可能严重影响项目所在地居民生活环境质量的建设工程项目，以及存在重大意见分歧的建设工程项目，环保部门可以举行听证会，听取有关单位、专家和公众的意见，并公开听证结果，说明对有关意见采纳或不采纳的理由。

（10）建设工程项目中防治污染的设施，必须与主体工程同时设计、同时施工、同时投产使用。防治污染的设施必须经原审批环境影响报告书的环境保护行政主管部门验收合格后，该建设工程项目方可投入生产或者使用。防治污染的设施不得擅自拆除或者闲置，确有必要拆除或者闲置的，必须征得所在地的环境保护行政主管部门同意。

（11）新建工业企业和现有工业企业的技术改造，应当采取资源利用率高、污染物排放量少的设备和工艺，采用经济合理的废弃物综合利用技术和污染物处理技术。

（12）排放污染物的单位，必须依照国务院环境保护行政主管部门的规定申报登记。

（13）禁止引进不符合我国环境保护规定要求的技术和设备。

（14）任何单位不得将产生严重污染的生产设备转移给没有污染防治能力的单位使用。

2. 施工现场环境保护防治措施

工程施工过程中的污染主要包括对施工场界内的污染和对周围环境的污染。对施工场界内的污染防治属于职业健康安全问题，而对周围环境的污染防治是环境保护的问题。

建设工程环境保护措施主要包括大气污染的防治、水污染的防治、噪声污染的防治、固体废弃物的处理以及文明施工措施等。

（1）施工现场空气污染的防治措施

8.3 施工现场空气污染的防治措施

1）施工现场垃圾渣土要及时清理出现场。

2）高大建筑物清理施工垃圾时，要使用封闭式的容器或者采取其他措施处理高空废弃物，严禁凌空随意抛撒。

3）施工现场道路应指定专人定期洒水清扫，形成制度，防止道路扬尘。

4）对于细颗粒散体材料（如水泥、粉煤灰、白灰等）的运输、储存要注意遮盖密封，防止和减少飞扬。

5）车辆开出工地要做到不带泥沙，基本做到不撒土、不扬尘，减少对周围环境污染。

6）除设有符合规定的装置外，禁止在施工现场焚烧油毡、橡胶、塑料、皮革、树叶枯草、各种包装物等废弃物品以及其他会产生有毒、有害烟尘和恶臭气体的物质。

7）机动车都要安装减少尾气排放的装置，确保符合国家标准。

8）工地茶炉应尽量采用电热水器。若只能使用烧煤茶炉和锅炉时，应选用消烟除尘型茶炉和锅炉，大灶应选用消烟节能回风炉灶，使烟尘降至允许排放范围为止。

9）大城市市区的建设工程已不容许搅拌混凝土。在容许设置搅拌站的工地，应将搅拌站封闭严密，并在进料仓上方安装除尘装置，采用可靠措施控制工地粉尘污染。

10）拆除旧建筑物时，应适当洒水，防止扬尘。

（2）施工过程水污染的防治措施

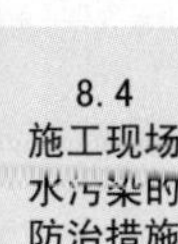

1）禁止将有毒有害废弃物作土方回填。

2）施工现场搅拌站废水，现制水磨石的污水，电石（碳化钙）的污水必须经沉淀池沉淀合格后再排放，最好将沉淀水用于工地洒水降尘或采取措施回收利用。

3）现场存放油料，必须对库房地面进行防渗处理，如采用防渗混凝土地面、铺油措施。使用时，要采取防止油料跑、冒、滴、漏的措施，以免污染水体。

4）施工现场100人以上的临时食堂，污水排放时可设置简易有效的隔油池，定期清理，防止污染。

5）工地临时厕所、化粪池应采取防渗漏措施。中心城市施工现场的临时厕所可采用水冲式厕所，并有防蝇灭蛆措施，防止污染水体和环境。

6）化学用品、外加剂等要妥善保管，库内存放，防止污染环境。

（3）施工现场噪声的控制措施

8.5 施工现场噪声的控制措施

施工现场的噪声类型有：交通噪声（如汽车、火车、飞机等）、工业噪声（如鼓风机、汽机、冲压设备等）、建筑施工的噪声（如打桩机、推土机、混凝土搅拌机等发出的声音），社会生活噪声（如高音喇叭、收音机等）。噪声妨碍人们正常休息、学习和工作，为防止噪声扰民，应控制人为强噪声。

噪声控制技术可从声源、传播途径、接收者防护等方面来考虑。

1）声源控制

① 声源上降低噪声，这是防止噪声污染的最根本的措施。

② 尽量采用低噪声设备和加工工艺代替高噪声设备与加工工艺，如低噪声振捣器、风机、电动空压机、电锯等。

③ 在声源处安装消声器消声，即在通风机、鼓风机、压缩机、燃气机、内燃机及各类排气放空装置等进出风管的适当位置设置消声器。

2）传播途径的控制

① 吸声：利用吸声材料（大多由多孔材料制成）或由吸声结构形成的共振结构（金属或木质薄板钻孔制成的空腔体）吸收声能，降低噪声。

② 隔声：应用隔声结构，阻碍噪声向空间传播，将接收者与噪声源分隔。隔声结构包括隔声室、隔声罩、隔声屏障、隔声墙等。

③ 消声：利用消声器阻止传播。允许气流通过的消声降噪是防治空气动力性噪声的主要装置。如对空气压缩机、内燃机产生的噪声等。

④ 减振降噪：对来自振动引起的噪声，通过降低机械振动减小噪声，如将阻尼材料涂在振动源上，或改变振动源与其他刚性结构的连接方式等。

3）接收者的防护

让处于噪声环境下的人员使用耳塞、耳罩等防护用品，减少相关人员在噪声环境中的暴露时间，以减轻噪声对人体的危害。

4）严格控制人为噪声

① 进入施工现场不得高声喊叫、无故甩打模板、乱吹哨，限制高音喇叭的使用，最大限度地减少噪声扰民。

② 凡在人口稠密区进行强噪声作业时，须严格控制作业时间，一般晚 10 点到次日早 6 点之间停止强噪声作业。确系特殊情况必须昼夜施工时，尽量采取降低噪声措施，并会同建设单位找当地居委会、村委会或当地居民协调，出安民告示，求得群众谅解。

（4）固体废物的处理

建设工程施工工地上常见的固体废物主要有建筑渣土、废弃的散装大宗建筑材料以及生活垃圾、设备、材料等的包装材料等。

固体废物处理的基本思想是：采取资源化、减量化和无害化的处理，对固体废物产生的全过程进行控制。固体废物的主要处理方法如下：

1）回收利用

回收利用是对固体废物进行资源化的重要手段之一。粉煤灰在建设工程领域的广泛应用就是对固体废弃物进行资源化利用的典型范例。

2）减量化处理

减量化是对已经产生的固体废物进行分选、破碎、压实浓缩、脱水等减少其最终处置量，减低处理成本，减少对环境的污染。在减量化处理的过程中，也包括和其他处理技术相关的工艺方法，如焚烧、热解、堆肥等。

3）焚烧

焚烧用于不适合再利用且不宜直接予以填埋处置的废物，除有符合规定的装置外，不得在施工现场熔化沥青和焚烧油毡、油漆，亦不得焚烧其他可产生有毒有害和恶臭气体的废弃物。垃圾焚烧处理应使用符合环境要求的处理装置，避免对大气的二次污染。

4）稳定和固化

稳定和固化处理是利用水泥、沥青等胶结材料，将松散的废物胶结包裹起来，减少有害物质从废物中向外迁移、扩散，使得废物对环境的污染减少。

5）填埋

填埋是固体废物经过无害化、减量化处理的废物残渣集中到填埋场进行处置。禁止将有毒有害废弃物现场填埋，填埋场应利用天然或人工屏障。尽量使需处置的废物与环境隔离，并注意废物的稳定性和长期安全性。

8.4 安全事故分类与处理

8.4.1 事故分类

1. 按事故发生的原因分类

建筑施工事故是指建筑施工过程中发生的导致人员伤亡及财产损失的各类伤害。《企业职工伤亡事故分类》GB 6441 中将伤害的类别分为二十种，根据统计分类，建筑施工中主要的、易发的、伤亡人数多的事故分别是：高处坠落、物体打击、机械伤害和坍塌等。

2. 按事故严重程度分类

依据 2007 年 6 月 1 日起实施的《生产安全事故报告和调查处理条例》规定，按生产安全事故（以下简称事故）造成的人员伤亡或者直接经济损失，事故一般分为以下等级：

（1）特别重大事故，是指造成 30 人以上死亡，或者 100 人以上重伤（包括急性工业中毒，下同），或者 1 亿元以上直接经济损失的事故。

（2）重大事故，是指造成 10 人以上 30 人以下死亡，或者 50 人以上 100 人以下重伤，或者 5000 万元以上 1 亿元以下直接经济损失的事故。

（3）较大事故，是指造成 3 人以上 10 人以下死亡，或者 10 人以上 50 人以下重伤，或者 1000 万元以上 5000 万元以下直接经济损失的事故。

（4）一般事故，是指造成 3 人以下死亡，或者 10 人以下重伤，或者 1000 万元以下直接经济损失的事故。国务院安全生产监督管理部门可以会同国务院有关部门，制定事故等级划分的补充性规定。

所称的“以上”包括本数，所称的“以下”不包括本数。

目前，在建设工程领域中，判别事故等级较多采用的是《生产安全事故报告和调查处理条例》。

8.4.2　建设工程安全事故处理

一旦事故发生，通过应急预案的实施，尽可能防止事态的扩大和减少事故的损失。通过事故处理程序，查明原因，制定相应的纠正和预防措施，避免类似事故的再次发生。

1. 事故处理的原则

国家对发生事故后的“四不放过”处理原则，其具体内容如下：

（1）事故原因未查清不放过

要求在调查处理伤亡事故时，首先要把事故原因分析清楚，找出导致事故发生的真正原因，未找到真正原因决不轻易放过。直到找到真正原因并搞清各因素之间的因果关系才算达到事故原因分析的目的。

（2）事故责任人未受到处理不放过

这是安全事故责任追究制的具体体现，对事故责任者要严格按照安全事故责任追究的法律法规的规定进行严肃处理。不仅要追究事故直接责任人的责任，同时要追究有关负责人的领导责任。当然，处理事故责任者必须谨慎，避免事故责任追究的扩大化。

（3）事故责任人和周围群众没有受到教育不放过

使事故责任者和广大群众了解事故发生的原因及所造成的危害，并深刻认识到搞好安全生产的重要性，从事故中吸取教训，提高安全意识，改进安全管理工作。

（4）事故没有制定切实可行的整改措施不放过

必须针对事故发生的原因，提出防止相同或类似事故发生的切实可行的预防措施，并督促事故发生单位加以实施。只有这样，才算达到事故调查和处理的最终目的。

2. 建设工程安全事故处理程序

（1）按规定向有关部门报告事故情况

事故发生后，事故现场有关人员应当立即向本单位负责人报告；单位负责人接到报告后，应当于 1h 内向事故发生地县级以上人民政府安全生产监督管理部门和负有安全生产监督管理职责的有关部门报告，并有组织、有指挥地抢救伤员、排除险情；应当防止人为或自然因素的破坏，便于事故原因的调查。

由于建设行政主管部门是建设安全生产的监督管理部门，对建设安全生产实行的是统一的监督管理，因此，各个行业的建设施工中出现了安全事故，都应当向建设行政主管部门报告。对于专业工程的施工中出现生产安全事故的，由于有关的专业主管部门也承担着对建设安全生产的监督管理职能，因此，专业工程出现安全事故，还需要向有关行业主管部门报告。

1）情况紧急时，事故现场有关人员可以直接向事故发生地县级以上人民政府安全生产监督管理部门和负有安全生产监督管理职责的有关部门报告。

2）安全生产监督管理部门和负有安全生产监督管理职责的有关部门接到事故报告后，应当依照下列规定上报事故情况，并通知公安机关、劳动保障行政部门、工会和人民检察院。

① 特别重大事故、重大事故逐级上报至国务院安全生产监督管理部门和负有安全生产监督管理职责的有关部门。

② 较大事故逐级上报至省、自治区、直辖市人民政府安全生产监督管理部门和负有安全生产监督管理职责的有关部门。

③ 一般事故上报至设区的市级人民政府安全生产监督管理部门和负有安全生产监督管理职责的有关部门。

安全生产监督管理部门和负有安全生产监督管理职责的有关部门依照前款规定上报事故情况，应当同时报告本级人民政府。国务院安全生产监督管理部门和负有安全生产监督管理职责的有关部门以及省级人民政府接到发生特别重大事故、重大事故的报告后，应当立即报告国务院。必要时，安全生产监督管理部门和负有安全生产监督管理职责的有关部门可以越级上报事故情况。

安全生产监督管理部门和负有安全生产监督管理职责的有关部门逐级上报事故情况每级上报的时间不得超过 2h。事故报告后出现新情况的，应当及时补报。

（2）组织调查组，开展事故调查

特别重大事故由国务院或者国务院授权有关部门组织事故调查组进行调查。重大事故、较大事故、一般事故分别由事故发生地省级人民政府、设区的市级人民政府、县级人民政府负责调查。省级人民政府、设区的市级人民政府、县级人民政府可以直接组织事故调查组进行调查，也可以授权或者委托有关部门组织事故调查组进行调查。未造成人员伤亡的一般事故，县级人民政府也可以委托事故发生单位组织事故调查组进行调查。

事故调查组有权向有关单位和个人了解与事故有关的情况，并要求其提供相关文件、资料，有关单位和个人不得拒绝。事故发生单位的负责人和有关人员在事故调查期间不得擅离职守，并应当随时接受事故调查组的询问，如实提供有关情况。事故调查中发现涉嫌犯罪的，事故调查组应当及时将有关材料或者其复印件移交司法机关处理。

（3）现场勘查

事故发生后，调查组应迅速到现场进行及时、全面、准确和客观的勘查，包括现场笔录、现场拍照和现场绘图。

（4）分析事故原因

通过调查分析，查明事故经过，按受伤部位、受伤性质、起因物、致害物、伤害方法、不安全状态、不安全行为等，查清事故原因，包括人、物、生产管理和技术管理等方面的原因。通过直接和间接地分析，确定事故的直接责任者、间接责任者和主要责任者。

（5）制定预防措施

根据事故原因分析，制定防止类似事故再次发生的预防措施。根据事故后果和事故责任者应负的责任提出处理意见。

（6）提交事故调查报告

事故调查组应当自事故发生之日起 60 日内提交事故调查报告；特殊情况下，经负责事故调查的人民政府批准，提交事故调查报告的期限可以适当延长，但延长的期限最长不超过 60 日。事故调查报告应当包括下列内容：

1）事故发生单位概况。

2）事故发生经过和事故救援情况。

3）事故造成的人员伤亡和直接经济损失。

4）事故发生的原因和事故性质。

5）事故责任的认定以及对事故责任者的处理建议。

6）事故防范和整改措施。

（7）事故的审理和结案

重大事故、较大事故、一般事故，负责事故调查的人民政府应当自收到事故调查报告日起 15 日内做出批复；特别重大事故，30 日内做出批复，特殊情况下，批复时间可以适当延长，但延长的时间最长不超过 30 日。

有关机关应当按照人民政府的批复，依照法律、行政法规规定的权限和程序，对事故发生单位和有关人员进行行政处罚，对负有事故责任的国家工作人员进行处分。事故发生单位应当按照负责事故调查的人民政府的批复，对本单位负有事故责任的人员进行处理。

负有事故责任的人员涉嫌犯罪的，依法追究刑事责任。

事故处理的情况由负责事故调查的人民政府或者其授权的有关部门、机构向社会公布，依法应当保密的除外。事故调查处理的文件记录应长期完整地保存。

单元总结

本章介绍了安全管理相关法律法规，阐述了施工现场危险源识别和控制、安全教育、安全生产责任制、安全检查等相关内容，重点介绍了施工现场工伤事故的预防措施、文明施工措施和环境保护防护措施等。通过本章学习，加深对安全生产相关法律法规了解，强化安全意识，掌握安全防护措施，最终保证施工项目安全管理目标的实现。

习　题

一、单选题

1. 下列安全生产管理制度中，最基本、也是所有制度核心的是（　　）。

A. 安全生产教育培训制度　　B. 安全生产责任制

C. 安全检查制度　　D. 安全措施计划制度

2. 为确保安全，对设备的运转和零件的状况定时进行检查，发现损伤立即更换，绝不能“带病”作业，此项工作属于（　　）。

A. 全面安全检查　　B. 要害部门重点安全检查

C. 经常性安全检查　　D. 专项安全检查

3. 下列建设工程安全隐患的不安全因素中，属于“物的不安全状态”的是（　　）。

A. 物体存放不当　　B. 未正确使用个人防护用品

C. 个人防护用品缺失　　D. 对易燃易爆等危险品处理不当

4. 施工项目的安全检查应由（　　）组织，定期进行。

A. 项目经理　　B. 项目技术负责人

C. 专职安全员　　D. 企业安全生产部门

5. 根据《生产安全事故报告和调查处理条例》，下列安全事故中，属于重大事故的是（　　）。

A. 3 人死亡，10 人重伤，直接经济损失 2000 万元

B. 36 人死亡，50 人重伤，直接经济损失 6000 万元

C. 2 人死亡，100 人重伤，直接经济损失 1.2 亿元

D. 12 人死亡，直接经济损失 960 万元

6. 发生建设工程重大安全事故时，负责事故调查的人民政府应当自收到事故调查报告起（　　）日内做出批复。

A. 30　　B. 45　　C. 60　　D. 15

7. 下列施工现场防止噪声污染的措施中，最根本的措施是（　　）。

A. 接收者防护　　B. 传播途径控制

C. 严格控制作业时间　　D. 声源上降低噪声

8. 关于建设工程安全事故报告的说法，正确的是（　　）。

A. 各行业专业工程可只向有关行业主管部门报告

B. 安全生产监督管理部门除按规定逐级上报外，还应同时报告本级人民政府

C. 一般情况下，事故现场有关人员应立即向安全生产监督部门报告

D. 事故现场有关人员应直接向事故发生地县级以上人民政府报告

9. 工程建设过程中，对施工场界范围内的污染防治属于（　　）。

A. 现场文明施工问题　　B. 环境保护问题

C. 职业健康安全问题　　D. 安全生产问题

10. 下列施工现场防止噪声污染的措施中，最根本的措施是（　　）。

A. 接收者防护　　B. 传播途径控制

C. 严格控制作业时间　　D. 声源上降低噪声

11. 清理高层建筑施工垃圾的正确做法是（　　）。

A. 将施工垃圾洒水后沿临边窗口倾倒至地面后集中处理

B. 将各楼层施工垃圾焚烧后装入密封容器吊走

C. 将各楼层施工垃圾装入密封容器吊走

D. 将施工垃圾从电梯井倾倒至地面后集中处理

12. 在人口稠密地区进行强噪声作业时，须严格控制作业时间，一般停止作业的时间为（　　）。

A. 晚 8：00 至次日早 8：00　　B. 晚 9：00 至次日早 7：00

C. 晚 10：00 至次日早 7：00　　D. 晚 10：00 至次日早 6：00

13. 利用水泥、沥青等胶结材料，将松散的废物胶结包裹起来，减少有害物质从废物中向外迁移、扩散、使得废物对环境的污染减少。此做法属于固体废物（　　）的处理。

A. 填埋　　B. 稳定和固化

C. 压实浓缩　　D. 减量化

二、多选题

1. 组织管理上的缺陷，也是事故潜在的不安全因素，作为间接的原因包括（　　）。

A. 技术上的缺陷　　B. 生产场地环境的缺陷

C. 教育上的缺陷　　D. 心理上的缺陷

E. 防护等装置缺陷

2. 关于生产安全事故报告和调查处理原则的说法，正确的有（　　）。

A. 事故未整改到位不放过

B. 事故未及时报告不放过

C. 事故原因未查清不放过

D. 事故责任人和周围群众未受到教育不放过

E. 事故责任人未受到处理不放过

3. 关于建设工程施工现场文明施工的说法，正确的有（　　）。

A. 施工现场必须实行封闭管理，设置进出口大门，制定门卫制度，严格执行外来人员进场登记制度

B. 沿工地四周连续设置围挡，市区主要道路和其他涉及市容景观路段的工地围挡的高度不得低于 1.8m

C. 项目经理是施工现场文明施工的第一责任人

D. 施工现场设置排水系统，泥浆、污水、废水有组织地直接排入下水道

E. 现场建立消防领导小组，落实消防责任制和责任人员

4. 建设工程生产安全检查的主要内容包括（　　）。

A. 管理检查　　　　B. 思想检查

C. 危险源检查　　　　D. 隐患检查

E. 整改检查

5. 关于建设工程现场文明施工管理措施的说法，正确的有（　　）。

A. 项目安全负责人是施工现场文明施工的第一责任人

B. 沿工地四周连续设置围挡，市区主要路段的围挡高度不得低于 1.8m

C. 施工现场设置排水系统，泥浆、污水、废水有组织地排入下水河道

D. 施工现场必须实行封闭管理，严格执行外来人员进场登记制度

E. 现场必须有消防平面布置图，临时设施按消防条例有关规定布置

三、简答题

1. 安全生产的基本方针是什么？

2. 施工安全检查的主要形式有哪些？

3. 简述预防物体打击事故的措施。

4. 简述施工现场危险源辨识的范围。

5. 施工现场环境保护的措施有哪些？

6. 简述安全事故处理程序。

教学单元9 Chapter 09

建筑工程进度管理

1. 知识目标

(1) 了解施工项目进度控制的内容和措施；了解施工项目进度计划编制的依据和基本要求；了解施工进度计划的实施、检查和调整的内容以及遵循的原理。

(2) 掌握施工进度比较方法与应用；掌握施工进度计划的调整采取的方法。

2. 能力目标

通过本教学单元的学习，能够编制施工项目进度计划，利用施工进度比较方法，对施工进度计划的实施过程进行控制与管理。

3. 思政目标

建筑工程进度控制是工程建设经济效益、社会效益和环境效益的保证，利用进度控制方法实现工程建设目标。作为未来祖国的建设者和接班人必须充分把握学习机会，为实现中华民族复兴而努力。

思维导图

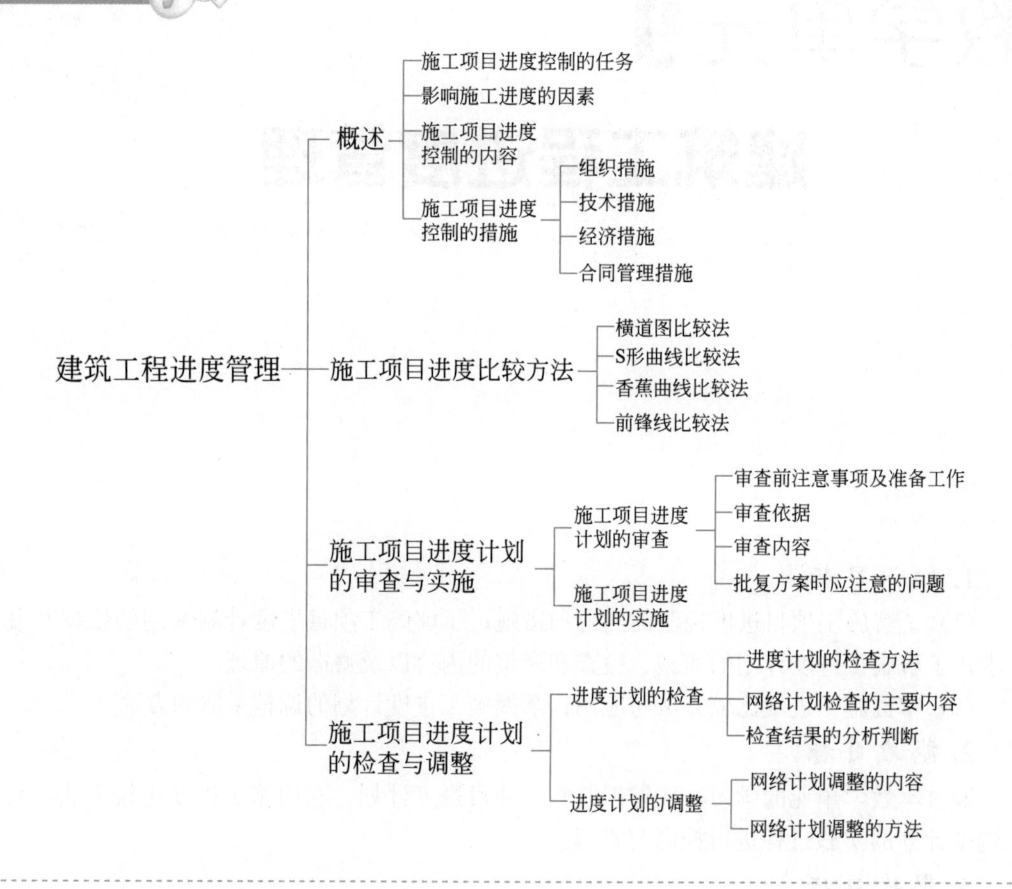

9.1 概述

为了保证施工项目能按合同规定的日期交工，实现建设投资预期的经济效益、社会效益和环境效益，施工单位需要对施工项目的进度进行管理，以使目标的实现。

9.1.1 施工项目进度控制的任务

施工项目进度控制是指在既定的工期内，编制出最优的施工进度计划，在执行该计划过程中，经常检查施工实际进度情况，并将其与计划进度相比较，若出现偏差，便分析产生的原因及对工期的影响程度，找出必要的调整措施，修改原计划，不断地如此循环，直至工程竣工验收。施工项目进度控制的总目标是确保施工项目的既定目标工期的实现，在保证施工质量和不增加施工实际成本的条件下，适当缩短工期。

施工项目进度控制的任务主要体现在四个层次：

(1) 编制施工总进度计划并控制其执行，按期完成施工项目的任务。

(2) 编制单位工程施工进度计划并控制其执行，按期完成单位工程的施工任务。

(3) 编制分部分项工程施工进度计划并控制其执行，按期完成分部分项的施工任务。

(4) 编制季、月（旬）作业计划并控制其执行，保证完成规定的目标等。

9.1.2 影响施工进度的因素

施工项目具有规模大、工程结构技术复杂、工期长和涉及单位多等特点。因此，施工项目的进度将受到许多因素的影响。要有效地控制施工进度，就必须对影响进度的因素进行全面、系统的分析和预测。必须充分认识和估计这些因素，在编制计划和执行、控制过程中，事先采取预防措施、事中采取有效对策、事后进行妥善补救，使施工进度尽可能按计划进行，以缩小实际进度与计划进度的偏差，实现对施工进度的主动控制和动态控制。

影响施工进度的主要因素有以下几种：

1. 有关单位的影响。对施工进度起决定性作用的主要是施工单位，但是业主或建设单位、设计单位、材料设备供应部门、运输部门、水电供应部门，以及政府有关部门等都可能在某些方面影响工程的施工进度。例如：设计单位出图不及时和设计错误、变更是影响工期的最大因素；材料和设备不能按期供应，或质量、规格不符合要求，都将影响施工工期；建设单位的资金不能保证也会使施工进度中断或减慢等。

2. 施工条件的变化。施工中工程地质条件、水文地质条件与勘察设计的不符，例如，地质断层、溶洞、地下障碍物、软弱地基等，都可能对施工进度产生影响，造成临时停工或破坏。

3. 技术失误。施工单位采用技术措施不当，施工中发生技术事故；应用新技术、新材料、新工艺、新结构缺乏经验，不能保证质量等都会影响施工进度。

4. 施工组织管理不利。流水施工组织不合理，劳动力、材料和施工机械调配不当等，也将影响施工进度计划的执行。

5. 不可抗力的发生。施工中若出现不可抗力，包括严重自然灾害（如暴雨、高温、洪水、台风）、火灾、重大工程质量安全事故等，都会影响施工进度计划。

9.1.3 施工项目进度控制的内容

1. 项目进度目标的确定

施工（分包）单位的主要工作内容是依据施工承包（分包）合同，按照建设单位对项目动用时间的要求进行工期目标论证，确定完成合同要求的计划工期目标以及分解的各阶段期控制目标。施工项目进度目标确定工作的最终成果是形成项目的进度控制目标和项目的里程碑计划。

2. 项目进度计划与控制措施的编制

明确了项目的工期目标后，就要着手编制施工项目的进度计划，确定保证计划顺利实施和目标实现的控制性措施。

施工单位的进度计划并不是一个计划，而是由多个相互关联的进度计划组成的项目进度。

施工单位针对一个项目可能编制有针对整个项目的控制性计划（项目施工总进度计划）和若干个实施性计划（单位工程施工进度计划），以及主要分部分项工程的作业计划。同时，在项目的进展过程中，也会编制不同周期的进度计划，如年度计划、季度计划、月度计划等。这些计划形成一个有机的计划系统，因此，所编制的项目施工进度计划必须相互协调。也就是说，总进度计划、项目各子系统的进度计划与项目子系统中的各单位工程进度计划之间必须相互联系、相互协调；控制性进度计划与实施性进度计划之间必须相互联系、相互协调。

3. 项目进度计划的跟踪检查与调整

施工项目是在动态条件下实施的，进度控制也必须是一个动态的管理过程，如果只重视进度计划的编制而不重视进度计划的调整，则进度就可能无法得到控制。进度控制的过程是在确保进度目标的前提下，在项目进展的过程中不断调整进度计划的过程。因此，施工项目进度计划在实施过程中必须定期跟踪检查所编的进度计划的执行情况。若其执行有偏差，则应分析原因，采取纠偏措施，并视情况调整进度计划。

施工单位自身的项目管理制度中一项重要的制度就是“进度检查制度”，它规定项目实施进度控制人员必须及时反馈实际进度信息。具体方式有两种：

（1）定期进行进度报告，一般按周上报。

（2）项目管理班子成员日常的现场巡视。

当发现进度拖后等情况时，要分析原因，及时采取措施进行调整。

9.1.4 施工项目进度控制的措施

进度控制的措施包括组织措施、技术措施、经济措施、合同管理措施等。

1. 组织措施

组织措施是目标能否实现的决定性因素，为了实现项目的进度目标，必须重视采取组织措施。包括建立健全项目管理的组织体系，设立专门的进度管理工作部门和符合进度控制岗位要求的专人负责进度控制工作。对于项目进度控制的工作内容，应在项目管理组织设计的任务分工表和管理职能分工表中标注并落实。同时应确定项目进度控制的工作流程，如定义项目进度计划系统的组成，各类进度计划的编制程序、审批程序和计划调整程序等。

此外，进度控制工作包含了大量的组织与协调工作，而会议是组织与协调的重要手段，除了在项目的日常例会上包含大量项目进度控制内容外，还应经常召开项目的进度协调会议。

2. 技术措施

技术措施不仅可以解决项目实施过程中的技术问题，并且对确定计划与纠正目标偏差具有重要作用。为了实现项目的进度目标，必须重视进度控制的技术措施。施工单位可以采取以下三个方面的技术措施进行进度控制：

（1）通过分析与评价项目实施技术方案，选择有利于项目进度控制的措施。

（2）编制项目进度控制工作细则，指导人员开展进度控制工作。

（3）采用网络计划技术及其他科学、实用的计划方法，并结合计算机的应用实施项目进度动态控制。

3. 经济措施

经济措施是最常用的进度控制措施。施工项目进度控制的经济措施涉及资金需求计划、资金供应的条件和经济激励措施等。为确保进度目标的实现，应编制与进度计划相适应的资源需求计划，包括资金需求计划和其他资源（人力和物力资源）需求计划，以反映工程实施各时段所需要的资源。通过资源需求分析可发现所编制进度计划实现的可能性，若资源条件不具备则应调整进度计划。资金需求计划也是工程融资的重要依据。资金供应条件包括可能的资金总供应量、资金来源以及资金供应的时间。在工程预算中还应考虑加快工程进度所需要的资金，包括为实现进度目标将要采取的经济激励措施所需要的费用。

4. 合同管理措施

合同管理措施是进度控制的最有力手段。合同管理应注意以下三点：

（1）选择合理的合同结构。为了实现进度目标，应选择合理的合同结构以避免过多的合同交界面而影响工程的进展。工程所需物资的采购模式对进度也有直接的影响，对此应做分析比较。

（2）加强合同管理。协调合同工期与进度计划之间的关系来保证合同中进度目标的实现。

（3）加强风险管理。在合同中应充分考虑风险因素及其对进度的影响，并在此基础上采取风险管理措施，以减少进度失控的风险量。

9.2 施工项目进度比较方法

将实际进度数据与计划进度数据进行比较，可以确定建设工程实际执行状况与计划目标之间的差距。为了直接反映实际进度偏差，通常采用表格或图形进行实际进度与计划进度的对比分析，从而得出实际进度与计划进度超前、滞后还是一致的结论。

实际进度与计划进度的比较是施工项目进度控制的主要环节。常用的进度比较方法有：横道图比较法、S形曲线比较法、香蕉曲线比较法、前锋线比较法等。

9.2.1 横道图比较法

横道图比较法是将项目施工过程中检查实际进度收集的信息，经加工整理后直接用横道线平行绘于原计划的横道线下，进行实际进度与计划进度的比较方法。其特点是能够形象、直观地反映实际进度与计划进度的比较情况。根据工程项目中各项工作的进展是否匀速，可分别采取以下两种方法进行实际进度与计划进度的比较：

1. 匀速进展横道图比较法

匀速进展是指在工程项目中。每项工作在单位时间内完成的任务量都是相等的，即工作的进展速度是均匀的。此时，每项工作累计完成的任务量与时间呈线性关系。完成的任务量可以用实物工程量、劳动消耗量或费用支出表示。为了便于比较，通常用上述物理量的百分比表示。

（1）步骤

① 编制横道图进度计划；

② 在进度计划上标出检查日期；

③ 将检查收集到的实际进度数据经加工整理后按比例用涂黑的粗线标于计划进度的下方（图 9-1）；

④ 对比分析实际进度与计划进度：

如果涂黑的粗线右端落在检查日期左侧，表明实际进度拖后；

如果涂黑的粗线右端落在检查日期右侧，表明实际进度超前；

如果涂黑的粗线右端与检查日期重合，表明实际进度与计划进度一致。

（2）适用范围

仅适用于工作从开始到结束的整个过程中，其施工进度速度均为固定不变的情况。若工程的施工进度是变化的，就不能采用此方法。

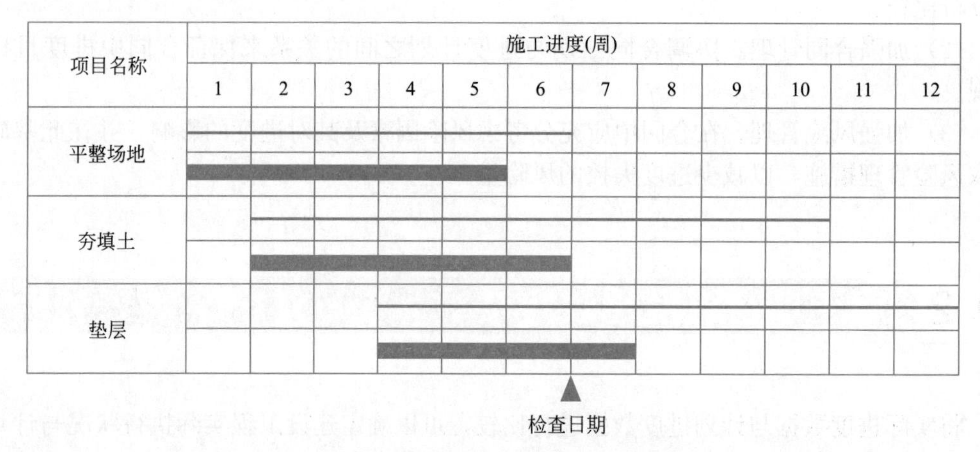

图 9-1　匀速进展横道图比较法示意图

2. 非匀速进展横道图比较法

当工作在不同的单位时间里的进展速度不同时，可以采用非匀速进展横道图比较法。该方法在表示工作实际进度的涂黑粗线同时，并标出其对应时刻完成任务的累计百分比，将该百分比与其同时刻计划完成任务的累计百分比相比较，判断工作的实际进度与计划进度之间的关系。

非匀速进展横道图比较法的步骤为：

① 编制横道图进度计划；

② 在横道线上方标出各主要时间工作的计划完成任务累计百分比；

③ 在横道线下方标出相应日期工作的实际完成任务累计百分比；

④ 用涂黑粗线标出实际进度线，由开工日标起，同时反映出实施过程中时间的连续与间断情况；

⑤ 对照横道线上方计划完成任务累计量与同时刻的下方实际完成任务累计量，比较

出实际进度与计划进度之偏差，可能有三种情况：

a. 同一时刻上下两个累计百分比相等，表明实际进度与计划进度一致；

b. 同一时刻上面的累计百分比大于下面的累计百分比，表明该时刻实际进度拖后，拖后的量为二者之差；

c. 同一时刻上面的累计百分比小于下面累计百分比，表明该时刻实际进度超前，超前的量为二者之差。

横道图比较法虽然具有记录方便简单、形象直观、容易掌握、应用方便等优点，被广泛用于简单的进度检测工作中，但它是以横道计划为基础，因此带有一定的局限性。如各工作之间的逻辑关系表达不明确，关切工作和关键线路无法表达，一旦某些工作进度产生偏差时，则难以预测对后续工作和整个工期的影响，以及确定相应的调整方法。

9.2.2　S形曲线比较法

S形曲线比较法是以横坐标表示时间，纵坐标表示累计完成任务量，绘制一条按计划时间累计完成任务量的曲线，然后将工程项目实施过程中各检查时间实际累计完成任务量也绘制在同一坐标系中，进行实际进度与计划进度比较的一种方法。由于其形状像大写的“S”，所以称之为S形曲线比较法。

从整个工程项目实际进展全过程看，单位时间投入的资源量一般是开始和结束时较少，中间阶段较多。与其相对应，单位时间完成的任务量也呈同样的变化规律。而随工程进展累计完成的任务量则应呈S形变化。

1. S形曲线的绘制方法

（1）确定单位时间计划完成任务量。

（2）计算不同时间累计完成任务量。

（3）根据累计完成任务量绘制S形曲线。

2. 实际进度与计划进度的比较

同横道图比较法一样，S形曲线比较法也是在图上进行工程项目实际进度与计划进度的直观比较。在工程项目实施过程中，进度控制人员在计划实施前绘制出S形曲线，在项目实施过程中，按照规定时间将检查收集到的实际累计完成任务量绘制在原计划S形曲线图上，即可得到实际进度S形曲线。

通过比较实际进度S形曲线和计划进度S形曲线，可以获得如下信息：

（1）工程项目实际进展状况

1）如果工程实际进展点落在计划S形曲线左侧，表明此时实际进度比计划进度超前，如图 9-2 中的 a 点；

2）如果工程实际进展点落在S形曲线右侧，表明此时实际进度拖后，如图 9-2 中的 b 点；

3）如果工程实际进展点正好落在计划S形曲线上，则表示此时实际进度与计划进度一致。

（2）工程项目实际进度超前或拖后的时间

在S形曲线比较图中可以直接读出实际进度比计划进度超前或拖后的时间。如图 9-2

所示，ΔT_a 表示 T_a 时刻实际进度超前的时间，ΔT_b 表示 T_b 时刻实际进度拖后的时间。

（3）工程项目实际超额或拖欠的任务量

在S形曲线比较图中也可直接读出实际进度比计划进度超额或拖欠的任务量。如图9-2所示，ΔQ_a 表示 T_a 时刻超额完成的任务量，ΔQ_b 表示 T_b 时刻拖欠的任务量。

（4）后期工程进度预测

如果后期工程按原计划速度进行，则可做出后期工程计划S形曲线如图9-2中虚线所示，从而可以确定工期拖延预测值 ΔT。

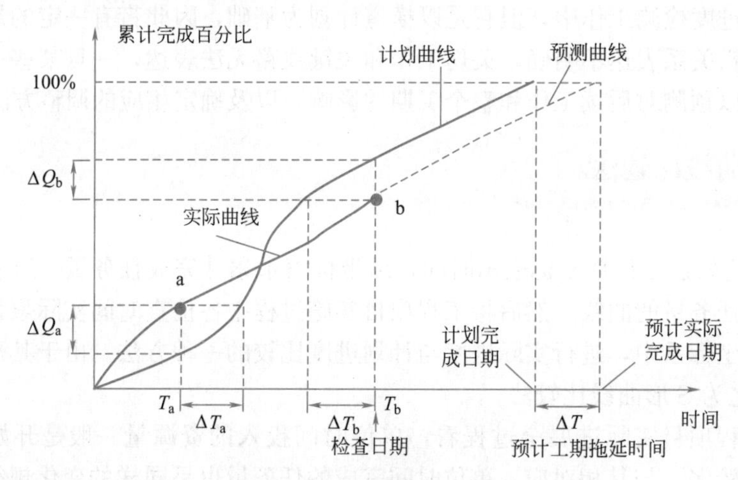

图9-2　S形曲线比较示意图

9.2.3　香蕉曲线比较法

香蕉曲线是两种S形曲线组合而成的闭合曲线。这两种S形曲线分别是：以各项工作最早开始时间安排进度而绘制的ES曲线和以各项工作最迟开始时间安排进度而绘制LS曲线。这两条曲线都是从计划的开始时刻开始，到计划的完成时刻结束，二者具有共同的起点和终点，因此这两条曲线是闭合的。而且通常ES曲线上的各点均落在LS曲线相应的左侧，使所形成的闭合曲线状如“香蕉”，故称香蕉曲线。

香蕉形曲线的绘制方法与S形曲线的绘制方法基本相同，不同之处在于香蕉形曲线由ES和LS两条S形曲线组成。因此在绘制时，应首先计算出各项工作的最早开始时间和最迟开始时间；然后分别制定出各项工作按最早开始时间和最迟开始时间安排的进度计划；根据这两种不同的进度计划，按照前面讲述的S形曲线的绘制方法，分别绘制出ES曲线和LS曲线，进而组成香蕉曲线。

在进度比较中，利用香蕉形曲线可获得比S形曲线更多的信息，主要有以下方面：

（1）可以更合理地安排工程项目的进度计划。若工程项目中的各项工作均按ES曲线安排进度，将导致项目的投资加大；若工程项目中的各项工作均按LS曲线安排进度，受影响因素的干扰，易导致工期拖延，使工程进度的风险加大。因此较为科学合理的进度优化曲线应处于ES和LS曲线之间。

（2）可以定期比较工程项目的实际进度与计划进度。在进度计划实施中，根据每次检查收集到的实际完成任务量，直接在计划进度的香蕉形曲线图上绘制出实际进度的 S 形曲线，进行计划进度与实际进度的对比：若实际进展点落在 ES 曲线的左侧，表明此刻实际进度比按最早开始时间安排的计划进度超前；若实际进展点落在 LS 曲线的右侧，表明此刻实际进度比按最迟开始时间安排的计划进度拖后。即：理想状态下的工程实际进展点应落在香蕉形曲线图的范围之内，如图 9-3 所示。

（3）可以预测后期工程的进展趋势。如图 9-4 所示，在检查之日，该工程的实际进展点均落在 ES 曲线左侧，表明此刻实际进度超前；以检查之日的实际进展点为起点，可大致绘出检查日之后的后期工程的香蕉形曲线（如图 9-4 中虚线所示），由此预计该工程项目将提前完工。

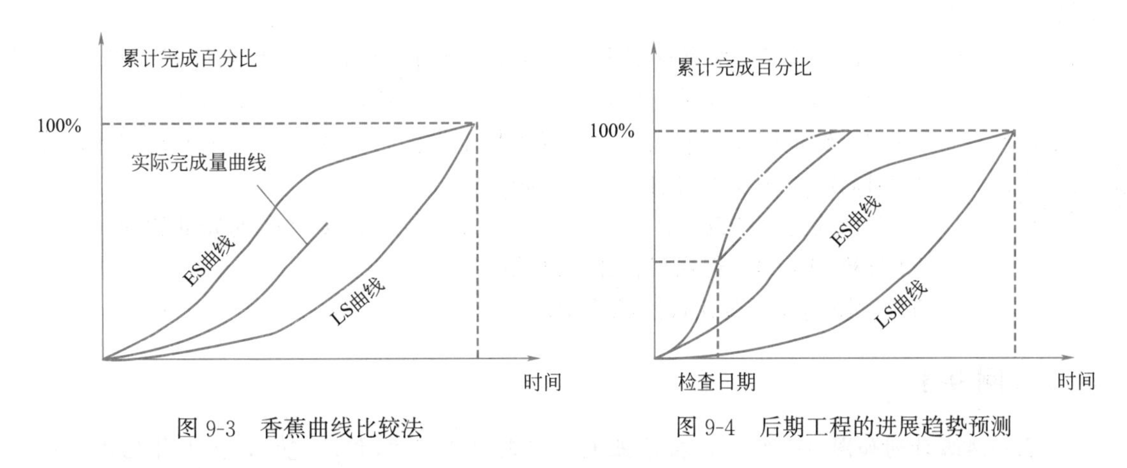

图 9-3　香蕉曲线比较法　　　图 9-4　后期工程的进展趋势预测

同时，香蕉曲线的形状也可以反映出进度控制的难易程度。当香蕉曲线很窄时，说明进度控制难度大；当香蕉曲线很宽时，说明进度控制很容易。由此也可以利用其判断进度计划编制的合理程度。

9.2.4　前锋线比较法

前锋线比较法是通过绘制基本检查时刻工程项目实际进度前锋线，进行工程实际进度与计划进度比较的方法。它主要适用于时标网络计划。所谓前锋线，是指在原时标网络计划上，从检查时刻的时标点出发，用点画线依次将各项工作实际进度位置点连接而成的折线。

前锋线比较法的具体步骤如下：

（1）绘制时标网络计划图。按照时标网络计划的绘制方法绘制时标网络图，并在时标网络计划的上方和下方各设置一时间坐标。

（2）绘制实际进度前锋线。从时标网络计划上方时间坐标的检查日期开始绘制，依次连接相邻工作的实际进展位置点，最后与时标网络计划下方坐标的检查日期相连接。工作实际进展位置点的标定方法有两种：

1）按该工作已完成任务量比例进行标定。假设施工项目中各项工作均为匀速进展，根据实际进度检查时刻该工作已完成任务量占其计划总完成任务量的比例，在工作箭线上从左至右按相同的比例标定其实际进展位置点。

2）按尚需作业时间进行标定。当某些工作的持续时间难以按实物工程量来计算，而只能凭经验估算时，可以先估算出检查时刻到该工作全部完成尚需作业的时间，然后在该工作箭线上从右向左逆向标定其实际进展位置点。

（3）进行实际进度与计划进度的比较。对某项工作来说实际进度与计划进度之间的关系可能存在三种情况：

1）工作实际进展位置点落在检查日期的左侧，表明该工作实际进度拖后，拖后的时间为二者之差。

2）工作实际进展位置点落在检查日期的右侧，表明该工作实际进度超前，超前的时间为二者之差。

3）工作实际进展位置点与检查日期重合，表明该工作实际进度与计划进度一致。

9.2
前锋线
比较法
的应用

（4）预测进度偏差对后续工作及总工期的影响。通过实际进度与计划进度的比较确定进度偏差后，还可以根据工作的自由时差和总时差预测该进度偏差对后续工作及项目总工期的影响。

前锋线比较法既适用于工作实际进度与计划进度之间的局部比较，又可用来分析和预测工程项目整体进度状况。

下面以一道例题说明前锋线比较法的应用。

例 9-1

已知网络计划如图 9-5 所示，在第五天检查时发现 A 工作已完成，B 工作已进行一天，C 工作已进行两天，D 工作尚未开始。试用前锋线法进行实际进度与计划进度的比较。

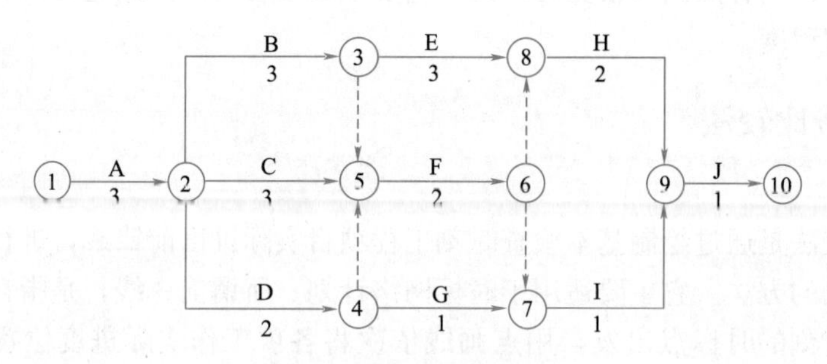

图 9-5　某工程网络计划

【解】

（1）首先画出时标网络计划，如图 9-6 所示。

（2）按该工作已完成任务量比例进行标定。

B 工作已进行 1 天，B 工作的持续时间为 3 天，所以在 B 工作的水平箭线的 1/3 处做标记；C 工作已进行 2 天，C 工作的持续时间为 3 天，所以在 C 工作的水平箭线的 2/3 处做标记；D 工作尚未开始，所以在 D 工作的水平箭线的起点处做标记；最后，将检查日期第 5 天，与其他做标记处用点划线连接，即为前锋线，如图 9-7 所示。

（3）实际进度与计划进度的比较。

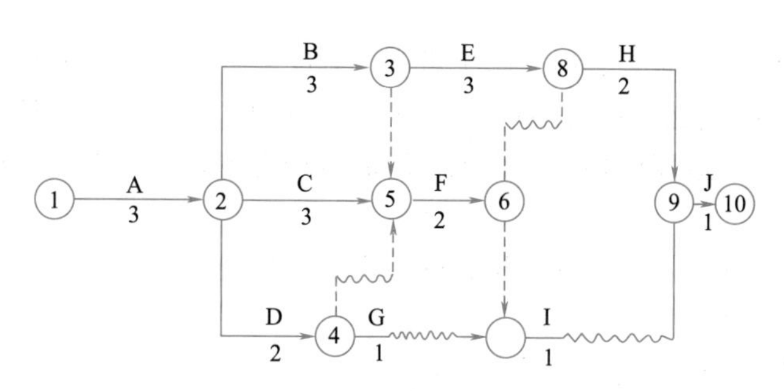

图 9-6 时标网络计划

通过与前锋线的对比，得知 B 工作实际进展位置点落在检查日期的左侧，B 工作进度拖延 1 天，又因为 B 工作在关键线路上，故影响总工期 1 天。

C 工作实际进展位置点与检查日期重合，表明该工作实际进度与计划进度一致。不影响总工期。

D 工作实际进展位置点落在检查日期的左侧，D 工作进度拖延 2 天，D 工作自由时差有 2 天，故不影响总工期。

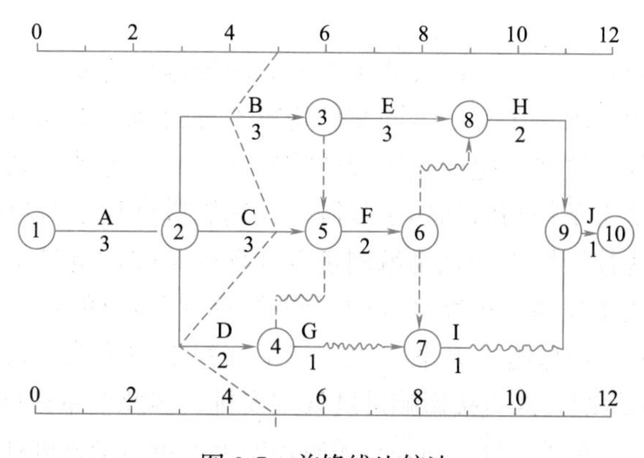

图 9-7 前锋线比较法

9.3 施工项目进度计划的审查与实施

9.3.1 施工项目进度计划的审查

施工组织设计中的施工进度计划是在工程项目施工前围绕如何实现进度目标所做的统筹安排，施工进度计划既是进度目标的分解和落实，也是进度动态控制的依据，因此，施工进度计划合理与否直接关系到进度能否得到有效控制。经业主与监理批准了的进度计划是工程实施、也是处理工程索赔时的重要依据。

1. 审查前注意事项及准备工作

在审查施工组织设计时必须抓好施工进度计划的审查工作，主要审查以下方面：施工总体部署及进度安排，包括施工总部署、施工组织机构、施工总进度计划、阶段性施工进度计划、单位工程施工进度计划、工程施工所需劳动力的计划、进度考核管理制度等。

2. 审查依据

（1）合同工期、开、竣工时间及里程碑事件进度控制点。

（2）施工组织设计。

（3）工程总进度计划和施工总进度计划。

（4）材料和设备供应计划。

（5）《建设工程监理规范》GB/T 50319 的相关规定。

3. 审查内容

（1）编写、审查、批准程序是否符合要求。

（2）施工进度计划内容是否全面。进度计划内容至少应包括合同与施工图纸所涵盖的全部作业项目、工程项目实施中的一些重要里程碑点以及合同约束限制条件，对图纸、设备、预埋件、甲方供应材料的到场要求，施工文件以及一些报审报验事项的反映，所有这些内容在进度计划中都要有所体现。另外还可将每项工程施工所需劳动力数量及资金需求也列入其中。

（3）施工进度计划是否满足合同及业主主要时间控制点的要求。承包商的进度计划首先必须满足合同工期的要求，工程的合同文件均对工程的施工工期及一些专业间接口的时间作了规定，合同文件的这些规定就是工程的控制性工期。另外，某些工程的合同文件里面对一些特殊专业的施工条件与时间作了限制，在编制进度计划时也要将这些限制条件转化为控制性工期。这些控制性工期就是编制进度计划的基础，也是工程项目进度控制的目标。同时还必须符合业主控制性进度计划中一些关键时间节点的要求。

（4）施工进度计划是否与施工方案一致。施工方案中的施工部署、施工方法、施工工艺、施工机械以及施工组织方式直接影响进度计划安排，因此在审查施工进度计划时必须检查工进度计划是否与施工方案一致，如果有矛盾须要求承包商调整进度计划或施工方法。

（5）施工进度计划中的工序分解粗细程度是否满足指导施工的要求。计划中表达施工过程的内容，划分的粗细程度既不能太粗也不宜太细，该计划的细度应根据项目的性质适度划分，在可能的情况下尽量细化。

（6）施工进度计划中工序间的逻辑关系是否合理。要求进度计划审查人员对工程项目有全面的了解，对工程施工程序和施工方法流程有比较清晰的思路，能识别工程项目中各工序间的联系，确认其逻辑关系的符合性与合理性，从而使施工进度计划更科学合理。

（7）施工进度计划中各工期的确定是否合理。主要是各作业单元工期的确定，根据上述的控制性工期及确定的工序间的逻辑关系，根据各作业单元工程量的多少、施工条件的完善程度以及拟用于本工程的施工设备生产能力，本着最佳组合、最高效益、均衡生产的原则，确定合理的施工工期。

（8）资源计划能否保证进度计划的需要。在报审进度计划时。监理工程师应要求承包商提供各工种劳动力、工机具、材料（尤其是周转材料）主要资源计划作为附件，监理工程师通过审查资源计划是否与进度计划相符，来评价进度计划的可实施性，如资源计划不能满足进度计划的要求，应要求承包商调整资源计划或进度计划，进度计划一旦被批准，资源计划也作为进度控制的依据。

（9）进度保证措施是否合理。在进度计划报审时，监理工程师应要求承包商提供进度保证措施作为附件。进度保证措施包括技术措施（如为了缩短混凝土的养护时间在混凝土中掺加早强剂）、管理措施（如增加周转材料的投入、组织交叉平行作业和流水作业等）和季节性施工措施（如冬期施工措施、雨期施工措施、夏季施工措施等）。进度计划一旦被批准，这些措施也将作为进度控制的依据。如果在施工过程中承包商没有采取这些措施而导致工期延误，一般监理工程师不能同意工期延期申请。

（10）进度计划中的关键工作及非关键工作的总时差（机动时间）是否明确。关键工作是进度控制的重点，关键工作一旦出现拖延，必然导致整个进度的延期。因此，控制了关键工作的进度也就控制了施工进度。非关键工作尽管不是进度控制的重点，但当非关键工作的延误超过了总时差时，就会转化为关键工作，因此，对那些总时差较小的非关键工作，也应给予足够的重视。明确关键工作和非关键工作总时差的目的除了确定进度控制的重点外，还为审批工期延期申请提供依据，一般来说，只有当关键工作出现延误，或非关键工作的延误时间超过了总时差时，承包商才有可能获得延期。

（11）该进度计划是否与参与本工程的材料、设备供应、进度计划相协调。当所监理的项目由多家承包商施工，在审批各承包商进度计划时必须注意各承包商进度计划之间的协调。比如土建与设备安装、设备安装与精装修、室内工程与室外工程之间的时间进度一致，否则，一旦批准了承包商的进度计划，而各承包商在时间进度上又存在矛盾，将会给监理工作带来被动，甚至索赔。

此外，在审批进度计划时，还必须检查现场的施工条件是否能够满足进度计划的要求。

4. 批复方案时应注意的问题

（1）针对施工单位提出的工期承诺及施工进度计划，应进行分析，在挖潜力的同时，与工期目标比较，施工进度计划应留有余地。

（2）土建、装修、消防、智能化等各种专业配合，以及材料、设备订货，对进度计划影响较大，应充分考虑业主、总承包方、分包方等单位之间的沟通、协调和配合的难度。

（3）设计变更和图纸中的不确定因素可能影响后续工作，尽可能考虑避免因图纸原因的停工。

（4）施工单位的资源投入（管理人员、技术人员、劳动力、机械设备、资金等）是保证进度计划顺利实施的关键因素之一。

（5）施工过程中施工单位工序安排以及各工种间的交叉作业等是工程能否顺利实施的重要环节。

（6）对施工进度进行动态控制，建立制度，按时检查监督施工进度状态，对未实现分解目标的分项或分部工程，及时监督纠正，避免积少成多而影响到总目标的实现。

9.3.2　施工项目进度计划的实施

施工项目进度计划的实施就是用施工进度计划指导施工活动，落实和完成计划，保证进度目标的实现。

项目施工进度计划应通过编制年、季、月、旬、周施工进度计划实现。年、季、月、旬、周施工进度计划应逐级落实，最终通过施工任务书由班组实施。在施工进度计划实施过程中应进行下列工作：

（1）跟踪计划的实施并进行监督，当发现进度计划执行受到干扰时，应采取调度措施。

（2）在计划图上进行实际进度记录，并跟踪记载每个施工过程的开始日期、完成日期记录每日完成数量、施工现场发生的情况、干扰因素的排除情况。

（3）执行施工合同中对进度、开工及延期开工、暂停施工、工期延误、工程竣工的承诺。

（4）跟踪形象进度并对工程量、总产值、耗用的人工、材料和机械台班等的数量进行统计与分析，编制统计报表。

（5）落实控制进度措施应具体到执行人、目标、任务、检查方法和考核办法。

（6）处理进度索赔。

对于分包工程，分包人应根据项目施工进度计划编制分包工程施工进度计划并组织实施。项目经理部应将分包工程施工进度计划纳入项目进度控制范畴，并协助分包人解决项目进度控制中的相关问题。在进度控制中，应确保资源供应进度计划的实现。当出现下列情况时，应采取措施处理：

第一种情况：当发现资源供应出现中断、供应数量不足或供应时间不能满足要求时，应及时通知供货单位，同时动用经常储备材料。

第二种情况：由于工程变更引起资源需求的数量变更和品种变化时，应及时调整资源供应计划。

第三种情况：当发包人提供的资源供应进度发生变化不能满足施工进度要求时，应督促发包人执行原计划，并对造成的工期延误及经济损失进行索赔。

9.4 施工项目进度计划的检查与调整

在计划执行过程中，由于组织、管理、经济、技术、资源、环境和自然条件等因素的影响，往往会造成实际进度与计划进度产生偏差，如果偏差不能及时纠正，必将影响进度目标的实现。因此，在计划执行过程中采取相应措施来进行管理，对保证计划目标的顺利实现具有重要意义。进度计划执行中的管理工作主要有以下几个方面：

（1）检查并掌握实际进展情况。

（2）分析产生进度偏差的主要原因。

（3）确定相应的纠偏措施或调整方法。

9.4.1 进度计划的检查

1. 进度计划的检查方法

（1）计划执行中的跟踪检查

在网络计划的执行过程中，必须建立相应的检查制度，定时定期地对计划的实际执行情况进行跟踪检查，收集反映实际进度的有关数据。

（2）收集数据的加工处理

收集反映实际进度的原始数据量大面广，必须对其进行整理、统计和分析，形成与计划进度具有可比性的数据，以便在网络图上进行记录。根据记录的结果可以分析判断进度的实际状况，及时发现进度偏差，为网络图的调整提供信息。

（3）实际进度检查记录的方式

1）当采用时标网络计划时，可采用实际进度前锋线记录计划的实际执行状况，进行实际进度与计划进度的比较。

实际进度前锋线是在原时标网络计划上，自上而下从计划检查时刻的时标点出发，用点画线依此将各项工作实际进度达到的前锋点连接而成的折线。通过实际进度前锋线与原进度计划中各工作箭线交点的位置可以判断实际进度与计划进度的偏差。

2）当采用无时标网络计划时，可在图上直接用文字、数字、适当符号或列表记录计划的实际执行状况，进行实际进度与计划进度的比较。

2. 网络计划检查的主要内容

（1）关键工作进度。

（2）非关键工作的进度及时差利用情况。

（3）实际进度对各项工作之间逻辑关系的影响。

（4）资源状况。

（5）成本状况。

（6）存在的其他问题。

3. 检查结果的分析判断

通过对网络计划执行情况检查的结果进行分析判断，可为计划的调整提供依据。一般应进行如下分析判断：

（1）对时标网络计划宜利用绘制的实际进度前锋线，分析计划的执行情况及其发展趋势，对未来的进度做出预测、判断，找出偏离计划目标的原因及可供挖掘的潜力所在。

（2）对无时标网络计划宜按表记录情况对计划中未完成的工作进行分析。

9.4.2　进度计划的调整

1. 网络计划调整的内容

（1）调整关键线路的长度。

（2）调整非关键工作时差。

（3）增、减工作项目。

（4）调整逻辑关系。

（5）重新估计某些工作的持续时间。

（6）对资源的投入作相应调整。

2. 网络计划调整的方法

（1）调整关键线路的方法

1）当关键线路的实际进度比计划进度拖后时，应在尚未完成的关键工作中，选择资源强度小或费用低的工作缩短其持续时间，并重新计算未完成部分的时间参数，将其作为一个新计划实施。

2）当关键线路的实际进度比计划进度提前时，若不拟提前工期，应选用资源占用量大或者直接费用高的后续关键工作，适当延长其持续时间，以降低其资源强度或费用；当确定要提前完成计划时，应将计划尚未完成的部分作为一个新计划，重新确定关键工作的持续时间，按新计划实施。

（2）非关键工作时差的调整方法

非关键工作时差的调整应在其时差的范围内进行，以便更充分地利用资源、降低成本或满足施工的需要。每一次调整后都必须重新计算时间参数，观察该调整对计划全局的影响。可采用以下几种调整方法：

1）将工作在其最早开始时间与最迟完成时间范围内移动。

2）延长工作的持续时间。

3）缩短工作的持续时间。

（3）增、减工作项目时的调整方法

增、减工作项目时应符合下列规定：

1）不打乱原网络计划总的逻辑关系，只对局部逻辑关系进行调整。

2）在增减工作后应重新计算时间参数，分析对原网络计划的影响；当对工期有影响时，应采取调整措施，以保证计划工期不变。

（4）调整逻辑关系

逻辑关系的调整只有当实际情况要求改变施工方法或组织方法时才可进行。调整时应避免影响原定计划工期和其他工作的顺利进行。

（5）调整工作的持续时间

当发现某些工作的原持续时间估计有误或实现条件不充分时，应重新估算其持续时间并重新计算时间参数，尽量使原计划工期不受影响。

（6）调整资源的投入

当资源供应发生异常时，应采用资源优化方法对计划进行调整，或采取应急措施，使其对工期的影响最小。

网络计划的调整，可以定期进行，亦可根据计划检查的结果在必要时进行。

单元总结

本教学单元介绍了施工项目进度控制的概念、任务以及影响施工进度的影响因素，阐述了施工项目进度控制的内容和措施，重点介绍了施工计划进度与实际进度的比较方法——横道图比较法、S形曲线比较法、香蕉曲线比较法和前锋线比较法。最后阐述了施工项目进度计划的实施、检查与调整的内容及方法。

习 题

一、单选题

1. 影响施工进度的各类因素中，属于施工组织管理方面的有（　　）。

A. 地下障碍物　　B. 质量缺陷

C. 施工机械调配不当　　D. 严重自然灾害

2. 下列进度控制措施中，属于组织措施的是（　　）。

A. 编制工程网络进度计划　　B. 编制资源需求计划

C. 编制先进完整的施工方案　　D. 编制进度控制的工作流程

3. 为了实现项目的进度目标，应选择合理的合同结构，以避免过多的合同交界面而影响工程的进展。这属于进度控制的（　　）。

A. 管理措施　　B. 组织措施　　C. 经济措施　　D. 技术措施

4. 下列建设工程项目进度控制的措施中，属于技术措施的是（　　）。

A. 确定各类进度计划的审批程序　　B. 优选工程项目设计、施工方案

C. 选择合理的合同结构　　D. 选择工程承发包模式

5. 下列哪种进度比较方法具有记录方便简单、形象直观等优点，但各工作之间的逻辑关系表达不明确，产生偏差时不容易判断对总工期的影响？（　　）

A. 横道图比较法　　B. S 形曲线比较法

C. 香蕉曲线比较法　　D. 前锋线比较法

6. 在绘制香蕉形曲线时，应首先计算出各项工作的（　　）。

A. 最早开始时间和最早完成时间

B. 最早开始时间和最迟开始时间

C. 最早完成时间和最迟完成时间

D. 最早完成时间和最迟开始时间

7. 香蕉曲线的形状也可以反映出进度控制的难易程度。以下说法正确的是（　　）

A. 当香蕉曲线很宽时，说明进度控制难度大

B. 当香蕉曲线很窄时，说明进度控制很容易

C. 当香蕉曲线很窄时，说明进度控制难度大

D. 当香蕉曲线很宽时，说明进度已难以控制

8. 常用的进度比较方法中，主要适用于时标网络计划的是（　　）。

A. 列表比较法　　B. S 形曲线比较法

C. 香蕉曲线比较法　　D. 前锋线比较法

9. 下列对于采用前锋线进行实际进度与计划进度的比较中，不正确的是（　　）。

A. 工作实际进展位置点落在检查日期的左侧，表明该工作实际进度拖后

B. 工作实际进展位置点与检查日期重合，表明该工作实际进度与计划进度一致

C. 工作实际进展位置点落在检查日期的右侧，表明该工作实际进度超前

D. 可用来分析和预测工程项目整体进度状况

10. 在建设工程网络计划实施中，某项工作实际进度拖延的时间超过其总时差时，如果不改变工作之间的逻辑关系，则调整进度计划的方法是（　　）。

A. 减小关键线路上该工作后续工作的自由时差

B. 缩短关键线路上该工作后续工作的持续时间

C. 对网络计划进行“资源有限、工期最短”的优化

D. 减小关键线路上该工作后续工作的总时差

11. 网络计划中某项工作进度拖延的时间在该项工作的总时差以外时，其进度计划的调整方法可分为三种情况，其中不包括（　　）。

A. 项目总工期不允许拖延

B. 项目总工期允许拖延

C. 项目总工期允许拖延的时间有限

D. 项目持续时间允许拖延

12. 工程网络计划执行过程中，如果只发现工作 P 出现进度拖延，且拖延的时间超过其总时差，则（　　）。

A. 将使工程总工期延长　　B. 不会影响其后续工作的原计划安排

C. 不会影响其紧后工作的总时差　　D. 工作 P 不会变为关键工作

二、多选题

1. 施工项目进度目标确定工作的最终成果是形成（　　）。

A. 项目的进度控制目标　　B. 施工单位的进度计划

C. 项目的里程碑计划　　D. 单位工程施工进度计划

2. 通过比较实际进度 S 形曲线和计划进度 S 形曲线，以下说法正确的是（　　）。

A. 如果工程实际进展点落在计划 S 形曲线左侧，表明此时实际进度比计划进度超前

B. 如果工程实际进展点落在计划 S 形曲线右侧，表明此时实际进度比计划进度超前

C. 如果工程实际进展点落在计划 S 形曲线左侧，表明此时实际进度比计划进度拖后

D. 如果工程实际进展点落在计划 S 形曲线右侧，表明此时实际进度比计划进度拖后

E. 如果工程实际进展点正好落在计划 S 形曲线上，则表示此时实际进度与计划进度一致。

3. 某工程双代号时标网络计划，在第 7 天末进行检查得到的实际进度前锋线如下图所示，则以下选项正确的有（　　）。

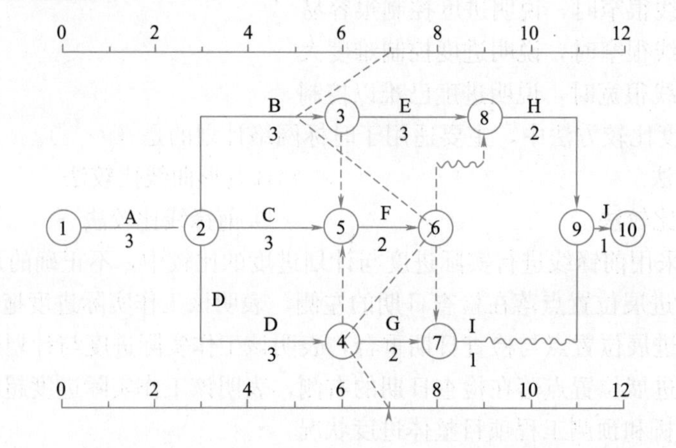

A. B 工作进度落后 1 天
B. 总工期落后 1 天
C. G 工作影响总工期 1 天
D. F 工作提前 1 天完成
E. G 工作进度落后 1 天

4. 进度计划调整的方法包括（　　）。

A. 关键工作的调整
B. 改变某些工作间的逻辑关系
C. 剩余工作重新编制进度计划
D. 资源调整

三、简答题

1. 影响施工进度的因素有哪些？
2. 施工进度计划检查内容有哪些？
3. 如何进行网络计划的调整？

Chapter 10

教学单元10 建筑工程成本管理

1. 知识目标

（1）了解成本及成本管理的概念；了解成本管理的五大任务的关系。

（2）掌握施工项目成本的构成；掌握成本管理的五大任务；掌握施工项目成本控制的内容；重点掌握施工成本控制的方法；掌握施工成本核算对象、成本分析的方法。

2. 能力目标

通过本教学单元的学习，能够收集施工过程中所发生的各种成本信息；能够通过有组织、系统性的预测、计划、控制、核算和分析等一系列工作，将施工项目的实际成本控制在预定的计划成本范围内。

3. 思政目标

通过理解建筑工程成本管理的含义，培养成本意识，树立科学思维，养成勤俭节约、爱惜劳动成果、热爱劳动的习惯。

思维导图

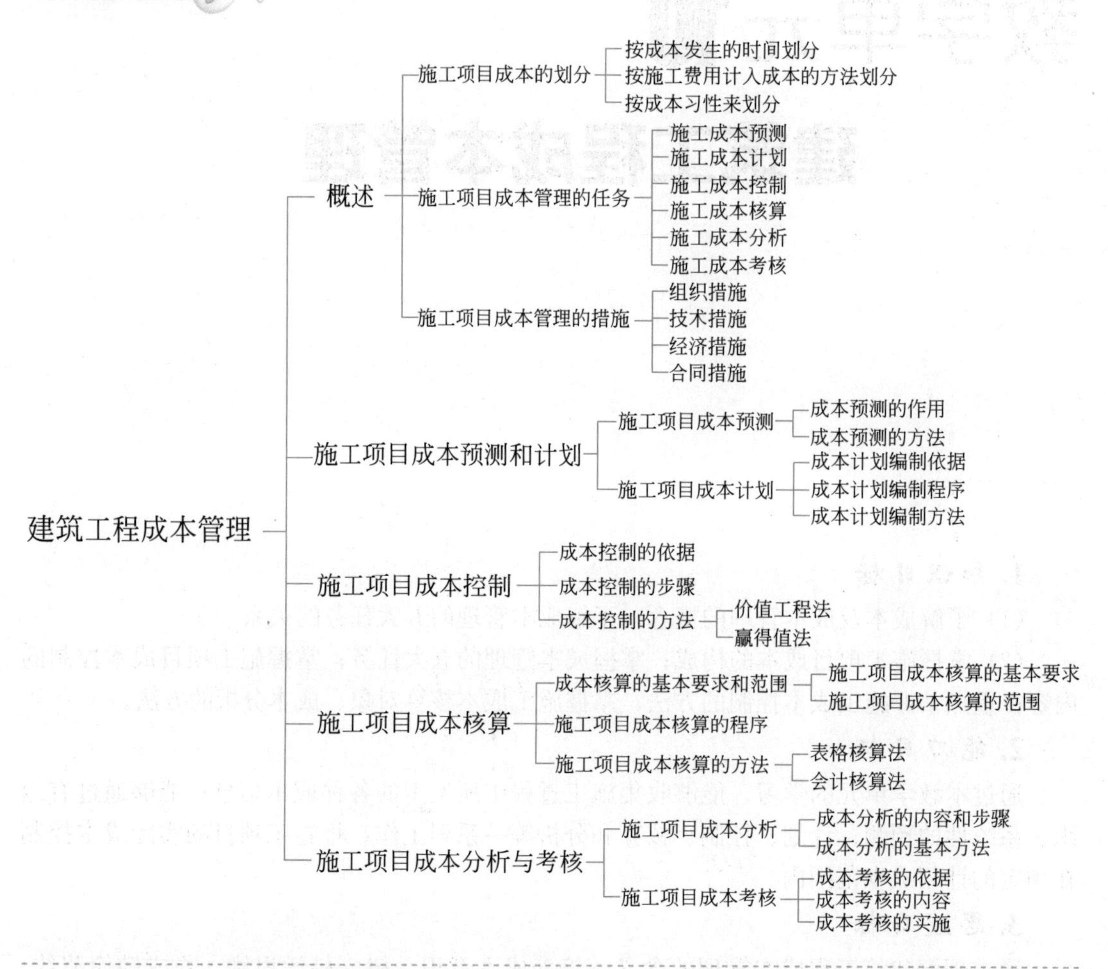

10.1 概述

施工成本是指在建设工程项目的施工过程中发生的全部生产费用总和，包括所消耗的主辅材料、构配件、周转材料的摊销费或租赁费、施工机械的台班费、支付给生产施工人员的工资和奖金，以及项目经理部为组织和管理工程施工所发生的全部费用支出。建设工程项目施工成本由直接成本和间接成本组成。

直接成本是指在施工过程中耗费的构成工程实体或有助于工程实体形成的各项费用支出，是可以直接计入工程对象的费用，包括人工费、材料费和施工机具使用费等。

间接成本是指准备施工、组织和管理施工生产的全部费用支出，是非直接用于也无法直接计入工程对象，但为进行工程施工所必须发生的费用，包括管理人员工资、办公费、差旅交通费等。

施工成本管理就是要在保证施工项目工期和质量满足要求的情况下，采取相关的管理措施，包括组织措施、经济措施、技术措施、合同措施，把成本控制在计划范围内，并进一步寻找最大限度的成本节约。

施工项目成本管理的目的是：在保证工期和质量满足要求的前提下，通过不断改善项目管理工作，充分采用经济、技术、组织措施和挖掘降低成本的潜力，以尽可能少的耗费，实现预定的目标成本。

施工项目成本管理的意义是：它可以促进改善经营管理，提高企业管理水平；合理补偿施工耗费，保证企业再生产的顺利进行；促进企业加强经济核算，不断挖掘潜力，降低成本，提高经济效益。

10.1.1 施工项目成本的划分

根据管理的需要，可将成本划分为以下不同的形式：

1. 按成本发生的时间划分

（1）预算成本

工程预算成本反映各地区建筑业的平均成本水平。它根据施工图、全国统一的工程量计算规则计算出来的工程量，全国统一的建筑、安装基础定额和各地区的市场劳务价格、材料价格信息及价差系数，并按有关取费的指导性费率进行计算。

（2）合同价

合同价是业主在分析众多投标书的基础上，最终与一家承包商确定的工程价格，最终在双方签订的合同文件中确认，作为工程结算的依据。对承包商来说是通过报价竞争获得承包资格而确定的工程价格。合同价是项目经理部确定成本计划和目标成本的主要依据。

（3）计划成本

计划成本是在项目经理领导下组织施工、充分挖掘潜力、采取有效的技术措施和加强管理与经济核算的基础上，预先确定的工程项目的成本目标。它是根据合同价以及企业下达的成本降低指标，在成本发生前预先计算的。它对于企业和项目经理部的经济核算、建立和健全成本管理责任制、控制施工过程中生产费用、降低项目成本具有十分重要的。

（4）实际成本

实际成本是施工项目在施工期内实际发生的各项生产费用的总和。实际成本与计划成本比较，可反映节约或超支；实际成本与合同价比较，可反映项目盈亏情况。计划成本和实际成本都反映施工企业成本管理水平，它受企业本身的生产技术、施工条件、项目经理部组织管理水平以及企业生产经营管理水平所制约。

2. 按施工费用计入成本的方法划分

（1）直接成本

直接成本是指直接作用于工程并能直接计入工程对象的费用。

（2）间接成本

间接成本是指非直接用于也无法直接计入工程对象，但为进行工程施工所必须发生的费用，包括管理人员工资、办公费用、差旅交通费用等。通常是按照直接成本的比例进行计算。

3. 按成本习性来划分

(1) 固定成本

固定成本是指在一定期间和一定工程范围内，发生的成本额不受工程量增减变动的影响而相对固定的成本，如折旧费、管理人员工资等。固定成本是为了保持企业一定的生产经营条件而发生的。

(2) 变动成本

变动成本是指发生额随着工程量的增加而成正比例变动的费用，如用于工程的材料费、工人工资等。

10.1.2 施工项目成本管理的任务

施工成本管理的工作任务包括：成本预测、成本计划、成本控制、成本核算、成本分析、成本考核。施工项目经理部在施工过程中，对所发生的各种成本信息通过有组织、有系统的预测、计划、控制、核算和分析等一系列工作，促使施工项目系统内各种要素按照一定的目标运行，使施工项目的实际成本能够控制在预定的计划成本范围内。

1. 施工成本预测

施工成本预测就是通过成本信息和施工项目的具体情况，采用经验总结、统计分析及数学模型的方法，对未来的成本水平及其可能发展趋势做出科学的估计。其实质就是在施工以前对成本进行估算。通过成本预测，可以使项目经理部在满足业主和施工企业要求的前提下，选择成本低、效率好的最佳成本方案，并能够在施工项目成本形成过程中，针对薄弱环节，加强成本控制，克服盲目性，提高预见性。

2. 施工成本计划

施工成本计划是以货币形式编制施工项目在计划期内的生产费用、成本水平、成本降低率以及为降低成本所采取的主要措施和规划的书面方案。它是建立施工项目成本管理责任制、开展成本控制和核算的基础。一般来说，一个施工项目成本计划应包括从开工到竣工所必需的施工成本，它是该施工项目降低成本的指导文件，是设立目标成本的依据。可以说，成本计划是目标成本的　种形式。

3. 施工成本控制

施工成本控制是指在施工过程中，对影响施工项目成本的各种因素加强管理，并采用各种有效措施，将施工中实际发生的各种消耗和支出严格控制在成本计划范围内，通过动态监控并及时反馈，严格审查各项费用是否符合标准，计算实际成本和计划成本之间的差异并进行分析，进而采取多种措施，减少或消除损失浪费。

施工项目成本控制应贯穿于施工项目从投标阶段开始直到保证金返还的全过程，它是企业全面成本管理的重要环节。因此，必须明确各级管理组织和各级人员的责任和权限，这是成本控制的基础之一。施工成本控制可分为事先控制、事中控制（过程控制）和事后控制。

4. 施工成本核算

施工成本核算是指按照规定开支范围对施工成本进行归集，计算出施工成本的实际发生额，并根据成本核算对象，采用适当的方法，计算出该施工项目的总成本和单位成本。施工项目成本核算所提供的各种成本信息是成本预测、成本计划、成本控制、成本分析和成本考核等各个环节的依据。

施工成本核算一般以单位工程为对象，但也可以按照承包工程项目的规模、工期、结构类型、施工组织和施工现场等情况，结合成本管理要求，灵活划分成本核算对象。

5. 施工成本分析

施工成本分析是在成本核算的基础上，对成本的形成过程和影响成本升降的因素进行分析，以寻求进一步降低成本的途径，包括有利偏差的挖掘和不利偏差的纠正。成本分析贯穿于施工成本管理的全过程，主要利用施工项目的成本核算资料，与目标成本、预算成本以及类似施工项目的实际成本等进行比较，了解成本的变动情况，同时也要分析主要技术经济指标对成本的影响，系统地研究成本变动的因素，检查成本计划的合理性，深入揭示成本变动的规律，寻求降低成本的途径。成本偏差的控制，分析是关键、纠偏是核心，因此要针对分析得出的偏差发生原因，采取有效措施加以纠正。

影响施工项目成本变动的因素有两个方面，一是外部的属于市场经济的因素，二是内部的属于企业经营管理的因素。作为项目经理，应该了解这些因素，但应将施工项目成本分析的重点放在影响施工项目成本升降的内部因素上。

6. 施工成本考核

施工成本考核是指在施工项目完成后，对施工项目成本形成中的各责任者，按施工项目成本目标责任制的有关规定，将成本的实际指标与计划、定额、预算进行对比和考核，评定施工项目成本计划的完成情况和各责任者的业绩，并以此给以相应的奖励和处罚。通过成本考核，做到有奖有惩、赏罚分明，充分有效地调动企业的每一位员工在各自的施工岗位上努力完成目标成本的积极性，为降低施工项目成本和增加企业的积累，做出贡献。

成本管理的每一个环节都是相互联系和相互作用的。成本预测是成本决策的前提，成本计划是成本决策所确定目标的具体化。成本控制则是对成本计划的实施进行控制和监督，保证决策的成本目标的实现。而成本核算又是对成本计划是否实现的最后检验，它所提供的成本信息又将为下一个施工项目成本预测和决策提供基础资料。成本考核是实现成本目标责任制的保证和实现决策目标的重要手段。

10.1.3　施工项目成本管理的措施

为了取得成本管理的理想成效，应当从多方面采取措施实施管理，通常可以将这些措施归纳为组织措施、技术经济措施和合同措施。

1. 组织措施

组织措施是从成本管理的组织方面采取的措施。成本控制是全员的活动，如实行项目经理责任制，落实成本管理的组织机构和人员，明确各级成本管理人员的任务和职能分工、权力和责任。成本管理不仅是专业成本管理人员的工作，各级项目管理人员都负有成本控制责任。

组织措施的另一方面是编制成本控制工作计划、确定合理详细的工作流程。要做好施工采购计划，通过生产要素的优化配置、合理使用、动态管理，有效控制实际成本；加强施工定额管理和施工任务单管理，控制活劳动和物化劳动的消耗；加强施工调度，避免因施工计划不周和盲目调度造成窝工损失、机械利用率降低、物料积压等问题。成本控制工作只有建立在科学管理的基础之上，具备合理的管理体制、完善的规章制度、稳定的作业秩序、完整准确的信息传递，才能取得成效。组织措施是其他各类措施的前提和保障，而且一般不需要增加额外的费用，运用得当可以取得良好的效果。

2. 技术措施

施工过程中降低成本的技术措施，包括：进行技术经济分析，确定最佳的施工方案；结合施工方法，进行材料使用的比选，在满足功能要求的前提下，通过代用、改变配合比使用外加剂等方法降低材料消耗的费用；确定最合适的施工机械、设备使用方案；结合项目的施工组织设计及自然地理条件，降低材料的库存成本和运输成本；应用先进的施工技术，运用新材料，使用先进的机械设备等。在实践中，也要避免仅从技术角度选定方案而忽视对其经济效果的分析论证

技术措施不仅对解决成本管理过程中的技术问题是不可缺少的，而且对纠正成本管理目标偏差也有相当重要的作用。因此，运用技术纠偏措施的关键，一是要能提出多个不同的技术方案；二是要对不同的技术方案进行技术经济分析比较，选择最佳方案。

3. 经济措施

经济措施是最易为人们所接受和采用的措施。管理人员应编制资金使用计划，确定分解成本管理目标。对成本管理目标进行风险分析，并制定防范性对策。在施工中严格控制各项开支，及时准确地记录、收集、整理、核算实际支出的费用。对各种变更，应及时做好增减账，落实业主签证并结算工程款。通过偏差分析和未完工程预测，发现一些潜在的可能引起未完工程成本增加的问题，及时采取预防措施。因此，经济措施的运用绝不仅仅是财务人员的事情。

4. 合同措施

采用合同措施控制成本，应贯穿整个合同周期，包括从合同谈判开始到合同终结的全过程。对于分包项目，首先是选用合适的合同结构，对各种合同结构模式进行分析、比较。在合同谈判时，要争取选用适合于工程规模、性质和特点的合同结构模式；其次，在合同的条款中应仔细考虑一切影响成本和效益的因素，特别是潜在的风险因素。通过对引起成本变动的风险因素的识别和分析，采取必要的风险对策，如通过合理的方式增加承担风险的个体数量以降低损失发生的比例，并最终将这些策略体现在合同的具体条款中。在合同执行期间，合同管理的措施既要密切注视对方合同执行的情况，以寻求合同索赔的机会，同时也要密切关注自己履行合同的情况，以防被对方索赔。

10.2 施工项目成本预测和计划

10.2.1 施工项目成本预测

1. 施工项目成本预测的作用

成本预测，是指成本事前的预测分析，是对施工活动实行事前控制的重要手段，也是选择和实现最优成本的重要途径。成本预测的主要作用有以下几方面：

（1）成本预测是进行成本决策和编制成本计划的基础

施工单位在进行成本预测时，首先要广泛收集经济信息资料，进行全面系统地分析研究，并通过以现代数学方法为基础的预测方法体系和计算机，对未来施工经营活动进行定性研究和定量分析，并做出科学判断，预测出成本降低率和降低额，从而为成本决策和制订成本计划提供客观的、可靠的依据。

（2）成本预测为选择最佳成本方案提供科学依据

通过成本预测，对未来施工经营活动中，可能出现的影响成本升降的各种因素进行科学分析，比较各种方案的经济效果，作为选择最佳成本方案和最优成本决策的依据。

（3）成本预测是挖掘内部潜力、加强成本控制的重要手段

成本预测是对施工活动实行事前控制的一种手段，其最终目的是降低项目成本、提高经济效益。为了达到预定成本目标，就要切实做好成本预测工作，指明降低成本的方向和提出具体的施工技术组织措施。

2. 施工项目成本预测的方法

（1）施工项目成本预测的基本方法

根据成本预测的内容和期限不同，成本预测的方法有所不同，但基本上可以归纳为以下两类：

1）定性分析法。定性分析法是指通过调查研究，利用直观的有关资料、个人经验和综合分析能力进行主观判断，对未来成本进行预测的方法，因而也称为直观判断预测法或简称为直观法。这种方法使用起来比较简便，一般是在资料不多或难以进行定量分析时采用，适用于中、长期预测。常用的定性预测方法有：管理人员判断法、专业人员意见法、专家意见法及市场调查法等。具体的方式有开座谈会、访问、现场观察、函调等。

2）定量分析法。定量分析法是根据历史数据资料，应用数理统计的方法来预测事物的发展状况，或者利用事物内部因素发展的因果关系，来预测未来变化趋势的方法。这类方法又可分为下列两种：

① 外推法。外推法是利用过去的历史数据来预测未来成本的方法。常用的是时间序列分析法，它是按时间（年或月）顺序排列历史数据，承认事物发展的连续性，从这种排列的数据中推测出成本降低的趋势。外推法的优点是简单易行，只要有过去的成本资料，就可以进行成本预测；缺点是撇开了成本各因素之间的因果关系。因为未来成本不可能是过去成本按某一模式的翻版，所以，用于长期预测时准确性较差，一般适用于短期预测。

② 因果法。因果法是按照影响成本的诸因素变化的原因，找出原因与结果之间的联系，并利用这些因果关系来预测未来成本的方法。因果法的优点是测算的数值比较准确，缺点是计算比较复杂。

（2）两点法

两点法，是一种较为简便的统计方法。按照选点的不同，可分为高低点法和近期费用法。所谓高低点法，是指选取的两点是一系列相关值域的最高点和最低点，即以某一时期内的最高工作量与最低工作量的成本进行对比，借以推算成本中的变动与固定费用各占多少的一种简便方法。如果选取的两点是近期的相关值域，则称为近期费用法。两点法适用

于公司成本预测，其优点是在于简便易算，缺点是预测值不够精确。

(3) 最小二乘法

10.1
两点法
例题

采用线性回归分析，寻找一条直线，使该直线比较接近约束条件，用以预测总成本和单位成本的一种方法。

(4) 专家预测法

依靠专家来预测未来成本的方法。这种预测值的准确性，取决于专家知识和经验的广度与深度。采用专家预测法，一般要事先向专家提供成本信息资料，由专家经过研究分析，根据自己的知识和经验，对未来成本做出个人的判断，然后再综合分析各专家的意见，形成预测的结论。

10.2
最小
二乘法
例题

专家预测的方式一般有个人预测和会议预测两种。个人预测的优点是能够最大限度地利用个人的能力，意见易于集中；缺点是受专家的业务水平、工作经验和成本信息的限制，有一定的局限性。会议预测的优点是经过充分讨论，所测数值比较准确；缺点是有时可能出现会议准备不周、走过场或者屈从领导的意见的情况。

10.2.2 施工项目成本计划

1. 施工项目成本计划编制依据

编制成本计划，需要广泛收集相关资料并进行整理，作为成本计划编制的依据。在此基础上，根据有关设计文件、工程承包合同、施工组织设计、成本预测资料等，按照项目应投入的生产要素，结合各种因素变化的预测和拟采取的各种措施，估算项目生产费用支出的总水平，进而提出项目的成本计划控制指标，确定目标总成本。目标总成本确定后应将总目标分解落实到各级部门，以便有效地进行控制。最后，通过综合平衡，编制完成成本计划。成本计划编制依据应包括下列内容：

(1) 投标报价文件。

(2) 企业定额、施工预算。

(3) 施工组织设计或施工方案文件。

(4) 人工、材料、机械台班的市场价。

(5) 企业颁布的材料指导价、企业内部台班价格、劳动力内部挂牌价格。

(6) 周转设备内部租赁价格、推销损耗标准。

(7) 已签订的工程合同、分包合同（或估价书）。

(8) 结构件外加工计划合同。

(9) 有关财务成本核算制度和财务历史资料。

(10) 施工成本预测资料。

(11) 拟采取的降低施工成本的措施。

(12) 其他相关文件。

2. 施工项目成本计划编制程序

项目管理机构应通过系统的成本策划，按成本组成、项目结构和工程实施阶段分别编制项目成本计划。

(1) 项目成本计划编制应符合下列规定：

1）由项目管理机构负责组织编制。

2）项目成本计划对项目成本控制具有指导性。

3）各成本项目指标和降低成本指标明确。

（2）项目成本计划编制应符合下列程序：

1）预测项目成本。

2）确定项目总体成本目标。

3）编制项目总体成本计划。

4）项目管理机构与组织的职能部门根据其责任成本范围，分别确定自己的成本目标，并编制相应的成本计划。

5）针对成本计划制定相应的控制措施。

6）由项目管理机构与组织的职能部门负责人分别审批相应的成本计划。

3. 施工项目成本计划编制方法

成本计划的编制以成本预测为基础，关键是确定目标成本，计划的制定需结合施工组织设计的编制过程，通过不断优化施工技术方案和合理配置生产要素，进行工、料、机消耗的分析，制定一系列成本节约的措施，确定成本计划。一般情况下，施工成本计划总额应控制在目标成本的范围内，并使成本计划建立在切实可行的基础上。

施工总成本目标确定之后，还需要通过编制详细的实施性施工成本计划把目标成本层层分解，落实到施工过程中各个环节，有效地进行成本控制。施工成本的编制方法有：按施工成本组成编制施工成本计划、按项目组成编制施工成本计划、按工程进度编制施工成本计划。

（1）按施工成本组成编制施工成本计划的方法

我国现行建筑安装工程费用项目组成参见《建筑安装工程费用项目组成》建标【2013】44 号。

施工成本也可以按成本组成分解为人工费、材料费、施工机械使用费、企业管理费等，编制按施工成本组成分解的施工成本计划如图 10-1 所示。

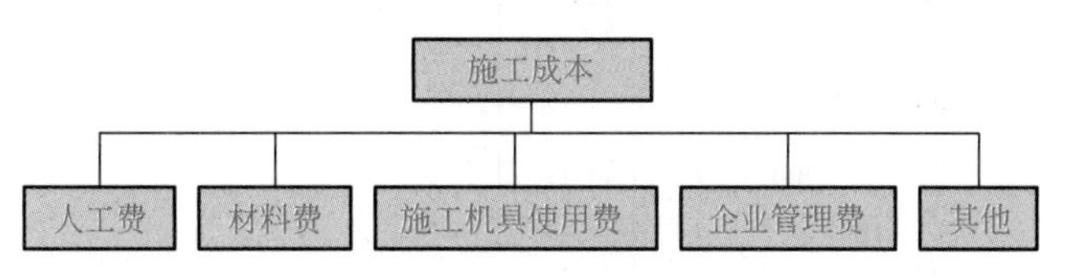

图 10-1　按成本构成分解

（2）按项目组成编制施工成本计划的方法

大中型工程项目通常是由若干单项工程构成的，而每个单项工程包括了多个单位工程，每个单位工程又是由若干个分部分项工程所构成。因此，首先要把项目总施工成本分解到单项工程和单位工程中，再进一步分解为分部分项工程。

在完成施工项目成本目标分解之后，接下来就要具体地分配成本，编制分项工程的成本支出计划，从而得到详细的施工成本计划，见表 10-1。

分项工程成本计划表　　表 10-1

分项工程编码	工程内容	计量单位	工程数量	计划成本	本分项总计
(1)	(2)	(3)	(4)	(5)	(6)

在编制成本支出计划时，要在项目总的方面考虑总的预备费，也要在主要的分项工程中安排适当的不可预见费，避免在具体编制成本计划，可能发现个别单位工程或工程量表中某项内容的工程量计算有较大出入，使原来的成本计划预算失实，并在项目实施过程中对其尽可能地采取一些措施。

(3) 按工程进度编制施工成本计划的方法

编制按工程进度的施工成本计划，通常可利用控制项目进度的网络图进一步扩充而得。即在建立网络图时，一方面确定完成各项工作所需要花费的时间，另一方面确定完成这一工作的合适的施工成本支出计划。在实践中，将工程项目分解为既能方便地表示时间，又能方便地表示施工成本支出计划是不容易的。通常如果项目分解程度对时间控制合适的话，则对施工成本支出计划可能分解过细，以至于不可能对每项工作确定其施工成本支出计划，反之亦然。因此在编制网络计划时，应在充分考虑进度控制对项目划分要求的同时，还要考虑确定施工成本支出计划对项目划分的要求，做到二者兼顾。

通过对施工成本目标按时间进行分解，在网络计划的基础上，可获得项目进度计划横道图，并在此基础上编制成本计划，主要有两种：一种是在时标网络上按月编制的成本计划，另一种是利用时间-成本曲线（S形曲线）表示。

时间-成本累积曲线的绘制步骤如下：

1）确定工程项目进度计划，编制进度计划的横道图。

2）根据每单位时间内完成的实物工程量或投入的人力、物力和财力，计算单位时间（月或旬）的成本，在时标网络图上按时间编制成本支出计划，如图 10-2 所示。

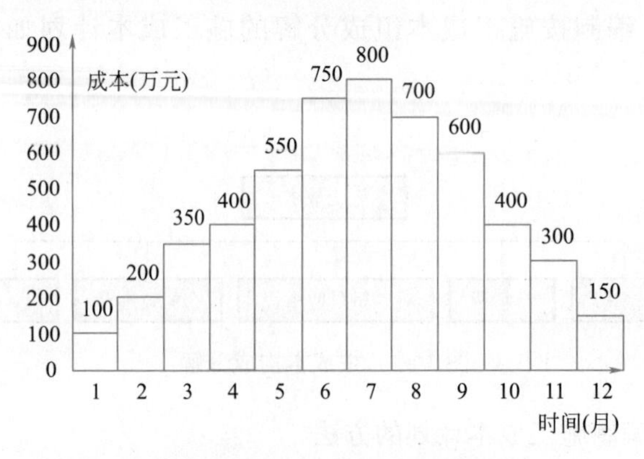

图 10-2　时标网络图上按月编制的成本计划

3）计算规定时间 t 内计划累计支出的成本额，其计算方法为：各单位时间计划完成的成本额累加求和，可按下式计算：

$$Q_t = \sum_{n=1}^{t} q_n \tag{10-1}$$

式中　Q_t——某时间 t 计划累计支出成本额；

q_n——单位时间 n 的计划支出成本额；

t——某规定计划时刻；

4）按规定时间的 Q_t 值，绘制 S 形曲线，如图 10-3 所示。

每一条 S 形曲线都对应某一特定的工程进度计划。因为在进度计划的非关键路线中存在许多有时差的工序或工作，因而 S 形曲线（成本计划值曲线）必然包括在由全部工作都按最早开始时间开始和全部工作都按最迟开始时间开始的曲线所组成的"香蕉图"内。项目经理可根据编制的成本支出计划来合理安排资金，同时项目经理也可根据筹措的资金来调查调整 S 形曲线，即通过调整非关键线路上的工序项目的最早或最迟开工时间，力争将实际成本支出控制在计划的范围内。

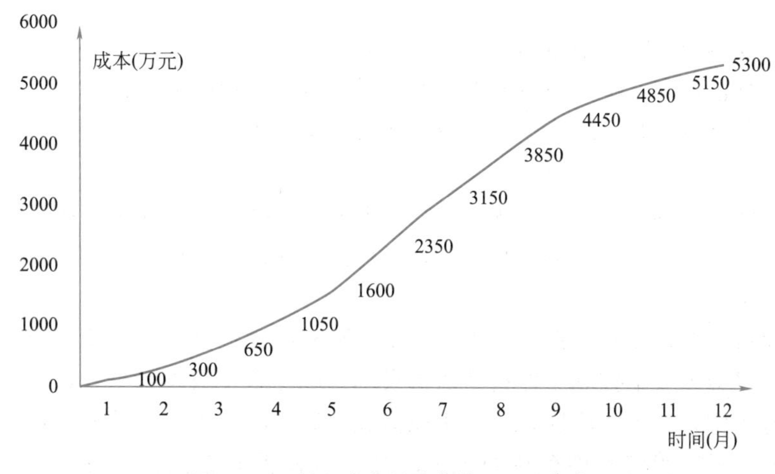

图 10-3　时间-成本累计曲线（S 形曲线）

一般而言，所有工作都是按最迟开始时间开始，这对节约资金贷款利息是有利的，但同时，也降低了项目按期竣工的保证率，因此项目经理必须合理地确定成本支出计划，达到既节约成本支出，又能控制项目工期的目的。

以上三种编制施工成本计划的方式并不是相互独立的。在实践中，往往是将几种方式结合起来使用，从而取得扬长避短的效果。例如，将按项目分解总成本与按成本构成分解总成本两种方式相结合，横向按成本构成分解，纵向按子项目分解，或相反。这种分解方式有助于检查各分部分项工程施工成本构成是否完整，有无重复计算或漏算，同时还有助于检查各项具体施工成本支出对象是否明确或落实，并且可以从数字上校对分解的结果有无错误。或者还可将按项目分解项目总施工成本计划与按时间分解项目总施工成本计划结合起来，一般纵向按项目分解、横向按时间分解。

10.3 施工项目成本控制

施工项目成本控制是指在施工过程中，对影响项目施工成本的各种因素加强管理，采用各种有效措施，将施工中实际发生的各种消耗和支出，严格控制在成本计划范围内，随时提示并及时反馈，严格审查各项费用是否符合各项标准，计算实际成本和计划成本之间的差异并进行分析，进而采取多种形式，消除施工中的损失浪费现象。

施工项目成本控制应贯穿于施工项目，从投标阶段开始直到项目竣工验收的全过程，它是企业实现全面成本管理的重要环节。施工项目成本控制可分为事前控制、事中控制和事后控制。在项目的施工过程中，需按动态控制原理对实际施工成本的发生过程进行有效控制。

10.3.1 施工成本控制的依据和步骤

1. 施工项目成本控制的依据

施工项目成本控制的依据包括以下几个方面：

（1）工程承包合同：施工项目成本控制要以工程承包合同为依据，围绕降低工程成本这个目标，从预算收入和实际成本两方面，努力挖掘“增收节支”潜力，以求获得最大的经济效益。

（2）施工项目成本计划：施工成本计划是根据施工项目的具体情况制订的施工成本控制方案，既包括预定的具体成本控制目标，又包括实现控制目标的措施和规划，是施工成本控制的指导文件。

（3）进度报告：进度报告提供了每一时刻工程实际完成量，工程施工成本实际支付情况等重要信息。施工成本控制工作正是通过实际情况与施工成本计划相比较，找出二者之间的差别，分析偏差产生的原因，从而采取措施改进以后的工作。此外，进度报告还有助于管理者及时发现工程实施中存在的隐患，并在事态还未造成重大损失之前采取有效措施，尽量避免损失。

（4）工程变更：在项目的实施过程中，由于各方面的原因，工程变更是很难避免的。工程变更一般包括设计变更、进度计划变更、施工条件变更、技术规范与标准变更、施工次序变更、工程数量变更等。一旦出现变更，工程量、工期、成本都必将发生变化，从而使得施工成本控制工作变得更加复杂和困难。因此，施工成本管理人员应当通过对变更要求当中各类数据的计算、分析，随时掌握变更情况，包括已发生工程量、将要发生工程量、工期是否拖延、支付情况等重要信息，判断变更以及变更可能带来的索赔额度等。

除了上述几种施工成本控制工作的主要依据以外，有关施工组织设计、分包合同文本等也都是施工成本控制的依据。

2. 施工项目成本控制的步骤

在确定了项目施工成本计划之后，必须定期地进行施工成本计划值与实际值的比较，实际值偏离计划值时，分析产生偏差的原因，采取适当的纠偏措施，以确保施工成本控制目标的实现。其步骤如下：

1）比较

按照某种确定的方式将施工成本计划值与实际值逐项进行比较，以发现施工成本是否超支。

2）分析

在比较的基础上，对比较的结果进行分析，以确定偏差的严重性及偏差产生的原因这一步是施工成本控制工作的核心，其主要目的在于找出产生偏差的原因，从而采取有针对性的措施，减少或避免相同原因的再次发生或减少由此造成的损失。

3）预测

根据项目实施情况估算整个项目完成时的施工成本。预测的目的在于为决策提供支持。

4）纠偏

当工程项目的实际施工成本出现了偏差，应当根据工程的具体情况，偏差分析和预测的结果，采取适当的措施，以期达到使施工成本偏差尽可能小的目的，纠偏是施工成本控制中最具实质性的一步。只有通过纠偏，才能最终达到有效控制施工成本的目的。

5）检查

指的是对工程的进展进行跟踪和检查，及时了解工程进展状况以及纠偏措施的执行情况和效果，为今后的工作积累经验。

10.3.2　施工成本控制的方法

施工成本控制的方法很多，这里主要介绍价值工程法和赢得值法。

1. 价值工程法

（1）价值工程法的计算公式

$$V=F/C \tag{10-2}$$

式中　V——价值；

F——功能；

C——成本。

（2）提高价值的途径

按价值工程价值的公式 $V=F/C$ 分析，提高价值的途径有 5 条：

1）功能提高，成本不变；

2）功能不变，成本降低；

3）功能提高，成本降低；

4）降低辅助功能，大幅度降低成本；

5）功能大大提高，成本稍有提高。

应当选择价值系数低、降低成本潜力大的工程作为价值工程的对象，寻求对成本的有效降低。故价值分析的对象应以下述内容为重点：

1）选择数量大、应用面广的构配件；

2）选择成本高的工程和构配件；

3）选择结构复杂的工程和构配件；

4）选择体积与重量大的工程和构配件；

5）选择对产品功能提高起关键作用的构配件；

6）选择在使用中维修费用高、耗电量大或使用期的总费用较大的工程和构配件；

7）选择畅销产品，以保持优势，提高竞争力；

8）选择在施工（生产）中容易保证质量的工程和构配件；

9）选择施工（生产）难度大、多花费材料和工时的工程和构配件；

10）选择可利用新材料、新设备、新工艺、新结构及在科研上已有先进成果的工程和构配件。

（3）价值工程法的计算

1）计算功能系数

某子项目功能系数＝某子项目的功能得分/项目功能总得分

2）计算成本系数

某子项目成本系数＝某子项目的施工计划成本/项目施工计划总成本

3）计算价值系数

某子项目价值系数＝某子项目功能系数/某子项目成本系数

4）计算项目目标成本

项目目标成本＝项目计划成本-项目成本降低额

5）计算子项目的目标成本

某子项目的目标成本＝项目目标成本×某子项目的功能系数

6）计算子项目的成本降低额

子项目的成本降低额＝子项目的计划成本－子项目的目标成本

7）找出成本降低额最大的项目作为控制对象

2. 赢得（挣值）值法

赢得值法是通过“三个参数”、“二个偏差”和“二个绩效”进行工程项目的费用、进度综合分析控制。

（1）三个参数

1）已完工作预算费用

已完工作预算费用，简称BCWP（Budgeted Cost for Work Performed），即在某一时间经完成的工作（或部分工作），以批准认可的预算为标准所需要的资金总额，由于发包人正是根据这个值作为承包人完成的工作量支付相应的费用，也就是承包人获得（挣得）的金额，故称赢得值或挣值。

已完工作预算费用（BCWP）＝已完成工作量×预算单价

2）计划工作预算费用

计划工作预算费用，简称BCWS（Budgeted Cost for Work Scheduled），即根据进度计划，在某一时刻应当完成的工作（或部分工作），以预算为标准所需要的资金总额。一般来说除非合同有变更，BCWS在工程实施过程中应保持不变。

计划工作预算费用（BCWS）＝计划工作量×预算单价

3）已完工作实际费用

已完工作实际费用，简称ACWP（Actual Cost for Work Performed），即到某一时刻为止已完成的工作（或部分工作）所实际花费的总金额。

已完工作实际费用（ACWP）＝已完成工作量×实际单价

（2）二个偏差

1）费用偏差 CV（Cost Variance）

费用偏差（CV）＝已完工作预算费用（BCWP）－已完工作实际费用（ACWP）

当费用偏差 CV 为负值时，即表示项目运行超出预算费用；

当费用偏差 CV 为正值时，表示项目运行节支，实际费用没有超出预算费用。

2）进度偏差 SV（Schedule Variance）

进度偏差（SV）＝已完工作预算费用（BCWP）－计划工作预算费用（BCWS）

当进度偏差 SV 为负值时，表示进度延误，即实际进度落后于计划进度；

当进度偏差 SV 为正值时，表示进度提前，即实际进度快于计划进度。

（3）二个绩效

1）费用绩效指数（CPI）

费用绩效指数（CPI）＝已完工作预算费用（BCWP）/已完工作实际费用（ACWP）

当费用绩效指数（CPI）＜1 时，表示超支，即实际费用高于预算费用；

当费用绩效指数（CPI）＞1 时，表示节支，即实际费用低于预算费用。

2）进度绩效指数（SPI）

进度绩效指数（SPI）＝已完工作预算费用（BCWP）/计划工作预算费用（BCWS）

当进度绩效指数（SPI）＜1 时，表示进度延误，即实际进度比计划进度慢；

当进度绩效指数（SPI）＞1 时，表示进度提前，即实际进度比计划进度快。

例 10-1

某施工企业进行土方开挖工程，按合同约定 3 月份的计划工作量为 1200m^3，计划单价是 20 元/m^3；到月底检查时，确认承包商完成的工程量为 1000m^3，实际单价为 25 元/m^3。计算出费用偏差和进度偏差，费用绩效指数和进度绩效指数，并对结果加以说明。

【解】

（1）计算三个参数

已完工作预算费用（BCWP）＝已完成工作量×预算单价＝1000×20＝20000 元

计划工作预算费用（BCWS）＝计划工作量×预算单价＝1200×20＝24000 元

已完工作实际费用（ACWP）＝已完成工作量×实际单价＝1000×25＝25000 元

（2）分析说明

费用偏差（CV）＝已完工作预算费用－已完工作实际费用＝20000－25000＝－5000 元＜0，说明费用超支；

进度偏差（SV）＝已完工作预算费用－计划工作预算费用＝20000－24000＝－5000 元＜0，说明进度拖延。

费用绩效指数（CPI）＝已完工作预算费用/已完工作实际费用＝20000/25000＝0.8＜1，说明费用超支；

进度绩效指数（SPI）＝已完工作预算费用/计划工作预算费用＝20000/24000＝0.83＜1，说明进度拖延。

费用（进度）偏差反映的是绝对偏差，结果很直观，有助于费用管理人员了解项目费用出现偏差的绝对数额，并依此采取一定措施，制定或调整费用支出计划和资金筹措计划。但是，绝对偏差有其不容忽视的局限性，例如同样是10万元的费用偏差，对于总费用100万元的项目和总费用1亿元的项目而言，其严重性显然是不同的。因此，费用（进度）偏差仅适合于对同一项目作偏差分析。费用（进度）绩效指数反映的是相对偏差，它不受项目层次的限制，也不受项目实施时间的限制，因而在同一项目和不同项目比较中均可采用。

在项目的费用、进度综合控制中引入赢得值法，可以克服进度、费用分开控制的缺点。即当发现费用超支时，很难立即知道是由于费用超出预算还是由于进度提前；相反，当发现费用低于预算时，也很难立即知道是由于费用节省，还是由于进度拖延。而赢得值法可定量地判断进度、费用的执行效果。

10.4 施工项目成本核算

施工项目成本核算是对施工中各种费用支出和成本的形成进行审核、汇总、计算。项目经理部作为施工项目的成本中心，做好项目的成本核算，为成本管理各环节提供了必要的资料，所以成本核算是成本管理的一个重要环节，应贯穿于成本管理的全过程。

施工项目成本核算包括两个基本环节：一是按照规定的成本开支范围对施工费用进行归集和分配，计算出施工费用的实际发生额；二是根据成本核算对象，采用适当的方法，计算出该施工项目的总成本和单位成本。施工成本管理需要正确及时地核算施工过程中发生的各项费用，计算施工项目的实际成本。

10.4.1 成本核算的基本要求和范围

1. 施工项目成本核算的基本要求

为了顺利完成施工项目成本核算和成本控制的目的，提高施工项目成本管理水平，在施工项目成本核算中要遵守以下基本要求：

（1）划清成本、费用支出和非成本费用支出的界限。这是指划清不同性质的支出，即划清资本性支出和收益性支出与其他支出、营业支出与营业外支出的界限。这个界限也就是成本开支范围的界限。

（2）正确划分各种成本、费用的界限。这是指对允许列入成本、费用开支范围的费用支出。在核算上应划清的几个界限为：划清施工项目工程成本和期间费用的界限；划清本期工程成本与下期工程成本的界限；划清不同成本核算对象之间的成本界限；划清未完工程成本与已完工程成本的界限。

（3）加强施工项目成本核算的基础工作。包括建立各种财产物资的收发、领退、转移、报废、清查、盘点、索赔制度；建立健全与成本核算有关的各种原始记录和工作量统计制度，制定和修订工时、材料、费用等各项内部消耗定额以及材料、结构件、作业、劳务的内部结算指导价；完善各种计量检测设施，严格计量检验制度，使项目成本核算具有可靠的基础。

2. 施工项目成本核算的范围

根据《企业会计准则第 15 号——建造合同》，建筑工程成本包括从建造合同签订开始至合同完成止所发生的、与执行合同有关的直接费用和间接费用。

直接费用是指为完成合同所发生的、可以直接计入合同成本核算对象的各项费用支出。直接费用包括：①耗用的材料费用；②耗用的人工费用；③耗用的机械使用费；④其他直接费用，指其他可以直接计入合同成本的费用。

间接费用是企业下属的施工单位或生产单位为组织和管理施工生产活动所发生的费用。

财政部以财会［2013］17 号印发的《企业产品成本核算制度（试行）》则将成本项目分为以下类别：

（1）直接人工，是指按照国家规定支付给施工过程中直接从事建筑安装工程施工的工人以及在施工现场直接为工程制作构件和运料、配料等工人的职工薪酬。

（2）直接材料，是指在施工过程中所耗用的、构成工程实体的材料、结构件、机械配件和有助于工程形成的其他材料以及周转材料的租赁费和摊销等。

（3）机械使用费，是指施工过程中使用自有施工机械所发生的机械使用费，使用外单位施工机械的租赁费，以及按照规定支付的施工机械进出场费等。

（4）其他直接费用，是指施工过程中发生的材料搬运费、材料装卸保管费、燃料动力费、临时设施摊销、生产工具用具使用费、检验试验费、工程定位复测费、工程点交费、场地清理费，以及能够单独区分和可靠计量的为订立建造承包合同而发生的差旅费、投标费等费用。

（5）间接费用，是指企业各施工单位为组织和管理工程施工所发生的费用。

（6）分包成本，是指按照国家规定开展分包，支付给分包单位的工程价款。

施工企业在核算产品成本时，就是按照成本项目来归集企业在施工生产经营过程中所发生的应计入成本核算对象的各项费用。其中，属于人工费、材料费、机械使用费和其他直接费等直接成本费用，直接计入有关工程成本。间接费用可先通过费用明细科目进行归集，期末再按照确定的方法分配计入有关工程成本核算对象的成本。

10.4.2　施工项目成本核算的程序

施工项目成本核算的程序，是指建筑企业及其所属项目经理部，在成本核算过程中应遵循的一般次序和步骤。根据会计核算程序，结合施工项目成本发生的特点和核算的要求，施工成本的核算程序为：

（1）对所发生的费用进行审核，以确定应计入工程成本的费用和计入各项期间费用数额。

（2）将应计入工程成本的各项费用，区分为哪些应当计入本月的工程成本，哪些应由其他月份的工程成本负担。

（3）将每个月应计入工程成本的生产费用，在各个成本对象之间进行分配和归集，计算各工程成本。

（4）对未完工程进行盘点，以确定本期已完工程实际成本。

（5）将已完工程成本转入工程结算成本；核算竣工工程实际成本。

10.4.3 施工项目成本核算的方法

施工项目成本核算的方法主要有表格核算法和会计核算法。

1. 表格核算法

表格核算法是通过对施工项目内部各环节进行成本核算，以此为基础，核算单位和各部门定期采集信息，按照有关规定填制一系列的表格，完成数据比较、考核和简单的核算，形成工程项目成本的核算体系，作为支撑工程项目成本核算的平台。这种核算的优点是简便易懂，方便操作，实用性较好；缺点是难以实现较为科学严密的审核制度，精度不高，覆盖面较小。

2. 会计核算法

会计核算法是建立在会计对工程项目进行全面核算的基础上，再利用收支全面核实和借贷记账法的综合特点，按照施工项目成本的收支范围和内容，进行施工项目成本核算。不仅核算工程项目施工的直接成本，而且还要核算工程项目在施工过程中出现的债权债务、为施工生产而自购的工具、器具摊销、向发包单位的报量和收款、分包完成和分包付款等。这种核算方法的优点是科学严密，人为控制的因素较小而且核算的覆盖面较大；缺点是对核算工作人员的专业水平和工作经验都要求较高。项目财务部门一般采用此种方法。

3. 两种核算方法的综合使用

因为表格核算具有操作简单和表格格式自由等特点，因而对工程项目内各岗位成本的责任核算比较实用。施工单位除对整个企业的生产经营进行会计核算外，还应在工程项目上设成本会计，进行工程项目成本核算，以减少数据的传递，提高数据的及时性，便于与表格核算的数据接口。总的来说，用表格核算法进行工程项目施工各岗位成本的责任核算和控制，用会计核算法进行工程项目成本核算，两者互补，相得益彰，确保工程项目成本核算工作的开展。

10.5 施工项目成本分析与考核

10.5.1 施工项目成本分析

施工成本分析，就是根据会计核算、业务核算和统计核算提供的资料，对施工成本的形成过程和影响成本升降的因素进行分析，以寻求进一步降低成本的途径；另一方面，通过成本分析，可从账簿、报表反映的成本现象看清成本的实质，从而增强项目成本的透明度和可控性，为加强成本控制，实现项目成本目标创造条件。

1. 成本分析的内容和步骤

（1）成本分析的内容包括：

1）时间节点成本分析。

2）工作任务分解单元成本分析。

3）组织单元成本分析。

4）单项指标成本分析。

5）综合项目成本分析。

（2）成本分析方法应遵循下列步骤：

1）选择成本分析方法。

2）收集成本信息。

3）进行成本数据处理。

4）分析成本形成原因。

5）确定成本结果。

2. 成本分析的基本方法

成本分析的基本方法包括比较法、因素分析法、差额计算法、比率法等。

（1）比较法

比较法又称“指标对比分析法”，是指对比技术经济指标，检查目标的完成情况，分析产生差异的原因，进而挖掘降低成本的方法。这种方法通俗易懂、简单易行、便于掌握，因而得到了广泛的应用，但在应用时必须注意各技术经济指标的可比性。比较法的应用通常有以下形式：

1）将实际指标与目标指标对比

以此检查目标完成情况，分析影响目标完成的积极因素和消极因素，以便及时采取措施，保证成本目标的实现。在进行实际指标与目标指标对比时，还应注意目标本身有无问题，如果目标本身出现问题，则应调整目标，重新评价实际工作。

2）本期实际指标与上期实际指标对比

通过本期实际指标与上期实际指标对比，可以看出各项技术经济指标的变动情况，反映施工管理水平的提高程度。

3）与本行业平均水平、先进水平对比

通过这种对比，可以反映本项目的技术和经济管理水平与行业的平均及先进水平的差距，进而采取措施提高本项目管理水平。

（2）因素分析法

因素分析法又称连环置换法，可用来分析各种因素对成本的影响程度。在进行分析时，假定众多因素中的一个因素发生了变化，而其他因素则不变，然后逐个替换，分别比较其计算结果，以确定各个因素的变化对成本的影响程度。因素分析法的计算步骤如下：

1）确定分析对象，计算实际与目标数的差异。

2）确定该指标是由哪几个因素组成的，并按其相互关系进行排序（排序规则是先实物量，后价值量；先绝对值，后相对值）。

3）以目标数为基础，将各因素的目标数相乘，作为分析替代的基数。

4）将各个因素的实际数按照已确定的排列顺序进行替换计算，并将替换后的实际数保留下来。

5）将每次替换计算所得的结果，与前一次的计算结果相比较，两者的差异即为该因素对成本的影响程度。

6）各个因素的影响程度之和，应与分析对象的总差异相等。

10.5 因素分析法的计算原理及应用

（3）差额计算法

差额计算法是因素分析法的一种简化形式，它利用各个因素的目标值与实际值的差额来计算其对成本的影响程度。

（4）比率法

比率法是指用两个以上的指标的比例进行分析的方法。它的基本特点是：先把对比分析的数值变成相对数，再观察其相互之间的关系。常用的比率法有以下几种：

1）相关比率法：由于项目经济活动的各个方面是相互联系、相互依存，又相互影响的，因而可以将两个性质不同而又相关的指标加以对比，求出比率，并以此来考察经营成果的好坏。例如：产值和工资是两个不同的概念，但它们的关系又是投入与产出的关系。在一般情况下，都希望以最少的工资支出完成最大的产值。因此，用产值工资率指标来考核人工费的支出水平，就很能说明问题。

2）构成比率法：又称比重分析法或结构对比分析法。通过构成比率，可以考察成本总量的构成情况及各成本项目占成本总量的比重，同时也可看出量、本、利的比例关系（即预算成本、实际成本和降低成本的比例关系），从而为寻求降低成本的途径指明方向。

3）动态比率法：动态比率法，就是将同类指标不同时期的数值进行对比，求出比率以分析该项指标的发展方向和发展速度。动态比率的计算，通常采用基期指数和环比指数两种方法。

10.5.2 施工项目成本考核

成本考核是衡量成本降低的实际成果，也是对成本指标完成情况的总结和评价。应根据项目成本管理制度，确定项目成本考核目的、时间、范围、对象、方式、依据、指标、组织领导、评价与奖惩原则。

施工项目成本考核应包括两方面的考核，即项目成本目标（降低成本目标）完成情况的考核和成本管理工作业绩的考核。这两方面都属于施工企业对施工项目经理部成本监督的范畴。成本降低水平与成本管理工作之间有着必然的联系，又同时受偶然因素的影响，但都是对项目成本评价的一方面，其水平高低都是企业对项目成本进行考核和奖罚的依据。

1. 施工项目成本考核的依据

施工项目成本考核的依据包括成本计划、成本控制、成本核算和成本分析的资料。成本考核的主要依据是成本计划确定的各类指标。

成本计划一般包括以下三类指标：

（1）成本计划的数量指标

1）按子项汇总的工程项目计划总成本指标。

2）按分部汇总的各单位工程（或子项目）计划成本指标。

3）按人工、材料、机具等各主要生产要素划分的计划成本指标。

（2）成本计划的质量指标，如项目总成本降低率

1）设计预算成本计划降低率＝设计预算总成本计划降低额/设计预算总成本。

2）责任目标成本计划降低率＝责任目标总成本计划降低额/责任目标总成本。

（3）成本计划的效益指标，如项目成本降低额

1）设计预算总成本计划降低额＝设计预算总成本－计划总成本。

2）责任目标总成本计划降低额＝责任目标总成本－计划总成本。

2. 施工项目成本考核的内容

（1）企业对项目经理考核的内容：

1）项目成本目标和阶段成本目标的完成情况。

2）以项目经理为核心的成本管理责任制的落实情况。

3）成本计划的编制和落实情况。

4）对各部门、各作业队和班组责任成本的检查和考核情况。

5）在成本管理中贯彻责、权、利相结合原则的执行情况。

（2）项目经理对所属各部门、各作业队和班组考核的内容

1）对各部门的考核内容：本部门、本岗位责任成本的完成情况；本部门、本岗位成本管理责任的执行情况。

2）对各作业队的考核内容：对劳务合同规定的承包范围和承包内容的执行情况劳务合同以外的补充收费情况；对班组施工任务单的管理情况以及班组完成施工任务后的考核情况。

（3）对生产班组的考核内容（平时由作业队考核）：以分部分项工程成本作为班组的责任成本，以施工任务单和限额领料单的结算资料为依据，与施工预算进行对比，考核班组责任成本的完成情况。

3. 施工项目成本考核的实施

施工项目的成本考核采取评分制。具体方法为：先按考核内容评分，然后按7∶3的比例加权平均，即责任成本完成情况的评分为“7”，成本管理工作业绩的评分为“3”。这是一个假设的比例，施工项目可以根据具体情况进行调整。

施工项目的成本考核要与相关指标的完成情况相结合。具体方法为：成本考核的评分是奖罚的依据，相关指标的完成情况为奖罚的条件。也在根据评分计奖的同时，还要参考相关指标的完成情况加奖或扣罚。

与成本考核相结合的相关指标，一般有进度、质量、安全和现场标化管理。以质量指标的完成情况为例说明如下：质量达到优良，按应得奖金加奖20％：质量合格，奖金不加不扣：质量不合格，扣除应得奖金的50％。

施工项目的成本考核，可分为月度成本考核、阶段成本考核和竣工成本考核三种：

（1）月度成本考核

一般是在月度成本报表编制以后，根据月度成本报表的内容进行考核。在进行月度成本考核的时候，不能单凭报表数据，还要结合成本分析资料和施工生产、成本管理的实际情况，然后才能做出正确的评价，带动今后的成本管理工作，保证项目成本目标的实现。

（2）阶段成本考核。

项目的施工阶段，一般可分为基础、结构、装饰、总体四个阶段。如果是高层建筑可

对结构阶段的成本进行分层考核。阶段成本考核的优点在于能对施工告一段落后的成本进行考核，可与施工阶段其他指标（如进度、质量等）的考核结合得更好，也更能反映施工项目的管理水平。

（3）竣工成本考核

施工项目的竣工成本，是在工程竣工和工程款结算的基础上编制的，它是竣工成本考核的依据。真正能够反映全貌而又正确的项目成本，是在工程竣工和工程款结算的基础上编制的。施工项目的竣工成本是项目经济效益的最终反映，它既是上缴利税的依据，又是进行职工分配的依据。由于施工项目的竣工成本关系到国家、企业和职工三者的利益，必须做到核算精准，考核正确。

由于月度成本和阶段成本都是假设性的，正确程度有高有低。因此，在进行月度成本和阶段成本奖罚的时候不妨留有余地，然后再按照竣工成本结算的奖金总额进行调整（多退少补），施工项目成本奖罚的标准，应通过经济合同的形式明确规定。

单元总结

本教学单元结合施工项目成本控制的特点，阐述了施工成本的构成，介绍了施工项目成本预测、成本计划、成本控制、成本分析和成本考核的基本原理和基本方法，通过不断改善成本管理工作，充分采用经济、技术、组织等措施来挖掘降低成本的潜力，以尽可能少的耗费，实现预定的目标成本，提高经济效益。

习　题

一、单选题

1. 根据建设工程项目施工成本的组成，属于直接成本的是（　　）。

A. 办公费用　　B. 差旅交通费

C. 机械折旧费　　D. 管理人员工资

2. 作为施工企业全面成本管理的重要环节，施工项目成本控制应贯穿于（　　）的全过程。

A. 从项目策划开始到项目开始运营

B. 从项目设计开始到项目开始运营

C. 从项目投标开始到保证金返还

D. 从项目施工开始到项目竣工验收

3. 关于建设工程项目施工成本的说法，正确的是（　　）。

A. 施工成本计划是将成本控制在合理范围以内

B. 施工成本核算是通过实际成本与计划的对比，寻求降低成本的途径

C. 施工成本考核是通过成本的归集和分配，计算施工项目的实际成本

D. 施工成本管理是通过采取措施，把成本控制在计划范围内，并最大程度的节约成本

4. 下列施工成本管理的措施中，属于技术措施的是（　　）。

A. 加强施工任务单的管理　　B. 编制施工成本控制工作计划
C. 确定最合适的施工机械方案　　D. 寻求施工过程重点索赔机会

5. 下列施工成本管理的措施中，属于组织措施的是（　　）。
A. 加强施工定额管理和施工任务单管理，控制活劳动和物化劳动消耗
B. 确定最佳的施工方案
C. 对施工成本管理目标进行风险分析，并制定防范性对策
D. 选用合适的合同结构

6. 以下施工项目成本预测的方法中，属于定性分析的是（　　）
A. 市场调查法　　B. 外推法
C. 因果法　　D. 两点法

7. 编制成本计划时，施工成本可以按成本构成分解为（　　）。
A. 人工费、材料费、施工机具使用费、企业管理费
B. 人工费、材料费、施工机具使用费、规费和企业管理费
C. 人工费、材料费、施工机具使用费、规费和间接费
D. 人工费、材料费、施工机具使用费、间接费、利润和税金

8. 施工项目成本控制的步骤正确的是（　　）。
A. 预测→比较→分析→检查→纠偏
B. 比较→分析→预测→检查→纠偏
C. 预测→比较→分析→纠偏→检查
D. 比较→分析→预测→纠偏→检查

9. 实际工作中，应当选择（　　）的工程作为价值工程的对象。
A. 价值系数高、降低成本潜力大　　B. 价值系数低、降低成本潜力大
C. 价值系数高、降低成本潜力小　　D. 价值系数低、降低成本潜力小

10. 某分项工程某月计划工程量为 3200m^2，计划单价为 15 元/m^2；月底核定承包商实际完成工程量为 2800m^2，实际单价为 20 元/m^2，则该工程的已完工作实际费用（ACWP）为（　　）元。
A. 56000　　B. 42000　　C. 48000　　D. 64000

11. 某施工企业进行土方开挖工程，按合同约定 3 月份的计划工作量为 2400m^3，计划单价是 12 元/m^3；到月底检查时，确认承包商实际完成的工程量为 2000m^3，实际单价为 15 元/m^3。则该工程的进度偏差（SV）和进度绩效指数（SPI）分别为（　　）。
A. −0.6 万元；0.83　　B. −0.48 万元；0.83
C. 0.6 万元；0.80　　D. 0.48 万元；0.80

12. 施工成本管理需要正确及时地核算施工过程中发生的各项费用，计算出施工项目的（　　）。
A. 实际成本　　B. 预算成本
C. 计划成本　　D. 目标成本

13. 以下哪种核算方法人为控制的因素较小，而且核算的覆盖面较大；但是是对核算工作人员的专业水平和工作经验都要求较高？（　　）
A. 表格核算法　　B. 统计核算法

C. 会计核算法　　　　　　　　　　　　　D. 业务核算法

14. 成本分析方法中，利用各个因素的目标值与实际值的差额来计算其对成本的影响程度的是哪一种方法？（　　）

A. 比较法　　　　B. 因素分析法　　　　C. 差额计算法　　　　D. 比率法

15.（　　）是衡量成本降低的实际成果，也是对成本指标完成情况的总结和评价。

A. 成本计划　　　　B. 成本控制　　　　C. 成本分析　　　　D. 成本考核

二、多选题

1. 下列施工成本管理的措施中，属于经济措施的有（　　）。

A. 对施工方案进行经济效果分析论证

B. 通过生产要素的动态管理控制实际成本

C. 抽检进场的工程材料、构配件质量

D. 对各种变更及时落实业主签证并结算工程款

E. 对施工成本管理目标进行风险分析并制定防范性对策

2. 某施工项目为实施成本管理收集了以下资料，其中可以作为编制施工成本计划依据的有（　　）。

A. 合同文件　　　　　　　　　　　　　B. 价格信息

C. 类似项目的成本资料　　　　　　　　D. 施工图预算

E. 项目管理规划大纲

3. 成本控制的主要依据包括（　　）。

A. 合同文件　　　　　　　　　　　　　B. 成本计划

C. 施工图预算　　　　　　　　　　　　D. 进度报告

E. 工程变更资料

4. 下列关于施工项目成本核算方法的说法，正确的是（　　）。

A. 施工项目成本核算的方法主要有表格核算法和会计核算法

B. 表格核算法的优点是简便易懂，方便操作，实用性较好

C. 项目财务部门一般采用会计核算法

D. 成本核算的方法须单独使用，不允许交叉使用

E. 会计核算法的缺点是难以实现较为科学严密的审核制度，精度不高，覆盖面较小

5. 施工项目的成本考核，可分为以下哪几种？（　　）

A. 月度成本考核　　　　　　　　　　　B. 季度成本考核

C. 阶段成本考核　　　　　　　　　　　D. 竣工成本考核

E. 年度成本考核

三、简答题

扫一扫，看答案

1. 简述建设项目施工成本的构成。

2. 施工项目成本预测的作用有哪些？

3. 简述施工项目成本计划编制程序。

4. 简述表格核算法和会计核算法两种方法的优点和适用范围。

教学单元11 Chapter 11

建筑工程其他管理

教学目标

1. 知识目标

(1) 了解建筑施工其他管理主要内容；了解施工项目合同管理的内容。

(2) 熟悉施工项目资源管理主要内容；理解施工项目资金管理；熟悉施工项目风险管理要点。

(3) 掌握施工项目信息（BIM）在施工前期、施工、施工监管、施工收尾的应用。

2. 能力目标

通过本教学单元的学习，能运用施工项目信息（BIM）技术进行现场管理，会编制进度计划、可施工性审查、物流规划，达到BIM在施工现场自动化和信息收集能力。

3. 思政目标

建筑施工管理内容丰富，涉及专业知识面广，需要通过不断学习、培养兴趣，逐渐拓宽视野，及时更新知识，激励科研热情、培养科研素质，树立正确的人生观、世界观、价值观，形成爱岗敬业和甘于奉献的品质。

思维导图

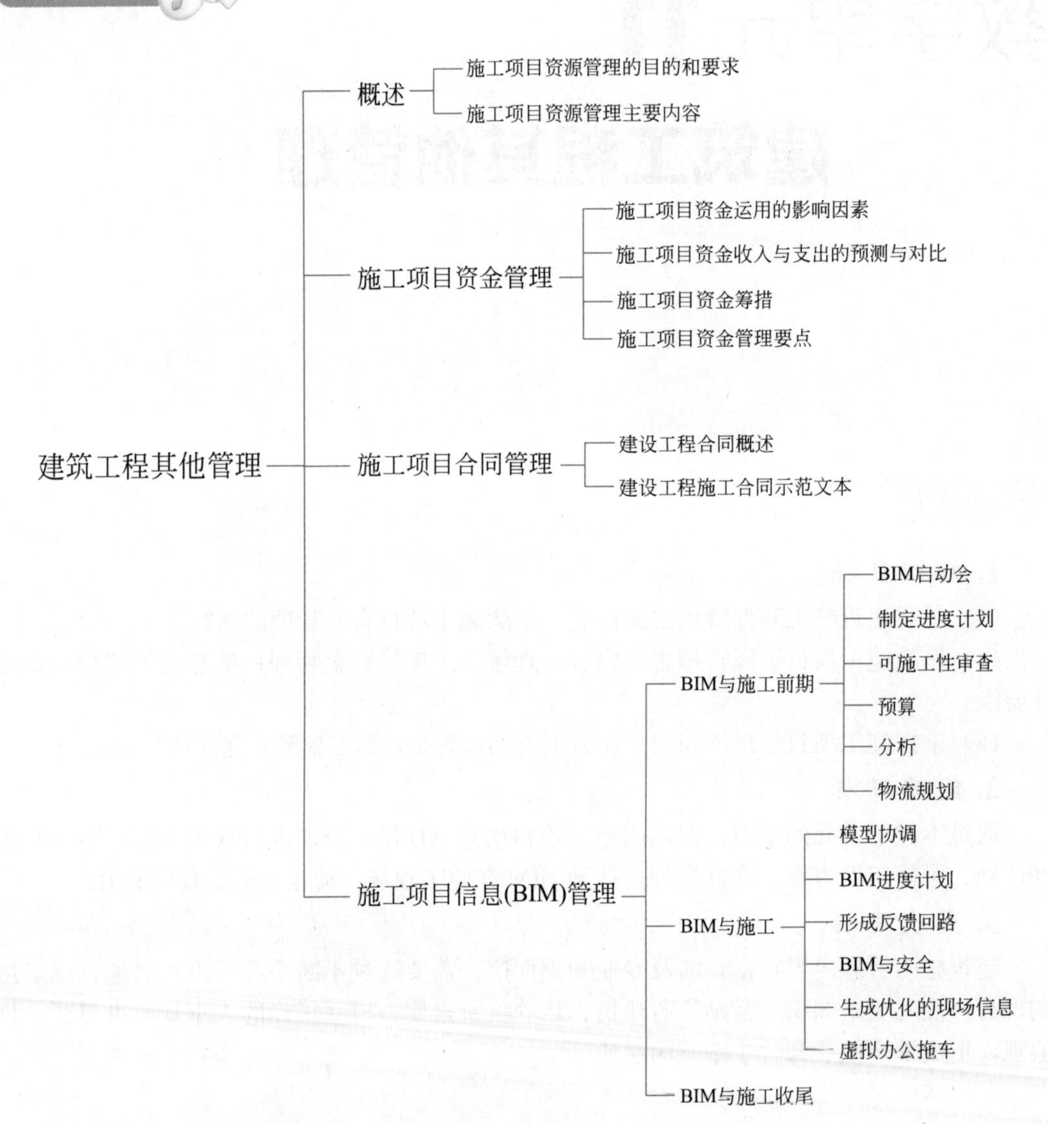

11.1 概述

在现代管理学中，针对工程项目管理中的施工项目资源管理有“五要素”的说法，简称为五个“M”，即人（Man）、机器（Machine）、材料（Material）、资金（Money）与管理（Management）。针对建筑工程项目来说，资源管理是指生产力作用于工程项目的有关要素，也可以说是投入到工程项目中的诸要素。由于建筑产品的一次性、固定性、建设周期长、技术含量高等特性，施工项目资源管理就是对诸要素的配置和使用所进行的管理，其根本目的是节约活劳动和物化劳动。

施工项目资源是指人力资源、材料、机械设备、资金等形成生产力的各要素。其中，科学技术是第一要素，科学技术被劳动者所掌握，便能形成先进的生产力水平。

11.1.1 施工项目资源管理的目的和要求

1. 施工项目资源管理的目的

施工项目资源管理的目的就是节约活劳动和物化劳动。具体说来有以下几点：

（1）施工项目资源管理就是将资源进行适时、适量的优化配置，按比例配置资源并投入到施工生产中去，以满足需要。

（2）进行资源的优化组合，即投入施工项目的各种资源在施工项目中搭配适当、协调，使之更有效地形成生产力。

（3）在施工项目运行过程中，对资源进行动态管理。

（4）在施工项目运行中，合理地节约使用资源。

2. 施工项目资源和管理的要求

在现代施工项目管理中，对施工项目资源管理计划有以下三个要求。

（1）必须纳入到施工项目进度管理中。资源作为网络的限制条件，要考虑到资源的限制和资源的供应过程对工期的影响，通过假设可用资源的投入量，满足工期的要求，在大型项目施工中，成套生产设备的生产、供应、安装计划常常是整个项目计划的主体。

（2）必须纳入到成本管理中，并作为降低成本的措施。

（3）在制订实施方案以及技术管理和质量控制中，必须包括资源管理的内容。

11.1.2 施工项目资源管理主要内容

施工项目资源作为工程项目实施的基本要素，通常包括人力资源、材料、机械设备、资金等。

1. 人力资源管理

人力资源一般是指能够从事生产活动的体力和脑力劳动者。人力资源是一种特殊的资源，是活性资源，与物质资源相比，是有创造性的，充分使用，能激发其潜力。在施工中，利用行为科学，从劳动力个人的需要和行为的关系观点出发，明确责任制，通过有计划地对人力资源进行合理的调配，才能调动积极性，发挥潜能，提高劳动效率。

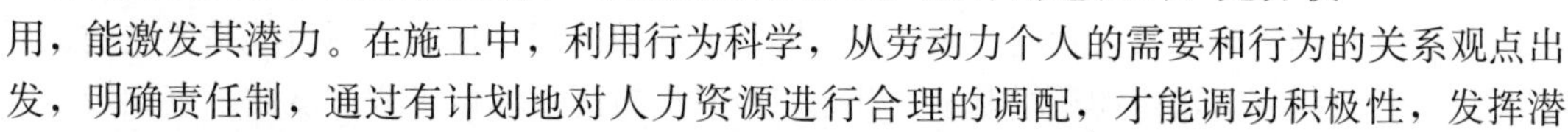

2. 材料管理

材料管理是在施工过程中对各种材料的计划、订购、运输、发放和使用所进行的一系列组织与管理工作。它的特点是材料供应的多样性和多变性、材料消耗的不均衡性、受运输方式和运输环节的影响。但是建筑材料占工程造价的 2/3 左右，抓好材料管理，合理使用，节约材料，减少消耗，将是降低工程成本的主要途径。

3. 机械设备管理

机械设备管理是以机械设备施工代替繁重的体力劳动，最大限度地发挥机械设备在施工中的作用为主要内容的管理工作。它的特点是机械设备的管理体制必须以建筑企业组织体系相依托，实行集中管理为主、集中管理与分散管理相结合的办法，提高施工机械化水平，提高完好率、利用率和效率。

4. 资金管理

通过对资金的预测、对比及项目奖金计划等方法，不断地进行分析和对比、计划调整和考核，以达到降低成本的目的。

11.2 施工项目资金管理

11.2.1 施工项目资金运用的影响因素

施工项目的资金是施工项目经理部占用和支配物资和财产的货币表现，是市场流通的手段，是进行生产经营活动的必要条件和物质基础。因此，资金管理直接关系到施工项目能否顺利进行和施工项目的经济效益。

从管理的角度看，应认识和了解施工项目资金运用的影响因素。施工项目资金运用的主要影响因素如下：

（1）施工项目的投标报价和合同规定的付款方式，包括要求工期、预付备料款的比例和金额、工程款的结算方式和期限等。

（2）市场上各种材料和机械设备的价格，包括价格和租赁费用等变动因素。

（3）市场条件下量价分离后，企业内部定额是影响资金运用的重要内部因素。

（4）国家银行的贷存款利率等。

（5）施工项目施工方案、技术组织措施等直接影响着资金运用。

11.2.2 施工项目资金收入与支出的预测与对比

1. 资金收入预测

施工项目的资金是收入预测，应从按合同规定收取工程预付款（预付款是要在施工后以冲抵工程价款方式逐步扣还给业主）开始，每月应按进度收取工程进度款，直到竣工验收合格后办理竣工结算。按时测算出价款数额，做好施工项目的收入预测表，绘出资金按月收入图及施工项目资金按月累加收入图。

根据上述要求测算的收入，形成了资金的收入在时间、金额上的总体概念，为管好资金、筹措资金、加快资金周转、合理安排资金使用提供实在的依据。

2. 资金支出预测

项目资金的支出主要用于劳动对象和劳动资料的购买或租赁、劳动者工资的支付和现场的管理费用等。资金的支出预测主要依据有施工项目的责任成本控制计划、施工管理规划以及材料和物资的储备计划。

依据上述规划和计划，测算出工程实施中每月预计的人工费、材料费、机械设备使用费、物资储运费、临时设施费、其他直接费和施工管理费等各项支出。支出预测会给项目经理一个整体施工项目的支出在时间和数量上的总概念，以满足资金运用管理的需要。

3. 施工项目资金支出预测应考虑的问题

（1）从施工项目的运行实际出发，使资金预测支出计划更接近实际。这里的实际是指投标报价时不够具体的预测，另外还要考虑风险及其干扰。对原报价中不确定因素，通过分析加以调整，这使预测更加接近实际。

（2）应考虑资金支出的时间价值，测算资金的支出是否是站在筹措资金和合理安排调度资金的角度考虑的，故应从动态角度考虑资金的时间价值，同时考虑实施合同过程不同阶段的资金需要。

11.2.3　施工项目资金筹措

1. 施工项目资金筹措的主要渠道

（1）预收工程备料款。

（2）已完工程的进度价款。

（3）企业自有资金。

（4）银行贷款。

（5）企业内其他施工项目资金的调剂使用。

2. 施工项目资金筹措的原则

（1）按照收支预测计划对比后的差额筹措资金。

（2）基本上利用自有资金。自有资金调度灵活，比贷款更有保证性。

（3）努力争取低息贷款，资金成本应作为资金来源选择的标准。

11.2.4　施工项目资金管理要点

（1）确定施工项目经理当家理财的中心地位。哪个项目的资金，由哪个项目支配使用。

（2）项目经理部应在企业内部的银行申请开设独立账户，由内部银行办理项目资金的收、支、划、转，由项目经理签字确认。

（3）内部银行实行有偿使用、存款计息、定额考核、定额内低利率、定额外高利率的内部贷款办法。项目资金不足时，通过内部银行解决，不搞平调。

（4）项目经理部按月编制资金收支计划，企业工程部签订供款合同，公司总会计师批准，内部银行监督实施，月终提出执行情况分析报告。

（5）项目经理部应及时向发包方收取工程预付备料款，做好分期结算、预算增减账、竣工结算等工作，定期进行资金使用情况和效果分析，不断提高资金管理水平和效益。

（6）建设单位所交“三材”和设备，是项目资金的重要组成部分。项目经理部应设置台账，根据收料凭证及时登记入账，按月分析耗用情况，反映“三材”收入及耗用动态。定期与交料单位核对，保证数据资料完整、正确，为及时做好竣工结算创造条件。

（7）项目经理部每月定期召开业主代表、分包、供应、加工各单位代表碰头会，协调工程进度、配合关系、资金调度及甲方供料事宜。

11.3 施工项目合同管理

11.3.1 建设工程合同概述

1. 建设工程合同的概念及分类

（1）合同的概念

合同是指平等主体的自然人、法人、其他组织之间设立、变更、终止民事权利义务关系的协议。

建设工程合同是指在工程建设过程中发包人和承包人依法订立的、明确双方权利义务关系的协议。

（2）建设工程合同类别划分

按完成承包的范围和内容分类，建设工程合同分为勘察、设计和施工合同。按发包承包人签订合同时约定方式分类，可划分为总价合同、单价合同和成本加酬金合同三大类型。

1）总价合同包括固定总价合同和可调总价合同。

2）单价合同承包人只承担工程单价、费用方面的风险，工程量方面的风险发包人承担。单价合同大多用于工期长、技术复杂、实施过程中发生各种不可预见因素较多的大型复杂工程的施工，以及业主为了缩短项目建设周期，初步设计完成后就进行施工招标的工程。

3）成本加酬金合同工程最终的合同价格按承包商的实际成本加一定比例的酬金计算。有以下几种形式：成本定比费用合同、成本固定费用合同、成本浮动酬金合同。

2. 建设工程施工合同的特点

（1）施工合同的概念

建设工程施工合同，是发包人和承包人为完成特定的建筑安装工程，明确相互权利、义务关系的协议。建设工程建设过程中的主要主体包括：建设单位、承包商、咨询（监理）单位、勘察设计单位、供应商。

（2）建设工程施工合同的特点

1）合同主体的严格性。2）合同标的特殊性。3）合同履行期限的长期性。4）投资和程序的严格性。5）合同形式的特殊要求。

3. 建筑工程施工合同管理

合同管理是通过掌握合法原理后，通过对施工合同种类、计价方式及合同约定方式等多方面的剖析，全面培养合同管理实务能力。合同管理的目标是保证项目三大目标的实现。

（1）对不可抗力事件的管理。不可抗力包括合同当事人不能预见、不能避免并不能克服的客观情况。管理程序要求承包方迅速采取措施，结束后 48h 内向监理工程师报告损失情况和费用。如继续发生则每隔 7d 报告一次，并于事件结束后 14d 内向监理工程师提供受损及费用最终报告。

（2）保险管理。保险是一种受法律保护的分散危险、消化损失的法律制度。

（3）担保管理。我国法定的担保形式有保证、抵押、质押、留置和定金五种。

（4）工程转包和分包的管理，工程转包是指工程承包方未获得发包方的同意，以赢利为目的，将与承包范围相一致的工程转让给其他建筑安装单位并不对所承包工程的技术、管理、质量和经济承担责任的行为。工程分包是指工程承包方按与发包方商定的方案将承包范围内的非主要部分及专业性较强的工程另行发包给具有相应资质的建筑安装单位承包的行为。

（5）合同争议、合同解除的管理。合同争议可以采用和解、调解、仲裁、诉讼等途径解决。施工合同的解除方式有协商解除、约定解除。

11.3.2　建设工程施工合同示范文本

1. 建设工程施工合同示范文本组成

《建设工程施工合同（示范文本）》由三部分组成：协议书、通用条款、专用条款。协议书是总纲性的文件。通用条款是根据建设工程施工的需要而制定的，通用于所有建设工程项目施工的条款。专用条款双方结合实际协议达成一致意见的条款。是对通用条款的具体化、补充或修改。通用条款和专用条款的条款号是一一对应的。

2. 施工合同文件的解释

组成合同的各个文件应能互相解释、互为说明。根据法律约束力和结束顺序确定合同的优先解释顺序：协议书（包括补充协议）；中标通知书；投标书及其附件；专用合同条数；通用合同条款；标准、规范及技术文件；图纸；工程量清单；工程报价单或预算书等。

11.4　施工项目信息（BIM）管理

11.4.1　BIM 与施工前期

自从 BIM 引人施工管理市场以来，施工前期一直是工具应用的重要领域。由于 BIM 能让团队在项目早期创建和利用信息，为团队协同、交流提供了有力工具，其在施工前期的应用日益增加。探讨如何在施工前期活动中整合应用 BIM 技术，包括基于 BIM 的进度计划、物流、预算、可施工性分析、可视化和预制规划等。

1. 制定进度计划

如今更青睐于采用集成项目交付方法（IPD、DB）和风险型 CM 方法缩短工期、加速交付。采用这一方法，设计和施工往往同步进行，使信息交换更加复杂。

或许在整个设计和施工流程中，最难以战胜的困难是要让 BIM 模型和在建的建筑结构保持完全一致。三维模型不需要细致地呈现门的把手、合页等五金细枝末节的内容，这浪费时间精力却收效甚微；但另一方面，模型也应包含充足的信息，提供给建筑施工。通过应用 DSM（Demand Side Management，需求侧管理）和 LOD（Levels of Detail）矩阵，团队可以确定 BIM 模型中的信息需要达到何种深度，才能满足协调和前期决策的要求。

设计经理需要清楚地了解每项设计成果在提交时所需满足的详细程度（LOD）。举例来说，较早期的许可证所需的细节深度，要低于设备分包商的招标文件所要求的细节深度，也要低于最终施工文件所需的细节深度。

2. 可施工性审查

为了与 BIM 愿景保持一致，在可施工性审查阶段，BIM 模型的用途是以低廉的成本模拟、分析实际施工问题。

设计过程中的可施工性审查，是要在“冲突”发生之前就预先发现问题。对于经验丰富的建筑师、专业工程师、承包商和分包商，模型也具有欺骗性和迷惑性，这听起来有点匪夷所思。可施工性审查越来越多地关注冲突检测的内容，相关工具软件如 Navisworks 和 Tekla BIMsight 等也不断出现。

3. 工程预算

传统上进行预算和成本趋势预测，是要通过为承包商提供 PDF 或打印版图纸、人工计算工程量和联系分包商要求提供数据等一系列工作，从而最终完成预算。这类似于采用 DBB 方法的项目招标。这种数据传输方式中存在的问题，在于建筑师或工程师打印出来的内容，只是之前的陈旧信息。而在总承包商审查文件的同时，建筑师和专业工程师并不会停止画图、调整和修改设计。而基于 BIM 软件，模型能够实时反映出当前设计状态，通过模型可以直接生成相关文件。为了真正了解设计的趋向，预算人员必须利用模型信息。

利用 Revit 表格制定预算：利用 BIM 模型制定预算往往被戏称为“无用输入，无用输出”。这种说法非常直白——当模型创建不够精确时，所获得的数据也将不准确，这就体现出 BIM 中“I”（信息）的重要性了。首先必须了解信息是在何种建模软件中如何创建的，之后才能够利用这些信息进行预算或用于其他分析。模型就像一个数据库，是信息的载体，可以通过自定义公式的方式获得工程项目的预算，也可以利用自带的计算功能获得预算。

4. 模型分析

在施工前期，我们要探讨的最后一个功能是分析。这是个非常宽泛的概念，因为从模型中可以提取出大量的信息加以应用，这种做法也十分常见。举例来说，Autodesk 360 Glue 和 Assemble 两款软件，在技术层面上均可以视为分析型软件，因为它们能够对建模软件的数据进行提取，并加以分析。而事实上，除了 BIM 建模软件以外，任何提取 BIM 模型信息并对其加以应用的软件，都可以视为分析软件。分析，可以是简单地在 3D 环境下向业主展示外观的美感；也可以非常复杂，比如在大礼堂内开展声学研究来判断声音如何在房间中反射，或者进行行人交通研究来分析繁忙的机场航站楼的人流情况。为梳理分析的概念，人们开始将分析软件汇总归类到 BIM 的各个维度，例如 3D（可视化/空间）、4D（进度）5D（成本）和 6D（设施管理）。这样的话，Autodesk 360 Glue 可视为 3D，Assemble 则是 5D 等。当然，还有一部分软件不属于这些维度的范畴，有人将其划分到另一个维度范畴，称为“7D”。部分程序能够应用于可持续发展研究，乃至于研究建筑对于地球和人类未来的影响。

5. 物流规划

在 BIM 启动之初，就应该考虑到施工现场的物流规划问题，直至施工阶段给出具体问题的解决措施。在面对高密度的城市环境或富有挑战性的场地时，这些规划方案尤其重要。应用 BIM 技术，能够为缓解物料侵蚀、起重机运输物料、物料暂存区域、车辆交通或通道、物料提升机、设备、脚手架和安全等物流相关的问题制定方案。目前，已经有很多软件能够用于生成物流解决方案，但最为高效而且广泛接受的两款软件应该是 Trimble SketchUp 和 Autodesk InfraWorks 360。

11.4.2　BIM 与施工

施工期间的 BIM 应用要点包括 BIM 在施工现场的应用策略、Navisworks 应用和移动应用带来的变革，涵盖了质量控制、安装验证、变更管理、设备追踪以及库存管理等相关流程，以及通过创建数字工地实现信息的实时共享。

模型协调计划在 BIM 应用流程中扮演着至关重要的角色；模型协调计划中包含了在项目启动之初，需确定由谁使用模型、模型在何处进行发布以及如何在施工过程中应用模型。

BIM 在施工现场的常见应用包括：分析现场施工信息、管理场地的冲突检测、更新模型驱动的预算（5D）、明确工作范围和工作界面、管理物料库存、执行 4D 计划更新、在现场进行进度冲突检测、明确预制组件安装、加强现场安全管理、添加竣工及现场的模型信息、通过（5D）建筑场景进行进度优化、利用 BIM 创建收尾问题清单、在项目收尾阶段准备竣工模型等。

1. 模型协调

模型协调并不仅仅意味着冲突检测，实际上利用模型还可以进行施工可视化动态模拟以把握现场情况。模型协调这一术语通常是指利用模型来协调或模拟施工的某些场景。无论是管线综合、施工组织、预算校核、模型整合或者其他用途，在这些场景下的模型协调都意味着可以利用 BIM 数据来更好地为实际施工过程提供预演信息。

2. BIM 进度计划

在项目启动时（通常在这之前），施工管理团队成员将创建施工进度计划。这个计划通常能够体现在施工管控方面的经验：材料的预订至交货时间、天气、人员和设备等。BIM 在进度计划中应用的重要性在于，它能够在项目从头到尾的整个过程中，更好地联络团队，并跟踪工程进度。那么，BIM 如何提升进度计划管理？如何使用 BIM 增强进度计划的可视化和准确性？

BIM 的一项主要功能在于在实体建造前先对建筑进行虚拟建造，因此 4D 进度计划的引入对于发挥 BIM 效用而言至关重要。

3. 形成反馈回路

项目施工过程中，在工地现场和办公室之间总是存在沟通方面的问题。项目人员若都能在现场办公，人员之间沟通效率会很高，然而对于大部分项目，这并不现实。那么应当如何利用 BIM 及相关技术来更好地在施工现场和办公室之间建立联系？先要从建立反馈回路开始。

BIM 在施工前扮演着十分关键的角色，但是很多专业人士仅仅将 BIM 作为施工前使用的工具，事实上如果 BIM 能在施工过程中得到有效利用，其在施工期间不仅能发挥重要作用，而且能从中获取巨大的价值，尤其在解决施工过程中的某些反馈问题时尤为突出。随着工程的推进，为了完成反馈回路，BIM 在五个领域扮演着重要角色：系统安装、安装管理、安装校核、施工活动追踪以及现场问题管理。

4. BIM 与安全

BIM 与安全的话题已经在很多论坛、白皮书和行业报告中得到了广泛的探讨和分析。BIM 对于提高工程安全的用途包括以下内容；

（1）坠落防护分析（护栏、脚手架等）；

（2）4D 场地物流模拟，显示具体哪些天在场地的特定区域具有危险性；

（3）安全培训和现场方位；

（4）提高预制率，将爬梯次数和不安全安装位置最小化。

很多情况下，对于如何通过信息化工具来提供更好的安全生产条件而言，BIM 目前仅仅触及表面。对于行业而言，仍存在着巨大的技术改善空间，BIM 潜力巨大不容忽视。

针对提高项目安全性，与 BIM 相关的一个永恒主题是现场工作自动化。正如很多现场负责人所说“没有人在现场，就没有人会受伤”，仅仅通过减少人员在现场停留的时间，就能够减少发生安全事故的概率。BIM 在施工现场自动化和信息收集方面可以发挥重要作用。

5. 虚拟办公拖车

11.5
虚拟
办公拖车

尽管现场办公拖车可能永远无法替代施工层角落的临时会议室，但仍然能够把很多十分有用的工具整合到施工现场，用于协助现场人员有效使用模型。

在采用 BIM 的办公拖车中，应当配备互联网接入和无线路由器。另外还要能够连接其他显示器，或者可以使用某些智能电视机的分屏功能支持多台笔记本电脑的使用。由于降低了打印成本，这种方式也更为环保，并且会议过程中在模型上生成的注释可与现场注释整合。

办公拖车还承担着图纸和技术文档中心的职能。关键因素在于：移动性、网络连接、持续更新的单一项目信息资源库。

这种方式使得现场人员能够在施工现场的任何位置访问最新数据。在诸如体育场、仓库、赌场、酒店、机场、桥梁和大型公建项目等大规模项目中，这种方式尤为有效。因为在大型项目中，虚拟办公拖车来回走动不受实体环境影响，且能交换大量图纸和技术文档集，是最为方便的项目协调手段。而现场办公室作为服务器和交流中心。

11.4.3　BIM 与施工收尾

现在尽管仍有项目要求提供全套的竣工纸质文件和 PDF 电子文件，一些客户已提出只接受数字交付。

静态成果在设施管理中由二维信息流组成，详细地讲述了如何建造一个项目。这种信息可包括规范、交付文档、变更、信息请求、记录文档及其他传统交付物。

与静态成果相反的是，动态成果具有流动性，易于更新，并且能同其他设施信息建立直接的联系。作为一种能够实时更新几何形状和相关联信息的手段，BIM 是动态交付成果的宝贵工具。

与之前的 CAD 不同，BIM 可持续更新设施信息，而无须查找和修订大量 CAD 文件。此外，BIM 更易于为设施经理实现定制化应用。例如，模型浏览过滤器能够只看需维护的对象，如机械、水暖或通信系统。可以把交付的设施模型想象成智能构件的数据库，进行链接或更有效地用于维护记录的填写。通过结合静态成果的管理策略，BIM 为项目建立了快速收集和更新设施生命周期信息的动态手段在 BIM 中，设施经理能够更新墙体信息、顶棚或照明布局以及地板装修，而这种改动可在任务模型视图中完成。

单元总结

本教学单元介绍了建筑施工其他管理主要内容，阐述了施工项目合同管理的内容、施工项目资源管理主要内容、施工项目资金管理、施工项目风险管理要点等相关内容，重点阐述了施工项目信息（BIM）在施工前期、施工、施工监管、施工收尾的应用。能运用 BIM 技术进行现场管理，达到 BIM 在施工现场自动信息收集能力。

习　题

一、填空题

1. 施工项目资源管理有五要素的说法，简称为五个“M”，即__________、__________、__________、__________与__________。

2. 施工项目资金筹措的主要渠道有以下几种：__________、__________、__________、__________、__________。

3. 按完成承包的范围和内容分类，建设工程合同分为勘察、设计和施工合同。按发包承包人签订合同时约定方式分类，可划分为__________、__________和__________三大类型。

4. 建设工程项目的风险包括项目决策的风险和项目实施的风险，项目实施的风险主要包括__________、__________以及__________等。

5. 随着工程的推进，为了完成反馈回路，BIM 在五个领域扮演着重要角色：__________、__________、__________、__________以及__________。

二、单选题

1. 与静态成果相反的是，（　　）具有流动性，易于更新，并且能同其他设施信息建立直接的联系。作为一种能够实时更新几何形状和相关联信息的手段，BIM是动态交付成果的宝贵工具。

A. 动态成果　　B. BIM模型

C. BIM的动态性　　D. BIM分析

2. 下列不属于项目BIM实施的保证措施的选项是（　　）。

A. 建立系统运行检查机制　　B. 建立系统运行保障体系

C. 建立系统运行例会制度　　D. 建立系统运行实施标准

3. 下列选项中不属于BIM技术在施工企业投标阶段的应用优势的是（　　）。

A. 能够更好地对技术方案进行可视化展示

B. 基于快速自动算量功能可以获得更好的结算利润

C. 提升项目的绿色化程度

D. 提升竞标能力，提升中标率

4. 基于BIM技术的施工过程模拟指的是在施工现场3D模型的基础上引入（　　）维度，从而对工程主体结构施工过程进行4D模拟。

A. 时间　　B. 成本　　C. 荷载　　D. 材料

5. BIM技术的核心是（　　）。

A. 信息化　　B. 协同化　　C. 参数化　　D. 可视化

三、简答题

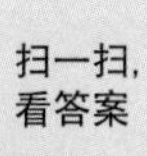

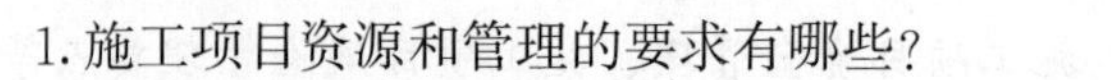
1. 施工项目资源和管理的要求有哪些？

2. 现场材料管理的内容是什么？

3. 施工项目资金运用的主要影响因素有哪些？

4. 简述BIM在施工前期的应用。

参考文献

[1] 危道军. 建筑施工组织 [M]. 北京：中国建筑工业出版社，2017.

[2] 梁培新，王利文. 土木工程施工组织 [M]. 北京：中国建筑工业出版社，2017.

[3] 王晓初，李赢. 土木工程施工组织设计与案例 [M]. 北京：清华大学出版社，2017.

[4] 高跃春. 建筑施工组织与管理 [M]. 北京：机械工业出版社，2011.

[5] 曹吉鸣. 工程施工组织与管理 [M]. 北京：高等教育出版社，2016.

[6] 张长友. 土木工程施工组织与管理 [M]. 北京：中国电力出版社，2013.

[7] 穆静波. 施工组织 [M]. 北京：清华大学出版社，2013.

[8] 翟丽旻，姚玉娟. 建筑施工组织与管理 [M]. 北京：北京大学出版社，2009.

[9] 王大洲，任定成. 技术、工程与哲学 [M]. 北京：科学出版社，2013.

[10] 工程哲学与工程管理（汉英对照）[M]. 北京：高等教育出版社，2016.

[11] 徐长福. 理论思维与工程思维：两种思维方式的僭越与划界（修订本） [M]. 重庆：重庆出版社，2013.

[12] 陈俊，杨光，盛金波. 建筑施工组织与资料管理 [M]. 北京：北京理工大学出版社，2014.

[13] 姚玉娟. 建筑施工组织 7 版. [M]. 武汉：华中科技大学出版社，2016.

[14] 穆静波，侯静峰，王亮，等. 建筑施工组织与管理 [M]. 北京：清华大学出版社，2013.

[15] 全国一级建造师执业资格考试用书编写委员会. 建设工程项目管理 [M]. 北京：中国建筑工业出版社，2018.

[16] 李玉洁. 建筑工程施工组织与管理 [M]. 西安：西北工业大学出版社，2017.

[17] 赵毓英. 建筑工程施工组织与管理 [M]. 北京：科学出版社，2012.

[18] 于英武. 建筑施工组织与管理 [M]. 北京：清华大学出版社，2012.

[19] 韩国平. 建筑施工组织与管理 [M]. 北京：清华大学出版社，2012.

[20] 李君宏. 建筑施工组织与管理 [M]. 北京：中国建筑工业出版社，2012.

[21] 曹吉鸣. 工程施工组织与管理 [M]. 上海：同济大学出版社，2016.

[22] 中国建筑装饰协会培训中心. 建筑装饰装修工程质量与安全管理 [M]. 北京：中国建筑工业出版社，2005.

[23] 布拉德·哈丁，戴夫·麦库尔. BIM 与施工管理 [M]. 王静，尚晋，刘辰，译. 北京：中国建筑工业出版社，2018.

[24] 王广斌. 高等院校 BIM 课程设置及实验室建设导则 [M]. 北京：中国建筑工业出版社，2018.

[25] 中国建设教育协会. 全国 BIM 应用技能考评大纲（暂行）[M]. 北京：中国建筑工业出版社，2015.

[26] 肖绪文. 建筑工程绿色施工 [M]. 北京：中国建筑工业出版社，2013.